Aufmerksamkeit und Handlungssteuerung

Hermann J. Müller

Joseph Krummenacher

Torsten Schubert

Aufmerksamkeit und Handlungssteuerung

Grundlagen für die Anwendung

 Springer

Autoren
Hermann J. Müller
Ludwig-Maximilians-Universität München
Allgemeine und Experimentelle Psychologie
München, Deutschland

Torsten Schubert
Humboldt-Universität Berlin
Institut für Psychologie
Berlin, Deutschland

Joseph Krummenacher
Ludwig-Maximilians-Universität München
Allgemeine und Experimentelle Psychologie
München, Deutschland

ISBN 978-3-642-41824-2   ISBN 978-3-642-41825-9 (eBook)
DOI 10.1007/978-3-642-41825-9

Die Deutsche Nationalbibliothek verzeichnet diese Publikation in der Deutschen Nationalbibliografie; detaillierte bibliografische Daten sind im Internet über http://dnb.d-nb.de abrufbar.

Springer
© Springer-Verlag Berlin Heidelberg 2015

Planung und Lektorat: Marion Krämer, Anja Groth
Redaktion: Maren Klingelhöfer

Springer DE ist Teil der Fachverlagsgruppe Springer Science+Business Media
www.springer.com

Vorwort

Die Fähigkeit, aus der Fülle sensorischer Reize die Teilmenge auszuwählen, die zielgerichtetes Verhalten und Denken ermöglicht, ist ein zentraler Bestandteil der menschlichen Informationsverarbeitung. Die Untersuchung der Komponenten und Interaktionen zwischen Komponenten dieser Selektionsfunktion der Aufmerksamkeit bildet ein wichtiges Teilgebiet der Erforschung des menschlichen Verhaltens, und die in Grundlagenstudien gefundenen Ergebnisse haben direkte Bedeutung nicht nur für alle Teilgebiete der Psychologie, sondern auch für alle Disziplinen, die sich mit spezifischen Aspekten menschlichen Handelns befassen, wie etwa die Ergonomie, die Sportwissenschaften, die Pädagogik oder die Medizin. Aufgrund der großen Bedeutung der selektiven Aufmerksamkeit hat sich seit Anfang der 70er-Jahre des letzten Jahrhunderts eine Reihe von wissenschaftlichen Ansätzen zur Erforschung der Prozesse und Mechanismen entwickelt, die der Selektionsfunktion zugrunde liegen. Diese sich methodisch und theoretisch gegenseitig ergänzenden Forschungsanstrengungen haben zu interessanten Erkenntnissen geführt, deren aktueller Stand im vorliegenden Buch zusammenfassend dargestellt ist und in Zusammenhang mit Alltagsszenarien gebracht wird. Die Beschreibung von Forschungsfragen und Untersuchungsergebnissen in chronologischer Abfolge hat zum Ziel, die schrittweise Entwicklung des Wissens zur selektiven Aufmerksamkeit nachzuzeichnen, wodurch sich auch das Verständnis der Leserin und des Lesers graduell erweitert. Das Buch beinhaltet eine Reihe von Beispielen aus dem täglichen Leben, die zur Veranschaulichung der Bedeutung einzelner Fragestellungen und Forschungsinteressen dienen, und die Inhalte werden am Ende jedes Kapitels in wenigen Abschnitten zusammengefasst.

Selektive Aufmerksamkeit kann prinzipiell zwei übergreifende Funktionen haben: Sie kann dazu dienen, bestimmte Informationen für die Wahrnehmung und das Verstehen sensorischer Reize zu selektieren, oder aber dazu, entsprechende Informationen für die Kontrolle und Steuerung von Handlungen zur Verfügung zu stellen. Der erste Teil des Buches (▶ Kap. 1–12) beschreibt die Grundlagen sowie die wahrnehmungsbezogene Selektion, der zweite Teil (▶ Kap. 13–15) ist der Selektionsfunktion der Aufmerksamkeit mit Hinsicht auf die Handlungskontrolle gewidmet. In ▶ Kap. 1 wird die Bedeutung der selektiven Aufmerksamkeit anhand alltäglicher Situationen herausgearbeitet und der Forschungsansatz der Informationsverarbeitung bzw. der kognitiven Psychologie dargestellt, der mentale Prozesse und Mechanismen zur Erklärung von Verhalten und Denken heranzieht. Gleichzeitig wird auch der neurokognitive Ansatz eingeführt, der die Verhaltensanalyse um die Analyse von Gehirnvorgängen ergänzt und so zu einem erweiterten Verständnis der selektiven Aufmerksamkeit beiträgt. In ▶ Kap. 2 werden Forschungsansätze beschrieben, die aus der Anfangszeit der Erforschung der selektiven Aufmerksamkeit stammen, die aber nach wie vor das aktuelle theoretische Denken mitbestimmen. In ▶ Kap. 3 wird eine Kategorisierung von Selektionsmechanismen eingeführt, in der zwischen orts-, objekt- und merkmalsbezogener Selektion unterschieden wird, das heißt, es wird alle sich an einem Ort befindliche Information selektiert, es werden ganze Objekte selektiert oder die Selektion beruht auf bestimmten Stimulusmerkmalen. Die Unterscheidung in die drei Kategorien bildet die Grundlage für die Diskussion in den folgenden Kapiteln. Während sich die drei ersten Kapitel mit der Selektion auditiver und visueller Information befassen, wird in ▶ Kap. 4 die Selektion über sensorische Modalitäten hinweg dargestellt. In ▶ Kap. 5 wird die Methode der visuellen Suche dargestellt, eine der wichtigsten Methoden, die zur Erforschung der selektiven Aufmerksamkeit eingesetzt wird. Visuelle

Suchen, etwa nach bestimmten Objekten in Anwesenheit nicht relevanter oder ablenkender Objekte werden, beispielsweise im Straßenverkehr, auch im Alltag fast ohne Unterlass durchgeführt. Die Selektion von Information kann sehr stark durch sensorische Reize determiniert werden, ein sehr lauter Knall oder sehr heller Blitz zieht die Aufmerksamkeit auf sich. Aufmerksamkeit kann einem Teil einer Szene jedoch auch willentlich zugewiesen werden. Die entsprechenden Prozesse werden in ▶ Kap. 6 beschrieben. ▶ Kapitel 7 beschreibt eine weitere Kategorie, die der Selektion zugrunde liegen kann, nämlich die Informationsauswahl in Abhängigkeit von der Zeit. In ▶ Kap. 8 wird eine Reihe von Beschränkungen beschrieben, die mit der Selektion assoziiert sind, insbesondere eine Blindheit für Informationen in Bereichen einer visuellen Szene, denen keine Aufmerksamkeit zugewiesen wird, sowie Blindheit für Veränderungen und das sogenannte Aufmerksamkeitsblinzeln. Die ▶ Kap. 9–12 stellen den aktuellen Stand des Wissens zu den neurokognitiven Grundlagen der selektiven Aufmerksamkeit dar. ▶ Kapitel 9 beschreibt als Grundlage für die weiteren Kapitel die funktionale Architektur der Gehirnareale, die das neuronale Substrat der in den vorangegangenen Kapiteln beschriebenen Aufmerksamkeitsprozesse bilden. ▶ Kapitel 10 stellt Studien zur orts-, objekt- und merkmalsbasierten Selektion dar, die wiederum gegliedert sind in Untersuchungen, in denen die Aktivierung einzelner Zellen abgeleitet wird, sowie Studien mit bildgebenden Verfahren und schließlich neurokognitive Studien, in denen Patienten mit spezifischen Beeinträchtigungen untersucht werden. In ▶ Kap. 11 werden aus kortikalen und subkortikalen Komponenten bestehende Gehirnnetzwerke beschrieben, die die Selektionsfunktion der Aufmerksamkeit vermitteln. ▶ Kapitel 12 fasst den Teil der wahrnehmungsbezogenen Selektion anhand der Hypothese der integrierten Kompetition zusammen, die eine Rahmentheorie sowohl für den kognitiven als auch den neurokognitiven Ansatz darstellt. Die ▶ Kap. 13–15 sind der Darstellung der handlungssteuernden Funktion der Aufmerksamkeit gewidmet. In ▶ Kap. 13 wird das Konzept struktureller Engpässe im Informationsverarbeitungssystem erläutert, und es werden Vorhersagen bezüglich verschiedener Arten limitierter Verarbeitungsressourcen abgeleitet und empirisch überprüft. In ▶ Kap. 14 wird das Konzept der Automatizität von Handlung entwickelt, und es werden Fragen zur Rolle selektiver Aufmerksamkeit für die Verhaltenssteuerung diskutiert. Dabei wird das Konzept einer exekutiven Kontrollinstanz eingeführt und begründet. In ▶ Kap. 15 schließlich werden Studien zu den neurokognitiven Grundlagen der Mechanismen der exekutiven Kontrolle diskutiert. Der Text wird ergänzt durch Textboxen, die der Erklärung von methodischen Vorgehensweisen, sowie von Begriffen oder Methoden dienen, die für das Verständnis der jeweiligen Kapitel erforderlich sind.

Bei der Entstehung des vorliegenden Buches war die Unterstützung insbesondere von Frau Marion Krämer und Frau Anja Groth vom Springer-Verlag sowie von Frau Natalia Ducka und Frau Kristin Golombek sehr hilfreich, und wir möchten uns dafür recht herzlich bedanken.

München, Juni 2014
Hermann Müller, Joseph Krummenacher und Torsten Schubert

Autoren

Hermann J. Müller ist Professor für Allgemeine und Experimentelle Psychologie an der Ludwig-Maximilians-Universität München. Die Schwerpunkte seiner Lehre bilden Visuelle Wahrnehmung, Aufmerksamkeit und Kognitive Kontrolle. In seiner aktuellen Forschung beschäftigt er sich insbesondere mit der Steuerung visueller Suchprozesse.

Joseph Krummenacher ist Hochschuldozent an der Ludwig-Maximilians-Universität München. Die Schwerpunkte seiner Lehre sind empirische Methoden, kognitive Mechanismen der Wahrnehmung und Selektion sowie neuropsychologische Ansätze. Seine aktuelle Forschung befasst sich mit der multisensorischen Integration bei der selektiven Verarbeitung.

Torsten Schubert ist Hochschuldozent an der Humboldt-Universität zu Berlin. Seine aktuelle Forschung befasst sich mit der exekutiven Kontrolle sowie Arbeitsgedächtnis- und Aufmerksamkeitsprozessen.

Inhaltsverzeichnis

Grundlagen

Hermann J. Müller, Joseph Krummenacher, Torsten Schubert

H. J. Müller, J. Krummenacher, T. Schubert, *Aufmerksamkeit und Handlungssteuerung,*
DOI 10.1007/978-3-642-41825-9_1, © Springer-Verlag Berlin Heidelberg 2015

1

Sie sind unterwegs, um jemanden vom Bahnhof abzuholen, den Sie heute zum ersten Mal treffen. Auf der Straße nehmen Sie mehr oder weniger das gesamte Verkehrsgeschehen wahr, das sich um Ihr Fahrzeug herum abspielt. Ihre Augen sind dabei im normalen Verkehr vorwiegend auf das Verkehrsgeschehen vor Ihnen gerichtet. Während Sie planen, ein anderes Fahrzeug zu überholen, achten Sie beim Wechsel der Fahrspur auf den Abstand zum Fahrzeug, das sich auf der Überholspur bewegt, indem Sie einen Blick in den Rückspiegel werfen. Kurz vor dem Spurwechsel drehen Sie Ihren Kopf, um mit einem kurzen Blick über die Schulter sicherzustellen, dass Sie kein im toten Winkel neben Ihnen herfahrendes Auto übersehen. Um den Überholvorgang abzuschließen, blicken Sie wieder in den Rückspiegel, um zu prüfen, ob der Abstand zum überholten Fahrzeug für den Spurwechsel groß genug ist. Ein Schild am Straßenrand signalisiert Ihnen die Abzweigung zum Bahnhof, ein anderes zeigt eine niedrigere Höchstgeschwindigkeit an. Sie richten Ihren Blick kurzzeitig auf den Tachometer, stellen fest, dass Sie zu schnell fahren, und bremsen ab; dabei wird Ihr Blick unwillkürlich auf das Fahrzeug hinter Ihnen gezogen, das im Rückspiegel bedrohlich größer wird. In der Nähe des Bahnhofs drehen Sie die Musik leiser, um die Richtungsansagen Ihres Navigationssystems besser verstehen zu können, ab und zu richten Sie Ihren Blick auf das Display, um eine visuelle Bestätigung zu bekommen, dass Sie auf dem richtigen Weg sind.

Am Bahnhof angekommen, suchen Sie einen Hinweis, der Sie zum Bahnsteig bringt, wobei Ihr Blick immer wieder von grellbunten Werbeplakaten angezogen wird. Dem Pfeilsymbol zum Bahnsteig folgend, ändern Sie kontinuierlich leicht Ihre Gehrichtung und -geschwindigkeit, um anderen Menschen auszuweichen, die Ihren Weg in verschiedenen Richtungen kreuzen. Die Passagiere haben den Zug schon verlassen und strömen als dichtgedrängte, buntgekleidete Menschenmenge den Bahnsteig entlang auf Sie zu. Schon haben Sie Ihren Bekannten entdeckt, als eines der wenigen dunkelhäutigen Gesichter in der Menge ist er Ihnen gleich ins Auge gesprungen.

Unsere Sinnessysteme verarbeiten kontinuierlich einen Strom an Informationen, die, zusammen mit aktivierten Gedächtnisinhalten, die effiziente Steuerung von Denkvorgängen und die zielgerichtete Interaktion mit der Umwelt und die Kommunikation mit anderen Menschen ermöglichen. Nur ein kleiner Teil der von den verschiedenen Sinnesorganen verarbeiteten bzw. der im Gedächtnis gespeicherten Informationen ist für einen aktuellen Denkprozess oder eine geplante Handlung von Bedeutung; ein weitaus größerer Teil der Sinnes- und Gedächtnisinformation ist für das Denken und Handeln entweder nicht relevant oder gar störend. Die kognitiven Mechanismen, die aktiviert werden, um die für das Steuern von Denkakten und das Erreichen von Handlungszielen relevanten Informationen zu selektieren und irrelevante oder distrahierende Informationen zu deselektieren, werden unter dem Begriff der selektiven Aufmerksamkeit subsumiert.

Das Ziel dieses Buchs besteht darin, die kognitiven Prozesse der selektiven Aufmerksamkeit mithilfe einer Reihe speziell zu diesem Zweck entwickelter empirischer Methoden zu identifizieren, die Gehirnregionen und -netzwerke zu lokalisieren, die die kognitiven Prozesse vermitteln, und deren Interaktionen zu verstehen, und schließlich das Potential sowohl des aktuellen Wissens als auch der Untersuchungsansätze für Fragestellungen in der Anwendung – von der optimalen Gestaltung der Mensch-Maschine-Schnittstelle bis hin zur Analyse von sozialen Interaktionen – aufzuzeigen.

Die einleitenden Szenen aus dem Alltag beschreiben sehr gut einige der verschiedenen Möglichkeiten, die vom Aufmerksamkeitssystem eingesetzt werden, um Information zu selektieren bzw. zu deselektieren. Zum Beispiel kann das Blickfeld auf einen bestimmten Ausschnitt fokussiert werden, um diesen zu priorisieren, die Blickrichtung kann zwischen Informationsquellen verschoben werden; der Blick kann aber auch von auffälligen sensorischen Reizen angezogen werden. Hier spricht man von einer offenen, d. h. beobachtbaren, Aufmerksamkeitsverschiebung. Der Fokus der Verarbeitung kann von einer Sinnesmodalität auf eine andere hin verschoben werden, z. B. von der visuellen zur auditiven, wobei visuelle Stimuli selbst bei einer Fokussierung auf auditive Reize nach wie vor das Verhalten (mit)bestimmen können. Hier spricht man von einer verdeckten, d. h. nicht direkt beobachtbaren Aufmerksamkeitsverschiebung.

Bei der Analyse der Selektion sensorischen Inputs spricht man von Bottom-up-Verarbeitung, d. h. die Richtung, die die Information nimmt, verläuft von den Sinnesorganen in der Peripherie hin zu höheren (semantischen) kognitiven Prozessen im zentralen Nervensystem. Wird semantische Information z. B. in der Form von Vorwissen genutzt, wird von Top-down-Verarbeitung gesprochen. Wissen kann eingesetzt werden, um die Verarbeitung bestimmter Stimuli bzw. Stimulusmerkmale zu priorisieren.

Das Wissen um die Mechanismen und Prozesse der selektiven Aufmerksamkeit bzw. deren Beschreibung erklärt allerdings nicht deren Funktionsweise. Um das Funktionieren zu verstehen, werden in empirischen Untersuchungen gezielte und gut kontrollierte Manipulationen eingesetzt, die es ermöglichen, die Auswirkungen verschiedener experimenteller Bedingungen auf das beobachtbare Verhalten zu untersuchen. Veränderungen im Verhalten bzw. in der Leistung von Probanden erlauben im Rahmen von theoretischen Modellen Rückschlüsse auf die kognitiven Mechanismen, die das Verhalten bzw. die Leistung erklären können. Kognitive Modelle bzw. Theorien erlauben dann die Identifikation von Gehirnarealen, die die kognitiven Prozesse vermitteln.

So, wie wir die Möglichkeit haben, die Intensität mancher Stimuli zu verändern (Lautstärke des Radios, Helligkeit eines Bildschirms etc.), so hat das menschliche Informationsverarbeitungssystem Mechanismen entwickelt, Information zu priorisieren bzw. abzuschwächen. Herauszuarbeiten, wie diese Mechanismen funktionieren, ist das Ziel der Aufmerksamkeitsforschung. Bevor spezifische Untersuchungen zur Funktion der Mechanismen der selektiven Aufmerksamkeit diskutiert werden, soll kurz das Paradigma, d. h. der theoretische Rahmen und die Methoden der kognitiven Psychologie diskutiert werden.

1.1 Kognitive Psychologie

In der psychologischen Forschung ist es möglich, dass zu einer bestimmten Zeit mehrere theoretische Ansätze gleichzeitig nebeneinander existieren. Der behaviorale Ansatz befasst sich zentral mit der Frage, welche Reizmuster welche Reaktionen hervorrufen und trägt wesentlich zum Verstehen des (operanten) Lernens bei. Den zwischen Reiz und Reaktion vermittelnden Strukturen werden dabei keine spezielle Bedeutung zugeschrieben. Die kognitive Psychologie dagegen ist am Verstehen genau der Prozesse interessiert, die der Reizverarbeitung und der Verhaltenssteuerung zugrunde liegen bzw. zwischen sensorischem Reiz und Verhalten vermitteln. In der Definition von Ulric Neisser (1967) „verweist der Begriff ‚Kognition' auf diejenigen Prozesse, durch die sensorischer Input transformiert, reduziert, elaboriert, gespeichert, aufgerufen und genutzt wird"[1] (Neisser 1967, S. 4).

Wesentliche Charakteristika des Ansatzes der kognitiven Psychologie liegen darin, dass der Mensch als ein Information verarbeitendes Wesen betrachtet wird und dass daher Kognitionen als Mechanismen der Informationsverarbeitung angesehen werden. Es wird von einem Informationsfluss von den Sinnesorganen zu den Gehirnregionen ausgegangen, die Denken vermitteln

---

1   „The term ‚cognition' refers to all processes by which the sensory input is transformed, reduced, elaborated, stored, recovered, and used."

1

und Verhalten kontrollieren, wobei Verhalten der beobachtbare Ausdruck der Informationsverarbeitung ist. Die Ziele der Forschung liegen darin, zu untersuchen, welche kognitiven Prozesse (notwendigerweise) existieren, sowie die exakte Funktionsweise und Interaktion dieser Prozesse zu verstehen. Schwerpunkte der Forschung sind die Sinnesverarbeitung (Transformation von Energie aus der Umwelt in der Form etwa von elektromagnetischen Wellen oder Schalldrücken in Nervenimpulse), die Generierung von Repräsentationen von Teilen der Umweltinformation (Reduktion) unter Einbezug des aktuellen Kontexts bzw. aktueller Verhaltensziele (Elaboration), das Ablegen von Repräsentationen im Gedächtnis (Speicherung), die Wiederherstellung bzw. der Aufruf früherer sensorischer Informationen bzw. Denkinhalte aus dem Gedächtnis (Aufruf) und die Manipulation von Repräsentationen im Arbeitsgedächtnis (Nutzung).

In der Kognitionsforschung wird zum Gewinnen wissenschaftlich fundierter Erkenntnisse hauptsächlich die experimentelle Methode eingesetzt, wobei in einer kontrollierten Versuchsumgebung interessierende Variablen gezielt manipuliert und die Auswirkungen der Manipulationen auf Leistungsmaße untersucht werden (s. ▶ Kasten „Methoden der kognitiven Psychologie – Psychophysik"). Kognitive Prozesse werden zudem mithilfe stochastischer Modelle (z. B. mithilfe von Diffusionsprozessen) oder neuronaler Netzwerke simuliert.

1.2   Neurokognitive Psychologie

Während neurologische Läsionsstudien seit langem bedeutende Beiträge zum Verständnis kognitiver Prozesse leisten, besteht seit etwa der Mitte der 90er-Jahre des vergangenen Jahrhunderts die Möglichkeit, mithilfe bildgebender Verfahren wie der funktionellen Magnetresonanztomographie (fMRT) oder der Elektroenzephalographie (EEG) das gesunde, unbeeinträchtigte Gehirn zeitnah während der Ausführung experimenteller Aufgaben zu beobachten und durch die Auswertung verschiedener mit der Gehirnaktivität relatierter Maße (wie Blutsauerstoffgehalt oder gehirnelektrische Aktivität) auf die zugrundeliegenden kognitiven Operationen zu schließen. Der Einsatz dieser und ähnlicher Methoden (s. ▶ Kasten „Methoden der kognitiven Psychologie – Psychophysik") hat sowohl zur Stärkung des kognitiven Ansatzes als auch zu einer Erweiterung des Wissens über die Funktionsweise kognitiver Prozesse wesentlich beigetragen.

1.3   Die Selektionsfunktion der Aufmerksamkeit

Der Entwurf des kognitiven Ansatzes (s. ▶ Kasten „Methoden der kognitiven Psychologie – Psychophysik") erfordert das Vorhandensein einer Selektionsfunktion, d. h. das Vorhandensein von Prozessen der Aufmerksamkeit.

Beträchtliche Auswirkungen sowohl auf den methodischen Untersuchungsansatz als auch auf die Interpretation von Ergebnissen hat die Frage nach der spezifischen Funktionsweise der selektiven Aufmerksamkeit im kognitiven System. Zwei mögliche Funktionsweisen haben sich aufgrund theoretischer Überlegungen herausgebildet, die *perzeptive Selektion* und die *handlungssteuernde Selektion*. Der Ansatz der *perzeptiven Selektion* (*selection for perception*) geht davon aus, dass mithilfe von Aufmerksamkeitsprozessen die Information selektiert wird, die notwendig ist, um eine bestimmte Situation oder einen bestimmten Sachverhalt zu verstehen. Ein Beispiel ist das sogenannte Cocktail-Party-Phänomen. Auf einer Party mit vielen in kleinen Gruppen miteinander sprechenden Leuten, Musik und anderen Geräuschen gelingt es, den Äußerungen einer bestimmten Person zu folgen, d. h. diese zu selektieren, während die

Methoden der kognitiven Psychologie – Psychophysik

Absolutschwelle. Eine grundlegende Frage für das Verstehen des menschlichen Verhaltens liegt darin, zu wissen, welche Intensität eines sensorischen Stimulus (z. B. welche Menge Photonen oder welcher mechanische Druck oder Schalldruck) überhaupt eine Sinneswahrnehmung hervorruft. Der Zusammenhang zwischen minimalem Stimulus und Wahrnehmung wird als die absolute Schwelle bezeichnet und kann mithilfe verschiedener Methoden untersucht werden. Die Verfahren sind die Grenz-, Herstellungs- und Konstanzmethoden. In einem Experiment, das die *Grenzmethode* verwendet, werden Stimuli mit objektiv messbaren Intensitäten dargeboten, die eindeutig wahrnehmbar (überschwellig) bzw. nicht wahrnehmbar (unterschwellig) sind; die Stimulusintensität wird schrittweise so lange verringert bzw. vergrößert, bis der Proband indiziert, den Stimulus nicht mehr wahrzunehmen bzw. ihn wahrzunehmen. In der *Herstellungsmethode* dekrementiert bzw. inkrementiert der Proband die Stimulusintensität selbst, bis der Stimulus nicht mehr wahrnehmbar bzw. gerade eben wahrnehmbar ist. In der *Konstanzmethode* werden die Stimuli verschiedener Intensität in zufälliger Reihenfolge dargeboten und der Proband indiziert mit einer von zwei möglichen Antworten (z. B. durch das Drücken einer von zwei Tasten),

ob ein Stimulus vorhanden war oder nicht.
Unterschiedsschwelle. Ein ähnlicher Zugang befasst sich mit der Frage, wie groß der Unterschied zwischen zwei sensorischen Stimuli sein muss, damit sie einen jeweils gleich großen Unterschied in der Empfindung hervorrufen. Der Zusammenhang zwischen Intensitätsunterschied und Empfindungsunterschied wird als Unterschiedsschwelle bezeichnet und mit an die Aufgabe angepassten Grenz-, Herstellungs- und Konstanzverfahren untersucht.
Da die dargestellten Verfahren die Gesetzmäßigkeiten physikalischer Eigenschaften (sensorischer Stimulus) und psychischer Erfahrungen untersuchen, wird von Psychophysik gesprochen. Ein zentrales Ergebnis psychophysischer Untersuchungen zeigt, dass Stimulus und Empfindung einem kurvilinearen Zusammenhang folgen. Eine Zunahme der Stimulusintensität führt also nicht zu einer gleich großen (d. h. linearen) Zunahme der Empfindungsstärke, vielmehr folgt der Zusammenhang einer sigmoiden Funktion, die sich als Wahrscheinlichkeitsfunktion wie folgt erklären lässt: Eine sehr geringe Stimulusintensität (z. B. die Unterhaltung zweier Personen in großer Entfernung) führt eine Empfindung und die damit verbundene „vorhanden"-Antwort nur mit einer sehr geringen

Wahrscheinlichkeit nahe 0 nach sich; eine sehr hohe Stimulusintensität (z. B. der Freudenschrei einer Person in unmittelbarer Nähe) zieht eine Empfindung mit einer großen Wahrscheinlichkeit nahe 1 nach sich. Bei einer schrittweisen Erhöhung der Stimulusintensität steigt die Wahrscheinlichkeit einer „vorhanden"-Antwort leicht an, ebenso nimmt sie leicht ab, wenn eine sehr hohe Intensität leicht reduziert wird. Zwischen geringen und hohen Intensitäten gibt es einen Intensitätsbereich, innerhalb dessen die Wahrscheinlichkeit einer Empfindung ungefähr 0,5 ist; d. h. in manchen Fällen führt die Stimulation zu einer Empfindung, in manchen Fällen jedoch nicht. Die Stimulusintensität, die mit einer Wahrscheinlichkeit von 50 % zu einer Empfindung führt, wird als *Empfindungs-* oder *Absolutschwelle* bezeichnet.
In Untersuchungen zur Unterschiedsschwelle können die beiden zu vergleichenden Stimuli gleichzeitig, an zwei benachbarten Stellen im visuellen Feld, oder aber in zeitlicher Sequenz, an der derselben Stelle im visuellen Feld, präsentiert werden. Der Unterschied in einem Stimulusmerkmal, der zur Empfindung unterschiedlicher Stimuli führt, wird als der *eben merkliche Unterschied (just noticeable difference)* bezeichnet. Die Ergebnisse entsprechender Untersuchungen ergeben die Unterschiedsschwelle.

Äußerungen anderer Personen zwar von den Sinnessystemen registriert, inhaltlich aber nicht verarbeitet werden, d. h. deselektiert werden.

Die *handlungsvermittelnde Funktion* (*selection for action*; Allport 1987; Neumann 1987; Van der Heijden 1992) besteht darin, alle Komponenten des kognitiven Systems, von der Wahrnehmung bis zur motorischen Reaktion, so einzustellen, dass die in der jeweils zu erledigenden Aufgabe spezifizierten Handlungsziele möglichst effizient (koordiniert) erreicht werden. Das durch die Aufmerksamkeit zu lösende Problem liegt also darin, „wie zu ermöglichen ist, dass

1

Verhalten durch die richtige Information zur richtigen Zeit bezüglich des richtigen Objekts und in der richtigen Reihenfolge kontrolliert wird"[2] (Styles 1997, S. 118).

Die Grundidee der handlungssteuernden Selektion wird im Ansatz von Neumann (1987) veranschaulicht. Nach Neumann ist eine *Handlung* (*action*) eine nichtreflexive Sequenz von Bewegungen, die durch dieselbe interne Kontrollstruktur gesteuert werden. Handlungen werden durch *Fertigkeiten* (*skills*) gesteuert, die als hierarchisch strukturierte Schemata im (prozeduralen) Langzeitgedächtnis gespeichert sind. Die handlungssteuernde Selektion (*selection for action*) involviert dabei mehrere Selektionsprobleme, insbesondere das der Effektorrekrutierung und das der Spezifikation der Handlungsparameter. Für das Problem der Effektorrekrutierung illustriert Neumann zwei mögliche Lösungen, wobei er auf die Metapher eines vielbefahrenen Eisenbahnnetzes zurückgreift, mit einer zentralen Steuerungsinstanz oder aber multiplen dezentral-automatischen Kontrollsystemen, die eine Kapazitätsbeschränkung in der Ausführung von Handlungen bedingen: Eine Lösung für die Vermeidung von Zusammenstößen besteht in der Einrichtung einer zentralen Steuerungsstation, die die Züge auf den Gleiswegen kontrolliert; eine andere Lösung besteht in einem System, in dem das Gleisnetz in Abschnitte unterteilt ist und ein Zug, sobald er in einen Abschnitt einfährt, automatisch Signale setzt, die andere Züge von der gleichzeitigen Benutzung des Abschnitts abhalten. Dies führt zu einem Kapazitätslimit, „weil eine laufende Handlung alle anderen möglichen Handlungen hemmt"[3] (Neumann 1987, S. 378).

Der Ansatz der handlungssteuernden Selektion weist also darauf hin, dass selektive Aufmerksamkeit nur im umfassenderen *Kontext von Handlungen* verstanden werden kann, wobei die funktionelle Architektur des gesamten Verarbeitungssystems mit zu betrachten ist. Diese Architektur bedingt, dass die menschliche Performanz, d. h. die Art und Weise, wie eine Aufgabe ausgeführt werden kann, limitiert ist: Sie gestattet nur die Ausführung einer begrenzten Anzahl von Handlungen zu einer Zeit (im Extremfall von nur einer Handlung). Die Untersuchung der funktionellen Architektur des Verarbeitungssystems impliziert also die Frage, worin die Beschränkung(en) in der Ausführung von Handlungen begründet ist (sind). Daneben stellt sich die Frage, wie sie für die Lösung praktischer Probleme so weit wie möglich umgangen werden kann (können). Diese Fragen werden in der Forschung im Zusammenhang mit *Aufmerksamkeit und Handlung* thematisiert.

■ **Anwendung**

Die eingangs geschilderten Situationen sind nur wenige aus einer unerschöpflichen Menge von Beispielen, die aufzeigen, dass Mechanismen der selektiven Aufmerksamkeit die zielgerichtete Interaktion von Menschen mit der Umwelt bzw. mit anderen Menschen erst ermöglichen. Je kürzer der Zeitraum ist, innerhalb dessen – wie etwa beim Lenken eines Fahrzeugs – Entscheidungen getroffen werden müssen, desto wichtiger ist es, dass die dafür benötigte sensorische Information effizient, d. h. möglichst schnell und fehlerfrei, selektiert wird. Selbst eine geringfügige Beeinträchtigung des Ablaufs des Selektionsprozesses – etwa durch ein unerwartetes Ereignis oder eine unerwartete Verhaltensweise – kann weitreichende Konsequenzen nach sich ziehen. Zusammen mit detailliertem Wissen über die Funktionsweise der Mechanismen der selektiven Aufmerksamkeit ergeben sich Anforderungen an die Gestaltung (z. B. visuelle Domäne: Verwendung von Farben, Formen, Größen, Helligkeiten von Objekten; auditiv: Lautstärke, Tonhöhe von Signalen und Sprachäußerungen; taktil: Frequenz, Intensität von vibrotak-

---

2   „… how to allow behavior to be controlled by the right information at the right time to the right object in the right order."

3   „… because one ongoing action inhibits all other possible actions."

tilen Reizen) und die Präsentation (Sequenz: seriell, parallel; Art und Zeitpunkt des Einsetzens und Absetzens sensorischer Signale; Möglichkeiten der Integration über Sinnesmodalitäten und Repräsentationsformen hinweg) von Informationen. Neben dem genannten Einsatz in der Ergonomie, d. h. der Gestaltung der Mensch-Maschine-Schnittstelle bzw. einer angestrebten Gehirn-Maschine-Schnittstelle, spielt die Selektionsfunktion der Aufmerksamkeit auch im Sport (z. B. möglichst schnelles Erkennen relevanter Spielsituationen bzw. -konstellationen und deren Konsequenzen im weiteren Verlauf des Wettkampfs in Mannschaftssportarten), in sozialen Situationen (Erkennen von Konstellationen von Gesichtsmuskeln [Augen, Mund] als Expression affektiver oder emotionaler Zustände bei einem Interaktionspartner, die oft nur Bruchteile von Sekunden andauernd, jedoch für den Verlauf einer Interaktion von entscheidender Bedeutung sein können) sowie bei vielen weiteren angewandten Fragestellungen eine zentrale Rolle.

Im weiteren Verlauf werden in den einzelnen Kapiteln Konsequenzen der diskutierten grundlagenwissenschaftlichen Ansätze und Ergebnisse für Probleme aus verschiedenen Anwendungsbereichen erörtert.

■ **Speed Read**
━ Die alltägliche Erfahrung zeigt, dass nur ein Teil der vorhandenen Umweltinformationen verarbeitet wird, und dass nur ein Teil der Gedächtnisinhalte zu einer gegebenen Zeit aktiv ist.
━ Die Kognitionsforschung ist bestrebt, die Mechanismen und Prozesse zu verstehen, die Umweltinformationen in Gehirnrepräsentationen transformieren, die eine Integration mit Gedächtnisinhalten und damit die willentliche Steuerung von Verhalten ermöglichen.
━ Die Existenz eines Mechanismus zur Selektion von Information (d. h. von selektiver Aufmerksamkeit), die für ein aktuelles Handlungsziel relevant ist, bzw. die Deselektion von irrelevanter bzw. störender Information ist eine Voraussetzung für das Funktionieren des kognitiven Systems.
━ Die Untersuchung der Mechanismen selektiver Aufmerksamkeit kann aus zwei Perspektiven heraus motiviert sein: aufgrund der handlungssteuernden Selektion und der perzeptuellen Selektion. Handlungssteuernde Selektion stellt das kognitive System auf die Ausführung einer geplanten Handlung ein. Perzeptive Selektion ermöglicht die Fokussierung auf bestimmte sensorische Inhalte, um Wahrnehmung zu ermöglichen.
━ Perzeptive Selektion → Wahrnehmung → zur Kontrolle von Denkprozessen
━ Handlungssteuernde Selektion → Einstellung kognitiver Parameter → zur Steuerung von Handlung

Perzeptive selektive Aufmerksamkeit

Hermann J. Müller, Joseph Krummenacher, Torsten Schubert

H. J. Müller, J. Krummenacher, T. Schubert, *Aufmerksamkeit und Handlungssteuerung,*
DOI 10.1007/978-3-642-41825-9_2, © Springer-Verlag Berlin Heidelberg 2015

2

Im Folgenden wollen wir uns Situationen zuwenden, in denen der Einstellung von Handlungsparametern eine geringe Bedeutung zukommt, (z. B. weil keine zielgerichteten Handlungen geplant sind), in denen es primär darum geht, relevante sensorische Stimuli zu selektieren und störende Reize zu deselektieren, um eine Wahrnehmung zu ermöglichen.

Die Selektionsfunktion der Aufmerksamkeit wird deutlich, wenn man sich vergegenwärtigt, dass zu einem gegebenen Zeitpunkt eine große Menge von visuellen, auditiven, taktilen etc. Reizen auf unsere verschiedenen Sinnesorgane einwirken und sensorische Rezeptionsprozesse in Gang setzen. Allerdings werden wir uns nur eines kleinen Ausschnitts aus dieser Informationsmenge bewusst, bzw. nur ein kleiner Ausschnitt aus dieser Menge determiniert unsere fortlaufende Interaktion mit der Umwelt. Dies heißt, aus der Gesamtmenge der sensorischen Information (sowie der im Gedächtnis gespeicherten Information) muss ständig die relevante Teilmenge ausgewählt werden, um kohärente Wahrnehmungen und effizientes und möglichst wenig durch störende Reize beeinträchtigtes Handeln zu ermöglichen. Auf welche Weise die Aufmerksamkeit diese Funktion erfüllt, ist Gegenstand der Forschung zur selektiven Aufmerksamkeit. Im Folgenden werden zunächst klassische Paradigmen, Befunde und theoretische Ansätze der experimentellen kognitions-psychologischen Forschung zur selektiven auditiven Aufmerksamkeit dargestellt – nicht zuletzt, weil diese Forschung eine Reihe von theoretischen Kontroversen aufwarf, die die aktuellen Debatten nach wie vor bestimmen. Darüber hinaus bilden die im Rahmen der dargestellten Studien entwickelten experimentellen Zugänge einen Methodenkanon, der (z. T. in abgeänderter bzw. weiterentwickelter Form) in der empirischen Forschung oder auch der neuropsychologischen Diagnostik nach wie vor eingesetzt wird. Anschließend folgt eine Darstellung neuerer Forschungsarbeiten zur selektiven visuellen Aufmerksamkeit, die auch Schlüsselstudien zu den neurokognitiven Mechanismen einbeziehen, die der visuellen Selektion zugrunde liegen.

2.1   Klassische Ansätze zur selektiven Aufmerksamkeit

Methodisch begründet sich die moderne Forschung zur selektiven Aufmerksamkeit auf drei Paradigmen, von denen zwei Aufmerksamkeit in der (sprachlich-)auditiven Modalität untersuchten: Cherrys (1953) Paradigma des *dichotischen Hörens* (*dichotic listening*), Broadbents (1954) *Split-span-Paradigma* und Welfords (1952) Paradigma zur Untersuchung der *psychologischen Refraktärperiode* (*psychological refractory period*, PRP; s. a. ▶ Abschn. 13.1.1). Die experimentellen Untersuchungen mittels dieser Paradigmen führten zur ersten Informationsverarbeitungstheorie der Aufmerksamkeit, der *Filtertheorie* von Broadbent (1958), die den Ausgangspunkt für alle späteren Theorievorschläge und theoretischen Kontroversen bildet.

Cherry (1953) war an dem sogenannten Cocktailpartyphänomen interessiert, d. h. an der Frage, wie man es fertigbringt, einem bestimmten Gespräch in einem Raum zu folgen, in dem es einen Hintergrund anderer Gespräche gibt. Zur experimentellen Untersuchung dieser Frage entwickelte Cherry das Paradigma des dichotischen Hörens. In diesem Paradigma werden dem linken und dem rechten Ohr der Probanden gleichzeitig je eine „Nachricht" zugespielt, wobei eine der Nachrichten zu *beschatten*, d. h. laut nachzusprechen (zu beachten), ist, daher wird die Methode auch als *shadowing* bezeichnet. Im Anschluss an Beschattungsdurchgänge waren die Probanden kaum in der Lage, die Bedeutung der nichtbeachteten Nachricht wiederzugeben oder zu berichten, ob von einer Sprache (Englisch) in eine andere (Deutsch mit englischem Akzent, gesprochen vom selben Sprecher) gewechselt wurde. Die Probanden bemerkten jedoch, wenn die Stimme des Sprechers von der eines Mannes zu der einer Frau wechselte oder wenn ein *Beep*-Ton präsentiert wurde. Bei Darbietung von zwei Nachrichten mit derselben

Stimme in einem Ohr fanden die Probanden die Beschattung einer Nachricht (auf der Basis ihres Inhaltes) äußerst schwierig, und sie waren nicht in der Lage, die beiden Nachrichten auseinanderzuhalten.

In Broadbents (1954) *Split-span-Paradigma* wird dem Probanden beispielsweise eine Sequenz von simultanen Ziffernpaaren dargeboten, die eine Ziffer dem linken und die andere dem rechten Ohr (z. B. 2–7, 6–9, 1–5). Der Proband hat die Aufgabe, die Ziffern möglichst vollständig wiederzugeben. Bei der Analyse zeigte sich, dass die Wiedergabe bevorzugt nach Ohr (2–6–1, 7–9–5), nicht jedoch nach Darbietungspaaren (2–7, 6–9, 1–5), erfolgte. Broadbent (1958) schloss aus diesen Befunden, dass aufgabenirrelevante Nachrichten vor ihrer vollen Verarbeitung abgeblockt werden; dass physikalische Merkmale der Eingangsinformation effektive *Hinweisreize* (*cues*) sind, um die unterschiedlichen Nachrichten auseinanderzuhalten; dass nur physikalische Merkmale der nichtbeachteten Nachricht entdeckt werden können; und dass folglich die Nachrichtenselektion auf der Basis physikalischer Reizmerkmale (z. B. Reizort, [d. h. Ohr], Frequenz etc.) erfolgt.

Eine weitere wichtige Quelle von Befunden für Broadbent waren Welfords (1952) Untersuchungen zur psychologischen Refraktärperiode (PRP). Einem Probanden wurden zwei Reize in schneller Aufeinanderfolge dargeboten, und der Proband musste so rasch wie möglich auf jeden der Reize reagieren. Dabei zeigte sich, dass die Reaktionszeit auf den zweiten Reiz von der Zeitverzögerung zwischen dem Einsetzen des ersten und dem Einsetzen des zweiten Reizes abhängt (Stimulus Onset Asynchrony, SOA): Bei kurzen SOA ist die Reaktionszeit umso länger, je kürzer die Zeitverzögerung ist. Welford interpretierte die Reaktionszeitverlängerung im Sinne einer psychologischen Refraktärperiode, die auf einen *Engpass* oder *Flaschenhals* (*bottle-neck*) im Verarbeitungssystem zurückgeht: Die Verarbeitung des ersten Reizes muss abgeschlossen sein, bevor die des zweiten Reizes beginnen kann (serielle Verarbeitung). Da die zwei Reize sensorisch (d. h. peripher) unmittelbar registriert werden, betrachtete man die PRP als Evidenz für eine zentrale Beschränkung in der menschlichen Informationsverarbeitungskapazität.

2.2 Die Filtertheorie der Aufmerksamkeit

Broadbent (1958) versuchte, die drei grundlegenden Befunde in seiner Filtertheorie der Aufmerksamkeit zu integrieren (◻ Abb. 2.1). Nach dieser Theorie erlangen mehrere gleichzeitig dargebotene Eingangsreize – in der Situation des dichotischen Hörens die beiden dem linken bzw. rechten Ohr dargebotenen Nachrichten – parallel, d. h. simultan, Zugang zu einem sensorischen Speicher. Nur einer der Reize darf auf der Basis seiner physikalischen Merkmale (z. B. Ohr) einen selektiven Filter passieren. Die anderen Reize werden abgeblockt, verbleiben aber für einen eventuellen späteren Zugriff vorübergehend im Speicher. Der Filter ist notwendig, um ein kapazitätslimitiertes, strikt *serielles Verarbeitungssystem* (*limited-capacity channel*) jenseits des Filters vor Überlastung zu schützen. Dieses System verarbeitet die Eingangsinformation gründlich, d. h. semantisch. Nur die Information, die dieses System durchläuft, kommt ins Bewusstsein und kann Bestandteil des Langzeitgedächtnisses werden.

Die Filtertheorie macht also die folgenden „starken" Grundannahmen: Der Ort der Nachrichtenselektion ist *früh* (*early selection*), d. h., die Selektion erfolgt auf der Basis physikalischer Reizmerkmale; die Weiterleitung von Nachrichten erfolgt nach dem Alles-oder-nichts-Prinzip; die Art des Hinweisreizes, der der Nachrichtenselektion dient (d. h. physikalische Merkmale), reflektiert die Verarbeitungsstufe, die nichtbeachtete Nachrichten erreichen; und es gibt nur einen seriellen, kapazitätslimitierten zentralen Prozessor (Einkanalhypothese; vgl. Welford 1952).

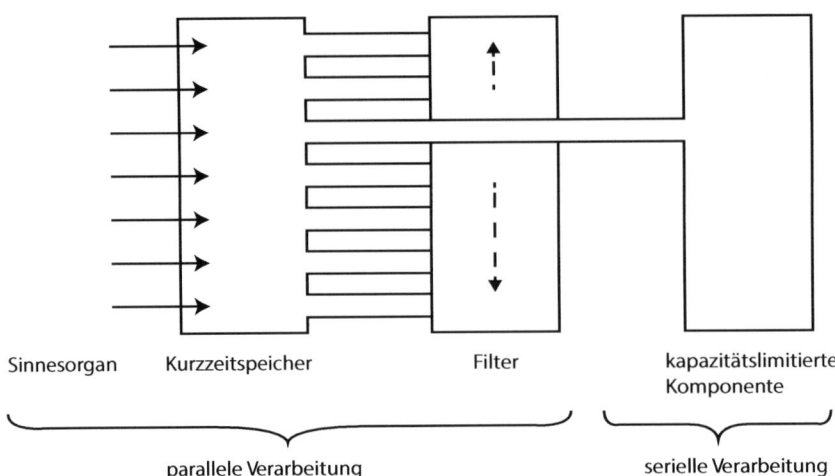

Sinnesorgan   Kurzzeitspeicher   Filter   kapazitätslimitierte
                                                                   Komponente

parallele Verarbeitung   serielle Verarbeitung

◘ **Abb. 2.1** Schematische Darstellung der Verarbeitungsarchitektur des Filtermodells von Broadbent (1958). Sinnesorgane transformieren Energie aus der Umwelt in elektrische Nervensignale, die für einen eventuellen späteren Zugriff in einem Kurzzeitspeicher abgelegt werden. Ein selektiver Filter lässt eine Nachricht passieren, während die anderen abgeblockt werden. Die Selektion erfolgt zu einem frühen Zeitpunkt aufgrund physikalischer Merkmale des Stimulus, und der Filter kann flexibel auf bestimmte Merkmale eingestellt werden. Die selektierte Nachricht erreicht eine kapazitätslimitierte Komponente, in der eine semantische Verarbeitung erfolgt

Folglich erfordert eine Teilung der Aufmerksamkeit zwischen zwei (oder mehr) Eingangskanälen rasches Umschalten des Filters zwischen den Kanälen (*multiplexing*).

2.3   Die Attenuationstheorie der Aufmerksamkeit

Im Anschluss an die Publikation von Broadbents (1958) Filtertheorie wurden jedoch eine Reihe von Befunden berichtet, die mit den starken Grundannahmen des Ansatzes unvereinbar waren und zu einer Revision der Theorie führten. Diese Befunde betrafen die Frage, ob und wie viel Information von einem nichtbeachteten, d. h. vom Filter blockierten, Kanal verarbeitet wird. Zum einen zeigte sich, dass es zum Durchbruch nichtbeachteter Information durch den Filter kommen kann; so z. B. entdeckt etwa ein Drittel der Probanden ihren eigenen Namen, wenn er in einem Experiment zum dichotischen Hören in der Nachricht des nichtbeachteten Kanals erwähnt wird (z. B. Moray 1959). Zum anderen konnte gezeigt werden, dass Information im nichtbeachteten Kanal semantisch bis zu einer bestimmten Stufe verarbeitet wird und die Interpretation von Information im beachteten Kanal beeinflussen kann (z. B. Von Wright et al. 1975). Zudem kann die Entdeckung kritischer Informationen im „nichtbeachteten" Kanal durch Übung wesentlich gesteigert werden (z. B. Underwood 1974).

Treisman (1964) versuchte, diesen Befunden in ihrer *Attenuationstheorie* der Aufmerksamkeit Rechnung zu tragen (vgl. ◘ Abb. 2.2). Im Gegensatz zur Alles-oder-nichts-Funktion des Filters in Broadbents (1958) Vorschlag, lässt diese Theorie eine abgeschwächte Weiterleitung und Verarbeitung nichtbeachteter Information zu. Die Weiterleitung erfolgt also nach dem Mehr-oder-weniger-Prinzip. Weiterhin ist der Ort der Selektion flexibel, wenn auch relativ früh, auf einer perzeptiven Stufe, angesetzt. Nach Treisman durchläuft die Eingangsinformation in ihrer Analyse eine Hierarchie von Verarbeitungsstufen, wobei das erreichte Analyseniveau von der verfügbaren Verarbeitungskapazität abhängt. Wird beispielsweise die Verarbeitung einer Nachricht betrachtet, so kann von einer Sequenz von Schritten wie der folgenden ausgegangen

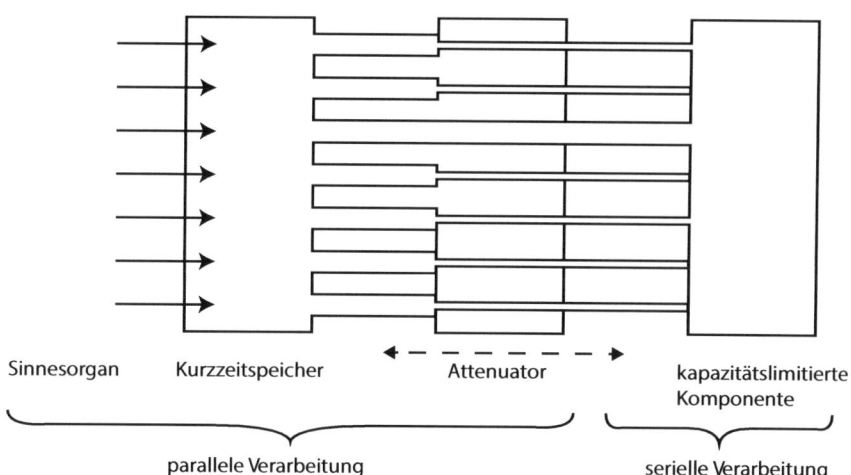

Sinnesorgan   Kurzzeitspeicher   Attenuator   kapazitätslimitierte Komponente

parallele Verarbeitung   serielle Verarbeitung

◨ **Abb. 2.2** Darstellung der Verarbeitungsarchitektur des Attenuationsmodells von Treisman (1964). Von den Sinnesorganen verarbeitete Umweltinformation wird in einem Kurzzeitgedächtnis für einen späteren Abruf gespeichert. Ein Attenuator schwächt nicht beachtete Informationen ab, während die beachtete Information die kapazitätslimitierte Komponente mit der Ausgangsstärke erreicht. Der Attenuator kann auf bestimmte Stimulusmerkmale eingestellt werden, zudem ist sein Ort – abhängig von der Belastung innerhalb des Verarbeitungssystems – zwischen dem sensorischen Kurzzeitspeicher und der kapazitätslimitierten Komponente verschiebbar. Mit den zusätzlichen Annahmen, dass bestimmte Einheiten im lexikalischen Speicher (wie etwa der eigene Name) eine erhöhte Grundaktivierung haben, und dass die Aktivierung einer Einheit das Überschreiten einer bestimmten Schwelle erfordert, kann das Attenuationsmodell erklären, wie nicht beachtete Information bewusst werden kann

werden: physikalisches Reizmuster → Silben → Wörter → usw. In diesem Zusammenhang entwickelte Treisman (1960) ein Modell der Worterkennung, dem zufolge das Verarbeitungssystem eine Reihe von lexikalischen Einheiten (*units*) enthält, von denen jede einem Wort entspricht. Jede Einheit integriert sowohl perzeptive als auch semantische Evidenz (d. h. Aktivation von perzeptiven und semantischen Verarbeitungseinheiten, mit denen sie verknüpft ist). Einheiten feuern, wenn ihre Aktivation eine Schwelle übersteigt, wodurch die Wortbedeutung bewusst werden kann. Die Einheiten haben unterschiedliche Aktivationsschwellen, abhängig von der „Salienz" und Auftretenshäufigkeit der entsprechenden Wörter. Wenn der Attenuator eine Reduktion des perzeptiven Inputs vom nichtbeachteten Kanal bewirkt, so kann eine Einheit nur dann feuern, wenn ihre Aktivationsschwelle hinreichend niedrig ist. Dies trifft z. B. auf die Einheit für den eigenen Namen zu, wodurch erklärbar wird, warum der eigene Name im nichtbeachteten Kanal zum „Durchbruch" kommt.

2.4 Theorie der „späten" Selektion

Ein radikal anderer Vorschlag wurde von Deutsch und Deutsch (1963) in einer theoretischen Arbeit gemacht. Während sowohl Broadbent (1958) als auch Treisman (1964) annehmen, dass die Selektion (relativ) *früh* (*early selection*) – am Eingangsende des Verarbeitungssystems – erfolgt, schlugen Deutsch und Deutsch vor, dass die Selektion *spät* – näher am Ausgabeende (der Reaktion) des Systems – erfolgt (*late selection*; ◨ Abb. 2.3). Mit anderen Worten nahmen Deutsch und Deutsch an, dass alle Eingangsreize vollständig analysiert werden: „… eine Nachricht erreicht dieselben perzeptuellen und diskriminativen Mechanismen, ob ihr Beachtung geschenkt wird oder nicht; und die Informationen werden dann von diesen Prozessen gruppiert

2

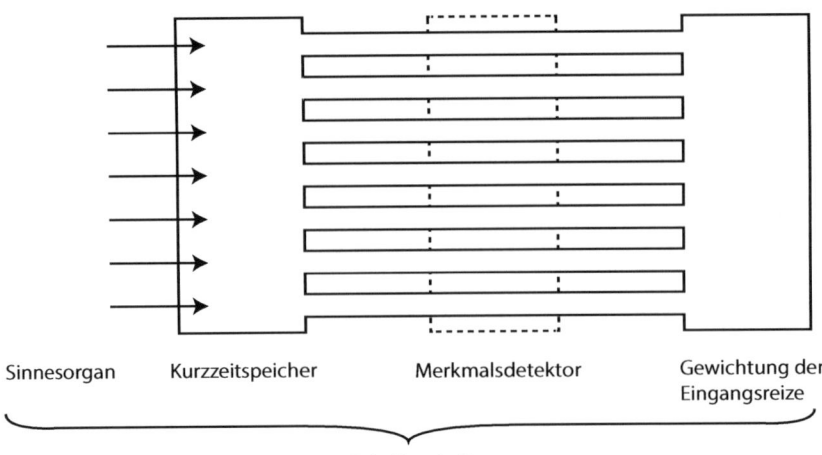

| Sinnesorgan | Kurzzeitspeicher | Merkmalsdetektor | Gewichtung der Eingangsreize |

parallele Verarbeitung

◘ Abb. 2.3 Schema einer Verarbeitungsarchitektur ohne Filter bzw. Attenuator auf der perzeptiven Verarbeitungsstufe, wie sie von Deutsch und Deutsch (1963) vorgeschlagen wurde. Die Gesamtheit der perzeptiven Information kommt auf der Stufe der semantischen Verarbeitung an, wo für das Erreichen aktueller Handlungsziele relevante Information mithilfe eines effizienten Prozesses gewichtet wird. Stimulusmerkmale werden auf einer Stufe vor der Semantik von Merkmalsdetektoren registriert

oder segregiert"[1] (Deutsch und Deutsch 1963, S. 83). Eine Weiterverarbeitung (wie z. B. Speicherung im Gedächtnis bzw. Determination der motorischen Reaktion) erfolgt dann nur für die Reize, die für die momentane Aufgabe am relevantesten sind. Dies setzt einen effizienten Prozess der Gewichtung aller Eingangsreize nach ihrer Relevanz voraus – bei einem seriell arbeitenden Prozessor wäre der erforderliche multiple Vergleichsprozess zu langwierig. Als Alternative zu einem seriellen Vergleich verwiesen Deutsch und Deutsch auf die Analogie der parallelen Bestimmung des größten Schülers in einer Klasse durch das Absenken einer gemeinsamen Messlatte über den Köpfen aller Schüler vor: Der Schüler, dessen Kopf die Latte berührt, ist der größte. In diesem Zusammenhang ist anzumerken, dass später entwickelte konnektionistische Ansätze in der Lage sind, das multiple Vergleichsproblem effizient zu lösen.

2.5   Frühe vs. späte Selektion

In der Folge kam es zu einer theoretischen Kontroverse zwischen Treisman (z. B. Treisman und Geffen 1967; Treisman und Riley 1969) und Deutsch und Deutsch (1967) bezüglich des Ortes der Selektion, *früh* vs. *spät*, deren Ausgang letztlich ohne eindeutige Entscheidung endete. Erst in neuerer Zeit gab es befriedigendere Ansätze, das Problem des Selektionsorts zu lösen. Eine mögliche Lösung wurde von Johnston und Heinz (1978) vorgeschlagen, die folgende Annahmen machten: Je mehr Verarbeitungsstadien vor der Selektion durchlaufen werden, umso größer ist der Bedarf an Verarbeitungskapazität; und die Selektion erfolgt so früh in der Verarbeitung, wie es die Aufgabenanforderungen erlauben, um den Kapazitätsbedarf zu minimieren. Johnston und Wilson (1980) konnten empirische Belege für diesen Vorschlag erbringen.

Eine alternative Lösung wurde von Lavie (1995) vorgeschlagen. Lavie geht von der Annahme aus, dass „… perzeptuelle Belastung bei der Determinierung der Effizienz selektiver Auf-

---

1   „… a message will reach the same perceptual and discriminatory mechanisms whether attention is paid to it or not; and such information is then grouped or segregated by these mechanisms."

merksamkeit eine ursächliche Rolle spielt"[2] (Lavie 1995, S. 463). Ob die Aufmerksamkeit früh oder spät wirkt, hängt von den Anforderungen der Aufgabe an die Zielreizselektion (*perceptual load*) ab. Aus dieser Annahme ergeben sich interessante und empirisch überprüfbare Vorhersagen. In Situationen, in denen die attentionalen Anforderungen gering sind, sollten irrelevante Distraktoren mitverarbeitet werden (weil Kapazität übrig ist) und Antwortinterferenz verursachen. Beansprucht die Zielreizselektion dagegen die Aufmerksamkeit vollständig, so werden keine Distraktoren verarbeitet. Zur Prüfung dieser Hypothese verwendete Lavie das sogenannte Flankierreizparadigma von Eriksen und Eriksen (1974), in dem den Probanden eine Reihe von Buchstaben (z. B. „BAB") dargeboten wird und sie eine bestimmte Reaktion (etwa einen Tastendruck mit der rechten Hand) auf den zentralen Zielbuchstaben (im Beispiel „A") auszuführen haben; falls die Flankierreize („B") eine damit inkompatible Reaktion erfordern (einen Tastendruck mit der linken Hand), kann es zu einer Verlängerung der Reaktionszeit kommen (Flankierreiz-Kompatibilitäts-Effekt, FKE). Lavie (1995) variierte nun die Anforderungen der Aufgabe an die Zielreizselektion und beobachtete die Auswirkungen dieser Variation auf den FKE. In Experiment 1 variierte die Menge der möglichen Zielreize (von 1 bis 6); die Ergebnisse zeigten ein FKE, der auf Mitverarbeitung der Flankierreize hinweist, aber nur bei geringer *perceptual load*. In Experiment 2 wurde die Reaktion auf den Zielreiz in einer „go/ no go"-Aufgabe von einem farbigen Formstimulus neben dem Zielreiz abhängig gemacht. (In einer „go/no go"-Aufgabe sind die Probanden instruiert, nur in bestimmten, vorher definierten Situationen zu reagieren, während sie in anderen Situationen eine Reaktion zu unterlassen haben.) In einer *Low-load*-Bedingung durften die Probanden nur reagieren (*go*), wenn dieser Stimulus blau war, aber nicht (*no go*), wenn er rot war. Dagegen durfte der Proband in einer *High-load*-Bedingung nur reagieren (*go*), wenn der Stimulus ein blaues Quadrat oder ein roter Kreis war, aber nicht (*no go*), wenn er ein rotes Quadrat oder ein blauer Kreis war. Das Ergebnis war wie folgt: *High-load* reduzierte die Interferenzwirkung eines Distraktors, der zusätzlich zu dem farbigen Formstimulus im Display enthalten war.

Es gibt also gute Evidenz dafür, dass der Ort der Aufmerksamkeitsselektion flexibel ist und von spezifischen Aufgabenfaktoren abhängig sein kann. Folglich kann es auf die Frage, ob die Selektion *früh* oder *spät* erfolgt, als solche keine singuläre Antwort geben (Allport 1989). Dennoch ist es interessant, dass es im Bereich der visuellen Aufmerksamkeit eine Reihe von modernen Ansätzen gibt, die als strenge Theorien der späten Selektion einzuordnen sind (z. B. Duncan und Humphreys 1989, 1992).

■ Anwendung

Die in diesem Kapitel diskutierten Ergebnisse sind aufschlussreich in Bezug auf Fragen der Gestaltung und Präsentation von Information. In der auditiven Sinnesmodalität ist es relativ leicht möglich, eine Informationsquelle aufgrund physikalischer Merkmale wie beispielsweise der Stimme oder der Quelle aus ablenkenden Informationen herauszufiltern und nicht den Filtereinstellungen entsprechende Informationen zu deselektieren. Das Auftauchen eines stark von den Filtereinstellungen abweichenden physikalischen Merkmals wie z. B. eines Tons wird jedoch mit hoher Wahrscheinlichkeit wahrgenommen und führt zu einer angemessenen Reaktion. Daraus lässt sich beispielsweise ableiten, dass in einer Situation, in der die Aufmerksamkeit möglichst schnell auf eine relevante Quelle gelenkt werden soll, der Kontrast zwischen der aktuellen Filtereinstellung und dem neuen physikalischen Merkmal möglichst groß sein sollte. Dazu wären u. U. Angaben über die aktuellen Filtereinstellungen bzw. physikalische Merkmale

---

2   „… perceptual load plays a causal role in determining the efficiency of selective attention."

2

des aktuellen sensorischen Reizes von Nutzen, damit die Merkmale eines neuen Reizes auf einen möglichst großen Kontrast zum aktuellen Reiz eingestellt werden können.

Die Zeitspanne zwischen mehreren aufeinanderfolgenden Reizen ist ebenfalls von entscheidender Bedeutung, wenn es darum geht, Überlastungen des Verarbeitungssystems, daraus entstehende Fehler bzw. unangemessene Verhaltensweisen aufgrund zu rasch aufeinanderfolgender Informationen zu vermeiden. Die effiziente Präsentation von Informationen erfordert jedoch auch, dass eine nicht zu lange Zeitspanne gewählt wird; dies bedeutet letztlich, dass Wissen über das Verhalten bzw. die Leistung in der jeweiligen Situation mithilfe empirischer Testung erworben werden muss.

Die Annahmen über einen Engpass bzw. Flaschenhals in der Informationsverarbeitung, wie sie im Filter- oder Attenuationsmodell gemacht werden, lassen in der Konsequenz nicht zu, dass mehrere Aufgaben gleichzeitig im Sinne des sogenannten Multitasking ausgeführt werden. Während der Flaschenhals im ursprünglichen Modell von Broadbent das Verarbeitungssystem vor Überlastung durch eine Informationsüberflutung schützen sollte (eine Annahme, die nicht unbedingt plausibel erscheint), kann die Existenz eines Engpasses auch funktional, im Sinne der handlungssteuernden Selektion interpretiert werden. Der Engpass ist dazu da, dass nur ein Handlungsziel zu einer Zeit verfolgt werden kann, um Interferenz, beispielsweise bei der Effektorrekrutierung – die eine Hand verfolgt ein Ziel, die andere Hand eine anderes – zu vermeiden.

- **Speed Read**
- Experimentelle Untersuchungen unter Verwendung des dichotischen Hörens zeigen, dass es möglich ist, sensorische Reize anhand physikalischer Merkmale zu selektieren. Selektion aufgrund semantischer Charakteristika dagegen ist nahezu unmöglich.
- Auch der Reizort, z. B. das linke oder rechte Ohr, kann ein Hinweisreiz für die Selektion sein. Werden Sequenzen von Reizpaaren gleichzeitig zum linken und rechten Ohr geschickt, so werden die Reize bevorzugt dem Reizort und nicht der zeitlichen Sequenz zugeordnet. Dies kann durch die kleinere Anzahl an Umschaltvorgängen zwischen den Reizorten erklärt werden und setzt das Vorhandensein eines sensorischen Speichers voraus.
- Werden zwei Stimuli dargeboten, die semantisch verarbeitet werden müssen, damit die korrekte Antwort gegeben bzw. ein der Situation angemessenes Verhalten gezeigt werden kann, so ist die Reaktionszeit auf den zweiten Stimulus von der Zeitspanne (Stimulus Onset Asynchrony, SOA) zwischen dem Beginn des ersten und zweiten Stimulus abhängig. Dieser Befund weist auf die Existenz eines Flaschenhalses hin, der die Verarbeitung nur eines Stimulus zu einer Zeit zulässt.
- Das Filtermodell von Broadbent (1958) integriert die (oben) diskutierten empirischen Ergebnisse, indem es annimmt, dass ein selektiver Filter nach dem Alles-oder-nichts-Prinzip sensorische Informationen aufgrund physikalischer Merkmale auswählt und an eine kapazitätslimitierte Stufe weiterleitet, auf der Information bewusst wird und semantisch verarbeitet wird.
- Die Attenuationstheorie der Aufmerksamkeit geht, im Gegensatz zum Filtermodell, davon aus, dass sensorische Information nach einem Mehr-oder-weniger-Prinzip verarbeitet wird. Während eine selektierte Nachricht die kapazitätslimitierte Verarbeitungsstufe erreicht, werden nicht selektierte Nachrichten in abgeschwächter Form weitergeleitet. Zusammen mit den Annahmen, dass lexikalische Einheiten voraktiviert sein können und dass eine Schwelle überschritten werden muss, damit eine Einheit aktiv wird, kann die Attenuationstheorie erklären, wie nichtbeachtete Nachrichten bewusst werden und das Verhalten beeinflussen können.

- Während die vorliegenden empirischen Ergebnisse als starke Evidenz für die Existenz eines perzeptuellen Filters bzw. Attenuators und damit im Sinne einer frühen (in der Nähe der perzeptuellen Stufen des Verarbeitungssystems lokalisierten) Selektion interpretiert werden können, lässt sich nicht ausschließen, dass die Selektion verhaltensrelevanter Information erst auf einer späten (in der Nähe der semantischen bzw. das Verhalten steuernden Verarbeitung lokalisierten) Stufe erfolgt.
- Neuere empirische Untersuchungen zeigen, dass die Filterung bzw. Attenuierung sensorischer Stimuli von den Anforderungen der Aufgabe an die Zielreizselektion (*perceptual load*) und von der Aufgabe selbst abhängt. Das selektive System verändert sich also flexibel in Abhängigkeit verschiedener Faktoren.

Visuelle selektive Aufmerksamkeit

Hermann J. Müller, Joseph Krummenacher, Torsten Schubert

H. J. Müller, J. Krummenacher, T. Schubert, *Aufmerksamkeit und Handlungssteuerung*,
DOI 10.1007/978-3-642-41825-9_3, © Springer-Verlag Berlin Heidelberg 2015

In den 60er- und den 70er-Jahren des 20. Jahrhunderts hat sich die Aufmerksamkeitsforschung zunehmend der Frage der Selektion in der visuellen Umwelt zugewandt. Diese Forschung hat im Wesentlichen zu drei Ansätzen geführt, die die selektive visuelle Aufmerksamkeit entweder als *ortsbasiert, objektbasiert* oder *dimensionsbasiert* begreifen. Diese Ansätze werden in den folgenden ▶ Kap. 3, 4 und 5 dargestellt.

3.1   Ortsbezogene selektive Aufmerksamkeit

3.1.1   Das Paradigma räumlicher Hinweisreize

Der Ansatz der *ortsbasierten* Aufmerksamkeit beruht im Wesentlichen auf Untersuchungen, in denen zwei wichtige experimentelle Paradigmen eingesetzt wurden: Das *Flankierreizparadigma* (Eriksen und Eriksen 1974; s. o.) sowie das Paradigma räumlicher Hinweisreize (*spatial cueing paradigm*) von Posner (1980; s. ▶ Kasten „Das Paradigma räumlicher Hinweisreize"). Eriksen und Eriksen (1974) konnten zeigen, dass sich der Interferenzeffekt inkompatibler Flankierreize auf die Reaktion auf einen zentralen Zielbuchstaben dadurch reduzieren lässt, dass der Ort des Zielbuchstabens vor der Präsentation der Buchstabenreihe durch einen Markierstimulus angezeigt wird.

Im Hinweisreiz- oder Cueingparadigma von Posner wird den Probanden ebenfalls ein ortsbezogener Hinweisreiz (*spatial cue*) dargeboten, d. h. ein Hinweisreiz, der die Position eines nachfolgenden Zielreizes mit einer bestimmten Wahrscheinlichkeit (Validität) indiziert. Auf das Erscheinen des Zielreizes hat der Proband so schnell wie möglich eine einfache Entdeckungsreaktion (*simple reaction)* auszuführen. Bei dem Hinweisreiz handelt es sich entweder um ein zentrales Symbol, wie z. B. einen Pfeil, der auf eine bestimmte Position zeigt (zentraler Cue), oder eine kurzzeitige Luminanzänderung direkt am indizierten Ort (peripherer Cue). Der Hinweisreiz veranlasst den Probanden, seine ortsbezogene Aufmerksamkeit auf die angezeigte Position zu richten und nichtindizierte Positionen zu ignorieren. In den entsprechenden Cueingexperimenten zeigten sich verkürzte Reaktionszeiten relativ zu einer neutralen Cuebedingung, wenn der Zielreiz am angezeigten Ort erschien (valider Cue: Reaktionszeit-„Gewinne"), und verlängerte Reaktionszeiten, wenn der Zielreiz an einem nichtindizierten Ort erschien (invalider Cue: Reaktionszeit-„Kosten").

3.1.2   Die Lichtkegelanalogie der Aufmerksamkeit

Die Untersuchungen von Posner und Kollegen (Posner 1978, 1980; Posner et al. 1980) führten zu der Vorstellung, dass die visuelle Aufmerksamkeit wie ein *Lichtkegel (spotlight)* funktioniert, der einen bestimmten Ort beleuchtet; man spricht deshalb von der *Lichtkegelmetapher der Aufmerksamkeit.* Stimuli, die an einem attentional illuminierten Ort erscheinen, werden rascher und gründlicher verarbeitet als Stimuli an anderen Orten. Zwei kontroverse Annahmen des Lichtkegelansatzes sind, dass der Durchmesser des attentionalen Lichtkegels von konstanter Größe ist und dass der Lichtkegel in kontinuierlich-analoger Weise, ähnlich einer glatten Augenfolgebewegung, von einem Ort an den anderen verlagert wird. Posner (1988) schlug vor, dass die Orientierung der Aufmerksamkeit durch drei separate Mechanismen gesteuert wird: Einen *Movemechanismus,* der für die Verlagerung der Aufmerksamkeit von einem Ort an einen anderen verantwortlich ist; einen *Disengagemechanismus,* der die Aufmerksamkeit (vor der Verlagerung) von einem gegebenen Ort bzw. Objekt ablöst; und einen *Engagemechanismus,* der die Aufmerksamkeit (nach der Verlagerung) an den neuen Ort bzw. ein dort befindliches Objekt „anbindet".

Das Paradigma räumlicher Hinweisreize (spatial cueing paradigm)

In einer Untersuchung, die das Paradigma räumlicher Hinweisreize verwendet (Posner 1980; ◘ Abb. 3.1), wird den Probanden ein ortsbezogener Hinweisreiz (*spatial cue*) dargeboten. Der Hinweisreiz (z. B. ein Pfeil) indiziert mit einer bestimmten Wahrscheinlichkeit (Validität) den Ort, an dem ein nachfolgender Zielreiz erscheint. In einem typischen Versuchsaufbau wird ein zentraler Fixationspunkt dargeboten, und links und rechts davon befindet sich je ein Kästchen. Der Hinweisreiz zeigt z. B. das rechte Kästchen als wahrscheinlichen Ort des Zielreizes an. Die Probanden haben die Aufgabe, auf das Einsetzen des Zielreizes so schnell wie möglich mit einem einfachen Tastendruck zu reagieren. Man spricht von einer *einfachen Reaktionszeitaufgabe* (*simple reaction time task*). Eine wichtige Variable ist die Validität des Hinweisreizes (*cue validity*). Zum Beispiel mag der Zielreiz

mit einer Wahrscheinlichkeit von 80 % am indizierten und mit einer Wahrscheinlichkeit von 20 % am nichtindizierten Ort erscheinen. Neben validen und invaliden Durchgängen gibt es auch neutrale Durchgänge, in denen der Cue (z. B. ein Pfeil nach links und rechts) nur als zeitliches Warnsignal, nicht aber als ortsbezogener Hinweisreiz fungiert (d. h. auf einen neutralen Cue hin erscheint der Zielreiz gleich wahrscheinlich im linken bzw. im rechten Kästchen). Eine weitere wichtige Variable ist die Art des Cues: Man unterscheidet zentrale Cues, in der Regel ein symbolischer Stimulus am Fixationsort (z. B. ein nach rechts zeigender Pfeil), und periphere Cues, in der Regel eine kurzzeitige Luminanzänderung direkt am indizierten Ort (z. B. ein Aufleuchten des rechten Kästchens). Der Hinweisreiz dient dazu, die Probanden zu veranlassen, ihre ortsbezogene

Aufmerksamkeit auf die angezeigte Zielreizposition (d. h. bei hoher Cuevalidität auf die wahrscheinliche Zielreizposition) zu richten und die nicht indizierten Positionen (d. h. wenig wahrscheinliche Zielreizpositionen) zu ignorieren. Die Logik ist also analog zu der im Paradigma des dichotischen Hörens, in dem die Aufmerksamkeit der Probanden dadurch auf einen Kanal bzw. ein Ohr konzentriert wird, dass sie instruiert sind, die in diesem dargebotene Nachricht zu beschatten (s. ► Abschn. 2.1). In Posners Cueingexperimenten zeigte sich, dass die einfache Reaktionszeit auf den Zielreiz schneller erfolgte, wenn dieser am angezeigten Ort erschien (valider Cue) im Vergleich mit dem nicht angezeigten Ort (invalider Cue). Genauer ergaben sich Reaktionszeitgewinne für valide Cues und Kosten für invalide Cues relativ zu neutralen Cues (◘ Abb. 3.1).

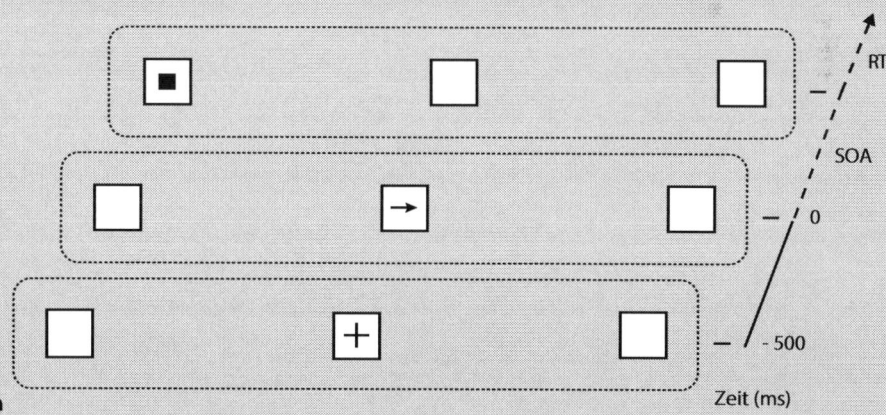

a

◘ **Abb. 3.1 a** Das Paradigma räumlicher Hinweisreize. Schematische Darstellung eines Versuchsdurchgangs mit zentralen symbolischen Hinweisreizen. Der Proband richtet seine Augen auf den im ersten Frame (unten) dargebotenen zentralen Fixationspunkt; dort bleibt der Blick während des gesamten Durchgangs. Nach kurzer Zeit erscheint der Hinweisreiz in Form eines Pfeils, der in diesem Beispiel eines invaliden Durchgangs nach rechts zeigt (Mitte). Nach einer variablen Stimulus Onset Asynchrony (SOA) erscheint der Zielreiz, auf den so schnell wie möglich mit einem Tastendruck zu reagieren ist (oben):

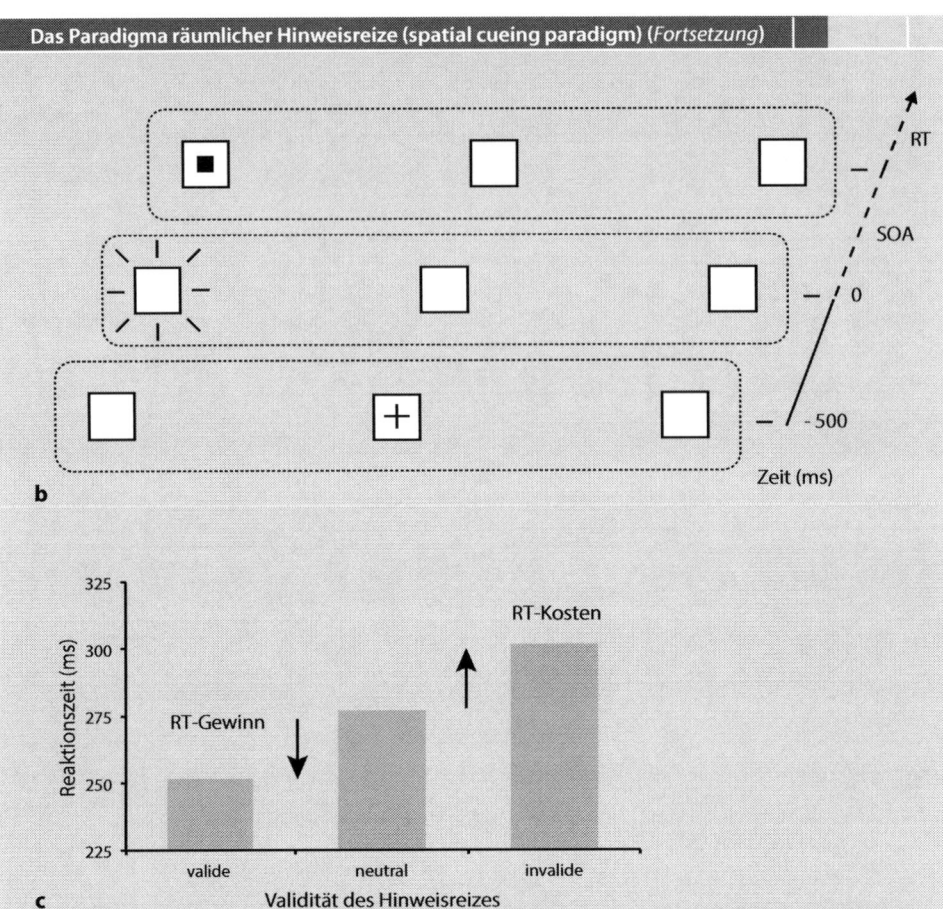

Das Paradigma räumlicher Hinweisreize (spatial cueing paradigm) (*Fortsetzung*)

b

c

□ **Abb. 3.1** (*Fortsetzung*) **b** Darstellung eines Versuchsdurchgangs mit peripherem direktem Hinweisreiz. Der Blick des Probanden ist während des gesamten Durchgangs auf das zentrale Kästchen ausgerichtet (unten). Der Hinweisreiz erscheint in Form eines kurzzeitigen Aufleuchtens eines der peripheren Kästchen; in diesem Beispiel ist der Zielreiz valide (Mitte). Der Proband reagiert so schnell wie möglich auf das Erscheinen des Zielreizes, der nach einer variablen Stimulus Onset Asynchrony (SOA) nach dem Hinweisreiz erscheint (oben). **c** Die Leistung der Probanden wird anhand der Reaktionszeit (*reaction time*, RT) gemessen, d. h. der Zeit, die zwischen dem Erscheinen des Zielreizes und dem Drücken einer Taste durch den Probanden vergeht. Wichtig ist in diesem Fall nicht so sehr die absolute Reaktionszeit, sondern die durch die validen und invaliden Hinweisreize verursachten RT-Gewinne und RT-Kosten, hier im Vergleich zu einer neutralen Bedingung (nicht gezeigt). Valide Hinweisreize führen zu schnelleren Reaktionen, invalide Hinweisreize zu verlangsamten Reaktionen. Da sich die Versuchsdurchgänge ausschließlich bezüglich der Validität der Hinweisreize unterscheiden und der Blick während des gesamten Durchgangs auf das zentrale Kästchen gerichtet ist, kann der Unterschied nur auf einen Aufmerksamkeitseffekt zurückzuführen sein

Reaktionszeiten als Maß für kognitive Leistungen

Reaktionszeiten und Reaktionszeitdifferenzen zwischen verschiedenen experimentellen Bedingungen werden in der empirischen kognitiven und der neurokognitiven Forschung als Leistungsmaße eingesetzt, oft ohne sich Gedanken über theoretische Grundlagen zu machen. Im Folgenden sollen die Grundannahmen der Analyse von Reaktionszeiten als Reflexion kognitiver Prozesse kurz dargestellt werden. Es ist offensichtlich, dass das Ausführen kognitiver Aufgaben, z. B. die Addition zweier Zahlen (14 + 18), eine bestimmte Zeit in Anspruch nimmt. Auf einer deskriptiven Ebene besteht auch der Eindruck, dass komplexere Aufgaben, z. B. solche, die (wie eine Multiplikation: 14 × 18) eine größere Anzahl von einzelnen Operationen erfordern, mehr Zeit in Anspruch nehmen. Eine Herausforderung der Reaktionszeitanalyse in der kognitiven Forschung liegt also darin, einen (eineindeutigen) Zusammenhang zwischen der Zeit, die das Ausführen einer kognitiven Aufgabe erfordert, (und die definiert wird als die Zeit zwischen dem Beginn der Darbietung eines sensorischen Reizes [z. B. der Präsentation der zwei Zahlen und des Operators auf einem Computermonitor] und dem Beginn einer Reaktion [z. B. einem manuellen Tastendruck]) und den der Leistung zugrundeliegenden kognitiven Teilprozessen herzustellen. Für eine reliable und valide Beschreibung dieses Zusammenhangs sind weitere Annahmen notwendig. Es muss eine Vorstellung darüber bestehen, welche biologischen Strukturen die Leistung vermitteln und wie die Strukturen miteinander interagieren. Hier besteht Einigkeit darüber, dass Neurone die kognitiven Leistungen vermitteln und dass die Signalleitung innerhalb eines einzelnen Neurons in Form einer kurzzeitigen Polaritätsänderung und zwischen Neuronen in Form chemischer Botenstoffe (Neurotransmitter) erfolgt. Eine wichtige Frage hinsichtlich der Reliabilität der Messung kognitiver Prozesse ist die nach Gesetzmäßigkeiten der Dauer der Übertragung von Nervensignalen. Der entscheidende Beitrag wurde von Hermann von Helmholtz (1850) geleistet, der – erst in Präparaten und anschließend bei menschlichen Probanden, die eine einfache Reaktion auszuführen hatten (Klauß 1994) – zeigen konnte, dass die Nervenleitgeschwindigkeit nicht nur messbar ist, sondern auch, dass die Messung hoch konstante Ergebnisse mit sehr geringen Abweichungen zeigt. Donders (1969) schlug schon in der Mitte des 19. Jahrhunderts ein Verfahren vor, das es erlauben sollte, auf die Dauer von Teilprozessen zu schließen, indem die Reaktionszeiten dreier verschiedener Aufgaben zueinander in Bezug gesetzt werden, das sogenannte *Subtraktionsverfahren*. Eine Grundannahme des Verfahrens liegt darin, dass sich eine Gesamtreaktionszeit aus verschiedenen Komponenten zusammensetzt, die die Entdeckung und die Diskrimination eines sensorischen Signals (perzeptive Komponenten) sowie die Selektion und die Ausführung einer Reaktion (handlungssteuernde bzw. exekutive Komponenten) beinhalten. In einer ersten, einfachen Aufgabe geht es darum, ein sensorisches Signal zu entdecken und darauf zu reagieren, wobei das Signal und die Antwort konstant bleiben (z. B. das Aufleuchten einer Leuchtdiode oder das Einsetzen eines Tons und das Drücken einer Taste). Weder muss das Signal diskriminiert (d. h. als ein bestimmtes erkannt oder einer Kategorie zugewiesen) noch eine Reaktion (unter verschiedenen möglichen Reaktionen) ausgewählt werden. In einer zweiten Aufgabe muss das Signal erkannt und eine Reaktion ausgewählt werden, dabei wird jedoch zufällig einer von mehreren möglichen sensorischen Stimuli (z. B. ein Kreis oder Quadrat bzw. ein hoher oder tiefer Ton) präsentiert, und die korrekte Antwort (z. B. Drücken einer Taste mit der linken oder rechten Hand) hängt vom sensorischen Signal ab. Das bedeutet, dass in dieser Aufgabe sowohl das sensorische Signal diskriminiert als auch die Antwort selektiert werden muss. In einer dritten Aufgabe soll nur dann mit ein und derselben Reaktion geantwortet werden, wenn einer von zwei möglichen Stimuli (z. B. ein hoher Ton oder ein Rechteck) dargeboten wird, eine Reaktion ist dagegen zu unterlassen, wenn ein anderes Objekt dargeboten wird (z. B. ein tiefer Ton oder ein Kreis). Hier ist neben der Entdeckung und Antwortausführung die Diskrimination des Signals, nicht jedoch die Selektion der Reaktion erforderlich. Gemäß Donders (1868) kann nun durch Subtraktion der gemessenen Zeiten auf die Dauer der Teilprozesse der Reaktionsselektion ($RT_{Aufgabe\,2} - RT_{Aufgabe\,3}$) und der Diskrimination ($RT_{Aufgabe\,3} - RT_{Aufgabe\,1}$) geschlossen werden. Kritisch ist jedoch bei diesem Vorgehen, dass es von einer strengen Voraussetzung ausgeht, nämlich, dass die Teilprozesse vollständig voneinander getrennt sind (d. h.

3

Reaktionszeiten als Maß für kognitive Leistungen (*Fortsetzung*)

dass ein Teilprozess erst dann einsetzt, wenn der vorherige vollständig abgeschlossen ist). Diese Voraussetzung ist (mit wenigen Ausnahmen wie z. B. in visuellen Suchen; s. ▶ Kap. 5) bei den meisten Aufgaben nicht erfüllt. Sternberg (1969b) schlug ein Verfahren vor, mit dessen Hilfe gezeigt werden kann, ob zwei Teilkomponenten oder Verarbeitungsstufen voneinander unabhängig sind oder sich gegenseitig beeinflussen, die sogenannte Methode additiver Faktoren. Sternbergs Überlegung geht von der Annahme aus, dass zwei (aufeinanderfolgende) Verarbeitungsstufen existieren, die voneinander unabhängig sind und deren Verarbeitungszeiten sich nicht überlappen. Wenn nun ein bestimmter Faktor (ausschließlich) die erste Stufe und ein anderer Faktor (ausschließlich) die zweite Stufe beeinflusst, so sollten die beobachteten Effekte der beiden Einflussfaktoren additiv sein, und es sollten keine Interaktionen auftreten. Die Logik additiver Faktoren soll anhand einer inzwischen klassischen Studie zum Absuchen von Gedächtnisinhalten (Sternberg 1966) dargestellt werden. Die Probanden

in Sternbergs Experiment hatten die Aufgabe, sich eine Reihe von Items (Ziffern) zu merken. Kurze Zeit später wurde den Probanden eine Testziffer visuell dargeboten, und sie sollten entscheiden, ob die Testziffer im Gedächtnisset enthalten war oder nicht. Die Ergebnisse eines Basisexperiments zeigten, dass die Größe des Gedächtnissets (zwischen 1 und 6 Items) zu einer linearen Zunahme der Entscheidungszeit (zwischen im Mittel etwas über 400 ms bis etwas unter 600 ms) führte (Sternberg 1966, 1969a). In weiteren Experimenten führte Sternberg nun eine Reihe von Faktoren ein, die orthogonal (d. h. alle Kombinationen von Faktorstufen sind repräsentiert) variiert wurden: die Itemanzahl; eine Degradierung des Testitems (durch überlagerte Punkte); die Häufigkeit positiver (25 %, 50 %, 75 %) relativ zu negativen Antworten (Testitem ist im Gedächtnisset enthalten bzw. nicht enthalten) sowie die Art der Reaktion (positiv bzw. negativ). Die Ergebnisse zeigten u. a., dass die degradierten im Vergleich zu intakten Testitems eine Erhöhung der Reaktionszeit nach sich ziehen, die unabhängig ist von der Anzahl der

Items im Gedächtnisset. Ebenso sind positive Reaktionen unabhängig von der Größe des Gedächtnissets um die gleiche Zeitdifferenz kürzer als negative. Das heißt, der Effekt eines Faktors wirkt sich mit Blick auf den zweiten Faktor additiv (d. h. gleichförmig) auf die beobachtete Leistung aus; die Degradierung des Testitems addiert zu jeder Gedächtnissetgröße denselben Zeitbetrag und nicht etwa einen größeren (oder kleineren) Betrag zu großen (oder kleinen) Sets, d. h., die beiden Faktoren interagieren nicht. Aufgrund der gefundenen vier Faktoren, die additive Effekte produzierten, schloss Sternberg (1969a, 1969b), dass in der Gedächtnisauslese vier diskrete Verarbeitungsstufen existieren, die die Prozesse der Stimulusenkodierung, des Vergleichs zwischen Gedächtnisset und Testitem, der Reaktionsselektion und der Reaktionsausführung vermitteln.
Die Logik additiver bzw. interaktiver Effekte von Einflussfaktoren kommt in Untersuchungsdesigns, die auf dem allgemeinen linearen Modell beruhen (insbesondere in varianzanalytischen Verfahren), standardmäßig zum Einsatz.

Die Untersuchungen mittels des Flankierreizparadigmas (z. B. Eriksen und Eriksen 1974; Eriksen und Yeh 1985; Eriksen und St. James 1986) haben zu einer alternativen Vorstellung geführt, die die Aufmerksamkeit als eine variable „Gummilinse" (*zoom lens*) konzipiert. D. h., die Aufmerksamkeit kann entweder auf einen kleinen Bereich (von minimal 1° Sehwinkel Durchmesser) fokussiert werden, mit hoher „Auflösung" innerhalb dieses Bereiches (fokussierte Einstellung), oder sie kann über einen weiten Bereich eingestellt werden mit entsprechend verringerter Auflösung (unfokussierte Einstellung). Mittels der Gummilinsenanalogie hat man versucht, den Befund zu erklären, dass sich die Interferenzwirkung von inkompatiblem Flankierreiz auf die Zielreizreaktion mit zunehmender Zeitverzögerung (SOA) zwischen dem Hinweisreiz und der Buchstabenreihe reduziert. Die Vorstellung ist die, dass die Aufmerksamkeit auf den Cue hin in einem zeitverbrauchenden Prozess von einem unfokussierten Zustand in einen fokussierten Zustand übergeht.

Einigen neueren Vorstellungen zufolge ist die ortsbezogene, visuelle Aufmerksamkeit im Sinne eines Gradientenmodells zu begreifen (z. B. Downing 1988; LaBerge und Brown 1989), demzufolge die attentionale „Auflösungskraft" innerhalb der beachteten Region vom Maximum im Zentrum kontinuierlich zur Peripherie hin abfällt (wobei die Steilheit des Gradienten den Aufgabenanforderungen entsprechend variiert). Eine neuere theoretische Entwicklung ist die des Gradienten-Filter-Modells von Cheal et al. (1994).

3.1.3 Mechanismen der Aufmerksamkeitsorientierung

Wie auch immer die ortbezogene Aufmerksamkeit konzipiert wird, es besteht Übereinstimmung darüber, dass die Ausrichtung der Aufmerksamkeit auf einen Ort durch zwei komplementäre Mechanismen vermittelt werden kann (z. B. Müller und Rabbitt 1989): Exogene (durch einen sensorischen Reiz ausgelöste, reflexive) Orientierung auf periphere Cues, die durch eine kurze Latenz ($\approx 50\,\text{ms}$), eine transiente Aktivation (50–200 ms) und eine relativ *automatische* Funktionsweise gekennzeichnet ist; und endogene (intentionale, willentliche) Orientierung auf zentrale Cues, die durch eine relativ lange Latenz ($> 200\,\text{ms}$), relativ lange aufrecht erhaltbare Aktivation ($> 500\,\text{ms}$) und eine *kontrollierte* Funktionsweise gekennzeichnet ist. Besonders effektive exogene Triggerreize sind transiente Luminanzänderungen, wobei das plötzliche Auftauchen eines Reizes (Reizonset) wirksamer ist als plötzliches Verschwinden (Reizoffsets, z. B. Jonides und Yantis 1988). Eine Reihe von Untersuchungen hat sich mit der Frage beschäftigt, auf welche Weise die beiden Mechanismen der Aufmerksamkeitsorientierung funktionieren: reflexiv „automatisch" bzw. willentlich „kontrolliert". Diese Untersuchungen zeigten, dass exogene Orientierung, im Gegensatz zu endogener Orientierung, unabhängig von einer Zweitaufgabe abläuft und selbst durch örtlich nichtinformative Hinweisreize ausgelöst werden kann (Jonides 1980). Weiterhin kann endogene Orientierung auf valide Cues durch exogene, die Aufmerksamkeit anziehende Triggerreize unterbrochen werden (Müller und Rabbitt 1989). Dabei hängt die Unterbrechung von der Cuevalidität ab: Der Unterbrechungseffekt ist bei sehr hoher Validität reduziert (Yantis und Jonides 1990). Dieses Befundmuster legt es nahe, dass die exogene Aufmerksamkeitsorientierung *top-down* modulierbar (z. B. Folk et al. 1992) und somit nur „partiell" automatisch ist, während die endogene Orientierung kontrolliert abläuft.

3.1.4 Ortsbasierte Aufmerksamkeit und sakkadische Augenbewegungen

Die Untersuchungen mit Posners räumlichem Hinweisreizparadigma haben gezeigt, dass der Ausschnitt des visuellen Feldes, der prioritär verarbeitet wird, nicht mit dem Ort übereinstimmen muss, auf den die Augen ausgerichtet sind. Vielmehr können Blickrichtung und Aufmerksamkeitsfokus räumlich getrennt werden, obwohl Aufmerksamkeits- und Augenbewegungen miteinander verbunden sind, wobei die Verbindung gut beschriebenen Gesetzmäßigkeiten folgt. Begrifflich unterscheidet man zwischen offenen (*overt*) und verdeckten (*covert*) *Aufmerksamkeitsverschiebungen*. Bewegungen der Augen können (mit relativ einfachen Mitteln) beobachtet werden, sind daher offen; (wie auch immer geartete) Bewegungen der Aufmerksamkeit sind nicht direkt beobachtbar, sie sind daher verdeckt. Der Zusammenhang zwischen verdeckter und offener Orientierung der Aufmerksamkeit hin zu einem bestimmten Ort im visuellen Feld ist besonders gut untersucht für die sakkadischen Augenbewegungen. So hat eine Reihe

3

Augenbewegungen

Man unterscheidet verschiedene Arten von Augenbewegungen. Kompensatorische Augenbewegungen wie der vestibulookuläre Reflex halten die Bilder der externen Welt auf der Retina konstant, während sich der Kopf bewegt. Dreht sich der Kopf nach links oder rechts oder auf und ab, werden die Augen mit der gleichen Geschwindigkeit in die Gegenrichtung gedreht, so dass der Blick auf ein fixiertes Objekt gerichtet bleibt. Dasselbe passiert auch bei Verschiebungen des Kopfes nach links oder rechts (translationalen Bewegungen) und bei Kippbewegungen. (Strecken Sie Ihre Hand aus, heben Sie den Zeigefinger und fixieren Sie ihn. Drehen Sie Ihren Kopf nach links und rechts: Die Augen bleiben auf dem fixierten Objekt. Beobachten Sie Ihre Augen in einem Spiegel.) Kompensatorisch sind auch glatte Augenfolgebewegungen, durch die ein sich bewegendes Objekt auf der Fovea centralis, dem Ort schärfsten Sehens, gehalten wird. Interessant ist, dass glatte Augenfolgebewegungen ohne ein sich bewegendes Objekt nicht möglich sind. Der optokinetische Nystagmus schließlich hält Bilder der Umwelt auf der Retina konstant, indem ein sich bewegender Reiz mit einer Folgebewegung in eine Richtung verfolgt wird, wobei die Folgebewegungen von einem Sprung (Sakkade) zurück in die andere Richtung und dem Ausrichten des Blicks auf ein anderes Objekt gefolgt ist. Mithilfe von Vergenzbewegungen, in denen sich die beiden Augen in entgegengesetzte Richtungen bewegen, werden die Bilder eines einzelnen Objekts simultan auf den Foveae der beiden Augen ausgerichtet oder dort gehalten. Vergenzbewegungen treten dann auf, wenn das Objekt, auf das der Blick gerichtet ist, sich einem nähert oder entfernt. Sakkaden, ruckartige Bewegungen der Augen in der Orbita, dienen dazu, die Fovea auf bestimmte Bereiche einer visuellen Szene auszurichten. Vergenzbewegungen und Sakkaden werden zu Orientierungsbewegungen zusammengefasst. Sakkaden können willkürlich geplant, aber auch durch externe Reize unwillkürlich ausgelöst werden. Die beiden Auslösemechanismen sakkadischer Augenbewegungen sind ein Hinweis auf eine mögliche Ähnlichkeit zu den Kontrollmechanismen ortsbasierter Aufmerksamkeit.

Sakkadische Augenbewegungen

Beim Lesen werden die Augen mit sakkadischen Augenbewegungen über den Text bewegt, wobei sich Augensprünge (Sakkaden) mit kurzen Dauern und Fixationen mit längeren Dauern abwechseln. Mit einer Sakkade, die wenige 10 ms dauert, bewegt sich das Auge nach Rayner (1978) um etwa acht bis neun Buchstabenpositionen weiter Richtung rechts im Text. Die mittlere Fixationsdauer geübter Leser liegt bei etwa 200–250 ms, wobei die Fixationsdauer interindividuell stark verschieden ist und sich in einem Bereich von 100–500 ms bewegen kann (Rayner 1978).
Ein Beispiel gibt ◻ Abb. 3.2.

"Jeder weiß, was Aufmerksamkeit ist. Es ist die Inbesitznahme, in deutlicher und lebendiger Form, durch den Geist eines von anscheinend mehreren möglichen Objekten oder Gedankengängen. Fokalisierung, Konzentration des Bewusstseins gehören zu ihren wesentlichen Eigenschaften. Sie impliziert einen Rückzug von bestimmten Dingen, um effizient mit anderen umgehen zu können …"

◻ **Abb. 3.2** Visualisierung sakkadischer Augenbewegungen beim Lesen eines Texts*. Die Kreise repräsentieren die Fixationen, wobei das Zentrum den jeweiligen Fixationsort zeigt; die Linien bilden die ruckartige Bewegung der Augen zwischen den Fixationen ab. Am Ende der Zeile folgt ein Rücksprung (Regression) zum linken Textrand und eine gleichzeitige vertikale Verschiebung zur nächsten Zeile (nur für die beiden letzten Zeilen gezeigt) * „Every one knows what attention is. It is the taking possession by the mind, in clear and vivid form, of one out of what seem several simultaneously possible objects or trains of thought. Focalization, concentration, of consciousness are of its essence. It implies withdrawal from some things in order to deal effectively with others …" (James 1890, S. 403–404).

von Untersuchungen gezeigt, dass die Richtung der Aufmerksamkeit, d. h. die Richtung, in die der Fokus der Aufmerksamkeit verschoben werden kann, an die Richtung einer Augenbewegung gekoppelt ist (Shepherd et al. 1986; Hoffman und Subramaniam 1995). Es ist also nicht möglich, die Aufmerksamkeit z. B. nach links auszurichten und gleichzeitig eine sakkadische Augenbewegung nach rechts zu machen. Posner (1980) konnte zeigen, dass einer Augenbewegung an die Position eines peripheren Cues eine Aufmerksamkeitsbewegung vorausgeht. Dabei kann in einem Zeitfenster 50–100 ms vor einer Sakkade nur das Objekt am Zielort der Sakkade diskriminiert werden. Ähnliche (experimentell aber besser abgesicherte) Befunde wurden auch von Deubel und Schneider (1996) für zentrale Augenbewegungscues berichtet. Diese Ergebnisse stimmen mit einer Studie von Kowler et al. (1995) überein, der zufolge in einer kritischen (späten) Periode während einer Fixation die Aufmerksamkeit auf das nächste Sakkadenziel ausgerichtet werden muss, um ein *Go-Signal zur Ausführung der Sakkade* zu geben; die Orientierung der Aufmerksamkeit auf das Sakkadenziel vor dieser kritischen Periode verkürzt die Sakkadenlatenz nicht und beeinträchtigt die Reizdiskrimination an anderen Positionen. Schließlich weisen Befunde mit dem sogenannten *Gap-Paradigma* darauf hin, dass eine Aufmerksamkeitsablösung (*disengagement*) vom Fixationsstimulus der Verlagerung der Aufmerksamkeit auf einen neuen Stimulus in der Peripherie vorausgeht. Im *Gap-Paradigma* wird die Ablösung der Aufmerksamkeit dadurch beschleunigt, dass der Stimulus am Fixationsort (z. B. das Fixationskreuz) vor dem Einsetzen des peripheren Sakkadenziels gelöscht wird (wodurch eine Zeitlücke zwischen dem fixierten und dem zu fixierenden Stimulus entsteht). Dies kann unter bestimmten Voraussetzungen zur Generierung von sogenannten Expresssakkaden führen, d. h. Sakkaden mit sehr kurzer Latenz (z. B. Fischer und Weber 1993).

Expresssakkaden

Expresssakkaden sind durch eine im Vergleich zu den üblicherweise beobachteten Zeitspannen von rund 150–175 ms (Rayner 1998) zwischen dem Erscheinen eines Reizes und dem Beginn der sakkadischen Augenbewegung kurze Latenz (von rund 100 ms) charakterisiert (z. B. Fischer 1998; Fischer und Breitmeyer 1987; Fischer und Ramsperger 1984, 1986). Die Latenzen werden hierbei mit einem einfachen Versuchsaufbau untersucht, in dem die Probanden die Augen initial auf einem zentralen Punkt fixieren und dann so schnell wie möglich zu einem Objekt hinbewegen, das in der Peripherie aufleuchtet. Die Sakkadenlatenz kann dadurch verkürzt werden, dass der Fixationspunkt kurz (etwa 200 ms) vor dem Erscheinen des Zielreizes gelöscht wird. Da eine zeitliche Lücke zwischen dem Löschen des Fixationspunkts und Erscheinen des Zielreizes entsteht, spricht man (unter Verwendung des ursprünglichen englischen Begriffs) vom *Gap*-Paradigma; bleibt der Fixationspunkt während des Versuchsdurchgangs sichtbar, spricht man von einem Overlapparadigma.

Die bisher aufgeführten Studien untersuchten die Verschiebung von Aufmerksamkeit und Augenbewegungen zwischen einem Ausgangs- und einem Zielort, wie beispielsweise einem zentralen Fixationsort und einem peripheren Sakkadenziel. Da Situationen mit einzelnen, isolierten Sakkaden äußerst selten sind, stellt sich die Frage nach dem Zusammenhang von Aufmerksamkeit und Augenbewegungen bei Sequenzen von Sakkaden. Baldauf und Deubel (2008) konnten zeigen, dass auch die interne Vorbereitung eines komplexeren Blickbewegungspfades mit mehreren, sukzessive anzusteuernden Zielorten – im Vergleich mit nur einer einzigen Augenbewegung hin zu einem durch einen zentralen Pfeil spezifizierten Zielort – die Erkennung eines (noch vor der ersten Sakkade präsentierten) Zielreizstimulus an multiplen Zielorten

3

erleichtert; als Vergleich wurde die Erkennungsleistung für Nichtzielorte herangezogen, die auf dem Zufallsniveau liegt. Dabei ist interessant, dass der Erleichterungseffekt zwar mit der seriellen Position eines anzusteuernden Zielortes im Blickbewegungspfad abnimmt, aber für den ersten Zielort so hoch ist wie in der Bedingung mit nur einer einzigen Augenbewegung. Zudem gibt es keinen Erleichterungseffekt für (Nichtzielort-)Positionen, die räumlich zwischen zwei anzusteuernden Orten liegen. Dieses Muster weist darauf hin, dass im Rahmen der Bewegungsplanung mehrere (genauer bis zu drei) Orte gleichzeitig beachtet werden können. Interessant an den Ergebnissen von Baldauf und Deubel (2008) ist weiter, dass die Zuweisung von Aufmerksamkeit an einen in der Sequenz späteren Zielort nicht zulasten von Aufmerksamkeitsressourcen für frühere Zielorte zu gehen scheint. Neuerdings konnten Baldauf und Kollegen (Baldauf et al. 2006; Baldauf und Deubel 2009) ein entsprechendes Muster auch bei Sequenzen von manuellen Zeigebewegungen (ohne Augenbewegungen) nachweisen; das Muster findet sich auch in der N1-Komponente des ereignis-, d. h. zielreizrelatierten Potentials, das größere Negativierung für attendierte gegenüber nichtattendierten Zielorten zeigt.

Zusammengenommen sind diese Befunde mit einer Art *prämotorischen Theorie der Aufmerksamkeit*, wie sie zuerst von Rizzolatti et al. (1987) vorgeschlagen wurde, vereinbar, wobei es für die Zuweisung ortsbezogener Aufmerksamkeit allerdings kein striktes Primat okulomotorischer Vorbereitungsprozesse zu geben scheint (die Planung von sequentiellen Handbewegungen führt zu ähnlichen Effekten wie die von Augenbewegungen). Deubel und Kollegen (Schiegg et al. 2003; Deubel und Schneider 2004) gehen davon aus, dass an die Handmotorik gekoppelte Prozesse der Aufmerksamkeitszuweisung letztlich mit der intendierten „Manipulation" von Objekten zu tun haben, wobei insbesondere die multiplen Griffpunkte eines Objekts beachtet werden.

> **Die prämotorische Theorie der Aufmerksamkeit**
> In ihrer prämotorischen Theorie postulieren Rizzolatti et al. (1987), dass ein direkter Zusammenhang zwischen Aufmerksamkeit und Augenbewegungen besteht, nämlich dass Aufmerksamkeitsverschiebungen und (sakkadische) Augenbewegungen von denselben Mechanismen kontrolliert werden. Aufmerksamkeit leitet sich ab aus Aktivierungen in sensorischen und motorischen Verarbeitungsmodulen, die endogen (willentlich) und/oder exogen (stimulusgetrieben) generierte räumliche Salienzrepräsentationen in motorische Repräsentationen (d. h. Bewegungsparameter wie Richtung und Distanz) transformieren. Räumliche Aktivierungskarten generieren eine *erhöhte motorische Bereitschaft*, auf einen Reiz an einem bestimmten Ort (mit einer Sakkade) zu reagieren; gleichzeitig besteht eine *Erleichterung* bei der Verarbeitung von Stimuli am entsprechenden Ort. Im Verlaufe der Handlungsplanung kommt es zu einem Zustand, bei dem eine Handlung bereits geplant, d. h. das motorische Programm zwar schon festgelegt, aber noch nicht ausgeführt ist. Der prämotorischen Theorie zufolge determiniert die (Gehirn-)Aktivität des Stadiums einer vorliegenden, aber noch nicht ausgeführten Handlung den Zustand, der auf der kognitiven Ebene als Aufmerksamkeit bezeichnet wird. Aufmerksamkeit wird hier im handlungssteuernden Sinn verstanden.

3.1.5   Hemmung der Rückorientierung der Aufmerksamkeit

Eine bedeutende Anzahl von Studien zur Erforschung der Prozesse, die die Aufmerksamkeitsorientierung vermitteln, befasst sich mit der Frage, was passiert, nachdem Aufmerksamkeit (verdeckt oder offen) auf einen Ort gerichtet und dann von diesem wieder abgezogen wurde. Die Antwort lautet, dass ein Mechanismus existiert, der die Aufmerksamkeit hindert, einen kurz vorher inspizierten Ort unmittelbar wieder zu inspizieren. Es gibt also eine *Hemmung der Rückorientierung* der Aufmerksamkeit an einen kurz vorher beachteten Ort (*inhibition of return*, IOR). Empirisch wurde zur Beantwortung der Frage eine Variation des Posner'schen Cueing-paradigmas eingesetzt. Dabei wurde ein Effekt demonstriert, der darin besteht, dass sich die Reaktionszeit auf einen Zielreiz an einer durch einen örtlich nichtinformativen peripheren Cue (Aufleuchten des Kästchens) indizierten Position (gegenüber der Reaktionszeit auf ein Target an einer nichtindizierten Position) verlangsamt, wenn die Zeitverzögerung (SOA) zwischen Hinweis- und Zielreiz länger als etwa 300 ms ist (Posner und Cohen 1984). Das heißt, der Effekt eines RT-Gewinns für die indizierte Position, der bei der Cueingaufgabe beobachtet wird, wenn die SOA kurz sind (SOA < 300 ms), verkehrt sich in einen Effekt von RT-Kosten bei längeren SOA (SOA > 300 ms). Anders formuliert führen kurze SOAs zu einer Erleichterung der Verarbeitung am durch den Hinweisreiz indizierten Ort, während längere SOAs eine Inhibition nach sich ziehen. Dieser Inhibitionseffekt wird als Ausdruck der Hemmung der Rückorientierung der Aufmerksamkeit an einen kurz vorher beachteten Ort interpretiert. Die Vorstellung dabei ist, dass das (unmittelbare) Ausbleiben des Zielreizes an der indizierten Position zunächst zu einer Verlagerung der Aufmerksamkeit von der indizierten auf eine andere Position, z. B. den Fixationsort, führt (was experimentell manchmal durch eine auf den peripheren Cue folgenden Rückorientierungsreiz, der am Fixationsort dargeboten wird, bewirkt wird), so dass, wenn der Zielreiz schließlich an der indizierten Position erscheint, eine Rückorientierung der Aufmerksamkeit auf diese Position erforderlich ist. Die erschwerte Rückorientierung auf die indizierte (d. h. vorher beachtete) Position wird dann im Sinne einer inhibitorischen Markierung dieser Position für erneute Aufmerksamkeitsverlagerungen interpretiert. Die Rückorientierungshemmung (IOR) kann somit als ein Bias (d. h. eine Tendenz) in der (gedächtnisbasierten) Steuerung der ortsbezogenen Aufmerksamkeit verstanden werden, der darauf hinwirkt, dass prioritär neue Orte im visuellen Feld abgesucht werden.

Weitere Untersuchungen zum IOR-Effekt haben gezeigt, dass die Inhibition Orte bzw. Objekte in der Umwelt betrifft, deren Koordinaten unabhängig von Kopf- und Augenbewegungen sind. So demonstrierten z. B. Maylor und Hockey (1985), dass, wenn von den Probanden zwischen der Präsentation des peripheren Cues und des Zielreizes eine Augenbewegung zwischen zwei Fixationspunkten (z. B. einem oberen und einem unteren) auszuführen war, der IOR-Effekt diejenige räumliche Position betraf, an der der Cue dargeboten worden war, die sich nach der Sakkade jedoch retinal an einem anderen Ort befand. Das heißt, dass der IOR-Effekt nicht in retinalen, sondern in Umweltkoordinaten kodiert ist.

Außerdem steht IOR in engem Zusammenhang mit sakkadischen Augenbewegungen. So konnten z. B. Rafal et al. (1989) zeigen, dass selbst zentrale Cues IOR auslösen können, wenn sie die Probanden anleiten, eine (willentliche) Augenbewegung an die indizierte Position zu machen; wird die Ausführung dieser Sakkade durch ein (in einem geringen Anteil von Versuchsdurchgängen dargebotenes) akustisches Stoppsignal unterbunden, so stellt sich IOR für die indizierte Position ein, obwohl diese selbst nicht stimuliert wurde.

3.1.6 Aufmerksamkeitssteuerung durch soziale Hinweisreize

In neuerer Zeit hat sich das Interesse der Forschung vermehrt darauf gerichtet, wie soziale Hinweisreize zur Steuerung ortsbasierter Aufmerksamkeit beitragen können. Dabei wurden insbesondere Cueingeffekte untersucht, die sich mit einem in der Mitte eines Bildschirms (d. h.

3

Die Wirkung von Blickcues: automatisch oder kontrolliert?

Zusammengenommen weisen diese unterschiedlichen Effekte von direkten und Blickcues also darauf hin, dass Letztere nicht im eigentlichen Sinne „reflexiv" wirken, sondern eher „kontrolliert", so wie auch andere symbolische Cues (Kuhn und Kingstone 2009). Allerdings sind Blickcues so hoch effektiv, weil es sich um überlernte, d. h. „automatisierte" Reize handelt (Vecera und Rizzo 2006). Das menschliche Gesicht ist für uns der wohl bedeutsamste soziale Stimulus, und die Augen spielen eine fundamentale Rolle in der sozialen Kommunikation (und Kognition). Kleinkinder entwickeln gewöhnlich noch vor dem Ende des ersten Lebensjahres die Fähigkeit, ihre Aufmerksamkeit in die Blickrichtung ihres Gegenübers zu verschieben (womit ein gemeinsamer Aufmerksamkeitsfokus, „joint attention", hergestellt wird, Scaife und Bruner 1975; Frischen et al. 2007), und dieser Prozess wird ständig geübt, so dass er bald automatisch wird. Passend zu dieser „Automatisierungs"-Hypothese sind auch die Befunde einer fMRT-Studie von Hietanen et al. (2006), in der Blickcues mit signifikant geringerer (BOLD-) Aktivierung in Gehirnarealen, die mit intentionaler Aufmerksamkeitssteuerung assoziiert sind, verbunden waren als symbolische Pfeilcues (s. ▶ Kasten „Bildgebende Verfahren (PET, fMRT)"). Reduzierte BOLD-Aktivierungen gehen einher mit der Automatisierung von Verarbeitungsprozessen durch Übung (z. B. Cheina und Schneider 2005). Weitgehend konsistent mit dieser Interpretation legen neuere Befunden nahe, dass Blickcueing zwei Komponenten involviert: eine relativ automatische Komponente, die einen (eher schwachen) Verarbeitungsvorteil global für alle Positionen auf der indizierten Seite generiert, und eine kontrollierte Komponente, die zu einem (ausgeprägten) lokalen Vorteil für die angeblickte Position produziert, was eine Verknüpfung von Blickrichtungsinformation mit struktureller Information im Sehfeld erfordert (Wiese et al. 2013). Ob die letztere Komponente ins Spiel kommt, ist stark davon abhängig, inwiefern der Blickcuegeber als Wesen mit Intentionalität konzipiert wird (d. h. als Mensch etwa im Vergleich zu einem Roboter), was auf die Vermittlung durch höhere Prozesse sozialer Kognition (der Zuschreibung von „mentalen" Zuständen) hinweist.

zentralen) schematischen Gesicht auslösen ließen, dessen Augen entweder nach links oder rechts blickten. Die Ergebnisse zeigen, dass Zielreize, die auf der „angeblickten" Seite erschienen, rascher und genauer verarbeitet wurden als Zielreize an anderen Orten (z. B. Friesen und Kingstone 1998; Downing et al. 2004). Dies war der Fall, obwohl diese „Blickcues" – also im Prinzip symbolische Cues – örtlich gar nicht prädiktiv waren. Eimer (1997) zeigte, dass auch nichtinformative, aber überlernte Pfeilcues die Aufmerksamkeit in die Zeigerichtung auslenken können. Die hohe Vertrautheit der Hinweisreize könnte daher eine Erklärung für diesen Effekt darstellen.) Dies veranlasste einige Autoren zu dem Schluss, dass Blickcues die Aufmerksamkeit rasch und reflexiv ausrichten, genauso wie direkte (periphere) Cues. Allerdings existieren einige potentiell wichtige Unterschiede zwischen Blickcues und direkten Cues: Im Vergleich zu direkten Cues bleibt bei Blickcues der Effekt länger erhalten (bis zu SOAs von 500 ms), und sie produzieren keinen IOR-Effekt (Friesen und Kingstone 1998, aber ihr fazilitatorischer Effekt kann mit einem durch einen direkten Cue hervorgerufenen IOR-Effekt koexistieren – s. Friesen und Kingstone 2003). Des Weiteren ist der Blickcue-Effekt kognitiv beeinflussbar: Er tritt nur dann auf, wenn die Probanden glauben, dass es sich bei dem Cuestimulus um ein Gesicht handelt mit Augen, die in eine bestimmte Richtung blicken (aber nicht, wenn sie glauben, dass es sich z. B. um ein Automobil handelt, Ristic und Kingstone 2005). Schließlich zeigen Patienten mit Frontallappenläsionen normale Effekte direkter Cues (die über subkortikale Gehirnstrukturen vermittelt werden), während sie Schwierigkeiten haben, ihre Aufmerksamkeit auf symbolische Cues hin auszurichten (z. B. Koski et al. 1998). Vecera und Rizzo (2004, 2006) konnten zeigen, dass Letzteres auch für Blickcues gilt.

Signal-Detektions-Theorie (SDT)

Aufmerksamkeit kann die Leistung auf zwei mögliche Weisen beeinflussen. Die Sensitivität für Reize in einem bestimmten Bereich des visuellen Feldes oder für Stimuli mit bestimmten Merkmalen könnte erhöht sein. Es kann auch sein, dass Aufmerksamkeit ein Kriterium verschiebt, das erfüllt sein muss, damit ein Proband bereit ist, eine positive Antwort (ein Stimulus ist vorhanden) abzugeben. Stellen Sie sich vor, Sie erwarten im Verlauf des Morgens einen Telefonanruf, müssen sich aber trotzdem fürs Weggehen vorbereiten. Während Sie sich duschen, ist Ihre Aufmerksamkeit also darauf ausgerichtet, das Klingeln des Telefons wahrzunehmen. Nun scheinen Sie unter dem Rauschen des Wassers ein Geräusch wahrzunehmen, das sich wie das Klingeln des Telefons anhört, allerdings können Sie nicht ausschließen, dass es etwas anderes ist. Ist der erwartete Anruf wichtig, so sind Sie wahrscheinlich eher bereit, das Geräusch als ein Klingeln zu interpretieren als wenn es nicht sehr wichtig ist. Das heißt, das Kriterium für eine Entscheidung beeinflusst Ihre Wahrnehmung. Green und Swets (1966) machten mit ihrer Signal-Detektions-Theorie einen Vorschlag, wie die Entdeckung eines Stimulus unter Rauschen unter Berücksichtigung von Sensitivitäts- und Kriteriumseffekten analysiert werden kann. In einem entsprechenden Experiment werden zwei Arten von Durchgängen verwendet: Durchgänge, in denen nur Rauschen dargeboten wird, und Durchgänge, in denen zum Rauschen der zu entdeckende Stimulus dazukommt. Die Aufgabe der Probanden liegt darin, im Anschluss an jeden Durchgang anzugeben, ob sie das Signal oder nur das Rauschen wahrgenommen haben. Die Antworten fallen in eine von vier Kategorien. Ein *Treffer* (*hit*) bedeutet, das Signal war präsent, und der Proband reagierte mit einer positiven Antwort (Signal vorhanden); eine *korrekte Zurückweisung* (*correct rejection*) bedeutet, es war kein Signal, sondern nur Rauschen präsent, und der Proband reagierte mit einer negativen Antwort (kein Signal); ein *Verpasser* (*miss*) bedeutet, das Signal war präsent, der Proband reagierte jedoch mit einer negativen Antwort, und ein *falscher Alarm* (*false alarm*) bedeutet, das Signal war nicht präsent, der Proband reagierte jedoch mit einer positiven Antwort. Die Wahrscheinlichkeiten, bestimmte Antworten zu geben, bzw. die Wahrscheinlichkeitsverteilungen bestimmter Antworten, können nun dazu genutzt werden, die Sensitivität und die Antworttendenz (Kriterium) von Probanden zu analysieren. Die Differenz zwischen dem Mittelwert der Rauschenverteilung und dem Mittelwert der Signalverteilung ergibt ein Maß für die Sensitivität (auch als d' bezeichnet), ebenso kann aus den Wahrscheinlichkeiten für Treffer und falsche Alarme die Position des Kriteriums und die Antwortneigung abgeleitet werden, wobei zwischen den Tendenzen, eher positive oder eher negative Antworten zu geben, unterschieden wird.

3.1.7 Sensitivitäts- vs. Kriteriumseffekte der ortsbezogenen Aufmerksamkeit

Von der Frage, wie die ortsbezogene Aufmerksamkeit ausgerichtet wird, ist die Frage zu trennen, worin ihre Wirkung eigentlich besteht, sobald sie auf einen bestimmten Ort ausgerichtet ist. Bezogen auf Posners Cueingparadigma bedeutet diese Frage, ob das Auftreten von Reaktionszeitgewinnen auf eine beschleunigte Reaktion auf den Zielreiz an der indizierten Position infolge einer verbesserten Signalqualität oder infolge einer herabgesetzten Reaktionsschwelle zurückzuführen ist. Mit anderen Worten: Beeinflusst die ortsbezogene Aufmerksamkeit die visuelle Sensitivität oder nur das Entscheidungskriterium (d. h. das Ausmaß an Evidenz, das für eine positive, Zielreiz-anwesend-Entscheidung erforderlich ist)? In einer Reihe von Studien (z. B. Downing 1988; Müller und Humphreys 1991) wurde versucht, diese Frage zu beantworten, indem Signalentdeckungsmaße (s. ▶ Kasten „Signal-Detektions-Theorie") erhoben wurden, die eine unabhängige Messung von Sensitivitäts- und Kriteriumseffekten erlauben. Die Ergebnisse zeigten, dass die ortsbezogene Aufmerksamkeit sowohl die perzeptive Sensitivität beeinflusst (erhöhte Sensitivität, d. h. erhöhte Unterscheidbarkeit zwischen Signal und Rauschen, am beachteten Ort) als auch das Entscheidungskriterium (herabgesetztes Kriterium am beachteten

Ort). Weiterhin zeigte sich, dass die Sensitivitätseffekte von den Anforderungen der Aufgabe an die Zielreizverarbeitung abhängig sind: Die Effekte waren größer (d. h. die Gradienten waren steiler) bei komplexen Diskriminations- als bei einfachen Entdeckungsaufgaben. Möglicherweise beruhen der Sensitivitäts- und der Biaseffekt der ortsbezogenen Aufmerksamkeit auf den gleichen Mechanismen: der Präaktivation von Detektormechanismen am beachteten Ort (z. B. Hawkins et al. 1988).

3.2   Objektbezogene selektive Aufmerksamkeit

Eine Reihe von Theorien der selektiven visuellen Aufmerksamkeit geht davon aus, dass die Aufmerksamkeit nicht auf einen abstrakten Ort im visuellen Feld gerichtet wird, sondern auf ein Objekt an einem bestimmten Ort; man spricht daher von der objektbasierten bzw. *objektbezogenen Aufmerksamkeit*. So werden z. B. in Posners Cueingparadigma die möglichen Zielreizorte durch Kästchen markiert, innerhalb derer ein Zielreiz erscheinen kann, so dass die Aufmerksamkeit auf den indizierten Ort, aber auch auf das indizierte Kästchen ausgerichtet werden kann. Mit anderen Worten, die visuelle Selektion ist nicht orts-, sondern vielmehr objektbezogen.

Eine einflussreiche Demonstration objektbasierter Selektion stammt von Duncan (1984; vgl. ◻ Abb. 3.3). Duncan bot seinen Probanden kurzzeitig zwei sich überlappende Objekte dar: Beim einen Objekt handelte es sich um ein vertikal orientiertes Rechteck, das entweder groß oder klein (d. h. vertikal mehr oder weniger lang) war und entweder in der linken oder der rechten Seite eine kleine Lücke hatte; das zweite Objekt war eine (das Rechteck durchziehende) Linie, die entweder aus Punkten oder aus Strichen bestand und die entweder leicht nach links oder nach rechts geneigt war. Jedes der beiden Objekte war also durch zwei unabhängige Attribute gekennzeichnet: Rechteck – Größe und Lückenseite; Linie – Textur und Neigung. Die Probanden hatten die Aufgabe, entweder ein Attribut eines der Objekte zu beurteilen (z. B. Größe des Rechtecks) oder duale Urteile zu fällen, die sich entweder nur auf ein Objekt bezogen (z. B. Größe des Rechtecks und Lückenseite) oder die sich auf beide Objekte bezogen (z. B. Größe des Rechtecks und Textur der Linie). Duncan fand, dass duale Urteile, die sich auf ein Objekt bezogen, ebenso genau ausfielen wie Einzelurteile für dieses Objekt. Dagegen war die Genauigkeit von dualen Urteilen, von denen sich eines auf das eine und das andere auf das andere Objekt bezog, reduziert, obwohl beide Objekte am selben Ort (überlappend) dargeboten wurden und kleiner als 1° Sehwinkel (der nach Eriksen und Eriksen 1974 engsten Einstellung der Aufmerksamkeit) waren. Duncan schloss daraus, dass die entscheidende attentionale Limitation nicht in der ortsbezogenen Aufmerksamkeit liegt, sondern vielmehr darin, dass man seine Aufmerksamkeit nur auf ein Objekt zu einem gegebenen Zeitpunkt richten kann. Diese objektbezogene Aufmerksamkeit macht dann die Attribute des entsprechenden Objekts der weiteren Verarbeitung zugänglich.

Eine neuere Demonstration objektbezogener Aufmerksamkeit stammt von Baylis und Driver (1993). Sie präsentierten ihren Probanden eine horizontale Reihe von drei ohne Lücke aneinander anschließenden Vielecken, wobei das mittlere Vieleck eine andere Farbe (z. B. rot) hatte als die Flankiervielecke (z. B. grün). Die Probanden hatten sich auf eine bestimmte Zielreizfarbe, z. B. rot, einzustellen. Je nach ihrer Farbeinstellung segmentierten die Probanden diese Reihe dann entweder in *ein* zentrales (rotes) Objekt auf einem grünen seitlichen Hintergrund oder in *zwei* seitliche (rote) Objekte mit einem grünen Hintergrund im Zentrum. Die direkt aneinander anschließenden (seitlichen) Grenzkonturen des zentralen Vielecks und der Flankiervielecke hatten einen identischen Verlauf. Jede der beiden gemeinsamen Grenzkonturen war durch einen Knick gekennzeichnet, wobei die beiden Knickpunkte relativ zur Grundlinie der

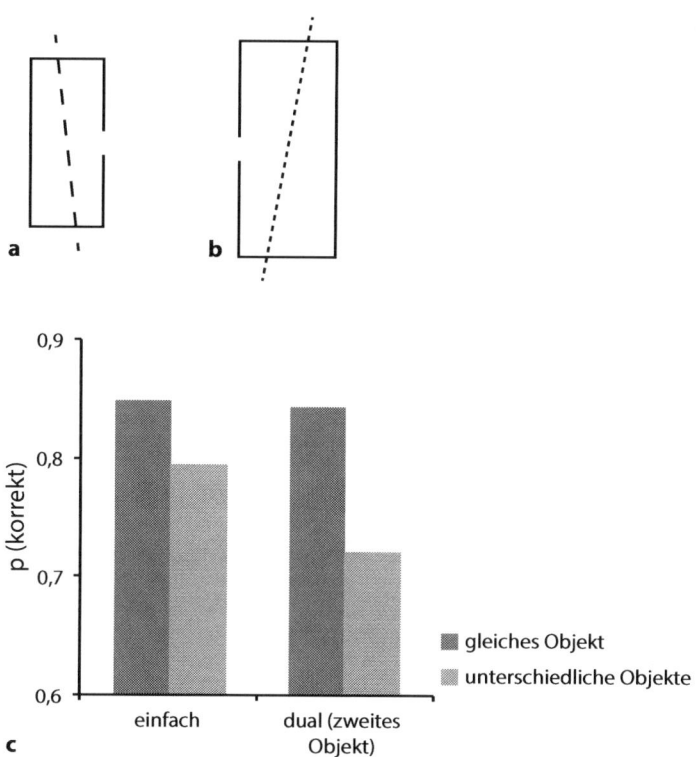

■ **Abb. 3.3 a, b** Beispiele für Stimuli, wie sie im Experiment von Duncan (1984) verwendet wurden. Zwei einander überlagernde Objekte, ein Rechteck und eine Linie, wurden für eine kurze Zeit (einige 10 ms) dargeboten; jedes Objekt war durch zwei Eigenschaften charakterisiert: das Rechteck war klein oder groß, und eine Lücke befand sich auf der linken oder rechten Längsseite; die Linie war gepunktet oder gestrichelt und nach links oder nach rechts geneigt. Die Probanden hatten, je nach Versuchsbedingung, entweder ein (Urteilsbedingung einfach) oder zwei Urteile (Urteilsbedingung dual) abzugeben, wobei sich die Urteile in dualer Bedingung auf ein und dasselbe Objekt oder auf die beiden Objekte beziehen konnten. Gemessen wurde die Wahrscheinlichkeit (P), dass das bzw. die abgegebene(n) Urteil(e) korrekt war(en), **c** Balkendiagramm der wichtigsten Ergebnisse. Die Wahrscheinlichkeit, ein korrektes Urteil abzugeben, ist am höchsten, wenn sich das Urteil auf dasselbe Objekt bezieht, unabhängig davon, ob es sich um ein einfaches (dunkler Balken links) oder ein duales Urteil (dunkler Balken rechts) handelt. Einfache Urteile, die sich (über Durchgänge hinweg) einmal auf das eine oder das andere Objekt beziehen (heller Balken links), sind etwas ungenauer als Urteile, die sich immer auf dasselbe Objekt beziehen (dunkler Balken links), und duale Urteile, die sich (im jeweils gleichen Durchgang) auf unterschiedliche Objekte beziehen (heller Balken rechts), sind wesentlich ungenauer als duale Urteile, die sich auf dasselbe Objekt beziehen (dunkler Balken rechts)

Vielecke unterschiedlich hoch waren. Die Probanden hatten die relative Höhe der Knickpunkte des bzw. der Objekte in der Targetfarbe so rasch wie möglich zu vergleichen (Tastendruck auf der Seite des niedrigeren Knickpunktes). Baylis und Driver fanden, dass das Vergleichsurteil dann schneller gefällt wurde, wenn die Knickpunkte von ein und demselben (zentralen) Objekt zu vergleichen waren, relativ zu den Knickpunkten von separaten (Flankierer-)Objekten. Da aber die Positionen der zu vergleichenden Knickpunkte in beiden Fällen exakt gleich waren, konnte dieser Befund nicht auf einen Faktor der ortsbezogenen (räumlichen) Aufmerksamkeit zurückgeführt werden. Baylis und Driver argumentierten, dass nur ein Objekt zu einer Zeit für perzeptive Urteilsprozesse repräsentiert werden könne.

Weitere Belege für die Objektbezogenheit der visuellen Aufmerksamkeit wurden von Tipper et al. (1994) erbracht. Tipper et al. untersuchten den IOR-Effekt in dynamischen Displays, in

3

Generierung der Repräsentation eines Objekts nach Marr (1982)		
Dem computationalen Modell Marrs (1982) zufolge erfolgt die Generierung von Objektrepräsentationen in drei aufeinander aufbauenden Stufen. In einem ersten Schritt werden Übergänge zwischen hellen und dunklen Stellen sowie Kanten und Konturen extrahiert, woraus eine zweidimensionale Repräsentation entsteht, die auch als die initiale Skizze (*primal sketch*) bezeichnet wird. Im nächsten Schritt werden u. a. Texturen, Schattenwurf und	binokulare Disparität genutzt, um der Repräsentation weitere Informationen bezüglich räumlicher Tiefe und Anordnung der sichtbaren Bestandteile eines Objekts hinzuzufügen. Diese Repräsentation entspricht einer Beschreibung des Objekts aus der Perspektive des Beobachters, sie berücksichtigt also nicht diejenigen Komponenten eines Objekts, die aus der aktuellen Perspektive des Betrachters nicht sichtbar sind. Da die Repräsentation umfassender ist	als die zweidimensionale initiale Skizze, jedoch noch keine vollständige dreidimensionale Objektrepräsentation, wird sie auch als zweieinhalb-dimensionale Skizze bezeichnet. Die vollständige dreidimensionale Objektrepräsentation besteht aus einer Beschreibung des Objekts, die vom Blickpunkt des Betrachters unabhängig ist und die alle Objektbestandteile, ihren Bezug zueinander sowie ihre räumliche Anordnung beinhaltet.

denen sich ein peripher indiziertes Objekt auf einer kreisförmigen Bahn um den Fixationspunkt bewegte. Mit dieser Anordnung konnten Tipper et al. zeigen, dass es sich zumindest bei einer Komponente von IOR um einen objektzentrierten Effekt handelt, der sich mit dem peripher indizierten und dann inhibitorisch markierten Objekt mitbewegt. Ähnlich ist IOR in der seriellen visuellen Suche (▶ Abschn. 5.1) objekt-, nicht ortsbasiert (Müller und Von Mühlenen 2000).

Es gibt also eine Vielzahl von Befunden, die dafür sprechen, dass die visuelle Aufmerksamkeit objektbezogen ist. Eine wichtige Frage dabei ist, welche Art von Objektrepräsentation der objektzentrierten visuellen Selektion zugrunde liegt: eine Repräsentation im Sinne von Marrs (1982) Vorstellung einer räumlich invarianten „3D-Modell"-Repräsentation oder eine *Primal-sketch*-Repräsentation, die aus einer Struktur von gruppierten lokalen Elementen besteht und somit ortsabhängig ist. Diese Frage wurde von Kramer et al. (1997) untersucht, die zeigen konnten, dass die initiale Objektselektion auf einer Repräsentation im Sinne einer Struktur von gruppierten Elementen basiert. Folglich ist die objektbasierte visuelle Selektion wesentlich ortsbezogen, d. h., sie findet in einem räumlichen Medium statt.

3.3   Dimensionsbezogene Aufmerksamkeit

Einer weiteren Vorstellung zufolge ist die visuelle Aufmerksamkeit wesentlich merkmals- bzw. dimensionsbasiert, d. h., die Selektion ist durch die Art der geforderten Diskriminationen zwischen unterschiedlichen Stimulusattributen, genauer zwischen Dimensionen von Attributen (wie z. B. Form, Farbe, Bewegung etc.), limitiert. Eine dimensionsbasierte Theorie ist die „Analysatoren"-Theorie von Treisman (1969) und Allport (1971), nach der es bei dualen Diskriminationsleistungen, die die gleichen dimensionsspezifischen Analysatoren beanspruchen, zu wechselseitiger Interferenz kommt. Allerdings ist die Evidenz für diesen Ansatz eher schwach (Duncan 1984).

Ein alternativer Ansatz ist der *Dimensions-Gewichtungs*-Ansatz von Müller et al. (1995; s. a. Krummenacher und Müller 2012). Diesem Ansatz zufolge gibt es eine attentionale Gewichtung von Objektdimensionen, wobei der Gesamtbetrag an Gewicht, das den Dimensionen eines oder mehrerer Objekte zugewiesen werden kann, limitiert ist. Daraus folgt, dass, wenn z. B. die Farbdimension gewichtet ist, die Farbverarbeitung für alle Objekte erleichtert und (weil der Gesamtbetrag an Dimensionsgewicht limitiert ist) die Verarbeitung anderer Objektattribute (wie z. B. Form) beeinträchtigt wird. Müller und O'Grady (2000) konnten diese Vorhersage mittels einer von Duncan (1984) abgeleiteten Versuchsanordnung bestätigen. Die Probanden beurteilten entweder zwei Formattribute (Größe und Textur), zwei Farbattribute (Farbwert und -sättigung) oder ein Form- und ein Farbattribut (z. B. Größe und Farbwert), wobei sich diese dualen Urteile entweder auf ein Objekt oder auf zwei separate Objekte bezogen. Die Ergebnisse zeigten einen Dimensionseffekt, der unabhängig von einem Objekteffekt war: Die Genauigkeit dualer Urteile war größer, wenn sie sich auf Attribute innerhalb derselben Dimension, im Vergleich mit Attributen in unterschiedlichen Dimensionen, bezogen – unabhängig davon, ob ein oder zwei Objekte zu beurteilen waren. Zusätzlich war die Genauigkeit dualer Urteile reduziert, wenn zwei Objekte, im Vergleich mit nur einem Objekt, zu beurteilen waren – unabhängig davon, ob sie sich auf Attribute in der gleichen Dimension oder in unterschiedlichen Dimensionen bezogen.

Dabei ist es wahrscheinlich, dass die dimensions- und objektbasierten Selektionsprozesse innerhalb desselben räumlichen Mediums wirksam werden. Es lässt sich also ein Primat der ortsbezogenen Aufmerksamkeit konstatieren. Dabei ist jedoch die Konzeption des „Ortes" komplexer als in den klassischen Ansätzen zur ortsbasierten Aufmerksamkeit antizipiert (▶ Abschn. 3.1.2, Lichtkegel- und Gummilinsenmodelle). Vielmehr kann die Aufmerksamkeit auf komplexe Objektstrukturen gerichtet (bzw. diesen flexibel angepasst) werden, wobei dimensionsbasierte Prozesse mitbestimmen, welche Strukturen im räumlichen Selektionsmedium „Salienz" erreichen (z. B. O'Grady und Müller 2000). Schließlich legen die Befunde zur dimensionsbasierten Aufmerksamkeit nahe, dass Selektionsprozesse relativ „früh" aktiviert werden können, noch bevor alle Attribute eines Objekts verfügbar sind.

■ **Anwendung**
Die zentrale Bedeutung des Verständnisses der Mechanismen der Steuerung ortsbasierter Aufmerksamkeit liegt in den Konsequenzen für die Gestaltung und Präsentation dynamischer visueller Informationen. Räumliche Aufmerksamkeit kann in Analogie zu einem Lichtkegel verstanden werden, der in einen halbdunklen Raum gerichtet wird. Während die visuelle Szene ohne zusätzliche Beleuchtung vollständig erkennbar ist, werden mit dem Lichtkegel bestimmte Bereiche effizienter verarbeitet. Neben der Erhöhung der Qualität der Signale wird durch die Aufmerksamkeit zudem das Kriterium beeinflusst, das erfüllt sein muss, damit ein sensorischer Reiz einer semantischen Kategorie zugeordnet und z. B. als ein bestimmtes Objekt erkannt werden kann.

Bezüglich der räumlichen Aspekte der Darbietung visueller Informationen ist auf der Grundlage der Untersuchungen zur ortsbasierten Aufmerksamkeit die Effizienz (d. h. die Geschwindigkeit und Genauigkeit) der Erkennensleistung dann am höchsten, wenn die Information an dem Ort erscheint, auf den die Aufmerksamkeit aktuell ausgerichtet ist. Ein entsprechendes Beispiel sind sogenannte Head-up-Displays, die Information auf die Windschutzscheibe eines Fahrzeugs projizieren. Visuelle Information z. B. zur Navigation oder Fahrzeuggeschwindigkeit befindet sich dort, wo sich die Augen zur Beobachtung des Verkehrs schon befinden. Damit wird die Notwendigkeit der Verschiebungen der Augen zwischen verschiedenen visuellen Informationsquellen vermieden. Bezogen auf ortsbezogene Erklärungsansätze selektiver Aufmerksamkeit stellt dies bezüglich der zum visuellen Erkennen erforderlichen Zeit einen Vorteil gegenüber Lösungen dar, bei denen sich das Display an einem anderen Ort befindet. (Die Diskussion objektbasierter selektiver Aufmerksamkeit hat jedoch gezeigt, dass dieser Vorteil möglicherweise eingeschränkt wird.)

Der Zusammenhang zwischen verdeckter (ohne Augenbewegung) und offener (mit Augenbewegung) Aufmerksamkeitsorientierung ist für die Praxis in verschiedenerlei Hinsicht von Bedeutung. Im Rahmen der prämotorischen Theorie wird Aufmerksamkeit im Sinne sowohl einer Erleichterung der Verarbeitung von Stimuli am Ort des Aufmerksamkeitsfokus (Spotlight)

3

als auch einer erhöhten motorischen Bereitschaft, auf einen Stimulus an einem bestimmten Ort zu reagieren, verstanden. Das bedeutet, dass visuelle Information, die z. B. in einem Fahrzeug oder auf einem Computerbildschirm gezeigt wird, mit einer hohen Wahrscheinlichkeit das aktuelle Verhalten beeinflussen wird. Die Unterbrechung eines Verhaltensstroms ist in bestimmten Situationen wie etwa in Notfallsituationen erforderlich. Die negativen Konsequenzen der Präsentation unnötiger Information können jedoch Vorteile bei weitem überwiegen. Bei der Gestaltung von Systemen, die einem Nutzer Rückmeldung über den Systemzustand geben, ist es daher die Überlegung wichtig, wann (z. B. während einer Autofahrt oder am Ende der Fahrt) Rückmeldung über Probleme gegeben wird.

Eine damit zusammenhängende Frage bezieht sich auf die Art und Weise der Rückmeldung. Durch das plötzliche Auftauchen eines Reizes zieht dieser die Aufmerksamkeit automatisch auf sich und unterbricht die aktuell ablaufende Handlung. Der Effekt, dass ein Ereignis die Aufmerksamkeit auf sich zieht, ist in Notfallsituationen von Vorteil. Sensorische Rückmeldung, die Vorfälle mit geringer Relevanz signalisieren, sollten daher nicht plötzlich einsetzen; besser wäre ein graduelles Einsetzen des Signals, das die Aufmerksamkeit nicht automatisch auf sich zieht, sondern dann entdeckt wird, wenn genügend Verarbeitungsressourcen zur Verfügung stehen.

- **Speed Read**
- Visuelle Aufmerksamkeit kann durch unterschiedliche Selektionsmechanismen vermittelt werden. Ortsbasierte Aufmerksamkeit selektiert alle Informationen, die sich in einem bestimmten Bereiche einer visuellen Szene befinden; objektbezogene Aufmerksamkeit selektiert bestimmte Objekte (innerhalb eines limitierte Bereichs), während andere Objekte deselektiert werden; merkmals- bzw. dimensionsbasierte Selektion bezieht sich auf Eigenschaften wie Bewegung, Farbe, Größe oder Orientierung.
- Visuelle Aufmerksamkeit kann offen, d. h. mit einer Augenbewegung, oder verdeckt, d. h. ohne Augenbewegung, einem definierten Bereich im visuellen Feld zugewiesen werden. Die Aufmerksamkeitsorientierung kann endogen und willentlich kontrolliert, basierend auf der Verarbeitung eines symbolischen Hinweisreizes (Pfeil), oder exogen und automatisch, basierend auf einem sensorischen Signal, erfolgen.
- Exogene Aufmerksamkeitsausrichtung ist charakterisiert durch eine kurze Latenz und eine transiente Aktivierung, während die endogene Ausrichtung durch eine längere Latenz und länger anhaltende Aktivierung gekennzeichnet ist. Wichtig ist, dass die exogene Aufmerksamkeitsorientierung die endogene Orientierung überschreiben kann. Ein auffälliger Stimulus kann dadurch den aktuellen Handlungsstrom unterbrechen und ein neues Verhalten initiieren.
- Visuelle Aufmerksamkeit kann in Analogie zur Funktionsweise eines Lichtkegels verstanden werden, der in einen Raum im Halbdunkel gerichtet wird. Die gesamte visuelle Information ist dabei im Prinzip erkennbar, der Bereich unter dem Lichtkegel wird jedoch prioritär verarbeitet.
- Ortsbasierte Aufmerksamkeit steht in engem Zusammenhang mit sakkadischen Augenbewegungen. So geht einer Sakkade eine Aufmerksamkeitsbewegung in die gleiche Richtung voraus, und die visuelle Information am Sakkadenziel kann bereits kurz vor der Augenbewegung diskriminiert werden.
- Um zu verhindern, dass ortsbasierte Aufmerksamkeit, d. h. der Lichtkegel oder Fokus der Aufmerksamkeit, immer wieder auf ein und denselben Ort in einer visuellen Szene ausgerichtet wird, werden schon verarbeitete Bereiche für eine kurze Zeitspanne inhibiert (Rückorientierungshemmung).

- Soziale Hinweisreize wie die Blickrichtung der Augen sind in der Lage, die Aufmerksamkeit mit hoher Effizienz in eine bestimmte Richtung zu lenken. Obwohl die Blickrichtung einen symbolischen Hinweis darstellt, erfolgt die Aufmerksamkeitsausrichtung bei Beobachtern ähnlich wie bei einem exogenen Cue, was mit einem hohen Automatisierungsgrad der Verarbeitung sozialer Cues erklärt werden kann.
- Ortsbasierte Aufmerksamkeit erhöht die Sensitivität der Mechanismen, die einen Stimulus verarbeiten, und sie beeinflusst das Kriterium, einen Stimulus in einer bestimmten Weise zu kategorisieren.

Modalitätsübergreifende Aufmerksamkeitsorientierung

Hermann J. Müller, Joseph Krummenacher, Torsten Schubert

H. J. Müller, J. Krummenacher, T. Schubert, *Aufmerksamkeit und Handlungssteuerung*,
DOI 10.1007/978-3-642-41825-9_4, © Springer-Verlag Berlin Heidelberg 2015

4

Was wir sehen, dominiert unsere Wahrnehmungswelt, aber Objekte sind uns selten nur visuell präsent. Vielmehr spielen bei der Objekt- und Ereigniswahrnehmung auch andere Sinnesmodalitäten, insbesondere der Hör- und der Berührungssinn, eine wichtige Rolle. Dabei wird die sensorische Information zunächst in separaten, modalitätsspezifischen Systemen verarbeitet und dann in ein einheitliches (wahrgenommenes) Objekt oder Ereignis integriert. Inwiefern Aufmerksamkeit bei dieser (objektbasierten) modalitätsübergreifenden bzw. crossmodalen Integration eine Rolle spielt, ist noch unklar. Davon unabhängig ist die Frage, ob und wie Ereignisse – z. B. Hinweisreize (Cues) – in einer sensorischen Modalität Aufmerksamkeitsverschiebungen bewirken können, die die Verarbeitung in einer oder mehreren anderen Modalitäten beeinflussen. Da beim Menschen das Sehen die anderen (Entfernungs-)Sinne dominiert, richtete sich das Forschungsinteresse (seit den 90er-Jahren des letzten Jahrhunderts) insbesondere darauf, inwiefern Aufmerksamkeitsverschiebungen in der visuellen Modalität die Verarbeitung von Stimuli in anderen Modalitäten, v. a. dem Hör- und dem Tastsinn, beeinflussen (und umgekehrt).

Ein frühes Beispiel von crossmodalem Positionscueing gab es schon in Sperlings (1960) klassischen Untersuchungen zum ikonischen Gedächtnis, in denen – in einer Teilberichtsbedingung – ein auditiver Vorabcue dargeboten wurde, dessen Tonhöhe diejenige Zeile in einer kurzzeitig visuell dargebotenen und anschließend maskierten Matrix von Buchstaben indizierte, die die Probanden so vollständig wie möglich wiederzugeben hatten. D. h., ein – essentiell symbolischer – Positionscue in einer Modalität wurde dazu eingesetzt, die Ausrichtung der Aufmerksamkeit in einer anderen Modalität festzulegen. Das Hauptergebnis war, dass die Probanden in der Teilberichtsbedingung ebenso viele Buchstaben in einer bestimmten Zeile richtig identifizieren konnten wie in einer Ganzberichtsbedingung über die gesamte Matrix verstreut – woraus Sperling schloss, dass alle Buchstaben für eine kurze Zeit in einem visuellen (Ultra-)Kurzzeitspeicher enthalten sind, aus dem dann aber in einem attentionalen (selektiven) Prozess nur eine begrenzte Zahl von etwa 4 Items in das (permanentere) visuelle Arbeitsgedächtnis übertragen werden kann.

In der Folge (seit den 90er-Jahren des 20. Jahrhunderts) konnte dann eine zunehmende Zahl von Studien, die crossmodale Aufmerksamkeitscues und Zielreize verwendeten, zuverlässig symbolische Cueingeffekte darstellen (z. B. Spence und Driver 1996; Spence et al. 2000). So untersuchten etwa Spence et al. (2000) den Effekt zentraler visueller Pfeilcues auf die Reaktion auf einen taktilen bzw. visuellen Zielreiz. Die Zielreize wurden mittels eines kleinen in jeder Hand gehaltenen Kästchens dargeboten, das einen taktilen (Vibrations-) sowie einen visuellen (Licht-)Reiz generieren konnte. Mittels Anordnungen wie dieser konnten mittlerweile Aufmerksamkeitsverschiebungen zwischen jedem möglichen (crossmodalen) Paar von visuellem, auditivem und taktilem Hinweis- und Zielreiz experimentell demonstriert werden.

Während die Befundlage im Hinblick auf symbolische Cueingeffekte also klar ist, führte die Untersuchung von direkt-peripheren Cues zu widersprüchlichen Befunden und theoretischen Interpretationen. Eine der ersten systematischen Studien hierzu wurde von Ward (1994) durchgeführt, der eine Zielreizlokalisationsaufgabe verwendete, d. h., die Probanden mussten per Knopfdruck so rasch wie möglich anzeigen, ob ein Zielreiz in einem Platzhalterkästchen links oder rechts erschienen war (mit den Platzhalterkästchen wurden die möglichen Zielreizorte gekennzeichnet). Zielreize wurde entweder durch einen direkten visuellen Cue (ein Aufblitzen z. B. des linken Platzhalterkästchens für den visuellen Zielreiz) indiziert, durch einen auditiven Cue (ein vom z. B. einem linken Lautsprecher neben dem Platzhalterkästchen präsentierter Ton), beide Cues oder gar keinen Cue. Einer der Hauptbefunde in der Studie von Ward (1994) bestand darin, dass visuelle Cues (bei einer für direkte Cues optimalen SOA zwischen Cue- und Zielreiz von 100 ms) die Reaktionen auf sowohl visuelle als auch auditive Targets beschleunigte, wohingegen auditive Cues eine solche Wirkung nur auf auditive Zielreize hatten.

Allerdings zeigten zwei Studien von Spence und Driver (1994, 1997) genau das gegenteilige Muster. In der Untersuchung von Spence und Driver (1994) konnten visuelle bzw. auditive Cues (Aufleuchten von LEDs bzw. reine Töne aus den Lautsprechern) an einer Position entweder links oder rechts auf derselben Horizontalen wie der (zentrale) Fixationspunkt dargeboten werden. Die Zielreize konnten dann an einer Position (vertikal 15° Sehwinkel) oberhalb oder unterhalb der möglichen Cuesignalpositionen, also oberhalb oder unterhalb des horizontalen Feldmeridians, erscheinen. Visuelle Targets bestanden in einem Aufleuchten von LEDs, auditive in einer kurzzeitigen Präsentation von weißem Rauschen. Die Aufgabe der Probanden bestand darin, eine „oberhalb/unterhalb"-Entscheidung zu treffen; d. h., die erforderliche Reaktionsentscheidung (oben/unten = Elevation) war unabhängig davon, auf welcher Seite – die des Cues oder die gegenüberliegende Seite (rechts/links = Azimut) – der Zielreiz erschien, wodurch cuebezogene Antworttendenzen eliminiert werden konnten (orthogonale Cueingaufgabe). Das Befundmuster war wie folgt: auditive Cues beschleunigten Reaktionen auf sowohl auditive als auch visuelle Zielreize auf der indizierten Seite, wohingegen visuelle Cues nur Reaktionen auf visuelle Zielreize beschleunigten. Spence und Driver (1994) schlossen daraus, dass visuelle Cues keine reizgetriebenen Aufmerksamkeitsverschiebungen im auditiven Raum auslösen könnten – was auf eine fehlende Verbindung (*missing link*) in der Architektur crossmodaler Verarbeitung hinweise. Dieses hypothetische „fehlende Glied" würde implizieren, dass es mehr als eine Art von Aufmerksamkeit gibt, d. h., jede Modalität verfügt über ihr eigenes Aufmerksamkeitssubsystem.

Anschließend durchgeführte Untersuchungen zeigten allerdings, dass die Art des auftretenden Effektes (d. h. der Asymmetrie) stark von intrinsischen Unterschieden in der Verarbeitung von Ortsinformation im visuellen und im auditiven System abhängt. So wird die räumliche Lokalisation von Reizen in der auditiven Modalität durch separate Mechanismen für Azimut und Elevation vermittelt, während in der visuellen Modalität beide Raumdimensionen in einer gemeinsamen (Gehirn-)Karte repräsentiert werden. Des Weiteren ist die Position visueller Stimuli mit hoher Präzision verfügbar, während auditive Stimuli mit einer relativ großen Unsicherheitszone assoziiert sind, insbesondere in der vertikalen Dimension. Aufgrund dieses Unterschiedes ist es möglich, dass (örtlich präzise) visuelle Cues nur die Verarbeitung naher auditiver Stimuli bahnen, während (vergleichsweise unpräzise) auditive Cues die Verarbeitung visueller Reize über einen größeren Bereich von Stimulusorten erleichtern. Es könnte also sein, dass in den Experimenten von Spence und Driver (1994) die Distanz (valider) auditiver Targets zum visuellen Cue (mit 15°) zu groß war, um von einem Bahnungseffekt zu profitieren, während umgekehrt die gleiche Distanz visueller Targets zum auditiven Cue gering genug war, um in die vom auditiven Cue bezeichnete Zone zu fallen. Diese Möglichkeit wird durch die Befunde einer Studie von Prime et al. (2008) bestätigt. Während Prime et al. in einer ähnlichen Aufgabe, wie der von Spence und Driver verwendeten, ebenfalls keinen Cueingeffekt von der visuellen auf die auditive Modalität fanden, trat in einem anderen Experiment (in dem auditive Targets nicht nur oberhalb oder unterhalb, sondern auch direkt an der Position des visuellen Cues erscheinen konnten, wobei die Aufgabe eine Diskrimination der Targetintensität verlangte) ein substantieller Cueingeffekt dann auf, wenn die Targets an der Cueposition erklangen, nicht aber wenn sie (14°) oberhalb oder unterhalb dieser Position präsentiert wurden.

Trotz anfänglich gegenteiliger Befunde ist zwischenzeitlich also klar, dass direkte visuelle Cues durchaus die Verarbeitung von auditiven Targets erleichtern können (s. a. Prime et al. 2008). Dies wurde mittlerweile auch durch elektrophysiologische Untersuchungen belegt.

Bekanntlich ist in Versuchsanordnungen mit direkten (visuellen) Cues die initiale negative maximale Auslenkung (*peak* des visuellen ERPs, d. h. der sogenannten N1-Komponente, s. ▶ Kasten „Elektroenzephalographie (EEG) und ereignisrelatierte Potentiale (ERP)") für Zielreizstimuli an beachteten Positionen stärker ausgeprägt als für solche an nichtbeachteten Positionen (z. B. McDonald et al. 2001). Ähnlich rufen auditive Stimuli an auditiv indizierten Positionen eine stärkere Negativierung hervor als solche an nichtindizierten Positionen (z. B. Näätänen 1992). McDonald et al. (2001) konnten zeigen, dass sich ein ähnliches Muster auch unter Bedingungen crossmodalen Cueings findet: Nach visuellen Cues waren die durch auditive Targets hervorgerufenen ERPs negativer, wenn sie an validen Positionen erschienen gegenüber invaliden Positionen. Die negative Differenzwelle (ERP valide minus ERP invalide Cues) wies einen Maximalwert im Latenzbereich 120–150 ms auf, der (an Elektrodenpositionen) über dem Parietalkortex am stärksten ausgeprägt war. Zusammengenommen zeigen diese Befunde also, dass es – entgegen der ursprünglichen Annahme von Spence und Driver – kein „fehlendes Glied" in der Physiologie crossmodaler Verarbeitung gibt.

Dennoch bleibt die Frage nach der Architektur des Systems crossmodaler Aufmerksamkeit bestehen: D. h., werden crossmodale Aufmerksamkeitsverschiebungen durch einen Aufmerksamkeitsmechanismus innerhalb einer gemeinsamen multisensorischen bzw. supramodalen Repräsentation des Raumes vermittelt? Oder aber werden sie durch ein System vermittelt, das aus separaten Aufmerksamkeitsmechanismen für die verschiedenen Sinnesmodalitäten besteht, die sich über wechselseitige bzw. zwischen bestimmten Modalitäten nur einseitige Verbindungen beeinflussen können (z. B. Spence und Driver 1998). Obwohl die letztere Hypothese durch den Nachweis reziproker Cueingeffekte zwischen Seh- und Hörsinn an Einfluss verlor, gibt es gegenwärtig allerdings keine Evidenz aus Verhaltensexperimenten, die eine Entscheidung zwischen diesen Hypothesen zuließe – zumal sich die Vorstellung eines limitierten supramodalen Mechanismus nur schwer von der separater, aber verbundener modalitätsspezifischer Mechanismen unterscheiden lässt. Allerdings weisen Befunde aus neurowissenschaftlichen Studien auf einen supramodalen Mechanismus hin – s. ▶ Abschn. 11.3.

Nach anfänglich widersprüchlichen Befunden gibt es in der Zwischenzeit auch Belege für crossmodales IOR. Während Spence und Driver (1997) keine Evidenz für crossmodales IOR in einer Diskriminationsaufgabe finden konnten, berichteten sie später (Spence und Driver 1998) von einem solchen Effekt bei einer einfachen Entdeckungsaufgabe mit auditiven Cues und visuellen Targets. Dieser Effekt war aber nur dann zu beobachten, wenn den Probanden ein audiovisueller Rückorientierungsreiz zwischen dem Cue und dem Zielreiz dargeboten wurde. Letzteres ist insofern ungewöhnlich, als ein solcher Reiz in Aufgaben mit visuellem Cue und visuellem Entdeckungszielreiz nicht notwendig ist, um IOR zu erhalten (wohl aber in Diskriminationsaufgaben). Konsistentere Belege für crossmodales IOR wurden von McDonald und Ward (2005) sowohl für einfache Entdeckungs- als auch für komplexere Diskriminationsaufgaben berichtet. Schließlich konnten Roggeveen et al. (2005) crossmodales IOR auch in einer Zielreiz-Zielreiz-Aufgabe darstellen, in denen der Zielreiz in einem Durchgang ein Ton sein konnte (der eine Tonhöhendiskrimination erforderte) und der Zielreiz im nächsten Durchgang ein visueller Stimulus (der eine Farb-/Orientierungs-Diskrimination verlangte). Die Zielreize in aufeinanderfolgenden Durchgängen konnten an derselben Position links oder rechts des zentralen Fixationsortes erscheinen oder die Seite wechseln, wodurch sich, analog zu validen und invaliden Durchgängen in einem Cueingparadigma, IOR-Effekte darstellen lassen. Zwischen den einzelnen Durchgängen wurde ein zentraler audiovisueller Reiz präsentiert, um die Aufmerksamkeit von der Zielreizseite wieder in das Zentrum zurückzulenken; die SOA zwischen den Durchgängen betrug ca. eine Sekunde. Roggeveen et al. analysierten Durchgänge, in denen es eine Stimulus- oder Reaktionswiederholung gab, separat von solchen, in denen es zu keiner Repetition kam. Für die erstere Art von Durchgängen ergab sich ein stimulus- bzw. reaktionsbezogener Erleichterungseffekt sowohl für Übergänge (über Versuchsdurchgänge hinweg) innerhalb der gleichen Modalität (z. B. auditiv-auditiv) als auch für Übergänge von einer auf die andere Modalität (z. B. visuell-auditiv), im Sinne eines „Wiederholungsprimings". Dagegen zeigte sich ein substantieller IOR-Effekt für alle Nichtwiederholungstrials. Während es also mittlerweile gute Belege für crossmodales audiovisuelles IOR gibt, gibt es derzeit noch keine entsprechenden Befunde für visuohaptisches und audiohaptisches IOR.

- **Anwendung**

Die Bauchredner-Illusion. Eine interessante Frage ist, ob multisensorische Integration eine Rolle bei der crossmodalen attentionalen Verarbeitung spielt. Ein bekanntes Beispiel für multisensorische Integration ist die Bauchredner- (oder Ventriloquismus-)Illusion, wobei der Bauchredner den Beobachter glauben macht, dass ein von ihm (mit minimalen Mundbewegungen) geäußerter Sprachstrom tatsächlich aus dem bewegten Mund seiner Puppe kommt. Der visuelle Stimulus (Mundbewegungen der Puppe) kann den auditiven Stimulus (die Stimmäußerung des Bauchredners) sozusagen kapern. Dies ist wohl nicht zuletzt deshalb möglich, weil die Mechanismen akustischer Lokalisation viel weniger präzise sind als die der Ortung visueller Reize. Allerdings konnte gezeigt werden, dass der Bauchrednereffekt durch präattentive Mechanismen crossmodaler Stimulusintegration vermittelt wird (z. B. Bertelson 1999; Bertelson et al. 2000).

Der McGurk-Effekt. Ein anderer relevanter Effekt ist der nach seinem Entdecker benannte McGurk-Effekt (McGurk und MacDonald 1976), der mit der Integration der gesehenen Mundbewegung eines Sprechers mit seiner lautlichen Äußerung zu tun hat. Wenn z. B. die Mundbewegung einem „bah" entspricht, die Lautäußerung aber einem „gah", dann berichtet der Beobachter in der Regel, den Laut „dah" gehört zu haben – also eine Art Kompromiss zwischen den konfligierenden Phonemen, die über das Sehen bzw. das Hören vermittelt werden. Obwohl visuelle Information für das Sprachverstehen nicht kritisch ist, so kann sie dieses doch unterstützen. Aber auch der McGurk-Effekt entsteht wahrscheinlich auf einer präattentiven Stufe der Verarbeitung auditiver Information.

Während der Ventriloquismus-Effekt selbst nicht durch attentionale Prozesse vermittelt zu werden scheint, konnte Driver (1996) allerdings zeigen, dass er (bzw. crossmodale Integrationsmechanismen im Allgemeinen) die attentionale Selektion beeinflussen kann. In dieser Studie wurden den Probanden Lippenbewegungen auf einem Monitor (visuell) präsentiert, während sie simultan zwei (auditive) Ströme von simultan präsentierten Nonsenswörtern hörten. Die Lippenbewegungen waren mit einem Audiostrom kongruent und mit dem anderen inkongruent. Die Probanden hatten einen Audiostrom zu beschatten, während sie auf den Monitor blickten. Die Ausführung der Beschattungsaufgabe war fast unmöglich, wenn man nur die auditiven Ströme hörte, bzw. wenn man nur die Lippenbewegungen sah. In einem Experiment kamen beide Audioströme jedoch entweder aus einem Lautsprecher unterhalb des (aktiven) Monitors mit den Lippenbewegungen oder von einem Lautsprecher unter einem anderen, etwas entfernten (inaktiven) Monitor ohne Bildinformation. Die Beschattungsleistung (korrekt nachgesprochene Nonsenswörter) betrug nur 58 %, wenn die auditive Nachricht von dem Lautsprecher unter dem aktiven Monitor ausging, aber 77 %, wenn sie von dem Lautsprecher unter dem inaktiven Monitor kam. Die letztere Bedingung erlebten die Probanden so, als ob die Zielwörter aus dem (tatsächlich inaktiven) Lautsprecher unter dem aktiven Monitor kamen, während die Nichtzielreizwörter aus dem (aktiven) Lautsprecher unter dem inaktiven Monitor zu kommen schienen. D. h., der Ventriloquismus-Effekt (visuelle Kaperung der Quelle des relevanten Audiostroms) kann unsere Fähigkeit verstärken, Ströme auditiver Nachrichten auseinanderzuhalten.

■ **Speed Read**

▬ Untersuchungen zu crossmodaler, also Sinnesmodalitäten übergreifender, Aufmerksamkeit, zielen hauptsächlich auf die Beantwortung der Frage ab, ob Aufmerksamkeit supramodaler, also unabhängig von Sinnessystemen, oder sinnesspezifischer Natur ist.

▬ Unter Verwendung symbolischer crossmodaler Hinweis- und Zielreize konnten Aufmerksamkeitsverschiebungen zwischen jedem möglichen (crossmodalen) Paar von visuellem, auditivem und taktilem Hinweis- und Zielreiz experimentell nachgewiesen werden.

▬ Untersuchungen mit direkten Hinweisreizen in den visuellen und auditiven Modalitäten haben gezeigt, dass eine Asymmetrie in der Wirkung der Aufmerksamkeitszuweisungen zwischen den beiden Modalitäten besteht, die wahrscheinlich darauf zurückzuführen ist, dass räumliche Lokalisation in der auditiven Modalität durch separate Mechanismen für Azimut und Elevation vermittelt wird, gegenüber einer einheitlichen Karte in der visuellen Modalität, und dass die räumliche Lokalisierung in der visuellen Modalität präziser ist als in der auditiven.

▬ Die Beobachtung von IOR im audiovisuellen Bereich stellt eine weitere Evidenzquelle für die supramodale Natur des Aufmerksamkeitssystems dar.

Visuelle Suche

Hermann J. Müller, Joseph Krummenacher, Torsten Schubert

H. J. Müller, J. Krummenacher, T. Schubert, *Aufmerksamkeit und Handlungssteuerung*,
DOI 10.1007/978-3-642-41825-9_5, © Springer-Verlag Berlin Heidelberg 2015

5.1   Parallele und serielle Suche

Ein Schlüsselparadigma in der Aufmerksamkeitsforschung, das sich als „Testfeld" für konkurrierende Theorien der selektiven Aufmerksamkeit erwiesen hat, ist das Paradigma der visuellen Suche (*visual search*). Dabei wird den Probanden ein Suchdisplay dargeboten, das unter einer variablen Anzahl von Ablenk- oder Distraktor-Stimuli einen Zielreiz enthalten kann (vgl. ► Abschn. 5.2). Gemessen wird die Suchreaktionszeit in Abhängigkeit von der Anzahl der Distraktoren, woraus sich die *Such-RT-Funktion* (*search reaction time function*) ableiten lässt. Ein wichtiger Kennwert solcher Funktionen ist deren Steigung, d. h. die „Suchrate", gemessen in Zeiteinheiten pro Displayitem. Aufgrund der in verschiedenen Suchexperimenten beobachteten Suchfunktionen wurde eine Unterscheidung zwischen zwei Modi der visuellen Suche vorgeschlagen (z. B. Neisser 1967; Treisman und Gelade 1980): *parallele Suche* (*parallel search*) und *serielle Suche* (*serial search*). Steigt die Suchfunktion nur wenig mit zunehmender Displaygröße an (Suchrate ≤ 10 ms/Item), so geht man davon aus, dass alle Items im Display simultan, d. h. „parallel" abgesucht werden. Dagegen nimmt man bei linear ansteigenden Suchfunktionen (Suchrate > 10 ms/Item) an, dass die einzelnen Displayitems sukzessive, d. h. „seriell" abgesucht werden.

5.2   Das Paradigma der visuellen Suche

Im Paradigma der visuellen Suche (◨ Abb. 5.1) wird den Probanden ein Suchdisplay dargeboten, das neben einer variablen Anzahl von Distraktorstimuli einen Zielreiz enthalten kann. Die Gesamtzahl der Stimuli im Suchdisplay wird als Displaygröße (*display size*) bezeichnet. Der Zielreiz (*target*) ist entweder anwesend oder abwesend, und die Aufgabe der Probanden besteht darin, möglichst rasch eine positive (Zielreiz-anwesend-) bzw. negative (Zielreiz-abwesend-)Entscheidung zu treffen. Die dafür benötigten Zeiten können als Funktion der Displaygröße N dargestellt werden, der sogenannten Such-Reaktionszeit-Funktion (*search reaction time function*). Die resultierenden Suchfunktionen lassen sich in der Regel durch folgende (lineare) Gleichung beschreiben: Reaktionszeit = a + b × N, wobei *a* die Basisreaktionszeit, d. h. der y-Achsenabschnitt der Suchfunktion, ist und *b* die Suchrate, d. h. die Steigung der Funktion (gemessen in Einheiten der Suchzeit pro Displayitem). Aufgrund der in verschiedenen Suchexperimenten beobachteten Suchfunktionen hat man eine Unterscheidung zwischen zwei Modi der visuellen Suche vorgeschlagen (z. B. Treisman und Gelade 1980): parallele und serielle Suche. Steigt die Suchfunktion nur wenig mit zunehmender Displaygröße an (b ≤ 10 ms/Item), so geht man davon aus, dass alle Items im Display simultan abgesucht werden; d. h., die Suche verläuft *parallel* (◨ Abb. 5.1). Dagegen nimmt man bei linear ansteigenden Suchfunktionen (b > 10 ms/Item) an, dass die einzelnen Displayitems sukzessive abgesucht werden; d. h., die Suche verläuft *seriell* (◨ Abb. 5.1). Die serielle Suche kann *erschöpfend* (*exhaustive*) sein, d. h., alle Displayitems werden abgesucht, bzw. sie kann *selbst-abbrechend* (*self-terminating*) sein, sobald das Target gefunden ist. Um bei einem Zielreiz-abwesend-Display mit N Items zu entscheiden, dass kein Target im Display vorhanden ist, würde die erschöpfende Suche N serielle Suchschritte erfordern – unter der Annahme, dass die Displayitems in zufälliger Folge abgesucht werden und dass ein einmal inspiziertes Item nicht erneut inspiziert wird. Dagegen würde die serielle, selbstabbrechende Suche bei einem Zielreiz-anwesend-Display mit N Items statistisch n/2 + 1/2 Suchschritte erfordern, um das Target zu entdecken (d. h., das Target wird im Durchschnitt nach Absuche von etwa der Hälfte der Displayitems gefunden). Folglich würde bei konstanter Dauer pro Suchschritt die negative (Zielreiz-abwesend-)Suchfunktion doppelt so

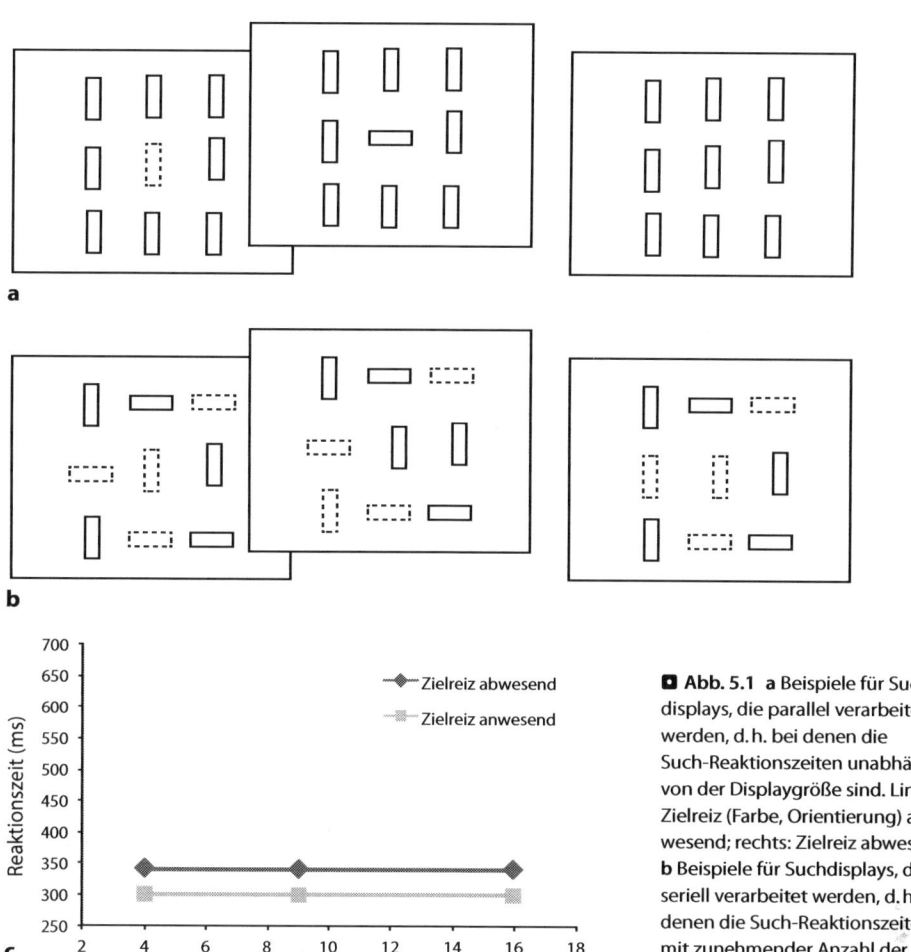

■ **Abb. 5.1 a** Beispiele für Such-displays, die parallel verarbeitet werden, d. h. bei denen die Such-Reaktionszeiten unabhängig von der Displaygröße sind. Links: Zielreiz (Farbe, Orientierung) anwesend; rechts: Zielreiz abwesend, **b** Beispiele für Suchdisplays, die seriell verarbeitet werden, d. h. bei denen die Such-Reaktionszeiten mit zunehmender Anzahl der Items im Display ansteigen. Links: Zielreiz (Farb-Orientierungs-Konjunktion) anwesend; rechts: Zielreiz abwesend, **c** Zielobjekte mit im Vergleich zu den Distraktoren anderer Farbe oder Orientierung werden in einem einzigen parallelen Suchschritt entdeckt. **d** Zielobjekte, die im Vergleich zu den Distraktoren durch eine besondere Konjunktion aus Merkmalen gekennzeichnet sind, werden (in der Regel) erst nach einer Reihe von Suchschritten entdeckt.

steil ansteigen wie die positive (Zielreiz-anwesend-)Funktion, wobei die Steigung der negativen Funktion der beste Schätzwert für die Suchzeit pro Item ist. Aufgrund dieser Annahmen lässt sich aus einem Suchexperiment, das ein 2:1-Steigungsverhältnis zwischen der negativen und der positiven Suchfunktion produziert, schließen, dass der Suchprozess in negativen Durchgängen seriell erschöpfend und in positiven Durchgängen seriell selbstabbrechend verlief. Damit ist freilich noch nicht erklärt, warum manche Suchen parallel und manche seriell erfolgen. Um dies zu erklären, wurde eine Reihe von Theorien der visuellen Suche entwickelt, bei denen es sich eigentlich um generelle Theorien der selektiven visuellen Aufmerksamkeit handelt, wie z. B. die *Merkmals-Integrations-Theorie* der Aufmerksamkeit von Treisman (*feature integration theory*; z. B. Treisman und Gelade 1980; Treisman und Sato 1990).

5.3   Theorien der visuellen Suche

5.3.1   Merkmals-Integrations-Theorie der visuellen Aufmerksamkeit

Evidenz für parallele bzw. für serielle Suche ergab sich in Suchexperimenten, in denen sich das Target entweder durch ein einfaches *Merkmal* (*feature*) in einer gegebenen „Merkmalsdimension" (*feature dimension*) von den Distraktoren unterschied (parallele Suche) oder durch eine Kombination von Merkmalen (serielle Suche). Die Annahme ist die, dass sich jeder Stimulus als eine Kombination aus basalen Merkmalen beschreiben lässt, wobei „ähnliche" Merkmale Dimensionen bilden; z. B. sind rot, grün, blau etc. Merkmale der Dimension Farbe; andere Dimensionen sind Orientierung, Größe, Bewegung etc. (Wolfe und Horowitz 2004). Man geht davon aus, dass Merkmalsdimensionen modulare Systeme sind, die aus spezialisierten, z. B. einen bestimmten Farbwert kodierenden, Merkmalsdetektoren bestehen. Eine weitere Annahme ist, dass ähnliche Merkmalsdetektoren topographisch, in sogenannten *Merkmalskarten*, organisiert sind. Dabei entsprechen bestimmte Orte in den Karten bestimmten Stimulusorten im visuellen Feld, so dass die Möglichkeit besteht, korrespondierende Orte in den verschiedenen Karten einander zuzuordnen. Diese stark vereinfachten Vorstellungen leiten sich aus der Neurophysiologie der visuellen Wahrnehmung her (z. B. Livingstone und Hubel 1987, 1988; Zeki 1993). Daraus ergibt sich dann das sogenannte *Problem der Bindung* (*binding problem*): Wie werden die separat kodierten Objektmerkmale später zu einer kohärenten Objektrepräsentation verbunden?

Die einflussreiche Merkmals-Integrations-Theorie (MIT) der visuellen Aufmerksamkeit von Treisman (z. B. Treisman und Gelade 1980; Treisman und Sato 1990; Treisman 1988; vgl. ◘ Abb. 5.2) stellt einen wichtigen Versuch dar, die Frage der Bindung zu beantworten. Die Hauptevidenz für diese Theorie stammt aus visuellen Suchexperimenten, in denen sich das Target von den Distraktoren entweder durch ein einfaches Merkmal unterschied (*simple feature search*; z. B. Suche nach einem roten Zielreizbuchstaben X unter blauen Distraktorbuchstaben X) oder durch eine Kombination von Merkmalen (*feature conjunction search*; z. B. Suche nach einem roten X unter blauen X und roten O; zur Illustration vgl. auch ◘ Abb. 5.1). Bei der einfachen Merkmalssuche waren die Suchfunktionen flach (das Target scheint aus dem Display herauszuspringen – man spricht daher vom Phänomen des *pop-out*), woraus Treisman schloss, dass die Targetentdeckung auf parallelen, *präattentiven* Suchprozessen beruht. Dagegen stiegen die Suchfunktionen bei der Merkmalskonjunktionssuche linear an (mit einem Steigungsverhältnis von 2:1 zwischen den negativen und den positiven Funktionen), was als Indiz für serielle, attentionale Suche gewertet wurde. Das heißt, bei der Konjunktionssuche müssen die einzelnen Displayitems sukzessive mit fokaler Aufmerksamkeit abgetastet werden, wodurch die separat kodierten Merkmale des inspizierten Items in eine kohärente Objektrepräsentation integriert

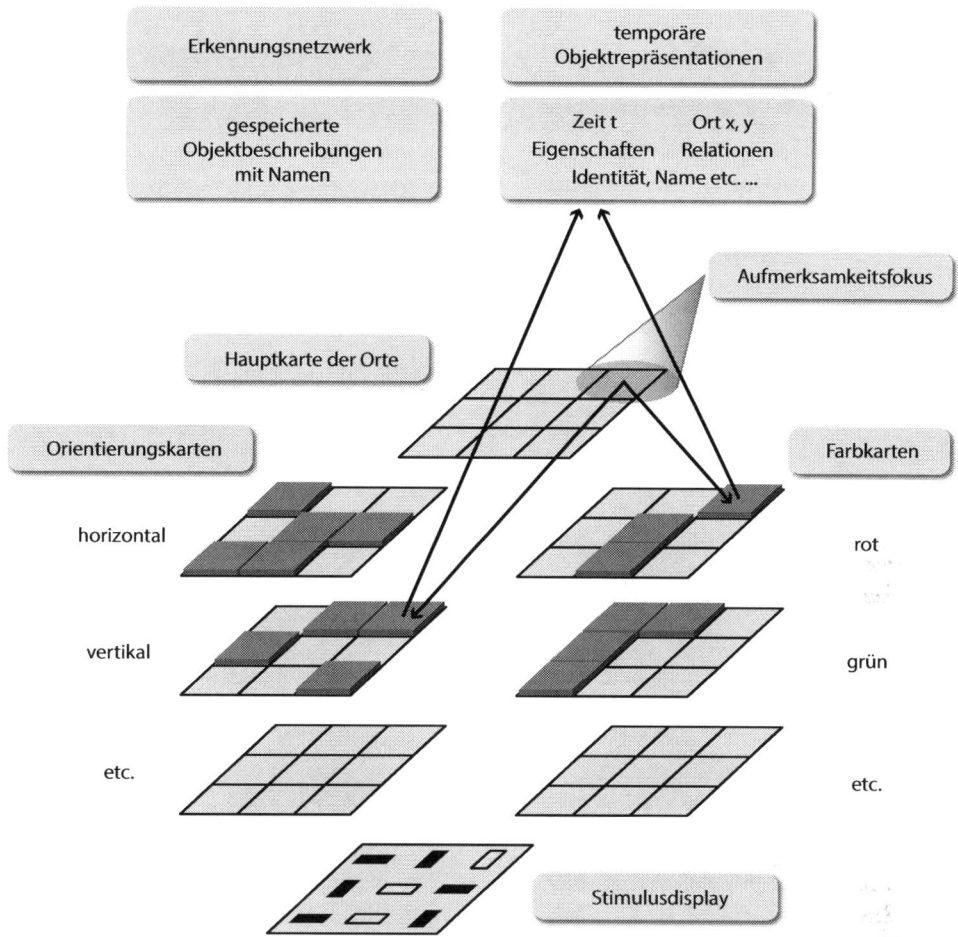

Abb. 5.2 Schematische Darstellung der gemäß der MIT an der Verarbeitung und Selektion visueller Information beteiligten Repräsentationen und deren Interaktionen. Aus einem Stimulusdisplay (unten) werden einzelne Merkmale extrahiert und in spezifischen topographischen Repräsentationen (Merkmalskarten für z. B. Orientierung oder Farbe) kodiert. Merkmalsdetektoren sind aktiv, wenn sich etwas Horizontales oder etwas Rotes an einem bestimmten Ort im Display oder einer visuellen Szene befindet. Ausrichtung der Aufmerksamkeit auf einen Ort in der Repräsentation der Orte (der Hauptkarte der Orte) führt dazu, dass alle an den korrespondierenden Stellen der einzelnen Merkmalskarten vorliegenden (Merkmals-)Werte in einen temporären Arbeitsspeicher transferiert werden, wo sie somit als eine zusammenhängende Objektbeschreibung vorliegen, die dann zur Objekterkennung mit überdauernden Objektrepräsentationen (im Langzeitgedächtnis) abgeglichen wird. Die Funktion der visuellen Aufmerksamkeit liegt der MIT zufolge also darin, Merkmale zu Objektrepräsentationen zu binden

werden und in der Folge mit einer Targetbeschreibung (im Objektgedächtnis) abgeglichen werden können. Dabei wird die Zuweisung von fokaler Aufmerksamkeit an ein Objekt als ortsbezogen konzipiert: Die Aufmerksamkeit wird auf einen Ort der Hauptkarte der Orte (*master map of locations*) gerichtet, wodurch der Output der verschiedenen Merkmalsdetektoren an dem entsprechenden Ort verfügbar wird. Der MIT zufolge besteht der Flaschenhals (*bottleneck*) der Verarbeitung also in einem seriell arbeitenden, d. h. Aufmerksamkeit erfordernden, Bindungsstadium: Bindung kann nur für ein Objekt zu einer gegebenen Zeit erfolgen. Als einen weiteren Beleg für diese Theorie werden sogenannte „illusionäre Konjunktionen" (Treisman und Schmidt 1982) angeführt, d. h. der Befund, dass die Merkmale nicht beachteter Objekte (bei kurzzeitiger Displaydarbietung) falsche Bindungen eingehen können; ein Beispiel wäre die Bindung der Form von Objekt A mit der Farbe von Objekt B (die Halluzination nichtvorhandener Merkmale ist dagegen eher selten). Mit anderen Worten: Nur die Zuweisung fokaler Aufmerksamkeit garantiert korrekte Merkmalsintegration.

In der Folge der Formulierung der ursprünglichen Version der MIT ergaben sich eine Reihe von Befunden in visuellen Suchexperimenten, die sich nicht durch eine simple Dichotomie von parallel-präattentiver und seriell-attentionaler Suche erklären ließen. Insbesondere zeigte sich, dass die Steigungen der Suchfunktionen von absolut „flach" bis sehr „steil" variieren konnten, wobei die Ähnlichkeit des Targets zu den Distraktoren (sowie die Ähnlichkeit der Distraktoren) eine besondere Rolle spielt. Eine Reihe von alternativen Ansätzen wurde vorgeschlagen, um diese Befunde zu erklären; eine besondere Rolle spielen dabei die Theorie der gesteuerten Suche von Wolfe und Kollegen sowie die Ähnlichkeitstheorie von Duncan und Humphreys.

5.3.2 Theorie der gesteuerten Suche

Auch die *Theorie der gesteuerten Suche* (*guided search theory*, GST) von Wolfe und Mitarbeitern (z. B. Wolfe 1994; s. a. Cave und Wolfe 1990; Wolfe 2007; Wolfe et al. 1989; vgl. ◘ Abb. 5.3) nimmt die Existenz einer ortsbasierten Hauptkarte an, der *Hauptkarte der Aktivierungen* (*overall map of activations*), die die Allokation der fokalen Aufmerksamkeit steuert: Die Aufmerksamkeit wird jeweils auf den Ort mit der höchsten Hauptkartenaktivierung gerichtet. Ähnlich wie in der MIT vermittelt die fokale Aufmerksamkeit die Bindung der am höchstaktivierten Ort registrierten Objektmerkmale (bzw. deren Durchleitung an ein Objekterkennungssystem). Im Wesentlichen ist die GST eine Theorie der „Berechnung" der Hauptkartenaktivierung. Diese Berechnung erfolgt durch zwei getrennte Mechanismen: Einen *Bottom-up-* und einen *Top-down-*Mechanismus. Der parallel arbeitende *Bottom-up-*Mechanismus berechnet Karten von Merkmalsdifferenzen bzw. *Merkmals-Salienzen* (*saliencies*) gleichzeitig für jede Dimension. Je mehr sich ein Displayitem von den anderen Items in einer gegebenen Dimension unterscheidet, umso größer ist seine Salienz innerhalb dieser Dimension. So erreicht z. B. das Target in der einfachen Merkmalssuche eine hohe Salienz in der kritischen Dimension (z. B. der Farbdimension, wenn das Target ein rotes X und die Distraktoren blaue X sind), weil sich das Target von *allen* Distraktoren unterscheidet, während sich Letztere *nur* vom Target unterscheiden. Die dimensionsspezifischen Salienzsignale werden dann von Einheiten der Hauptkarte über alle Dimensionen hinweg aufsummiert. Folglich erreicht bei der einfachen Merkmalssuche das Target eine höhere Aktivität als die Distraktoren, und die Aufmerksamkeit wird, nach einem parallelen *Winner-take-all*-Auswahlprozess, sofort der Position des Targets zugewiesen, wodurch das Target entdeckt wird.

Der *Top-down-*Mechanismus spielt bei Konjunktionssuchen eine entscheidende Rolle (bei denen die *Bottom-up-*Mechanismen der Salienzberechnung nicht in der Lage sind, zuverlässig zwischen dem Target und den Distraktoren zu unterscheiden). Der *Top-down-*Mechanismus involviert eine wissensbasierte Aktivation der bekannten Target-Merkmale, z. B. „rot" im Farbsystem und „X" im Formsystem bei der Suche nach einem roten X unter blauen X und roten O. Dadurch erreichen alle roten Items eine höhere Salienz im Farbsystem und alle X eine höhere Aktivation im Formsystem, wobei das Target das einzige Item ist, das eine höhere Aktivation in beiden Dimensionen erreicht. Wenn also die *top-down* modulierten Salienzkarten von Einheiten der Hauptkarte aufsummiert werden, so erreicht das Target insgesamt die höchste Gesamtaktivation und müsste – wie in der einfachen Merkmalssuche – eigentlich immer zuerst die fokale Aufmerksamkeit auf sich ziehen. Allerdings ist die Aktivationsdifferenz des Targets zu

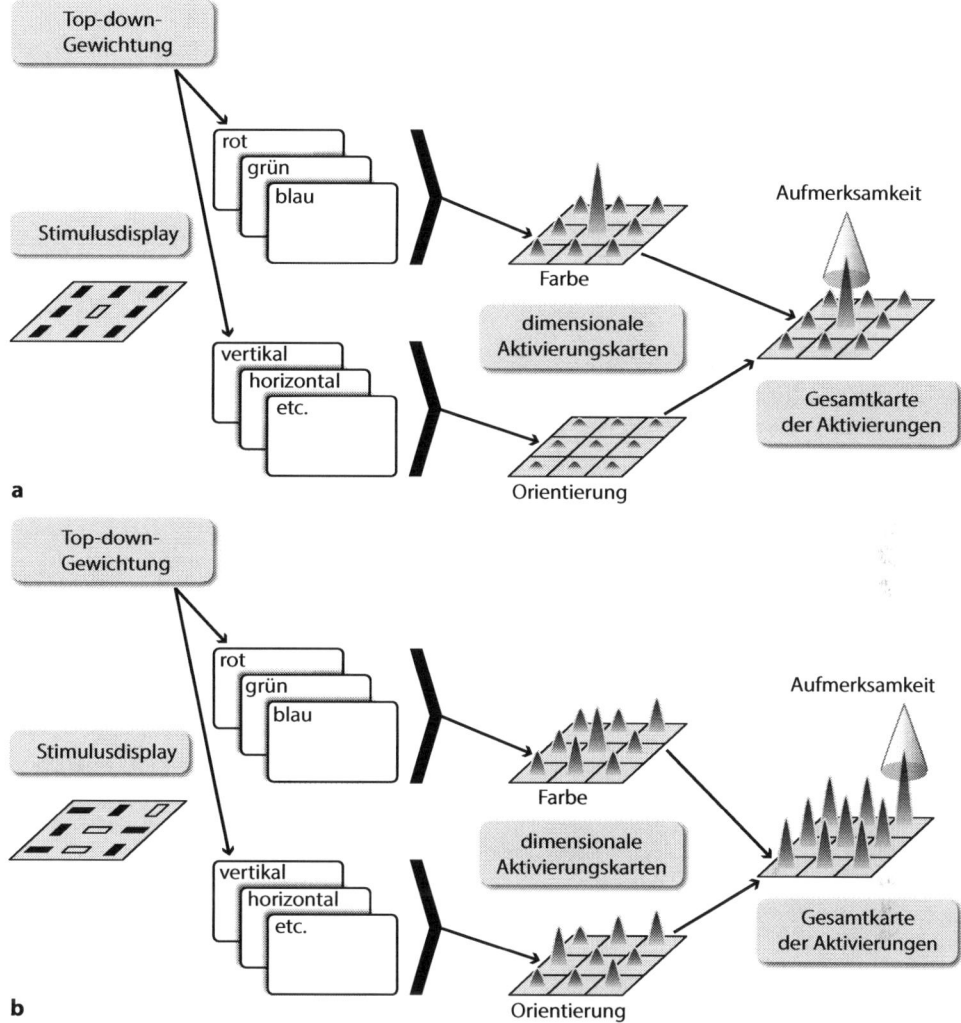

Abb. 5.3a, b Schematische Darstellung der Verarbeitungsarchitektur der GST (Wolfe 1994). Aus dem Display bzw. der visuellen Szene werden Merkmale extrahiert und in topografisch organisierten Karten repräsentiert. Aus den Merkmalsrepräsentationen werden Merkmalskontraste, die sogenannten Salienzsignale abgeleitet, die Orte mit auffälligen Merkmalen kodieren. Dimensionsbasierte Salienzsignale werden auf eine Gesamtkarte der Aktivierungen summiert. Fokale Aufmerksamkeit wird auf den Ort mit der höchsten Aktivierung ausgerichtet, und die an diesem Ort befindlichen Merkmale werden dadurch Prozessen der Objekterkennung zugänglich gemacht. Von vornherein bekannte Merkmale werden durch einen Top-down-Mechanismus voraktiviert, wodurch die entsprechenden Merkmale eine insgesamt höhere Aktivierung erhalten, **a** In einer Merkmalssuche unterscheidet sich der Zielreiz von den Distraktoren durch ein bestimmtes Merkmal. Der Ort des Zielreizes ist der einzige mit einer hohen Aktivierung. Folglich wird fokale Aufmerksamkeit direkt an den Ort der hohen Aktivierung gerichtet, und der Zielreiz wird schnell verarbeitet und erkannt, **b** In einer Suche nach Merkmalskonjunktionen können, verursacht durch Rauschen im Verarbeitungssystem, Orte, die nicht den Zielreiz enthalten, die höchsten Aktivierungswerte erreichen und deshalb vor dem Zielreizort inspiziert werden. Dadurch werden längere RT in Konjunktionssuche erklärt, die jedoch nicht notwendigerweise einem 2:1-Verhältnis von Zielreiz-abwesend- und Zielreiz-anwesend-Reaktionszeitfunktionen entsprechen müssen

den Distraktoren auf der Hauptkarte in der Konjunktionssuche geringer als in der Merkmalssuche. Geht man davon aus, dass die Salienzberechnungsprozesse fehleranfällig (d. h. „verrauscht") sind, so kann es passieren, dass ein oder mehrere Distraktoren eine höhere Aktivation als das Target erreichen und somit vorher inspiziert und als Nichttarget zurückgewiesen werden. Auf diese Weise kommt es zu einem seriellen Suchprozess, wobei sich die Suche aber auf wahrscheinliche Target-„Kandidaten" beschränkt (die Displayitems werden nicht in zufälliger Folge abgesucht, und nur relativ wenige Distraktoren werden vor dem Target inspiziert).

Mit geeigneten Annahmen bezüglich des Niveaus des Rauschens in der Berechnung der Gesamtsalienz war es möglich, eine Reihe von empirischen Suchfunktionen (d. h. deren Kontinuum) erfolgreich zu simulieren und Ähnlichkeitseffekte zu erklären. (Siehe auch eine neuere Weiterentwicklung der GST, durch Moran et al. 2013, in einen Ansatz der *competitive guided search*, der in der Lage ist, nicht nur empirische „Benchmark"-Suchfunktionen für bestimmte Typen von Konjunktionssuchen, sondern auch die Verteilungen der Zielreiz-anwesend- und Zielreiz-abwesend-RTs zu simulieren). Je höher die Target-Distraktor-Ähnlichkeit, umso geringer sind die *bottom-up* (Merkmalssuche) und *top-down* (Konjunktionssuche) determinierten Salienzdifferenzen zwischen dem Zielreiz und den Distraktoren, und umso stärker wirkt sich Rauschen auf die Berechnung der Gesamtaktivationen aus – mit dem Ergebnis, dass die Suchsteuerung störanfälliger wird, was die Anzahl der benötigten seriellen Suchschritte erhöht. Dabei ist es wichtig, dass der GST zufolge Gruppierungsprozesse zwischen Displayitems keine Rolle für die Erklärung von Ähnlichkeitseffekten spielen.

5.3.3 Ähnlichkeitstheorie der visuellen Suche

Einen radikal anderen Ansatz stellt die *Ähnlichkeitstheorie* (ÄT, *similarity theory*) der visuellen Suche von Duncan und Humphreys (1989, 1992; vgl. ◘ Abb. 5.4) dar, der zufolge alle Suchen parallel ablaufen und Ähnlichkeitseffekte auf Gruppierungsprozessen basieren. Nach der ÄT wird die Suchschwierigkeit, operationalisiert durch die Steigung der Suchfunktionen, durch zwei unabhängige Faktoren determiniert: die Ähnlichkeit zwischen Zielreiz und Nichtzielreizen (*target-nontarget similarity*) und die Ähnlichkeit zwischen Nichtzielreizen untereinander (*nontarget-nontarget similarity*). Die Suche ist leicht, wenn die Zielreiz-Nichtzielreiz-Ähnlichkeit gering und die Nichtzielreiz-Nichtzielreiz-Ähnlichkeit hoch ist; umgekehrt ist die Suche schwer, wenn die Zielreiz-Nichtzielreiz-Ähnlichkeit hoch und die Nichtzielreiz-Nichtzielreiz-Ähnlichkeit gering ist. Weiterhin nimmt die ÄT, im Unterschied zur MIT und zur GST, an, dass die Objektbindung – d. h. die Kodierung *struktureller Objekteinheiten* (*structural units*) – parallel-präattentiv erfolgt. Die kritische Kapazitätslimitation liegt also nicht im Bindungsstadium. Eine wichtige Komponente der ÄT ist ein *visueller Kurzzeitspeicher* (*visual short-term memory*, VSTM): Nur im VSTM repräsentierte Objekte können bewusst und handlungsrelevant werden. Aufgrund der auf drei bis vier Items beschränkten Kapazität des VSTM müssen strukturelle Objekteinheiten um Zugang zum VSTM konkurrieren. Die Wahrscheinlichkeit, mit der eine strukturelle Einheit i in das VSTM eintritt, hängt von dem ihr zugeordneten *Selektionsgewicht* (*weight*, w_i) ab. Dabei ist das Selektionsgewicht insgesamt limitiert ($\Sigma w_i = 1$), so dass die Erhöhung des Gewichts für bestimmte Items mit einer Reduzierung des Gewichts für andere Items einhergeht. Selektionsgewicht wird allen strukturellen Objekteinheiten *top-down* zugewiesen, und zwar proportional zur Ähnlichkeit einer gegebenen strukturellen Einheit mit dem präspezifizierten Zielreiz (bzw. einem internen „Suchbild" [*template*] des zu findenden Targets): je ähnlicher, umso mehr Gewicht. Eine weitere wichtige Annahme der ÄT ist, dass die Selektionsgewichte ähnlicher struktureller Einheiten aufgrund ähnlichkeitsbasierter visueller Gruppierung

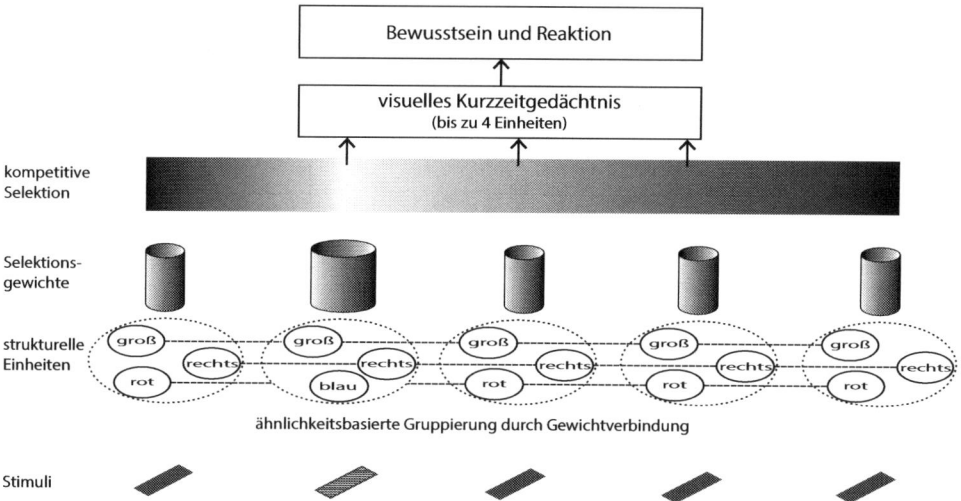

Abb. 5.4 Schematische Darstellung der Mechanismen selektiver visueller Verarbeitung in der Ähnlichkeits-theorie (Duncan und Humphreys 1989, 1992). Ein Suchdisplay bzw. eine visuelle Szene (nicht dargestellt), wird in Form struktureller Einheiten (z. B. als groß, rechts-[geneigt], rot oder groß, rechts, blau) repräsentiert. Gleiche Merkmale (z. B. groß, rechts, rot) sind miteinander verbunden. Strukturellen Einheiten wird mittels eines Top-down-Prozesses Selektionsgewicht zugewiesen, das proportional ist zur Ähnlichkeit der strukturellen Einheit mit einem bekannten Muster (*template*) des Zielreizes. Erhöhung des limitierten Selektionsgewichts einer strukturellen Einheit führt zu Reduktion des Gewichts anderer Einheiten, die aufgrund ihrer Ähnlichkeit (gleiche Merkmale) miteinander verbunden (d. h. gruppiert) sind. Strukturelle Einheiten mit hohem Selektionsgewicht haben eine erhöhte Wahrscheinlichkeit, ins kapazitätslimitierte visuelle Kurzzeitgedächtnis Eingang zu finden und damit bewusst und handlungsrelevant zu werden

miteinander verbunden sind (*weight linkage*). Zurückweisung eines Distraktoritems *i* bedeutet, dass sein Selektionsgewicht auf null reduziert wird ($w_i = 0$). Aufgrund der Gewichtsverbindung von ähnlichen Distraktoren kommt es dadurch zur Ausbreitung der Gewichtsreduktion auf mit Item *i* gruppierte Items (*spreading suppression*), d. h. zu einer parallelen Unterdrückung von Distraktorgruppen. Die Konsequenz (aufgrund der Annahme, dass $\Sigma w_i = 1$) ist eine Erhöhung des Selektionsgewichts für nichtunterdrückte Einheiten, unter denen sich das Target befinden kann.

Der ÄT zufolge wird also das Selektionsgewicht für die Zielreizeinheit durch das Ausmaß moduliert, in dem die Zielreizeinheit mit anderen (Nichtzielreiz-)Einheiten verbunden ist, da sich die Gewichte von verbundenen Einheiten gemeinsam verändern. Folglich ist die Suche effizienter, wenn der Zielreiz und die Nichtzielreize keine Attribute gemeinsam haben (d. h. wenn sie sich unähnlich sind), weil die entsprechenden Einheiten dann nicht miteinander verbunden sind. Weiterhin wird die Sucheffizienz auch durch das Ausmaß verändert, indem die Nichtzielreizeinheiten miteinander verbunden sind. Die Gewichtsverbindung zwischen ähnlichen Nichtzielreizeinheiten ist essentiell für die effiziente, „En-masse-Zurückweisung" verbundener Nichtzielreizeinheiten durch den Prozess der sich ausbreitenden Unterdrückung. Insgesamt ist also festzustellen, dass in der ÄT – im Unterschied zur MIT und zur GST – Gruppierungsprozesse eine wesentliche Rolle spielen. Weiterhin gibt es keine Kapazitätslimitation in der Merkmalsbindung. Der Flaschenhals (*bottleneck*) besteht vielmehr im Zugang zu einem kapazitätsbeschränkten Kurzzeitspeicher (wobei auch das Selektionsgewicht limitiert ist). Die ÄT stellt somit – im Unterschied zur MIT und zur GST – eine Theorie der späten Selektion dar.

Das Prinzip der parallelen Zurückweisung von ähnlichen bzw. ähnlichkeitsgruppierten Distraktoren wurde von Watson und Humphreys (1997) demonstriert, die vorschlugen, dass die Orte zurückgewiesener Distraktoren *top-down* inhibitorisch markiert und dadurch von der weiteren Suche ausgeschlossen werden. Dabei ist jedoch nicht klar, ob dieser visuelle Markierungsprozess erfordert, dass die Distraktoren eine Gruppe bilden, oder ob er ähnlich wirkt wie der (inhibitorische) *Top-down*-Prozess in der revidierten MIT von Treisman und Sato (1990). Empirische Belege für die Bedeutung von Gruppierungsprozessen zur Erklärung der visuellen Suchleistung, die zwischen gruppierungsbasierten (ÄT) und alternativen Ansätzen (MIT und GST) differenzieren könnten, gibt es erst relativ wenige (z. B. Found 1998).

Es wurden also eine Reihe von alternativen Ansätzen zur Merkmals-Integrations-Theorie entwickelt, insbesondere die Theorie der gesteuerten Suche sowie die Ähnlichkeitstheorie. Kritische Fragen zur Unterscheidung zwischen diesen drei Ansätzen sind, welche Rolle *Top-down*- und *Bottom-up*-Prozesse sowie Prozesse der ähnlichkeitsbasierten visuellen Gruppierung bei der Steuerung des Suchprozesses spielen und ob die Aufmerksamkeit die Objektbindung beeinflusst oder nur die Selektion präattentiv gebundener Objekte.

Mit der ÄT konzeptionell verwandte bzw. aus ihr hervorgegangene Ansätze sind die *Theory of Visual Attention* (TVA) von Bundesen (1990, 1998; vgl. ▶ Abschn. 9.2) und Duncans Theorie der integrierten Kompetition (*integrated competition*, Duncan 1996; Desimone und Duncan 1995; vgl. ▶ Abschn. 12.1). Für eine Implementierung der ÄT in einem konnektionistischen (Netzwerk-)Modell siehe Humphreys und Müller (1993).

■ **Anwendung**

Die sich aus dem Verständnis visueller Suchprozesse ergebenden Anwendungsbereiche sind ubiquitär und liegen auf der Hand: es handelt sich um alle Bereiche, in denen Menschen in mehr oder wenigen komplexen und mehr oder weniger dynamischen Umgebungen ständig handlungsrelevante Objekte entdecken und für Handlungszwecke auswählen und verarbeiten müssen. Beispiele reichen vom Bildschirmarbeitsplatz (z. B. Webseitendesign) über das Steuern eines Fahrzeugs im Straßenverkehr (z. B. Gestaltung von Wegweisern) bis hin zum Fliegen eines Airliners (Cockpit-Gestaltung) oder der Steuerung eines Kraftwerks. Für alle diese Bereiche lassen sich aus dem theoretischen Verständnis visueller Suchprozesse wichtige Gestaltungsrichtlinien ableiten, obwohl die reale Welt natürlich vielgestaltiger ist als die kontrolliert-reduzierten Umgebungen im experimentalpsychologischen Labor. Idealerweise sollten Zielreize so gestaltet sein, dass sie zumindest aus ihrer näheren Umgebung „heraus springen" (um die bottom-up-Steuerung fokaler Aufmerksamkeit zu maximieren). Das heißt, Zielreize sollten sich, im Sinne ihrer Merkmalsbeschreibung, maximal von den Nichtzielreizen unterscheiden, wobei sich die Nichtzielreize so ähnlich wie möglich sein sollten (gemäß der Ähnlichkeitstheorie der visuellen Suche). Falls die Gestaltung von Zielreizen eine Konjunktion von Merkmalen erfordert, so sollte man sich Prinzipien paralleler Displaysegmentierung zunutze machen. Hierfür sind Konjunktionen von Farbe mit Form, oder von Bewegung bzw. räumlicher Tiefe mit Form besonders gut geeignet. Durch die Ausnutzung paralleler Segmentierungsprozesse wird es möglich, zum Beispiel alle Items, die Zielreizeigenschaften aufweisen, wie z. B. die Zielreizfarbe, die gleiche Bewegungsrichtung wie der Zielreiz, oder die gleiche Tiefenebene hervorzuheben (und somit alle anderen Objekte zu unterdrücken), so dass die verbleibende Menge an Objekten dann relativ effizient (z. B. durch einfache Merkmalskontrastprozesse) auf ihre Unterschiedlichkeit in Bezug auf das sekundäre zielreizdefinierende Merkmal „getestet" werden. Auf diese Weise reduziert sich eine serielle Konjunktionssuche auf eine im Wesentlichen parallele Suche, die aus einem ersten Segmentierungsschritt gefolgt von einem Schritt der Merkmalskontrastberechnung besteht. Wichtig wären solche theoretisch fundierten Designprinzipien z. B. bei der Gestaltung von Wegweisungssystemen/Fahrgastleitsystemen in Bahnhöfen und Flughäfen (einschließlich der Kennzeichnung von Fluchtwegen), aber auch wenn es um die Entdeckung lebenswichtiger Signale geht, wie

Warnmelder im Straßenverkehr oder im Flugzeugcockpit. Gerade für die Gestaltung von solchen Warnanzeigen empfiehlt es sich auch, auf redundante Kodierung zu achten. So z. B. kann ein Warnsignal in seiner Wirkung (d. h. in seiner attentionalen Attraktionskraft) dadurch verstärkt werden, dass es einzigartig in mehreren Merkmalsdimensionen ist, wie z. B. in der Farbe und zugleich in der Bewegung (übrigens: auch Blinken wird im Bewegungssystem kodiert). Ähnliche Prinzipien gelten auch für Konjunktionssignale – also Signale, die z. B. durch die Verbindung dreier, anstatt nur zweier, einzigartiger Merkmale – definiert sind: Tripelkonjunktionen (z. B. aus Farbe und Bewegung und Form) werden effizienter gefunden als Doppelkonjunktionen (z. B. Farbe und Form). Dies verringert nicht nur die Geschwindigkeit, mit der solche redundant kodierten Signale entdeckt werden, sondern auch die Wahrscheinlichkeit, dass sie übersehen werden. Des Weiteren könnten und sollten Prinzipien gedächtnisbasierter Suchleistung beachtet werden. Hierzu zählen zum einen, dass der Suchzielreiz gut vorstellbar gestaltet sein sollte, da er ja als internes Suchbild (d. h. als Muster oder „template") im visuellen Arbeitsgedächtnis aufrechterhalten werden muss, um auf diese Weise die Suche top-down auf Zielreizeigenschaften einzustellen. Da das Aufrechterhalten von Suchbildern ein mentale Ressourcen verbrauchender, „kontrollierter" Prozess ist, ist insbesondere in dynamischen Suchsituationen (z. B. in sich verändernden Umgebungen) auch darauf zu achten, dass ein Wechsel der Bilder minimiert ist (z. B. sollte in Fahrgastleitsystemen Konsistenz der Beschilderung gewährleistet sein, damit von dem Fahrgast mental nicht ständig neue Suchbilder etabliert werden müssen). Zudem sollte die Menge der für eine Situation bereit zu haltenden Suchbilder limitiert werden, da es ansonsten zu einer Überlastung der Kapazität des visuellen Kurzzeitgedächtnisses (das nur ca. vier Objekte umfasst) kommt. Für Suchen in realen und virtuellen Umgebungen spielt auch das positionale Langzeitgedächtnis eine Rolle, also unser erworbenes Wissen, wo sich in unsere Umgebung (z. B. eine Küche) ein bestimmtes Objekt (z. B. der Wasserkessel) typischerweise befindet. Mit anderen Worten: gesuchte Objekte sollten sich konsistent an den Orten finden lassen, an denen sie sich typischerweise befinden – da unsere (durch Erfahrung erworbenen) Langzeitrepräsentation visueller Szenen unsere Aufmerksamkeit auf die entsprechende Orte mehr oder weniger automatisch hinlenken. Dies erklärt auch, warum wir manchmal sehr lange nach einem verlegten Objekt (z. B. einem Küchenobjekt) suchen, obwohl es sich sprichwörtlich vor unserer Nase befindet. Obwohl man die oben kurz illustrierten Designprinzipien zur Unterstützung optimaler visueller Suche als „trivial" – d. h. selbst dem Laien unvermittelt verfügbar – erachten könnte, so ist es doch interessant, wie häufig diese Prinzipien in realen Anwendungslösungen (wie z. B. Verkehrsleitsystemen oder dem Layout von Anzeigern in technischen Systemen) missachtet werden und deshalb zu suboptimaler Performanz (bis hin zu schwerwiegenden Unfällen, wie durch entsprechende Unfallanalysen belegt) führen. Vor diesem Hintergrund ist es selbstevident, dass Systemdesigner und diejenigen, die letztlich über die Implementierung von kritischen Systemen entscheiden, auch über grundlegendes Wissen um die Prinzipien der Aufmerksamkeitssteuerung in der visuellen Suche verfügen.

- **Speed Read**
- In Experimenten zur visuellen Suche werden den Probanden sorgfältig kontrollierte Displays präsentiert, in denen in der Hälfte der Versuchsdurchgänge unter einer variablen Anzahl von irrelevanten Ablenk- oder Distraktorreizen ein Zielreiz dargeboten wird, in der anderen Hälfte der Durchgänge werden nur Distraktoren präsentiert. Die Aufgabe der Probanden ist es, so schnell und so akkurat wie möglich eine Entscheidung über die An- bzw. Abwesenheit des Zielreizes zu treffen und diese durch einen entsprechenden Tastendruck anzuzeigen. Die Analyse der Reaktionszeiten in verschiedenen Suchbedingungen lässt Schlüsse auf die der Suche zugrundeliegenden kognitiven Prozesse zu.

- Die Selektion visueller Information involviert zwei Verarbeitungsmodi. Parallele Verarbeitung bedeutet, dass ein oder mehrere Prozesse zeitlich und räumlich simultan auf die Gesamtheit der in einer visuellen Szene vorhandenen Informationen appliziert werden. Serielle Verarbeitung bedeutet, dass Prozesse auf eine Einheit oder eine limitierte Anzahl von Einheiten angewandt werden.

- Die Merkmals-Integrations-Theorie (MIT) der visuellen Verarbeitung baut auf der Unterscheidung paralleler und serieller Verarbeitung auf. Alle visuellen Merkmale wie Bewegung, Farbe, Größe, Orientierung werden parallel aus einer Szene extrahiert und in separaten Repräsentationen (Merkmalskarten) topographisch kodiert. Das serielle Ausrichten des Fokus der Aufmerksamkeit auf einen Ort auf einer Hauptkarte der Orte bewirkt die Bindung aller in den korrespondierenden Orten der Merkmalskarten repräsentierten Merkmale und ermöglicht somit die Objekterkennung, d. h. den Abgleich einer temporären Objektrepräsentation (gebundene Merkmale) mit (Wissens-)Repräsentationen, die im Langzeitgedächtnis gespeichert sind.

- Die Theorie der gesteuerten Suche (GS) geht, wie die MIT, von parallelen und seriellen Verarbeitungsstufen aus. Nach der Merkmalsextraktion und -repräsentation wird eine Aktivierung, das sogenannte Salienzsignal, generiert, das die Auffälligkeit von visuellen Merkmalen in einer Szene kodiert. Bekannte Merkmale des Zielreizes können durch eine Top-down-Verbindung zu den Merkmalsrepräsentationen voraktiviert werden. Salienzaktivierung richtet den Fokus der Aufmerksamkeit in der visuellen Szene aus; der Ort höchster Aktivierung wird als erster verarbeitet, d. h., die sich an diesem Ort befindlichen visuellen Informationen werden zu höheren Stufen der Objektverarbeitung geleitet.

- Die Ähnlichkeitstheorie (ÄT) geht davon aus, dass die Selektion des Zielreizes durch Gruppierungsprozesse vermittelt wird. In einem initialen Schritt werden visuelle Merkmale zu Repräsentationen struktureller Einheiten gebunden. (Im Gegensatz zur MIT und GS stellt die Bindung von Merkmalen keinen Flaschenhals der Verarbeitung dar.) Selektionsgewicht wird den strukturellen Einheiten proportional zu ihrer Ähnlichkeit mit einem Suchtemplate zugewiesen. Merkmale sind miteinander verbunden, so dass die Erhöhung des Gewichts einer Einheit die Reduktion des Gewichts anderer Einheiten mit gleichen Merkmalen bewirkt. Strukturelle Einheiten mit einem hohen Selektionsgewicht haben eine höhere Wahrscheinlichkeit Eingang ins visuelle Kurzzeitgedächtnis zu finden und somit bewusst und handlungsrelevant zu werden. Der Engpass der Verarbeitung liegt gemäß der ÄT im (Wettlauf um den Zugang zum) kapazitätslimitierten visuellen Kurzzeitgedächtnis.

Die Rolle von Top-down-Prozessen in Pop-out-Suchen

Hermann J. Müller, Joseph Krummenacher, Torsten Schubert

H. J. Müller, J. Krummenacher, T. Schubert, *Aufmerksamkeit und Handlungssteuerung*,
DOI 10.1007/978-3-642-41825-9_6, © Springer-Verlag Berlin Heidelberg 2015

Ein Item in einem Suchdisplay oder ein Objekt in einer visuellen Szene, das sich durch ein auffälliges Merkmal von anderen Objekten unterscheidet, wird nicht nur schnell und effizient entdeckt, es scheint dem Beobachter ins Auge bzw. aus der Szene heraus zu springen. Das Phänomen wird als Pop-out bezeichnet und wird in theoretischen Ansätzen wie dem GS-Modell (z. B. Wolfe 1994) dadurch erklärt, dass der Merkmalskontrast, den ein auffälliges Objekt zu benachbarten Objekten generiert, unmittelbar die fokale (ortsbasierte) Aufmerksamkeit auf sich zieht, wodurch wiederum die visuellen Merkmale schnell an höhere kognitive Prozesse der Objekterkennung und -identifikation weitergeleitet werden. Der Pop-out-Effekt wäre demnach hauptsächlich aufgrund der durch den Stimulus selbst generierten Aktivierung (bottom-up) zu erklären. Computersimulationen der Mechanismen der visuellen Suche, wie beispielsweise der salienzbasierte Algorithmus von Itti und Koch (2000), liefern zusätzliche Evidenz für diese Annahme.

Allerdings zeigen Experimente zur visuellen Suche auch, dass (implizites oder explizites) Vorwissen über Merkmale des Zielreizes die Suchleistung stark beeinflussen kann. So reagieren Probanden beispielsweise schneller, wenn der Zielreiz in einer Pop-out-Suche in zwei aufeinanderfolgenden Durchgängen durch ein Merkmal derselben Dimension (z. B. Farbe) charakterisiert ist, als wenn sich die Merkmalsdimension über Durchgänge (z. B. von Farbe zu Orientierung) verändert (Müller et al. 1995; Found und Müller 1996) oder wenn die wahrscheinliche Merkmalsdimension vor jedem Durchgang durch einen symbolischen Hinweisreiz angegeben wird (z. B. Müller et al. 2003). Ein analoger Effekt über Durchgänge hinweg stellt sich ein, wenn ein Target und die Distraktoren wiederholt durch die gleichen Merkmalswerte definiert sind (z. B. Taget rot und Distraktoren grün) im Vergleich zu einem Wechsel der Merkmale zwischen Target und Distraktoren (von Target rot und Distraktoren grün nach Target grün und Distraktoren rot); dieser Effekt wurde von Maljkovic und Nakayama (1994) als *„priming of pop-out"* (PoP) bezeichnet.

In der Literatur zu den Mechanismen, die der visuellen Suche zugrunde liegen, wird seit einiger Zeit intensiv die Frage diskutiert, wie auffällige, jedoch für die aktuelle Aufgabe irrelevante Distraktorreize die Suche beeinflussen können, bzw. durch welche Mechanismen Interferenz durch irrelevante Distraktoren reduziert werden kann.

Es wurden unterschiedliche Lösungsansätze vorgeschlagen, die zwar alle von einem Suchmechanismus ausgehen, wie er z. B. in der FIT (s. ▶ Abschn. 5.3.1) oder dem GS-Modell (s. ▶ Abschn. 5.3.2) vorgeschlagen wird, die jedoch bezüglich der Funktionsweise bzw. der Lokalisierung der an der Selektion beteiligten Prozesse unterschiedliche und sich z. T. widersprechende Annahmen machen.

6.1   Distraktorinterferenz in Compoundsuchen

In Untersuchungen zur Wirkung von Distraktoren wird eine Variante des Paradigmas der visuellen Suche angewandt, das als Compoundsuche (Duncan 1985) bezeichnet wird. In einer Compoundsuche haben die Probanden die Aufgabe, einen Zielreiz zu identifizieren, der sich von den Nichtzielreizen durch ein auffälliges Merkmal, z. B. seine Farbe oder seine Form, unterscheidet. Die Reaktion wird jedoch im Gegensatz zu einer typischen Merkmalssuche nicht durch die An- bzw. Abwesenheit des unterschiedlichen Merkmals bestimmt, sondern durch ein zusätzliches visuelles Merkmal, das alle Suchitems auszeichnet. Dadurch wird die Information, die für die Selektion des Zielreizes ausschlaggebend ist, von der Information getrennt, die für die Reaktion relevant ist. Die Probanden müssen also in einem ersten Schritt den Zielreiz finden, der sich durch ein auffälliges Merkmal von den Nichtzielreizen unterscheidet, um anschließend in einem zweiten Schritt, auf Grundlage des antwortrelevanten Merkmals des Zielreizes zu reagieren. Der wichtigste Unterschied zu einer klassischen Merkmalssuche liegt jedoch darin, dass in einem Teil der Suchdurchgänge ein Distraktorreiz dargeboten wird, der ähnlich auffällig wie der Zielreiz, jedoch für die Suche irrelevant und daher von den Beobachtern zu ignorieren ist (was jedoch nur mit Mühe oder gar nicht gelingt).

Ein Design einer Compoundsuche, das in Studien zur Distraktorinterferenz häufig eingesetzt wird, wurde von Theeuwes (1991) entwickelt; Theeuwes (1991, 1992) machte zugleich den Vorschlag eines Erklärungsansatzes der Wirkung auffälliger Distraktorreize, der sich in der Folge als sehr einflussreich erwiesen hat. Der Versuchsaufbau und das Modell werden in den folgenden Abschnitten diskutiert.

Die Suchdisplays in der Studie von Theeuwes (1991) bestanden aus Kreisen oder Rhomben, die mit gleichen Abständen auf einem virtuellen Kreis angeordnet waren, dessen Mittelpunkt in der Mitte des Suchdisplays lag. Innerhalb jedes Suchitems wurde eine Linie dargeboten, die durch ihre Orientierung (nach links bzw. rechts geneigt) die Reaktion bestimmte. Theeuwes verglich zwei Bedingungen; in der einen unterschied sich der Zielreiz durch seine Farbe von den Nichtzielreizen, in der anderen durch seine Form. Im Detail war der Zielreiz in der Farbbedingung beispielsweise ein roter Kreis unter grünen Kreisen und in der Formbedingung ein grüner Rhombus unter grünen Kreisen. Ein Vergleich der Reaktionszeiten der Farb- und der Formbedingung zeigte, dass die Probanden auf Farbzielreize signifikant schneller reagierten als auf Formzielreize. Die Verarbeitung des Merkmals Farbe scheint also effizienter zu sein als die des Merkmals Form.

Von größerem theoretischem Interesse sind jedoch die Leistungen in den Durchgängen, in denen zusätzlich zum Zielreiz ein Distraktorreiz dargeboten wurde; dieser war für die Aufgabe irrelevant, und die Probanden sollten ihn ignorieren. Der Distraktor in der Farbbedingung war ein Suchitem mit einer anderen Form (ein grüner Rhombus); in der Formbedingung ein Item mit einer anderen Farbe (ein roter Kreis). Wurde nun die Wirkung des Vorhandenseins eines Distraktors auf die Suchleistung untersucht, so fand sich ein massiver Unterschied zwischen den beiden Bedingungen. Die Reaktionszeiten in der Farbbedingung (Farbzielreiz und Formdistraktor) für Durchgänge ohne bzw. mit Distraktoren unterschieden sich kaum, m. a. W. hatte der Formdistraktor fast keine Wirkung, wenn der Zielreiz durch Farbe definiert war. Die Ergebnisse der Formbedingungen unterschieden sich jedoch stark von denen der Farbbedingung; in Durchgängen, in denen zusätzlich zum Formzielreiz ein Farbdistraktor dargeboten wurde, stiegen die Reaktionszeiten im Vergleich zu Durchgängen ohne Distraktor signifikant an, d. h., es wurde eine starke Beeinflussung der Suchleistung durch den Farbdistraktor in der Formbedingung beobachtet. Wie ist nun dieses unterschiedliche Muster der Distraktorinterferenz zu erklären? Theeuwes (1992, 1996, 2004) schlug einen Mechanismus vor, in dem die Selektion auf einer frühen Verarbeitungsstufe automatisch erfolgt und ausschließlich durch Stimulusmerkmale kontrolliert wird. Das Modell wird als Ansatz der *automatischen Aufmerksamkeitskaperung* (*automatic attentional capture*) bezeichnet.

6.2 Ansatz der automatischen Aufmerksamkeitskaperung

Die Annahme des Ansatzes der automatischen Aufmerksamkeitskaperung ist, dass die Ausrichtung der Aufmerksamkeit bzw. die Informationsselektion maßgeblich durch Eigenschaften der Stimuli bestimmt wird, wobei auffällige Stimuli Aufmerksamkeit automatisch auf sich ziehen. Das bedeutet, dass es nicht möglich ist, zu verhindern, dass die auffälligen Stimuli verarbeitet werden. Im oben beschriebenen Experiment wird die Farbe effizienter verarbeitet;

wenn Farbe den Zielreiz definiert, wird dieser als erster verarbeitet, d. h. Aufmerksamkeit wird auf den Zielreiz gerichtet und das antwortrelevante Merkmal kann schnell identifiziert und die entsprechende Reaktion in Gang gesetzt werden. Unterscheidet sich jedoch in der Formbedingung der (zu ignorierende) Distraktorreiz in seiner Farbe von den anderen Displayitems, so wird auch in diesem Fall Aufmerksamkeit auf das Farbitem gelenkt, das dadurch vor dem Formzielreiz verarbeitet wird. Aufmerksamkeit muss also vom Distraktor abgezogen und auf den Zielreiz gerichtet werden. Diese Umorientierung der Aufmerksamkeit kostet Zeit, was sich in höheren Reaktionszeiten ausdrückt. In der Farbbedingung wird der Distraktorreiz nicht verarbeitet, da das Formsignal Aufmerksamkeit weniger effizient auf sich zieht als das Farbsignal. Wichtig ist, dass der Distraktor nicht in jedem Versuchsdurchgang die Aufmerksamkeit auf sich ziehen muss, vielmehr könnte die mittlere Reaktionszeit in Distraktordurchgängen schon signifikant ansteigen, wenn dies in einem bestimmten Anteil der Durchgänge der Fall ist.

Zusammenfassend behauptet also der Ansatz automatischer Aufmerksamkeitskaperung von Theeuwes, dass die Selektion automatisch durch Stimuluseigenschaften bestimmt ist und nicht durch aktuelle Handlungsziele (z. B. den Farbdistraktor in der Formsuchbedingung zu ignorieren) beeinflusst werden kann.

6.3   Bedingte Aufmerksamkeitskaperung

Im Anschluss an die Arbeiten von Theeuwes wurden jedoch Ergebnisse berichtet, die zu den starken Annahmen seines Modells im Widerspruch standen und die zu alternativen Erklärungsansätzen führten. Folk et al. (1992) verwendeten zur Untersuchung von nicht beabsichtigten Aufmerksamkeitsverschiebungen, wie Theeuwes sie annahm, ein räumliches Cueingparadigma (s. ▶ Abschn. 3.1.1), wobei ihr Display vier mögliche Zielreizpositionen aufwies (links, rechts, ober- bzw. unterhalb eines zentralen Fixationsorts). Dabei variierten sie die Merkmale des Cues bezüglich ihrer Nützlichkeit hinsichtlich der Lokalisierung des Zielreizes. In einem der Experimente von Folk et al. (1992) wurde beispielsweise ein Onsethinweisreiz verwendet, d. h., es wurden an einer der Positionen, an denen der Zielreiz erscheinen konnte, vier kleine Punkte kurzzeitig (50 ms) eingeblendet. Die Zielreizdisplays wurden auch kurzzeitig präsentiert (50 ms), und der Zielreiz war entweder auch ein Onset (d. h. ein einzelner Stimulus) oder aber ein Stimulus, der im Vergleich zu den (gleichzeitig erscheinenden) restlichen drei Stimuli eine andere Farbe hatte. Die Ergebnisse (Entdeckungsreaktionszeiten) zeigten nun, dass invalide Onsethinweisreize nur in der Onset-, nicht jedoch in der Farbbedingung, zu längeren Reaktionszeiten im Vergleich mit einer Kontrollbedingung ohne Hinweisreiz führten. Folk et al. (1992) schlossen aus diesem Ergebnis, dass eine unbeabsichtigte Ausrichtung der Aufmerksamkeit auf einen Distraktor (im Experiment von Folk et al. der Ort des invaliden Hinweisreizes) nur unter der Voraussetzung auftritt, dass das Merkmal des Hinweisreizes mit dem aktuell aufgabenrelevanten Merkmal übereinstimmt; deshalb wird von der *bedingten Aufmerksamkeitskaperung* (*contingent capture*) gesprochen. Aufmerksamkeit wird von einem irrelevanten Distraktor nur dann angezogen, wenn der Distraktor einem Aufgabenset (*task set*) entspricht, das Informationen für die aktuelle (Such-)Aufgabe bereitstellt. Gehört der Distraktor aber nicht zum Aufgabenset, wird er keine unbeabsichtigte Aufmerksamkeitsverschiebung verursachen. Die theoretische Position von Folk et al. (1992) entfernt sich schon sehr stark von der Annahme einer automatischen und stimulusgetriebenen Verarbeitung, wie Theeuwes (z. B. 1992) sie vorgeschlagen hatte.

6.4 Singletonentdeckung vs. Merkmalssuche

Ein alternativer Ansatz, der auch eine Einflussnahmemöglichkeit auf die Informationen vorsieht, die selektiert werden, ist der Ansatz (unterschiedlicher) Suchmodi (*search modes*) von Bacon und Egeth (1994). Diesem Modell zufolge ist das Auftreten von Distraktorinterferenz davon abhängig, ob sich die Beobachter in einem sogenannten Singletonsuchmodus befinden. Ein Singletonzielreiz beschreibt dabei einen Zielreiz, dessen genaue Definition zu Beginn eines jeweiligen Suchdurchgangs nicht bekannt ist; der Proband weiß nur, dass der Zielreiz sich von den Distraktoren unterscheidet, nicht aber, ob er z. B. eine andere Farbe, Form oder Größe hat. In einer Merkmalssuche reicht es meistens zu wissen, dass die Zielreiz-anwesend-Antwort allein aufgrund der Tatsache erfolgen kann, dass ein Suchitem sich von allen anderen unterscheidet. Wenn ein Proband auf Grundlage dieses Unterschiedlichkeitskriteriums reagiert, befindet er sich im Singletonentdeckungsmodus. Da nun alle unterschiedlichen Items potentielle Zielreize sind, sind alle in der Lage, Aufmerksamkeit auf sich zu ziehen. Ist das Kriterium jedoch die Suche nach einem bestimmten Merkmal (Merkmalssuchemodus), so führen Distraktoren, die nicht diesem Merkmal entsprechen, nicht zu Interferenz. Da der einzunehmende Suchmodus instruiert werden kann, schließt der Ansatz von Bacon und Egeth (1994) nicht aus, dass Selektionsprozesse durch Vorwissen und Ziele (*top-down*) beeinflusst werden können.

6.5 Der Dimensionsgewichtungsansatz

In vor kurzem durchgeführten Studien haben Müller et al. (2003, 2009) den Nachweis erbracht, dass Selektionsprozesse tatsächlich *top-down* beeinflusst werden können. Müller et al. (2003) verwendeten eine Merkmalssuche (s. ▶ Abschn. 5.1), in der die Probanden die Anwesenheit eines Zielreizes entdecken mussten, der sich von den Disktraktoren durch seine Farbe oder durch seine Orientierung unterschied. Zusätzlich wurde vor jedem Versuchsdurchgang ein semantischer Hinweisreiz dargeboten, der die Dimension („Farbe", „Orientierung") des Zielreizes mit einer hohen Wahrscheinlichkeit valide indizierte (in 70 % der Durchgänge war der Cue valide, in 30 % invalide; zusätzlich wurde eine Kontrollbedingung mit neutralen Cues durchgeführt). Die Ergebnisse zeigen, dass die Validität des Cues die Reaktionszeiten signifikant modulierte: Valide Cues führten zu schnelleren, invalide Cues zu langsameren Reaktion im Vergleich zur neutralen Bedingung. Müller et al. (2003) schlossen, dass durch den Hinweisreiz dimensionsbasierte Verarbeitungsmodule vorab (etwa im Sinne von Duncan und Humphreys 1989, s. ▶ Abschn. 5.3.3) ein höheres Verarbeitungsgewicht bekommen bzw. „gewichtet" werden können, was zu einer Beschleunigung der Berechnung eines Salienzsignals führt, das die Anwesenheit des Zielreizes im Display kodiert. Wird, im Fall eines invaliden Cues, die falsche Dimension bzw. das falsche Verarbeitungsmodul gewichtet, so ist die Berechnung des Salienzsignals verlangsamt (bzw. limitiertes Verarbeitungsgewicht zwischen den dimensionalen Modulen verschoben werden), was mit einem Anstieg der Reaktionszeit einhergeht.

Dieser Dimensionsgewichtungsmechanismus war schon in vorangehenden Untersuchungen (Müller et al. 1995; Found und Müller 1996) beschrieben worden, die zeigten, dass die Reaktionszeiten auf einen Zielreiz in einer Merkmalssuche in einem bestimmten Versuchsdurchgang von der Dimension des Zielreizes im vorhergehenden Durchgang abhängt. Wiederholt sich die Dimension des Zielreizes (z. B. Farbe in zwei aufeinanderfolgenden Durchgängen), werden die Reaktionen beschleunigt, wechselt die Dimension jedoch (z. B. von Farbe nach Orientierung), so werden die Reaktionen verlangsamt. Müller et al. (2003) zeigten jedoch, dass die dimensionale Verarbeitung auch durch semantische Vorinformationen beeinflusst werden kann.

Müller et al. (2009) erweiterten das Verständnis der Mechanismen der Top-down-Beeinflussung dimensionaler Verarbeitung in einer Studie, in der sie die Auftretenswahrscheinlichkeit von irrelevanten Distraktoren systematisch variierten. Das Ziel der Studie lag darin, den Widerspruch zwischen den verschiedenen theoretischen Positionen (Annahme vollständig automatischer Selektion ohne Möglichkeit der Beeinflussung sowie den Modellen mit unterschiedlich ausgeprägter Top-down-Kontrolle) aufzulösen. Während in den meisten früheren Studien Distraktoren entweder in gar keinem Durchgang (0 %) oder in allen Durchgängen (100 %) dargeboten wurden, variierten Müller et al. den Anteil der Distraktordurchgänge pro Experimentalblock von 20 % über 50 % zu 80 %. Zudem absolvierten die Probanden im ersten Teil des Experiments einen Block mit 0 % oder 100 % Distraktoren. Dabei gingen Müller und Kollegen von zwei Annahmen aus: Um das Gewicht der Dimension des irrelevanten Distraktors zu reduzieren, müssen die Probanden erst eine Strategie entwickeln, mit deren Hilfe die Modulation der Verarbeitungsressourcen erreicht werden kann, und die Probanden müssen einen genügend hohen Anreiz haben, die erworbene Strategie auch anzuwenden. Je höher dabei die Wahrscheinlichkeit ist, dass in einem Durchgang ein Distraktor dargeboten wird, desto eher wird die Gewichtungsstrategie angewandt; das heißt, dass der Effekt von Distraktoren in der 80-Prozent-Distraktorbedingung geringer sein sollte als in der 50-Prozent- und der 20-Prozent-Distraktorbedingung. Die Ergebnisse bestätigen beide Annahmen: Entwickeln die Probanden eine Strategie, so wenden sie diese an, was sich in geringen Distraktoreffekten in allen Bedingungen bei denjenigen Probanden widerspiegelt, die mit dem 100-Prozent-Distraktorblock begonnen hatten. Die Distraktoreffekte bei Probanden, die mit der 0-Prozent-Distraktorbedingung begonnen hatten, waren dagegen insgesamt stärker ausgeprägt, und sie variierten über die Bedingungen hinweg; in der 20-Prozent-Bedingung wirkte sich der Distraktor am stärksten interferierend aus, mit geringeren Effekten in den anderen Bedingungen, in denen durch den höheren Anteil an Distraktordurchgängen der Anreiz höher war, die Distraktordimension geringer zu gewichten.

Insgesamt stellt also der Dimensionsgewichtungsansatz (Müller et al. 1995, 2003; eine Übersicht geben Krummenacher und Müller 2012) ein Modell dar, das in der Lage ist, sowohl die stimulusbezogenen Aspekte der Wirkung irrelevanter Distraktoren als auch die Modulation durch Vorwissen und Handlungsziele zu beschreiben.

■ **Anwendung**

Wie bereits in der Anwendungsbox zu den Theorien visuelle Aufmerksamkeit skizziert, spielt die Ausnutzung von Top-down-Prozessen selbst in angewandten Suchbedingungen eine Rolle, in denen der Zielreiz qua Merkmalskontrast zu seinen Umgebungsreizen quasi automatisch heraus springt (pop-out), sozusagen also ins Auge springt. So ist auch in angewandten Situationen eine zumindest dimensional konsistente Kodierung der Zielreize (z. B. als konsistentes Pop-out-Signal in der Farbdimension, selbst wenn die genaue Farbe wechselt) förderlich gegenüber einem Definitionsschema, in dem die kritische Reizdimension vergleichsweise weniger gut vorhersagbar ist. Beispielsweise wäre es vorteilhaft, kritische Reize konsistent durch eine (auch variable) herausstechende Farbe zu kennzeichnen, als manchmal durch eine Farbe und andere Male durch Form oder Bewegung. Auch wenn Prozesse der Einstellung auf die Zielreizdimension relativ automatisch ablaufen, so kann explizites Top-down-Wissen um die Merkmalsbeschaffenheit des Zielreizes (v. a. unter Bedingungen, in denen die kritische Reizdimension variiert) die Effizienz des Pop-outs immer noch steigern: der Zielreiz wird rascher entdeckt und weniger häufig übersehen. Wichtig ist, das solche Einstellungsprozesse auch dazu beitragen, Ablenkung der Aufmerksamkeit durch aufgabenirrelevante Pop-out-Reize zu verhindern (oder zumindest zu minimieren) – und zwar selbst dann, wenn die irrelevanten Reize auffälliger (salienter) sind als die Zielreize. Begegnet man etwa einem handlungsrelevanten Zielreiz, der durch eine bestimmte Farbe gekennzeichnet ist (z. B. ein Stopp-Schild vor einer Straßenkreuzung), so könnte eine hoch saliente Bewegung in der Peripherie (z. B. ein Radfahrer auf dem Radweg) die Aufmerksamkeit ablenken, so dass der Zielreiz erst verspätet wahrgenommen wird und es zu einer verzögerten Reaktion (im Beispiel beim Bremsen) kommt. Top-down Einstellung der Aufmerksamkeit auf Farbe allgemein, oder eine bestimmte Farbe, würde die Salienz des Bewegungsreizes und damit seine die Aufmerksamkeit „kapernde" Wirkung abschwächen und somit eine raschere Reaktion auf den Zielreiz fördern. Inwiefern top-down Wissen um die Beschaffenheit der irrelevanten Distraktoren hilft, diese auszublenden, ist noch unklar; zumindest gibt es aber erste Hinweise in diese Richtung. Wie ebenfalls schon dargelegt, ist dimensional redundante Kodierung auch für die Entdeckung von Pop-out-Reizen förderlich (im Unterschied zu redundanter Kodierung innerhalb der gleichen Merkmalsdimension); allerdings ist auch hier noch ungeklärt, inwiefern top-down Wissen um die redundanten Reizmerkmale letztlich die Performanz erhöht. Insgesamt ließe sich aber jetzt schon als Faustregel konstatieren: Je größer die Konsistenz und das Vorauswissen um die Beschaffenheit der zu beachtenden Zielreize, sowie die Konsistenz und das Vorauswissen um die Beschaffenheit der zu ignorierenden Distraktoren, ist, umso rascher werden selbst Pop-out-Reize entdeckt und handlungsvermittelnden Prozessen zugeführt. Schließlich sind für das Ausblenden von salienten Distraktorreizen auch Prävelenzeffekte von Bedeutung: Ausblenden funktioniert besser, wenn solche Reize häufiger vorkommen (und damit auch Übungseffekte zeitigen). Der Grund liegt darin, dass jeder Akt des aktiven Ausblendens die entsprechenden kognitiven Kontrollmechanismen aktiviert, so dass sich diese in einem Zustand erhöhter Verfügbarkeit (oder Bereitschaft) befinden, wenn sie durch ein auftretendes Distraktorereignis benötigt werden. Insofern wäre es von Vorteil, z. B. in Situationen, in denen Operateure einen über eine lange Zeit „normal" verlaufenden Prozess überwachen, (zu Übungszwecken) gelegentlich routineunterbrechende Distraktoren einzustreuen, damit die entsprechenden Kontrollfunktionen aktiviert bleiben. Übrigens: selbst der effizienteste top-down Kontrollprozess wird niemals dazu führen, dass saliente Distraktoren vollständig, oder immer, ausgeblendet werden. Das ist in der Regel auch adaptiv: was jetzt ein irrelevanter Distraktor ist (z. B. ein Fußgänger am Straßenrand), kann im nächsten Moment schon ein höchst handlungsrelevanter Zielreiz werden (wie etwa wenn der Fußgänger plötzlich auf die Straße läuft). Dadurch, dass saliente Distraktoren immer noch über einen (wenn auch reduzierten) Betrag an attentionaler Attraktionskraft verfügen, können solche (zumindest temporären) Wechsel von Zielreizen relativ effizient bewerkstelligt werden.

- **Speed Read**
- Der Ansatz automatischer Aufmerksamkeitskaperung nimmt an, dass auffällige Stimuli obligatorisch den Aufmerksamkeitsfokus auf sich ziehen. Ein Distraktor, der auffälliger ist als der Zielreiz, wird daher Interferenz in der Form verlängerter Reaktionszeiten (im Vergleich zu Bedingungen ohne Distraktor) verursachen, da Aufmerksamkeit vom Distraktor zum Zielreiz hin verschoben werden muss.
- Der Annahme der automatischen Aufmerksamkeitskaperung widersprechende Befunde haben zum Ansatz der bedingten Aufmerksamkeitskaperung geführt, der davon ausgeht, dass Distraktorreize die Aufmerksamkeit kapern können, unter der Bedingung, dass sie verhaltensrelevante Merkmale mit dem Zielreiz teilen.
- Der Suchmodus kann eine Kaperung der Aufmerksamkeit durch Distraktoren begünstigen. In einer Suchbedingung, in der das definierende Merkmal eines (auffälligen) Zielreizes zu Beginn des Versuchsdurchgangs nicht bekannt ist (Singeltonmerkmalssuche), kommt der Singeltonentdeckungsmodus zum Einsatz: Jeder Stimulus mit von den Dist-

raktoren abweichenden Merkmalen kann (als möglicher Zielreiz) die Aufmerksamkeit auf sich ziehen. Ist das Zielreizmerkmal jedoch bekannt, so kommt der Merkmalssuchmodus zum Einsatz, der die möglichen Zielreizkandidaten auf Stimuli mit den entsprechenden Merkmalen beschränkt und Interferenz durch andere verringert bzw. ausschließt.

▬ Die Auffälligkeit eines sensorischen Reizes bzw. die Wirksamkeit eines Stimulus, Verhalten zu kontrollieren, wird stark, jedoch nicht ausschließlich, durch die Merkmale eines Stimulus im Vergleich zu anderen Stimuli in einer visuellen Szene determiniert.

▬ Der Ansatz der Dimensions-Gewichtung (DG) ist ein Modell, das in der Lage ist, die verschiedenen Effekte von Distraktoren durch eine Top-down-Modulation (Gewichtung dimensionaler Module) auf Bottom-up-Prozesse (stimulusgetriebene Salienzgenerierung) zu erklären.

Temporale Mechanismen der selektiven Aufmerksamkeit

Hermann J. Müller, Joseph Krummenacher, Torsten Schubert

H. J. Müller, J. Krummenacher, T. Schubert, *Aufmerksamkeit und Handlungssteuerung*,
DOI 10.1007/978-3-642-41825-9_7, © Springer-Verlag Berlin Heidelberg 2015

Fast alle der bisher dargestellten Ansätze untersuchen Mechanismen der Aufmerksamkeitszuweisung, die prinzipiell raumbasiert sind. Die selektierte Information kann einem definierten Teilbereich des visuellen Feldes zugeordnet werden, unabhängig davon, ob der Selektionsprozess orts-, objekt- oder merkmalsbasiert ist.

Neuere Untersuchungen zeigen jedoch, dass neben Prozessen der Selektion mit einer räumlichen Basis auch Prozesse existieren, die auf einer zeitlichen oder temporalen Grundlage operieren. Die visuelle Umgebung in vielen Situationen des täglichen Lebens besteht sowohl aus statischen als auch aus dynamischen Komponenten, wobei bestimmte Objekte (z. B. Häuser in einer Straße) unverändert bleiben, andere (Fußgänger oder Autos) aber neu auftauchen. Für die Effizienz eines Systems selektiver Informationsverarbeitung wäre es von Vorteil, wenn ein Mechanismus der zeitlichen Selektion existieren würde, der alte von neuer Information unterscheiden könnte und neue Information priorität verarbeiten würde.

Ein solcher Selektionsmechanismus, der auf zeitlichen Charakteristika von Displayelementen beruht, die *visuelle Markierung* (*visual marking*), wurde von Watson und Humphreys (1997) vorgeschlagen. Watson und Humphreys (1997) verwendeten eine Konjunktionssuchaufgabe, in der die Probanden nach einem bestimmten Zielreiz suchen mussten. Neu an ihrem Vorgehen war, dass die Elemente des Suchdisplays, in zwei Sets aufgeteilt, in zwei aufeinanderfolgenden Schritten dargeboten wurden, die durch eine SOA (Stimulus Onset Asynchrony) von 1000 ms getrennt waren. Der Zielreiz in den Anwesenddurchgängen wurde immer zusammen mit dem zweiten Set dargeboten, wodurch es möglich war, den Effekt alter von dem neuer Elemente auf die Suchleistungen zu unterscheiden.

Diese mit *Vorschau* (*preview*) bezeichnete Bedingung wurde verglichen mit einer „klassischen" Konjunktionssuche, in der alle Items (d. h. die beiden Sets) gleichzeitig dargeboten wurden (*baseline*), sowie mit einer zweiten Vergleichsbedingung, in der nur die Elemente des zweiten Sets dargeboten wurden. Die Ergebnisse zeigen, dass die Sucheffizienz in der Vorschaubedingung fast so hoch ist wie in der zweiten Vergleichsbedingung, in der nur das zweite Itemset präsentiert worden war; im Verglich zur Baseline-Bedingung hingegen war die Effizienz signifikant höher. Diese Verbesserung der Suchleistung wird als Vorschauvorteil (*preview benefit*) bezeichnet und ist ein Hauptcharakteristikum der visuellen Markierung.

Watson und Humphreys (1997) zeigten also mithilfe ihres experimentellen Ansatzes, dass alte (d. h. zu einem gegebenen Zeitpunkt schon in einem visuellen Feld vorhandene) Objekte mit einer visuellen Markierung versehen wurden, die es erlaubt, sie von neu erscheinenden Objekten (bzw. den Orten, an denen die Objekte erscheinen) zu unterscheiden. Die visuelle Markierung setzt die Wahrscheinlichkeit herab, dass die Selektion durch alte Objekte beeinflusst wird, und erhöht damit die Wahrscheinlichkeit, dass die neu dargebotenen Objekte die Selektion determinieren. Anders ausgedrückt wird die Verarbeitung neuer im Vergleich zu alten Objekten priorisiert; diese Priorisierung kann prinzipiell in einer passiven oder einer aktiven Art und Weise erfolgen. Für die passive Priorisierung neuer Objekte sind hauptsächlich zwei Mechanismen verantwortlich: Rückorientierungshemmung (*inhibition of return*, IOR, s. ▶ Abschn. 3.1.5) und die sogenannte *Aufmerksamkeitskaperung* (*attentional capture*, AK, s. ▶ Abschn. 6.1 und 6.2). Mit Aufmerksamkeitskaperung wird das Phänomen bezeichnet, dass ein neues Objekt, das innerhalb einer Anordnung alter Objekte präsentiert wird, die Aufmerksamkeit auf sich zieht, selbst dann, wenn die alten Objekte gleichzeitig mit dem Beginn der Darbietung des neuen Objekts eine ihrer Eigenschaften verändern.

Für die Erklärung der Effekte der visuellen Markierung scheinen IOR und AK jedoch nicht ausreichend, da diese passiven automatischen Mechanismen bestimmten Limitationen unterworfen sind: IOR erstreckt sich auf nur ca. 4 der zuletzt fokal beachteten Objekte (z. B. Dan ziger et al. 1998), und maximal 4 Objekte können simultan für die prioritäre Zuweisung von Aufmerksamkeit vorgemerkt werden (Yantis and Johnson 1990).

Watson und Humphreys (1997) zeigten jedoch, dass der Vorschauvorteil nicht einfach auf einer Differenz basaler Merkmale zwischen alten und neuen Items basiert, dass er sowohl bei stationären als auch bei sich bewegenden Stimuli auftritt und dass er sich bei bis zu 30 alten und 15 neuen Stimuli einstellt und daher nicht den Kapazitätslimitationen von IOR und AK unterworfen ist.

Die bisherigen Befunde zusammenfassend kann also gesagt werden, dass Watson und Humphreys (1997) einen aktiven Verarbeitungsbias beschreiben, der gegen alte Objekte eingesetzt wird.

Der Vorschauvorteil wird reduziert, wenn Beobachter während der Vorschauperiode eine (auditive oder visuelle) Zusatzaufgabe auszuführen haben (Humphreys et al. 2002). Können die alten Stimuli jedoch vor der Darbietung der Zusatzaufgabe enkodiert werden, wirkt sich nur eine visuelle, nicht jedoch eine auditive, Zusatzaufgabe negativ aus. Um eine optimale Verarbeitung der neuen Stimuli zu erreichen, müssen also aktive Prozesse einsetzen, noch während die alten Stimuli allein präsentiert werden. Zusätzlich legen die unterschiedlichen Effekte auditiver und visueller Zusatzaufgaben separate Prozesse der Enkodierung und der Aufrechterhaltung einer Repräsentation (der alten Stimuli) nahe.

Insgesamt beinhaltet visuelle Markierung einen Prozess, der die alten Items einer visuellen Umgebung, die möglicherweise als „Gruppe" repräsentiert werden, als Gesamtheit von der Verarbeitung ausschließt, sobald neue Items im visuellen Feld auftauchen. Diese Vorstellung wird gestützt durch Untersuchungen, in denen Beobachter in einer Vorschauaufgabe in einigen Versuchsdurchgängen das Auftauchen eines weißen Lichtpunktes (d. h. eines sogenannten Probestimulus) entdecken mussten, der zusammen mit den neuen Elementen dargeboten wurde. Wurde der Probestimulus am Ort eines der alten Objekte präsentiert, so war die Entdeckungslatenz im Vergleich zur Darbietung am Ort eines der neuen Objekte signifikant verlangsamt (Watson und Humphreys 2000).

- **Speed Read**
- Visuelle Markierung ist ein temporaler Mechanismus der visuellen Selektion, der die Verarbeitung neu auftauchender Objekte priorisiert, indem er zum Zeitpunkt des Erscheinens der neuen Objekte schon in einer visuellen Szene vorhandene (alte) Objekte von der Verarbeitung ausschließt.

Limitationen der selektiven visuellen Aufmerksamkeit

Hermann J. Müller, Joseph Krummenacher, Torsten Schubert

H. J. Müller, J. Krummenacher, T. Schubert, *Aufmerksamkeit und Handlungssteuerung,*
DOI 10.1007/978-3-642-41825-9_8, © Springer-Verlag Berlin Heidelberg 2015

Die Bedeutung von Selektionsprozessen (auch und insbesondere in Situationen des alltäglichen Lebens) zeigt sich eindrücklich in Limitationen der Verarbeitung, die dann beobachtet werden, wenn Mechanismen der räumlichen oder zeitlichen selektiven Aufmerksamkeit überlastet sind. Diese Limitationen werden als durch Unaufmerksamkeit verursachte Blindheit oder *Unaufmerksamkeitsblindheit* (*inattentional blindness*), *Veränderungsblindheit* (*change blindness*) und *Aufmerksamkeitsblinzeln* (*attentional blink*) bezeichnet.

8.1   Unaufmerksamkeitsblindheit

Müssen Beobachter eine schwierige Diskriminationsaufgabe, für die räumliche Aufmerksamkeit erforderlich ist (z. B. Bericht darüber, welcher von zwei gering unterschiedlichen Armen eines Kreuzes der längere ist), unter hohem Zeitdruck ausführen, so sind sie nicht in der Lage, alle Merkmale eines unerwartet dargebotenen zusätzlichen Objekts (in einem Wiedererkennenstest) korrekt zu berichten. Da die Beobachter in dieser Bedingung das Auftauchen eines zusätzlichen Reizes nicht erwarten, wird von der *Unaufmerksamkeitsbedingung* (*inattention condition*) gesprochen.

Wird die Präsentation eines zusätzlichen Objekts hingegen in einer Bedingung geteilter Aufmerksamkeit (*divided attention condition*) erwartet, bzw. liegt die primäre Aufgabe in der Verarbeitung eines plötzlich auftauchenden Objekts (volle Aufmerksamkeit), so steigt die Wiedererkennensleistung an, bzw. die Merkmale können korrekt wiedergegeben werden. Es wird davon ausgegangen, dass in dieser Bedingung die selektive räumliche Aufmerksamkeit (fast) ausschließlich auf das Objekt ausgerichtet wird, das den Gegenstand der Diskriminationsaufgabe bildet. Nicht erwartete Objekte (in der Unaufmerksamkeitsbedingung) können dieser Interpretation zufolge nur durch Prozesse verarbeitet werden, die keine Aufmerksamkeit erfordern. Aus dem genannten Grund wird auch von einer attentionalen Blindheit für diese Objekte, oder verkürzend von *Unaufmerksamkeitsblindheit* (*inattentional blindness*), gesprochen (Mack und Rock 1998). Interessant ist, dass verschiedene Objektmerkmale mit unterschiedlich hoher Wahrscheinlichkeit genannt werden. Präsentationsort und Farbe eines unerwarteten Objekts werden sowohl in der inattentionalen als auch in der Bedingung mit geteilter Aufmerksamkeit mit relativ hoher Wahrscheinlichkeit (> 70 %) korrekt wiedergegeben; Anzahl und Form zusätzlicher Objekte dagegen werden in der geteilten Aufmerksamkeitsbedingung nur mit einer Wahrscheinlichkeit von rund 50 % (jedoch deutlich über dem Rateniveau der jeweiligen experimentellen Bedingung) erkannt.

Ein beeindruckendes Beispiel für ein Phänomen, das als *überdauernde Unaufmerksamkeitsblindheit* (*sustained inattentional blindness*) in dynamischen Situationen bezeichnet wird, wurde von Simons und Chabris (1999) veröffentlicht (wobei die Autoren einen Untersuchungsansatz verwenden, der auf Ulric Neisser zurückgeht). Die Probanden bekommen eine kurze Filmsequenz zu sehen, in der zwei Teams von Basketballspielern, von denen das eine weiß und das andere schwarz gekleidet ist, sich je einen Ball zuspielen. Die Beobachter haben die Aufgabe, die Anzahl der Zuspiele der weißen Gruppe zu zählen und am Ende der Szene zu berichten (sie bekommen also eine Monitoring- oder Überwachungsaufgabe). Während der Szene wird ein unerwartetes Ereignis eingeblendet, das – bedingt durch die mittels der Monitoringaufgabe induzierte Selektion aufgabenrelevanter bzw. der Deselektion irrelevanter Information – von den Beobachtern ignoriert wird. (Das Ereignis soll hier nicht näher beschrieben werden, da die Erfahrung nicht mehr gemacht werden kann, wenn bekannt ist, was passiert.)

Die Ergebnisse der Untersuchung von Simons und Chabris (1999) zeigen einige wichtige Merkmale der Unaufmerksamkeitsblindheit auf. Von zentraler Bedeutung für das Auftreten von Unaufmerksamkeitsblindheit ist einerseits die Ähnlichkeit bzw. Unähnlichkeit der visuellen Merkmale der Objekte, die den Gegenstand der Monitoringaufgabe bilden und Merkmalen, die das unerwartete Objekt charakterisieren, sowie die Schwierigkeit der Monitoringaufgabe selbst. Je unähnlicher die Merkmale und je schwieriger die Aufgabe, desto eher tritt Unaufmerksamkeitsblindheit auf. Interessant ist weiterhin, dass die räumliche Nähe zwischen relevanter und irrelevanter Information keine entscheidende Rolle spielt; dieser Befund wird von Simons und Chabris (1999) als Hinweis darauf interpretiert, dass die Selektion objektbasiert bzw., im Rahmen einer dynamischen Szene, ereignisbasiert ist.

Most et al. (2001) untersuchten die Bedeutung der Merkmalsähnlichkeit unter Verwendung von geometrischen Objekten, weißen oder schwarzen T und L, die sich auf zufälligen Pfaden auf einen Computermonitor bewegten. Die Aufgabe der Probanden bestand darin, mitzuzählen, wie oft Objekte mit einer vorher instruierten Farbe vom Rand des Displays zurückprallten. Wieder trat, ohne das Wissen der Probanden, ein unerwartetes Ereignis auf, indem sich gut sichtbar für eine Dauer von 5 s ein Kreuz auf einer horizontalen Bahn über den Bildschirm bewegte. Dieses Kreuz hatte eine von mehreren möglichen Farben, entweder weiß, hellgrau, dunkelgrau oder schwarz. Die Ergebnisse des Experiments von Most et al. (2001) zeigten, dass der Anteil der Probanden, die das unerwartete Ereignis/Objekt entdeckten, direkt durch die Ähnlichkeit zwischen den Merkmalen, die die Monitoringobjekte und das unerwartete Objekte charakterisierten, determiniert war: Je ähnlicher die Farbe des unerwarteten Objekts der des überwachten Objekt war, desto häufiger wurde es entdeckt. Die Ähnlichkeit der visuellen Merkmale scheint also eine entscheidende Rolle für die Selektion zu spielen; dieses Ergebnis kann daher auch im Sinne einer Bestätigung der Ähnlichkeitstheorie der visuellen Selektion (s. ▶ Abschn. 5.3.3) angesehen werden.

8.2 Veränderungsblindheit

Ein der Unaufmerksamkeitsblindheit ähnliches Phänomen, bei dem auffällige Unterschiede in visuellen Szenen nicht erkannt werden, das jedoch nicht dadurch erklärt werden kann, dass ein unerwartetes Ereignis auftritt, ist die *Veränderungsblindheit* (*change blindness*). Dabei werden selbst ausgeprägte Veränderungen eines Objekts oder Objektmerkmals oft übersehen, wenn der Fokus der Aufmerksamkeit während der Veränderung nicht auf den sich verändernden Teil des visuellen Feldes ausgerichtet ist. Diese Voraussetzung ist insbesondere dann gegeben, wenn für die Entscheidung über eine mögliche Veränderung Blicksprünge zwischen zwei Bildern erforderlich sind, die an unterschiedlichen Orten gleichzeitig dargebotenen werden (Rensink et al. 1997). Veränderungen werden jedoch auch in zwei Bildern übersehen, die nacheinander an derselben Position dargeboten werden, wenn entweder zwischen den zwei Bildern kurzzeitig ein leeres (weißes) Bild präsentiert wird oder wenn zusätzlich zur Veränderung plötzlich ein ablenkender Stimulus (ein sogenannter *mudsplash*) dargeboten wird (Rensink et al. 1997).

8.3 Aufmerksamkeitsblinzeln

Mit *Aufmerksamkeitsblinzeln* (*attentional blink*) wird ein transientes Defizit der zeitlichen selektiven visuellen Aufmerksamkeit im Sinne einer eingeschränkten Fähigkeit zur Verarbeitung sequentiell dargebotener Stimuli bezeichnet. Zwei zu identifizierende visuelle Zielreize werden in einen Strom von zu ignorierenden Reizen eingebettet (z. B. 2 Buchstaben als Zielreize unter 10 Distraktorziffern), wobei die Stimuli immer an derselben Position und mit einer Frequenz von rund 10 Objekten pro Sekunde präsentiert werden (◘ Abb. 8.1). Werden dabei die beiden Zielreize nacheinander innerhalb von weniger als 300–500 ms dargeboten, so sind Beobachter oft nicht in der Lage, den zweiten der beiden Zielreize korrekt zu identifizieren, obwohl der erste Zielreiz fast immer identifiziert wird. Liegt die Präsentation der beiden Zielreize dagegen um mehr als 500 ms auseinander, so kann der zweite Zielreiz nahezu perfekt identifiziert werden. Eine notwendige Voraussetzung für das Auftreten dieses Aufmerksamkeitsblinzelns ist neben dem Zeitabstand der Präsentation des zweiten relativ zum ersten Zielreiz (< 500 ms), dass die beiden Zielreize in einen Strom von Nichtzielreizen eingebettet sind. Das Aufmerksamkeitsblinzeln kann weder durch frühe sensorische Prozesse noch durch Limitationen des Arbeitsgedächtnisses erklärt werden (Raymond et al. 1992). Vielmehr wird davon ausgegangen, dass der beeinträchtigten Verarbeitung des zweiten Zielreizes eine Limitation der selektiven Aufmerksamkeit zugrunde liegt: Nach der Entdeckung des ersten Zielreizes ist eine attentionale Verarbeitung erforderlich, um den Zielreiz genau zu identifizieren. Während das kapazitätslimitierte attentionale System den ersten Zielreiz verarbeitet, kann Aufmerksamkeit nicht einem zweiten Zielreiz zugewiesen werden; die Folge ist, dass er übersehen wird.

Die Interpretation dieser Phänomene basiert darauf, dass Veränderungen in der visuellen Umwelt nur wahrgenommen werden können, wenn dem Ausschnitt, an dem eine Veränderung passiert, zum Zeitpunkt der Veränderung selektive Aufmerksamkeit zugewiesen wird (Rensink et al. 1997). Aufmerksamkeitszuweisung kann sich dabei auf Prozesse der Wahrnehmung oder des Gedächtnisses beziehen. Wahrnehmungsbezogene Erklärungen postulieren, dass es sich bei unserem introspektiven Eindruck einer vollständig und detailliert wahrgenommenen Umwelt tatsächlich um eine Illusion handelt. Entgegen unserem Eindruck werden nur die Bestandteile der visuellen Umwelt bewusst repräsentiert, also im eigentlichen Sinne „wahrgenommen", denen ausgelöst durch Reize oder aufgrund einer Handlungsintention fokale Aufmerksamkeit zugewiesen wird. Teile außerhalb des Aufmerksamkeitsfokus werden nicht bewusst repräsentiert, d. h., sie sind nicht verfügbar für weitergehende Verarbeitungsprozesse, die eine explizite (berichtbare) Repräsentation erfordern. Solche Umweltbestandteile sind diesem Ansatz zufolge nur scheinbar in der Wahrnehmung vorhanden, weil immer dann Aufmerksamkeit auf ein bestimmtes Objekt gerichtet ist, wenn es auf sein explizites Vorhandensein und seine detaillierten Eigenschaften hin untersucht werden soll (O'Regan 1992; O'Regan et al. 2000). Ein alternativer Erklärungsansatz (Wolfe 1999) geht von einer „Amnesie" bezüglich der Objekte und Veränderungen aus, denen keine Aufmerksamkeit zugewiesen wird (*inattentional amnesia*). Alle betroffenen Objekte werden zwar, wenn auch nur sehr kurzzeitig, im Verarbeitungssystem repräsentiert. Wird ein Stimulus aus dem visuellen Feld entfernt, so geht dessen Repräsentation unmittelbar verloren. Zugang zu bewusster Verarbeitung, z. B. für expliziten Bericht, findet aber nur die Information, die infolge der Zuweisung fokaler Aufmerksamkeit in eine länger verfügbare Gedächtnisrepräsentation überführt wird. Die beschriebenen Verarbeitungslimitationen sind folglich darauf zurückzuführen, dass bestimmte Objekte bzw. Veränderungen nicht genannt werden können, weil explizite Nennungen die Ausbildung einer durch attentionale Prozesse konsolidierten Gedächtnisrepräsentation voraussetzt.

8.4   Theorien temporaler Aufmerksamkeit

8.4.1   Konsolidierungsansatz

Als theoretische Erklärungen für zeitliche Charakteristika bzw. für die Dynamik der Aufmerksamkeitszuweisung wurde eine Reihe verschiedener Ansätze vorgeschlagen. Chun und Potter

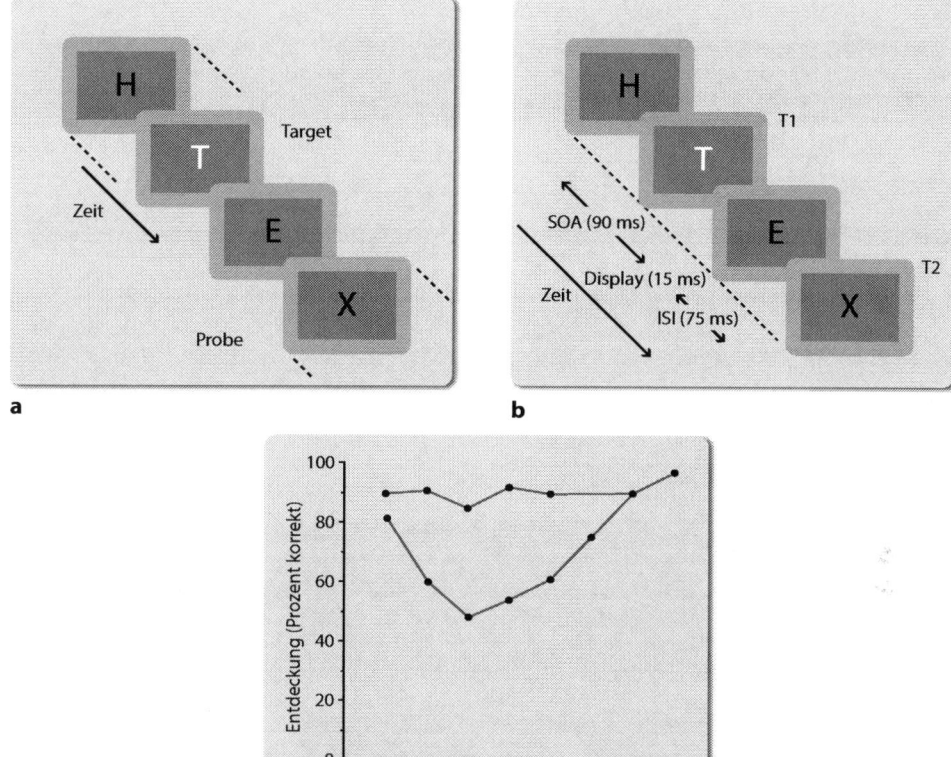

◘ Abb. 8.1a, b Darstellung des zeitlichen Ablaufs in Experimenten zum Aufmerksamkeitsblinzeln. Ein definierter Zielreiz (z. B. der Buchstabe T) wird in einem Strom von irrelevanten Distraktorbuchstaben dargeboten; die Stimuli werden kurzzeitig auf einem Computermonitor präsentiert (z. B. 15 ms), und zwischen den Stimuli ist der Bildschirm leer; mit einem variablen zeitlichen Abstand nach dem Zielreiz wird ein Sondier- oder Probestimulus dargeboten, dessen Entdeckungswahrscheinlichkeit mit der des Zielreizes verglichen wird, **c** Die Entdeckungswahrscheinlichkeit des Probestimulus in Abhängigkeit seiner Position relativ zum Zielreiz (untere Kurve) und im Vergleich zur Entdeckungswahrscheinlichkeit des Zielreizes (obere Kurve). (Adaptiert nach Shapiro et al. 1997; mit freundlicher Genehmigung von © Elsevier Inc. 2014. All Rights Reserved)

(1995) schlugen eine Zwei-Stufen-Theorie der Verarbeitung vor, die davon ausgeht, dass visuelle Stimuli in einer ersten Stufe soweit verarbeitet werden, dass sie semantisch bzw. konzeptuell repräsentiert sind, weswegen die im ersten Schritt generierte Repräsentation auch als konzeptuelles Kurzzeitgedächtnis (KZG) bezeichnet wird. Stimulusrepräsentationen des konzeptuellen Kurzzeitgedächtnisses sind vulnerabel. Damit sie wiedergegeben werden können, ist ein zweiter Schritt der Konsolidierung im KZG erforderlich. Die Konsolidierung ist zeitaufwendig und erfordert eine serielle Verarbeitung der repräsentierten Items, in der ein Item pro Zeiteinheit bzw. ein Item nach dem anderen verarbeitet wird. Während also in einem klassischen Paradigma zum Aufmerksamkeitsblinzeln (*attentional blink*) mit RSVP-Darbietung (schnelle serielle visuelle Präsentation, *rapid serial visual presentation*, RSVP; ◘ Abb. 8.1) visueller Stimuli, der erste Zielreiz (T1) von zwei aufeinanderfolgenden Zielreizen konsolidiert wird, ist eine Konsolidierung des darauf folgenden Zielreizes (T2) nicht möglich. Vielmehr wird die volatile Repräsentation von T2 auf der ersten Verarbeitungsstufe durch den Distraktor überschrieben, der kurz nach der Präsentation von T2 in der Stimulussequenz erscheint. Distraktoren haben in der Theorie von Chun und Potter (1995) eine besondere Bedeutung, indem sie sowohl die Verarbeitung von T1 erschweren als auch mit T2 interferieren, so dass die Zuweisung von Ressourcen für die Verarbeitung von T1 die Verarbeitung von T2 zusätzlich erschwert.

8.4.2 Interferenztheorie

Ein alternativer Vorschlag, der als *Interferenztheorie* bezeichnet wird, wurde von Raymond und Shapiro gemacht (Raymond et al. 1995; Shapiro und Raymond 1994; Shapiro et al. 1994) gemacht. Die Autoren gehen davon aus, dass alle Items, die innerhalb einer bestimmten Zeitperiode dargeboten werden, ins Kurzzeitgedächtnis (KZG) gelangen, wo sie nun darum konkurrieren, repräsentiert (bzw. bewusst) zu werden. (Im Paradigma zum Aufmerksamkeitsblinzeln, in dem Stimuli mit einem Abstand von rund 100 ms präsentiert werden, entspricht diese Zeitperiode zwei aufeinanderfolgenden Reizen.) Da die Kapazität des KGZ jedoch limitiert ist, werden im Wettbewerb um bewusste Repräsentation diejenigen Items bevorzugt, die als erste ins KZG gelangen, d. h. der Zielreiz T1 und das folgende Item. Das Aufmerksamkeitsblinzeln kann nun als die Zeit interpretiert werden, die ein Item (T1) benötigt, um den Wettbewerb um bewusste Repräsentation zu gewinnen und auf eine Verarbeitungsstufe transferiert zu werden, die eine Wiedergabe ermöglicht. Anschließend an die Wiedergabe steht das KZG wieder zur Verfügung, um weitere Reize (z. B. T2) zu verarbeiten. Da die Repräsentationen im KZG jedoch volatil sind und die limitierten Ressourcen zur Verarbeitung von T1 (d. h. des Items, das als Erstes Eingang ins KZG fand) eingesetzt werden, wird die Repräsentation von T2 während der Verarbeitung von T1 durch Maskierung und/oder Wettbewerb (*competition*) geschwächt, und T2 kann daher nicht genannt werden.

8.4.3 Boost-and-Bounce-Theorie

Die bisher dargestellten Erklärungsansätze gehen also, klassischen Vorstellung zu Informationsselektionsprozessen folgend (▶ Abschn. 2.1), davon aus, dass die Verarbeitung eines visuellen Items die für andere Items verfügbaren (limitierten) Ressourcen reduziert und dass diese Reduktion zeitlich relativ lange andauert; anders formuliert weist das Verarbeitungssystem einen Engpass auf, den nur ein Teil der Information, ein Item pro Zeiteinheit, passieren kann.

Einige Untersuchungsergebnisse, die unter Verwendung der „schnellen seriellen visuellen Präsentation" in Untersuchungen des Aufmerksamkeitsblinzelns gefunden werden, stehen jedoch im Gegensatz zu Befunden, die unter anderen, jedoch grundsätzlich mit dem Paradigma der seriellen Darbietung vergleichbaren, Bedingungen beobachtet werden. So hatten beispielsweise in einer Studie von Nakayama und Mackeben (1989) die Probanden die Aufgabe, in einer visuellen Szene, in der mehrere Objekte zu sehen waren, einen Zielreiz zu suchen und zu identifizieren. Jedem Suchdisplay ging ein Hinweisreiz voraus, der den Ort des Zielreizes im Display mit einer Wahrscheinlichkeit von 100 % angab. Die Ergebnisse zeigen einen Anstieg der Identifikationsleistung mit zunehmender SOA (Stimulus Onset Asynchrony) zwischen Hinweisreiz und Suchdisplay für einen SOA-Bereich bis zu 100–200 ms. Wurde die SOA über diesen Bereich hinaus weiter erhöht, so fand sich eine stetige Abnahme des Anteils der richtig erkannten Zielreize. Obwohl der zeitliche Ver- und Ablauf der experimentellen Vorgehensweise von Nakayama und Mackeben (1989) dem der schnellen seriellen Präsentation sehr ähnlich ist, so sind doch die aus den Ergebnissen abzuleitenden Interpretationen höchst unterschiedlich: Die Befunde von Nakayama und Mackeben (1989) legen nahe, dass die Zuweisung von Verarbeitungsressourcen sehr schnell erfolgt (höchste Erkennensleistung nach 100–200 ms) und dass die Ressourcen nur während eines kurzen Zeitraums zur Verfügung stehen und danach recht schnell wieder zerfallen (Abfall bei SOA größer 200 ms). Aus diesem Grund sprechen Nakayama und Mackeben (1989) von einer vorübergehenden Aufmerksamkeitszuweisung, die weitgehend automatisch und auf einer frühen Stufe der visuellen Verarbeitung angesiedelt ist. (Zur gleichen Zeit berichteten Müller und Rabbitt (1989) unter Verwendung peripherer Cues in einem Posner-Paradigma von einem analogen Verlauf der Allokation von Aufmerksamkeitsressourcen.)

Olivers und Meeter (2008) haben, u. a. um die widersprüchlichen Befundmuster zu integrieren, die in Studien zu zeitlichen Charakteristika der Aufmerksamkeit gefunden wurden, eine alternative Theorie zur Funktionsweise der Aufmerksamkeitsallokation vorgeschlagen. Der Ansatz wird als die Boost-and-Bounce-Theorie bezeichnet (sinngemäß und unter Beibehaltung des Wortspiels etwa „Beschleunigungs- und Barrikaden-Theorie"). Dieser Ansatz geht davon aus, dass Kapazitätslimitierungen bzw. Verarbeitungsengpässe, wenn überhaupt, bei der Selektion und Identifikation von Objekten nur eine untergeordnete Rolle spielen. Wichtig ist vielmehr ein *Bahnungssystem* (*gating system*), das schnell auf neue Stimuli reagiert, um relevante Information zu verstärken und irrelevante zu unterdrücken.

Das Modell unterscheidet sich von klassischen Modellen der Selektion auch dahingehend, dass es nicht eine hierarchische Verarbeitung annimmt, in der Information in aufeinanderfolgenden Stufen weiterverarbeitet wird. Vielmehr postuliert das Modell, dass Feedbackaktivierung (s. ▶ Abschn. 12.3) von späteren auf frühere Verarbeitungsstufen zurückwirkt und damit dazu beiträgt, Information zu verstärken oder abzuschwächen.

Im Detail wird im Modell angenommen, dass ein ausreichend großer Grad an Übereinstimmung zwischen dem aktuell verarbeiteten visuellen Item und der Beschreibung des Zielreizes über eine Feedbackschleife zu einer vorübergehenden Verstärkung der Information führt (*boost*), die zur Folge hat, dass das aktuell dargebotene Item Eingang ins Kurzzeitgedächtnis (KZG) findet. Im Rahmen der seriellen Darbietung visueller Stimuli (bei einer Aufmerksamkeitsblinzelaufgabe) bedeutet das, dass durch die Verstärkung des Zielreizes auch der darauf folgende Distraktorreiz verstärkt wird. Da sich jedoch unmittelbar herausstellt, dass dieser Reiz fälschlicherweise verstärkt wurde, erfolgt sofort ein starke hemmende Rückwirkung (*inhibitory feedback*), die zur Folge hat, dass überhaupt keine Items mehr Eingang ins KZG finden (*bounce*; d. h., sie prallen zurück, wie von einer verbarrikadierten Tür).

Welche neuroanatomische Evidenz spricht für die Annahmen dieser Theorie mit zwei Komponenten und Feedbackmechanismen?

Da das Boost-and-Bounce-Modell (zusammen mit der NTVA von Bundesen et al. 2005; s. ▶ Abschn. 12.2) eine neue Kategorie von Modellen darstellt, die mit der Annahme von dynamischen Komponenten arbeiten, soll es im Folgenden ausführlicher dargestellt werden.

Das Modell geht von der Existenz zweier Informationsverarbeitungsmechanismen bzw. -stufen aus, die miteinander interagieren. Die erste Stufe wird als „sensorische Verarbeitung" bezeichnet und umfasst die Aktivierung von Repräsentationen wie etwa sensorischen Merkmalen (Farbe, Form, Orientierung) einerseits, aber auch der Aktivierung von höheren Repräsentationen semantischer bzw. kategorialer Natur. Diese unterschiedlichen Eigenschaften werden getrennt voneinander repräsentiert, wobei hier von einer Hierarchie von Repräsentationen von einfach (Merkmale) nach immer komplexer ausgegangen wird. Dementsprechend erfolgt die initiale Informationsverarbeitung in der Art eines Feed-forward-Mechanismus, wie er etwa im

Rahmen des Modells der kortikaler Verarbeitung von Lamme und Roelfsema (2000) vorgeschlagen wurde (s. ▶ Abschn. 12.3).

Repräsentationen werden schnell und stark aktiviert, wobei multiple Repräsentationen parallel aktiviert werden können. Begründet durch die zeitliche Abfolge der Präsentation mehrerer Items beeinflussen sich Repräsentationen jedoch gegenseitig durch Vorwärts- und Rückwärtsmaskierung (s. ▶ Abschn. 12.3). Die Stärke der Maskierung hängt von der Ähnlichkeit mit vorangehenden (Vorwärtsmaskierung) bzw. nachfolgenden Items (Rückwärtsmaskierung) ab. Anders formuliert hängt also Maskierung von der Auffälligkeit (Salienz) eines Items ab: je auffälliger es ist, desto weniger wird es maskiert.

Die zweite Verarbeitungsstufe umfasst das Arbeitsgedächtnis, das in Form einer „zentralen Exekutive" konzipiert ist, und in dem die aktuellen Aufgabencharakteristika implementiert sind und, zusammen mit der aktuellen visuellen Stimulation, aufrechterhalten werden (s. ▶ Abschn. 14.2). Eine wichtige Funktion des Arbeitsgedächtnisses liegt darin, den relevanten Input mit der korrekten Antwort zu verbinden. Ein Item kann nur genannt werden, wenn es Eingang ins Arbeitsgedächtnis findet, da es nur dann mit einer Antwort verbunden werden kann. Die entsprechenden Verbindungen werden durch Instruktion und Übung etabliert sowie durch Feedbackverbindungen zwischen dem (zentral lokalisierten) Arbeitsgedächtnis und sensorischen Repräsentationen sowie den antwortrelevanten Repräsentationen.

Ein Item findet Eingang ins Arbeitsgedächtnis und ist damit selektiert, wenn in der Zeit, während der das Item dargeboten wurde, genügend Evidenz für sein Vorhandensein akkumuliert wurde. Evidenz setzt sich zusammen aus der sensorischen (Bottom-up-)Aktivierung und der attentionalen (Top-down-)Modulation der Bottom-up-Aktivierung durch Feedbackverbindungen.

Neben der Funktion der Verbindung relevanter Information mit Antworten verhindert das Arbeitsgedächtnis auch, dass irrelevante Information mit dem Verhalten interferiert. Das Arbeitsgedächtnis wendet also einen Inputfilter oder ein „attentionales Set" an, das relevante Information bahnt und irrelevante abblockt.

Bahnung erfolgt durch Feedback, das sensorische Verarbeitung moduliert: Sensorische Repräsentationen, die für die Aufgabe wichtig sind, werden verstärkt, unwichtige werden durch inhibitorisches Feedback abgeschwächt oder zurückgewiesen. Für die Bahnung zuständig sind spezielle Neurone, die Bahnungsneurone (*gate neurons*), die durch definierte Zielreiz- oder Distraktoreigenschaften angetrieben werden, wobei Eigenschaften auf unterschiedlichen Ebenen definiert sein können, etwa auf einer abstrakten Ebene wie Form (z. B. Buchstaben), Farbigkeit (z. B. bunt), spezifischer Merkmale (z. B. schwarz) oder aber komplexer Objektbeschreibungen (z. B. das kleine rote Auto).

Wenn ein der Aufgabe entsprechendes attentionales Set etabliert ist, so generieren Items, die diesem Set entsprechen, automatisch Feedback.

Besteht beispielsweise in einem Experiment zum Aufmerksamkeitsblinzeln die Aufgabe darin, Buchstaben zu berichten und Ziffern zu ignorieren, so werden durch die Bahnungsneurone Buchstaben exzitatorisch und Ziffern inhibitorisch moduliert. Wichtig ist, dass, auch wenn die entsprechenden neuronalen Verbindungen vorhanden sind, visueller Input vorhanden sein muss, um eine Reaktion eines Bahnungsneurons hervorzurufen.

Die Stärke der Modulation wird beeinflusst durch die Stärke der sensorischen Evidenz eines Items: Je stärker die sensorische Evidenz, desto ausgeprägter ist das exzitatorische bzw. inhibitorische Feedback. Sensorische Evidenz selbst basiert auf zwei Einflussgrößen. Die eine ist der aktuelle Zustand des Aufmerksamkeitssystems; ist es exzitatorisch, so wird sensorische Evidenz verstärkt, ist es inhibitorisch, so wird sie geschwächt. Die zweite ist die Auffälligkeit des Unterschieds zwischen Ziel- und Distraktorreizen (Salienz). Je größer dabei die Differenz zwischen Zielreiz und Distraktoren, desto geringere Anforderungen werden an den Bahnungs-mechanismus gerichtet, da die (sensorische) Bottom-up-Aktivität selbst deutliche Hinweise darauf gibt, ob das aktuelle Item ein Ziel- oder ein Distraktorreiz ist.

Eine weitere wichtige Annahme des Modells basiert auf Untersuchungen zu der Zeit, die neuronale Signale benötigen, um als Feedback nach dem initialen *feed-forward sweep* durch re-kurrente Verbindungen wieder zurück zu den Schichten der basalen sensorischen Verarbeitung zu gelangen. Zuerst, in der Feed-forward-Verarbeitung, erreichen Signale die Gehirnareale, in denen die Eigenschaften des Zielreizes repräsentiert werden. Feedback erreicht, dem Modell von Olivers und Meeter (2008) zufolge, die Schichten der sensorischen Verarbeitung frühestens nach rund 25 ms, wobei die Hauptaktivierung nach rund 100 ms nach der Entdeckung des Tar-gets ankommt. Diese Annahme erklärt gut die zeitlichen Charakteristika der Leistung aus der Studie von Nakayama und Mackeben (1989): die höchsten Erkennensleistungen finden sich in einem SOA-Bereich von 100–200 ms.

Bedeutender ist jedoch, dass das Modell auch die Ergebnisse erklärt, die in Untersuchungen zum Aufmerksamkeitsblinzeln unter Verwendung des Paradigmas schneller serieller visueller Präsentation (RSVP) gefunden werden. In einer typischen Aufgabe zum Aufmerksamkeitsblin-zeln sollen zwei Buchstaben (Zielreize) wiedergegeben werden, die in einem Strom von Ziffern dargeboten werden. Die Feedbackverbindungen, die zur Lösung der Aufgabe notwendig sind, sind exzitatorisch für Buchstaben und inhibitorisch für Ziffern. Zu Beginn der Darbietung werden beispielsweise nur Distraktoren dargeboten, und die inhibitorischen Verbindungen verhindern, dass Ziffern ins Arbeitsgedächtnis gelangen. Erscheint nach einiger Zeit ein Ziel-reiz, so aktiviert er die Neurone, die den Zielreiz kodieren, und nach einiger Zeit werden im Arbeitsgedächtnis die Bahnungsneurone aktiviert, die wiederum die sensorischen Neurone durch Feedback aktivieren. Durch einen Anstieg der rekurrenten (Feedback-)Verarbeitung wird das Signal des Zielreizes verstärkt, und es gelangt ins Arbeitsgedächtnis. Obwohl der Ziel-reiz von der rekurrenten Aktivierung profitiert, so kommt doch der Gipfel des exzitatorischen rekurrenten Signals an, nachdem der Zielreiz schon wieder (vom Display) verschwunden und das nächste Item dargeboten wird. Dies trifft insbesondere für die frühen (sensorischen) Stufen der Verarbeitung zu, bei denen das Feedback erst zu einem späteren Zeitpunkt in der Sequenz rekurrenter Verarbeitung ankommt. Das bedeutet also, dass höchste attentionale Aktivierung nicht dem Zielreiz zugewiesen wird, sondern dem Item, das dem Zielreiz folgt. Wenn es sich beim folgenden Item um einen Distraktor handelt, wird diesem also „fälschlicherweise" die höchste Aktivierung zugewiesen. Die Bahnungsneurone erhalten in der Folge ein sehr starkes Signal, so dass die falsche Kategorie (Distraktor statt Zielreiz) ins Arbeitsgedächtnis eintritt. Da das Bahnungssystem eingestellt ist, Distraktoren zurückzuweisen, zieht dieses Signal eine inhibitorische Reaktion nach sich: das Arbeitsgedächtnis wird abgeriegelt und Stimuli werden zurückgewiesen (*bounce*). Genau wie die Aktivierung (*boost*) erfolgt auch die Abriegelung des Eingangs zum Arbeitsgedächtnis (*bounce*) mit Verzögerung, wodurch das auf den Zielreiz fol-gende Item eine hohe Wahrscheinlichkeit hat, ins Arbeitsgedächtnis zu gelangen. Der *bounce* erreicht sein Maximum zu der Zeit, zu der das zweite Item nach dem Target dargeboten wird. Wenn dieses Item ein Zielreiz ist, tritt das Aufmerksamkeitsblinzeln auf, da durch das starke inhibitorische Feedback dieses Target mit einer geringeren Wahrscheinlichkeit genügend Ak-tivation generieren kann, um Eingang ins Arbeitsgedächtnis zu finden. Da sich die starke Inhi-bition nach dem Distraktor über den weiteren Zeitverlauf wieder abbaut, verbessert sich auch die Leistung wieder.

Der entscheidende Faktor für das Auftreten eines Aufmerksamkeitsblinzelns liegt also in der zeitlichen Dynamik von exzitatorischen und inhibitorischen Mechanismen, die sich an die Darbietung des Zielreizes und der auf ihn folgenden Items anschließen. Im Gegensatz zu alternativen Theorien spielen Prozesse der Verarbeitung und der Konsolidierung keine Rolle, genauso wenig wie Limitierungen des Arbeitsgedächtnisses.

Interessanterweise kann die Theorie von Olivers und Meeter (2008) durch die Annahme, dass die maximale Verstärkung (des Zielreizes) mit einer definierten Verzögerung erfolgt, auch ein Phänomen elegant erklären, das anderen Theorien massive Probleme bereitet, nämlich die Tatsache, dass das Item, das unmittelbar auf den Zielreiz folgt, oft nicht einem Aufmerksamkeitsblinzeln zum Opfer fällt, sondern davon ausgespart ist (das sogenannte *lag-1 sparing*). Auch hier gilt wieder, dass die maximale Aktivierung mit Verzögerung erfolgt, so dass neben dem Zielreiz (T1) auch ein unmittelbar darauf folgender Zielreiz (T2) verarbeitet und korrekt berichtet werden kann.

■ **Anwendung**

Die angewandten Implikationen unseres Wissens um die Limitationen der selektiven visuellen Aufmerksamkeit – Unaufmerksamkeitsblindheit, Veränderungsblindheit, Aufmerksamkeitsblinzeln – liegen auf der Hand. Der Tatsache, dass wenn man seine Aufmerksamkeit eng auf ein Objekt von Interesse fokussiert, andere Objekte oder Ereignisse in der Peripherie unentdeckt bleiben, kann man nicht entkommen. Solche „Tunnelblick"-Situationen kommen z. B. im Straßenverkehr häufig vor – etwa, wenn man sich auf ein vorausfahrendes Fahrzeug konzentriert und man Radfahrer, die von der Seite kommen, übersieht – und können zu Unfällen führen. Obwohl der Radfahrer im visuellen System abgebildet – also sozusagen „gesehen" – wird, wird er nicht „wahrgenommen", mit der Folge, dass kritische, unfallvermeidende Kognitionen und Handlungen nicht ausgelöst werden. Von einem aufmerksamkeitstheoretischen Standpunkt aus betrachtet, kann man einem Fahrzeugführer nur bedingt die Schuld an solchen Begebenheiten zuweisen. Der Imperativ wäre, dass man über wirkmächtige interne Situations-Hinweisreize (Cues) verfügt, die einen warnen, dass jetzt, in dieser spezifischen Situation, eine breite Aufmerksamkeitseinstellung erforderlich ist. Der erfahrene Fahrer wird in langjähriger Fahrpraxis solche Cues erworben haben, aber auch er ist nicht gegen solche Vorfälle gefeit. Das attentionale Warn- und Umschaltsystem funktioniert nicht 100 % zuverlässig. Der Grund dafür ist freilich ein adaptiver: wenn wir uns nicht auf ein Zielobjekt konzentrieren könnten, würden wir ständig abgelenkt. Letztlich geht es also immer um eine Balance zwischen konzentrierter Aufmerksamkeit und Offenheit für neue Situation, die attentionales Umschalten erfordern. Immerhin ist es aber möglich, durch geeignete Trainingsmaßnahmen die Sensitivität für Umschaltcues zu erhöhen.

Was die Limitation der Veränderungsblindheit angeht, so ist man auch da relativ ohnmächtig: Änderungen in der Welt, die z. B. passieren, während man gerade einen Lidschlag macht oder, im Straßenverkehr, während das vorausfahrende Fahrzeug einen „Mudsplash" auf der Windschutzscheibe verursacht, bleiben uns verborgen – eben weil wir die uns umgebende Welt selektiv ausschnitthaft, und nicht vollständig repräsentieren (obwohl alles auf der Netzhaut abgebildet wird). Auch hier handelt es sich um eine Systemeigenschaft, für deren Konsequenzen wir nur bestimmt verantwortlich gesprochen werden können. Glücklicherweise sind Änderungen in der Welt in der Regel eher graduell und beständig, so dass wir solche Änderungen, wie neue Objekte, normalerweise noch entdecken und auf sie reagieren können (wenn auch nur mit Verzögerung). Die Labordemonstrationen stellen in dieser Hinsicht eine Extrembedingung dar.

Was für Unaufmerksamkeits- und Veränderungsblindheit gesagt wurde, gilt auch für das Aufmerksamkeitsblinzeln: Der Tatsache, dass, wenn wir mit der Verarbeitung eines Zielreizes beschäftigt sind, ein innerhalb einer kritischen Periode nachfolgender Zielreiz unentdeckt und damit unbeantwortet bleibt, können wir nicht oder nur sehr bedingt entkommen. Der Grund dafür ist auch hier letztlich adaptiv: damit wir einen ausgewählten Zielreiz verarbeiten können, muss das System vor potentiell interferierenden Reizen geschützt werden. Zumindest bei der Gestaltung von technischen Systemen, bei denen es möglich ist, die zeitliche Aufeinanderfolge von handlungsrelevanten Reizen zu determinieren oder zumindest zu beeinflussen, sollte man darauf achten, dass die Abstände zwischen aufgabenbezogenen Reizen groß genug gewählt sind, um diesem temporalen Engpass in der attentionalen Verarbeitung zu entgehen. Alternativ könnte das technische System dafür sorgen, dass Reizereignisse, die innerhalb der kritischen Periode erfolgten, wiederholt dargeboten werden.

- **Speed Read**
- Bei Überlastung der Mechanismen der räumlichen oder zeitlichen Aufmerksamkeit werden in bestimmten Situationen die Limitationen der Selektionsfunktion direkt erfahrbar.
- Bei schwierigen Diskriminationsaufgaben, die räumlich fokussierte Aufmerksamkeit erfordern, werden Beobachter bezüglich ihrer Aufmerksamkeit blind für Objekte, die zusätzlich zum attendierten Objekt dargeboten werden; man spricht von Unaufmerksamkeitsblindheit.
- Unaufmerksamkeitsblindheit kann kurzfristiger (im Bereich von Sekundenbruchteilen oder wenigen Sekunden) oder aber zeitlich überdauernder (im Bereich von einigen 10 Sekunden) Natur sein.
- Bei der Veränderungsblindheit werden eigentlich gut sichtbare Veränderungen in visuellen Szenen nicht wahrgenommen, wenn der Fokus der Aufmerksamkeit nicht auf den sich verändernden Teil des visuellen Feldes gerichtet ist, beispielsweise bei Blicksprüngen zwischen Bildern an verschiedenen Orten, wenn zwischen zwei sukzessive dargebotenen verschiedenen Bildern ein drittes Bild mit einem homogenen Farbe dargeboten wird oder wenn ein hoch auffälliges Objekt die Aufmerksamkeit auf den Teil der Szene lenkt, die sich nicht verändert.
- Mit Aufmerksamkeitsblinzeln wird ein kurzzeitiger Defizit der zeitlichen visuellen selektiven Aufmerksamkeit bezeichnet, bei dem ein Zielobjekt, das in einem Strom von Distraktorobjekten dargeboten wird, nicht wahrgenommen wird, wenn es unmittelbar nach dem Zielobjekt dargeboten wird.
- Die Interpretation und theoretische Erklärung der Limitationen der selektiven Aufmerksamkeit basiert auf der Annahme, dass Veränderungen in der visuellen Umwelt nur wahrgenommen werden können, wenn der Fokus der Aufmerksamkeit auf den Ort ausgerichtet ist, an dem die Veränderung erfolgt, wobei die Aufmerksamkeitszuweisung prinzipiell sowohl im Rahmen von Wahrnehmungs- als auch von Gedächtnisprozessen erfolgen kann.
- Ein theoretisches Modell, der Konsolidierungsansatz, erklärt die Phänomene unter der Annahme von zwei aufeinander folgenden Verarbeitungsstufen. Visuelle Stimuli werden auf der ersten Stufe konzeptuell repräsentiert, die Wiedergabe erfordert aber eine Konsolidierung auf einer zweiten Stufe, die seriell abläuft und zeitaufwendig ist. Werden mehrere Zielitems kurz nacheinander dargeboten, verfällt die initiale Repräsentation des zweiten Items während das erste Item gerade konsolidiert wird.
- Die Interferenztheorie nimmt an, dass alle Items im Kurzzeitgedächtnis repräsentiert sind, aber darum konkurrieren, bewusst repräsentiert zu werden. Wegen der limitierten Kapazität des Kurzzeitgedächtnisses, haben zuerst dargebotenen Items einen Vorteil gegenüber später dargebotenen Items, deren Repräsentation zerfällt.
- Die Boost-und-Bounce-Theorie geht davon aus, dass Feedbackaktivierung von späteren auf frühere Verarbeitungsstufen zu einer Verstärkung bzw. Abschwächung von Information führt, wenn eine bzw. keine Übereinstimmung zwischen dem aktuell verarbeiteten

Stimulus und dem Zielreizmuster vorliegt. Die Entdeckung eines Zielitems führt zu einer Verstärkung (boost), wobei auch ein in der Sequenz folgendes Item verstärkt wird. Handelt es sich beim folgenden Item nicht um einen Zielreiz, so folgt unmittelbar eine starke Abschwächung (bounce), so dass für eine kurze Zeit gar keine Items mehr verarbeitet werden.

8

Neurokognitive Mechanismen der selektiven visuellen Aufmerksamkeit

Hermann J. Müller, Joseph Krummenacher, Torsten Schubert

H. J. Müller, J. Krummenacher, T. Schubert, *Aufmerksamkeit und Handlungssteuerung,*
DOI 10.1007/978-3-642-41825-9_9, © Springer-Verlag Berlin Heidelberg 2015

Das Ziel der bisher dargestellten experimentellen Ansätze und Theorien lag (mit Ausnahme der Boost-and-Bounce-Theorie, die durch Modelle der Informationsverarbeitung im Gehirn inspiriert ist) hauptsächlich in der Erklärung von Verhaltensdaten. Die Theorien sagen also nichts darüber aus, wie die in ihnen implementierten Prinzipien attentionaler Selektion, neuronal, im Gehirn, realisiert sind. Im Rahmen der immer stärkeren methodischen und theoretischen Integration des kognitiven Ansatzes mit Methoden der Neurowissenschaften werden seit kurzem Theorien entwickelt, deren Bestreben es ist, die Kluft zwischen der verhaltensbasierten oder behavioralen und der neuronalen Erklärungsebene zu überbrücken. Einer der ersten dieser Ansätze ist die Hypothese der integrierten Kompetition (*integrated competition hypothesis*). Der Ansatz der integrierten Kompetition stellt den Versuch einer Rahmentheorie dar, der die separate Betrachtung visueller Aufmerksamkeitsfunktionen auf der behavioralen und der neuronalen Ebene überbrückt. Dieser Ansatz wird nach einem Überblick über die neurokognitiven Mechanismen der selektiven visuellen Aufmerksamkeit behandelt.

Vor etwa 20 Jahren wurde damit begonnen, die neuronalen Grundlagen der selektiven visuellen Aufmerksamkeit mit den Methoden der Einzelzellableitung am wachen Tier (in der Regel Affen), der nichtinvasiven Messung ereignisrelatierter Potentiale (ERPs) der elektrokortikalen Aktivität an der Schädeloberfläche des Menschen (Elektroenzephalografie, EEG), sowie der Erfassung der Folgen von lokalen Hirnschädigungen zu untersuchen. Vor etwa zehn Jahren kam ein weiterer methodischer Ansatz hinzu, nämlich die Untersuchung von Aufmerksamkeitsprozessen mit bildgebenden Verfahren wie der funktionalen Kernspin- bzw. Magnetresonanztomographie (fMRT) und der Positronenemissionstomographie (PET). Die Kombination dieser verschiedenen Methoden mit geeigneten experimentellen Paradigmen (s. ▶ Kap. 3 und 5) hat neue Einsichten in die neurokognitiven Mechanismen der visuellen Aufmerksamkeit vermittelt.

9.1   Die funktionale Architektur des visuellen Systems

Der Versuch, Prozesse der visuellen Aufmerksamkeit auf der Ebene neurokognitiver Mechanismen zu verstehen, setzt eine Modellvorstellung von der funktionalen Architektur des visuellen Systems voraus, in dem diese Prozesse implementiert sind. In diesem Kontext sind zwei Charakteristika des visuellen Systems von besonderer Bedeutung: die Parallelität funktional spezialisierter Verarbeitungsmechanismen sowie deren quasihierarchische Organisation.

Studien zur selektiven Aktivität der Neuronen im primären visuellen Kortex (V1; die Bezeichnung V1 ist ein Beispiel für die Kartierung des Gehirns nach funktionalen Einheiten, die sich von Brodmanns (1909) zytoarchitektonischer Gliederung unterscheiden kann), der ersten kortikalen Stufe der visuellen Informationsverarbeitung, sowie in nachfolgenden extrastriären Arealen haben gezeigt, dass verschiedene Zellen darauf spezialisiert sind, bestimmte Aspekte visueller Information wie Farbe, Form, Bewegung usw. zu „berechnen" (z. B. Livingstone und Hubel 1988).

Zusätzlich zur parallelen Verarbeitung elementarer visueller Information wurde eine weitere Unterteilung des visuellen Systems in einen *ventralen* „Was"-Pfad und einen *dorsalen* „Wo"- bzw. „Wie"-Pfad (Mishkin et al. 1983; Milner und Goodale 1995) vorgeschlagen.

Neben der Parallelität der Verarbeitung besteht ein zweites Hauptcharakteristikum des visuellen Gehirns darin, dass visuelle Information in einer Reihe hierarchisch organisierter Stufen berechnet wird. Eine derartige Multischrittkonzeption ist implizit in der Unterscheidung zwischen einer Eingangsstufe der Verarbeitung in V1/V2, in der elementare visuelle Merkmale berechnet werden, und nachfolgenden höheren Stufen, in denen im ventralen Was-Pfad die visuelle Objekterkennung erfolgt und im dorsalen Wo- bzw. Wie-Pfad räumliche Information für Wahrnehmung und Handlung berechnet wird. „Hierarchisch" heißt, dass elementare visuelle Information die Grundlage bildet für die Berechnung komplexerer Information auf höheren Stufen. Zum Beispiel zeigt sich hinsichtlich der formbasierten Kategorisierung von Objekten im Was-Pfad, dass in V1 zuerst lokale Kanten von Objekten berechnet werden, bevor dann in höheren Arealen (z. B. V4) komplexere Bestandteile einer Form („Formprimitiva") gebildet werden und darauf aufbauend schließlich die eigentliche Objekterkennung im Sinne der Objektkategorieberechnung (im inferiortemporalen Areal, IT) erfolgt (z. B. Oram und Perrett 1994). Man kann also feststellen, dass mit zunehmender Ebene in der Hierarchie die Komplexität des berechneten Attributes zunimmt.

Genau genommen handelt es sich allerdings nur um quasihierarchische Verarbeitung, weil es auch neuronalen Aktivitätsfluss in absteigender Richtung, von höheren zu niedrigen Arealen, gibt und weil direkte Verbindungen von niedrigen Stufen zu höheren Stufen (z. B. von V1 direkt nach V4) bestehen (z. B. Felleman und Van Essen 1991). Des Weiteren gibt es kein Areal, in dem alle parallelverteilt berechnete visuelle Information (Farbe, Form, Bewegung etc.) konvergiert. Die Bindung separat kodierter Attribute in kohärente Objekte kann deshalb nicht durch simple Konvergenz der verteilten Information in einem anatomisch hochrangigen Areal zustande kommen.

Ein weiterer wichtiger Befund besteht darin, dass die Größe der *rezeptiven Felder* (RF) mit zunehmender Hierarchieebene des visuellen Systems zunimmt. Das RF eines visuellen Neurons bezieht sich auf den Ausschnitt des visuellen Feldes bzw. der Retina, in dem ein Stimulus die Antwort der Zelle verändert. Zellen in V1 haben kleine RF, während Zellen in IT, der höchsten Stufe im ventralen Pfad, rezeptive Felder mit einem ganzen visuellen Halbfeld aufweisen können (z. B. Oram und Perrett 1994).

Zusammenfassend lässt sich das visuelle Gehirn also als ein parallel und verteilt arbeitendes System beschreiben, in dem visuelle Information in einer Reihe quasihierarchisch arrangierter Schritte berechnet wird, die von niedrigen zu höheren Ebenen fortschreiten und die durch eine zunehmende rezeptive Feldgröße der entsprechenden Neuronen gekennzeichnet sind.

9.2   Die komputationale „Theorie der visuellen Aufmerksamkeit"

Die grundlegende Idee der *Theorie der visuellen Aufmerksamkeit* (*Theory of Visual Attention*, TVA) ist, dass multiple Objekte im visuellen Feld in einen „Wettlauf" (*race*) um die Identifikation eintreten (s. ÄT, s. ▶ Abschn. 5.3.3). Die Identifikation – und damit Selektion – eines Objektes involviert eine Kategorisierung der Art „Objekt x besitzt Merkmal i" bzw. „Objekt x gehört zu Kategorie i". Eine visuelle Kategorisierung ist gleichbedeutend mit einer Enkodierung ins kapazitätslimitierte visuelle Kurzzeitgedächtnis (*visual short-term memory*, VSTM), was voraussetzt, dass im VSTM noch Speicherplatz für die Kategorisierung vorhanden ist. Anschließend steht die Kategorisierung bzw. das Objekt zur Nennung bzw. zur Kontrolle expliziten Verhaltens zur Verfügung. Die Kompetition zwischen den Objekten unterliegt einem Bias (d. h. einer Priorisierung), der die Verarbeitungsrate für jedes Objekt im Wettlauf moduliert. Die TVA beinhaltet vier Prinzipien, die das Ergebnis des Kompetitionsprozesses bestimmen: exponentielle Verarbeitungsdynamik, Kompetition durch Modulation der Verarbeitungsrate, Bias durch attentionale Gewichtung und Gewichtszuordnung entsprechend der Passung mit einer (reaktionsrelevanten) Zielreizkategorie.

▪ Exponentielle Verarbeitungsdynamik

Befindet sich nur ein Objekt in einem sonst leeren visuellen Feld, so wächst die Wahrscheinlichkeit der Identifikation dieses Objekts exponentiell in Abhängigkeit von der Darbietungszeit.

M. a. W. kann die Identifikationswahrscheinlichkeit eines Objekts abhängig von der Zunahme der Präsentationszeit durch eine Exponentialfunktion dargestellt werden.

- **Kompetition durch Modulation der Verarbeitungsrate**

Befinden sich mehrere gleichzeitig zu identifizierende Objekte im Feld, so führt die entstehende Kompetition zu einer reduzierten Verarbeitungsrate für die einzelnen Objekte. Der „Verarbeitungsraten"-Parameter der Exponentialfunktion indiziert, wie rasch die Identifikation erfolgt. Nach der TVA sinken diese Parameter ab, wenn multiple Objekte darum konkurrieren, verarbeitet zu werden. TVA implementiert die Kompetition also im Sinne einer kapazitätslimitierten parallelen Verarbeitung.

- **Bias durch attentionale Gewichtung**

Der TVA zufolge wird jedem Objekt i ein Aufmerksamkeitsgewicht w_i zugeordnet. Die Basisrate der Verarbeitung jedes Objekts i (d. h. die Rate, mit der das Objekt verarbeitet wird, wenn es alleine dargeboten wird) wird mit dem Verhältnis seines eigenen Gewichts (w_i) zu der Summe der Gewichte für alle Objekte im Feld (Sw) multipliziert. Dadurch werden Objekte mit (im Vergleich zu anderen Objekten) hohem Gewicht beschleunigt verarbeitet, und zugleich produzieren sie starke Interferenz mit der Verarbeitung anderer Objekte (indem sie den Nenner der Gewichtsverhältnisse für jedes dieser Objekte erhöhen). Umgekehrt werden Objekte mit geringem Gewicht nur langsam verarbeitet, und sie produzieren nur schwache Interferenz (weil sie den Nenner der Gewichtsverhältnisse für die verschiedenen Objekte nur wenig erhöhen).

Das Gewichtsverhältnis für ein Objekt moduliert die Verarbeitung aller Merkmale dieses Objekts. Das heißt, die TVA implementiert Kompetition in einer objektbasierten Weise: Der kritische Faktor ist die relative Gewichtung der verschiedenen Objekte im Feld, nicht welche Merkmale dieser Objekte zu verarbeiten sind.

- **Gewichtszuordnung entsprechend der Passung mit einer Zielreizkategorie**

Die Aufmerksamkeitsgewichte werden in einer ersten Verarbeitungsphase „berechnet", in der jedes Objekt mit einer Menge „pertinenter", d. h. aufgabenkritischer, Zielreizkategorien abgeglichen wird. Der Pertinenzwert einer Kategorie ist also ein Maß für die aktuelle, durch die Aufgabe bestimmte „Priorität" (d. h. Bedeutsamkeit) der Beachtung von Elementen dieser Kategorie. Sind z. B. Objekte in einer bestimmten „Zeile" eines Displays, Objekte einer bestimmten Farbe oder Objekte einer bestimmten alphanumerischen Kategorie wiederzugeben, so besitzt die entsprechende Kategorie (z. B. mittlere Zeile, rote Farbe, Ziffern) eine hohe Pertinenz. In dem Maße, in dem ein Objekt einer der Zielreizkategorien ähnlich ist, wird sein Aufmerksamkeitsgewicht erhöht. (Formal ist das Gewicht eines Objektes x als die Summe, über die Menge aller visuellen Kategorien, der Produkte der sensorischen Evidenz, dass Objekt x einer bestimmten Kategorie j angehört, und der Pertinenz dieser Kategorie, definiert.)

Die TVA gestattet also Flexibilität der Selektionsregeln, indem die Pertinenzwerte aufgabenabhängig festgelegt werden können. Als Folge haben Objekte, die der Zielreizkategorie sehr unähnlich sind, nur geringes Gewicht, so dass sie nur wenig zur attentionalen Kompetition beitragen; dagegen erhalten Objekte, die dem Zielreiz ähnlich sind, hohes Gewicht und sind somit starke „Wettstreiter" im Selektionsprozess.

Etwas genauer betrachtet unterscheidet die TVA zwei Prinzipien – bzw. Phasen – der Selektion: eines für die Selektion von Elementen (als *filtering* bezeichnet) und eines für die Selektion von Kategorien (als *pigeonholing* bezeichnet). Der Filteringmechanismus wird durch die Pertinenzwerte und die attentionalen Gewichte implementiert. Sind z. B. rote Elemente auszuwählen, so wird die Pertinenz von „rot" hochgesetzt, und folglich erhalten rote Elemente hohes attentionales Gewicht. Dadurch wird die Verarbeitungsrate für rote Elemente – hinsichtlich aller Arten von Kategorisierungen – erhöht, so dass sie den Verarbeitungswettlauf wahrscheinlich gewinnen und in das visuelle Kurzzeitgedächtnis enkodiert werden. Der Pigeonholingmechanismus wird durch einen „perzeptiven Entscheidungsbias" implementiert, wobei der Biasparameter bestimmt, wie die (im Filterprozess ausgewählten) Elemente kategorisiert werden. Sind z. B. in einer sogenannten Teilberichtsaufgabe die roten Elemente nach ihrer Form zu kategorisieren (soll also die Form von so vielen roten Elementen im Feld wie möglich wiedergegeben werden), so wird der Biasparameter für die (Bericht-)Kategorie „Form" hochgesetzt.

Als komputationale Theorie gestattet die TVA genaue quantitative Anpassungen an Datensätze aus ganz unterschiedlichen Arten von Experimenten, einschließlich Daten aus Teilberichts-, visuellen Such- und vielen anderen Aufgaben. Obwohl die Theorie in ihrem Anwendungsbereich begrenzt ist (vgl. aber die Code Theory of Visual Attention (CTVA) von Logan (1996), die die TVA mit der „COntour DEtector"-Theorie der nähenbasierten perzeptiven Gruppierung von van Oeffelen und Vos (1983) verbindet und eine große Reihe von räumlichen Effekten bei der visuellen Aufmerksamkeit erklärt), konnte sie doch eine beträchtliche Menge der vorliegenden verhaltensbasierten (behavioralen) Daten zur selektiven Aufmerksamkeit passend und ökonomisch beschreiben (Bundesen 1990, 1998).

- **Speed Read**
- Die Verwendung von Methoden wie der Einzelzellableitung, der Elektroenzephalographie, der Positronenemissionstomographie oder der funktionellen Magnetresonanztomographie haben in den letzten Jahren neue Erkenntnisse zu den neurokognitiven Mechanismen der visuellen Aufmerksamkeit erbracht, jedoch auch eine Kluft zwischen verhaltensbasierten und neuronalen Erklärungsansätzen sichtbar werden lassen.
- Neurokognitiven Theorien der Aufmerksamkeit versuchen, die Kluft zwischen der verhaltensbasierten und der neuronalen Erklärungsebene zu überbrücken.
- Eine der Grundlagen der Integration bilden Untersuchungsergebnisse zur funktionalen Architektur des visuellen Systems wie etwa die Befunde quasihierarchischer Verarbeitungsstufen, spezifischer Verarbeitungspfade, wie dem dorsalen Wo- bzw. Wie-Pfad und dem ventralen Was-Pfad oder die Ergebnisse zur Größe und Funktion von rezeptiven Feldern.
- Die komputationale Theorie der visuellen Aufmerksamkeit stellt, im Rahmen der Hypothese der integrierten Kompetition, einen Ansatz dar, der darauf abzielt, sowohl verhaltensbezogene Daten als auch Ergebnisse von Untersuchungen mit neurowissenschaftlichen Methoden zu erklären. Die Kompetition einzelner Objekte um bewusste Repräsentation wird dabei durch die Verarbeitungsrate und durch die attentionale Gewichtung beeinflusst, wobei Objekten umso mehr Aufmerksamkeitsgewicht zugewiesen wird, je größer dessen Passung mit der Zielreizkategorie ist.

Neurokognitive Studien der selektiven Aufmerksamkeit

Hermann J. Müller, Joseph Krummenacher, Torsten Schubert

H. J. Müller, J. Krummenacher, T. Schubert, *Aufmerksamkeit und Handlungssteuerung,*
DOI 10.1007/978-3-642-41825-9_10, © Springer-Verlag Berlin Heidelberg 2015

Im Folgenden wird eine Reihe von kognitiv-neurowissenschaftlichen „Schlüsseluntersuchungen" zur visuellen Aufmerksamkeit diskutiert. Die Mehrzahl dieser Studien, die Selektionsprozesse mit neurowissenschaftlichen Methoden untersuchen, befassen sich mit der ortsbezogenen Aufmerksamkeit, einige mit der objektbezogenen und nur wenige mit der dimensionsbasierten Aufmerksamkeit. Entsprechend nimmt die Darstellung der Studien zur ortsbezogenen Aufmerksamkeit den größten Raum ein. Die Darstellung folgt einem methodischen Gliederungsprinzip, wobei zunächst Befunde aus Studien zu Einzelzellableitungen und ereignisrelatierten Potentialen (ERP) der mit Elektroenzephalographie (EEG) nichtinvasiv vom Schädel abgeleiteten elektrokortikalen Aktivität, dann die Befunde aus Studien mit bildgebenden Verfahren und schließlich Befunde aus neuropsychologischen Läsionsstudien referiert werden.

10.1 Ortsbezogene Aufmerksamkeit

10.1.1 Einzelzellableitungsstudien

Effekte ortsbezogener Aufmerksamkeit auf der Ebene einzelner Neuronen konnten auf verschiedenen Stufen sowohl des ventralen als auch des dorsalen visuellen Pfades nachgewiesen werden.

In einer klassischen Untersuchung von Moran und Desimone (1985) wurde der Einfluss örtlicher Aufmerksamkeitszuwendung auf das Antwortverhalten von Neuronen innerhalb des *ventralen* Systems untersucht. Vor dem Experiment wurden das rezeptive Feld des abgeleiteten Neurons und für das rezeptive Feld effektive und ineffektive Reize identifiziert. Beispielsweise zeigte das Neuron eine starke Antwort (*good response*), d. h. eine Erhöhung der Feuerrate, wenn ein roter Balken (effektiver Reiz) innerhalb des rezeptiven Feldes dargeboten wurde, wohingegen das Neuron eine schwache Antwort (*poor response*) zeigte, wenn ein grüner Balken (ineffektiver Reiz) dargeboten wurde. Die Versuchstiere waren trainiert, mit diesen Reizen einen verzögerten Abgleich eines Testreizes mit einer Vorlage (*delayed matching to sample*) durchzuführen. Dabei sollten sie eine Taste loslassen, die sie zu Beginn des Durchgangs gedrückt hielten, wenn der Testbalken die gleiche Orientierung aufwies (z. B. horizontal) wie die Vorlage, die sie kurze Zeit vorher an derselben Stelle gesehen hatten, und das Loslassen der Taste verzögern, wenn der Testreiz eine andere Orientierung hatte (z. B. vertikal) als die Vorlage. Die zentrale Bedingungsvariation lag darin, dass sich die Abgleichaufgabe entweder auf den effektiven oder den ineffektiven Reiz bezog, die beide gleichzeitig innerhalb des rezeptiven Feldes präsentiert wurden. Abgeleitet wurde aus Neuronen in den Arealen V4, IT (inferiorer temporaler Kortex) und V1. Analysiert wurde die Feuerrate der Neurone in den abgeleiteten Arealen in Abhängigkeit der experimentellen Bedingung. Die Ergebnisse waren für Neurone in V4 wie folgt: Wenn das Versuchstier die Abgleichsaufgabe für den effektiven Reiz ausführte, so zeigte das Neuron, wie erwartet, eine starke Antwort. Wenn das Versuchstier jedoch den Abgleich für den ineffektiven Reiz ausführte, so zeigte das Neuron eine schwache Antwort, obwohl sich der effektive Reiz im rezeptiven Feld des Neurons befand. Das bedeutet, dass die Zellantwort (für Neurone in V4) durch die Merkmale des aufgabenrelevanten Reizes determiniert ist; insbesondere ist die Antwort stark abgeschwächt bzw. attenuiert, wenn der ineffektive Reiz aufgabenrelevant ist, im Vergleich zur Antwort, wenn der effektive Reize aufgabenrelevant ist. Da die sensorische Stimulation mit der Präsentation des effektiven und ineffektiven Reizes immer dieselbe war, ist die Variation der Feuerrate nur durch einen Aufmerksamkeitseffekt zu erklären.

In Termini ortsbasierter Aufmerksamkeit ausgedrückt, können die Ergebnisse wie folgt beschrieben werden: Wenn das Versuchstier (innerhalb des rezeptiven Feldes) Aufmerksamkeit auf den Ort ausrichtete, an dem der effektive Reiz erschien, so zeigte das Neuron die erwartet starke Antwort. Wenn das Versuchstier jedoch Aufmerksamkeit auf den Ort des ineffektiven Reizes ausrichtete, so zeigte das Neuron eine schwache Antwort, obwohl sich der effektive Reiz im rezeptiven Feld des Neurons befand. Das bedeutet, dass die Zellantwort auf einen innerhalb eines rezeptiven Feldes (in V4) nicht attendierten Reiz stark abgeschwächt bzw. attenuiert ist. Moran und Desimone (1985) berechneten den Attenuationsindex (AI) als Maß für die Stärke der Attenuation nicht beachteter Reize, indem sie die Zellantworten auf ignorierte Reize durch die Antworten der Neurone auf dieselben, jedoch attendierten Reize, dividieren, nachdem sie die Baselinefeuerrate der Antwort auf Vorlagen und Testreize subtrahiert hatten. AI-Werte kleiner 1 zeigen eine reduzierte Reaktion an, wenn ein Reiz ignoriert wird. Der AI zeigte, dass der Attenuationseffekt der Aufmerksamkeit in V4 und im IT-Kortex, nicht aber in V1, zu beobachten war.

In einer zweiten experimentellen Bedingung wurde der effektive Reiz innerhalb und der ineffektive Reiz außerhalb des rezeptiven Feldes präsentiert. Der in dieser Bedingung beobachtete AI legt nahe, dass die Attenuation nur dann auftritt, wenn sich die beiden Reize im selben rezeptiven Feld befinden, also wenn die beiden Reize darum konkurrieren, im rezeptiven Feld repräsentiert zu werden. Insgesamt interpretierten Moran und Desimone (1985) ihre Ergebnisse in Termini eines Filtermechanismus, durch den „der Effekt des nicht attendierten Stimulus abgeschwächt wird, fast so, als hätte sich das rezeptive Feld um den attendierten Stimulus herum zusammengezogen" (S. 783).[1]

In einer folgenden Untersuchung (Luck et al. 1997) konnte eine Unterdrückung der neuronalen Reaktion auf einen nicht beachteten Reiz nicht nur in V4, sondern auch in V2 nachgewiesen werden. Des Weiteren zeigte diese Untersuchung, dass die ortsbezogene Aufmerksamkeit auch die Spontanaktivität eines Neurons beeinflussen kann: Richtete der Affe seine Aufmerksamkeit im Intervall zwischen der Präsentation eines ortsbezogenen Hinweisreizes und der des Zielreizes auf eine Position innerhalb des rezeptiven Feldes der abgeleiteten V2- und V4-Neuronen, so erhöhte sich deren Spontanaktivität um 30–40 %.

Mehrere Studien hatten zunächst nahegelegt, dass die Aktivität von V1-Neuronen nicht durch Aufmerksamkeit moduliert werden könne. Ein vermuteter Grund dafür war, dass es wegen der kleinen rezeptiven Felder der V1-Neuronen nicht möglich sei, zwei Reize innerhalb eines Feldes darzubieten. Inzwischen wurde jedoch gezeigt, dass die Aktivität einzelner Neuronen in V1 durch ortsbezogene Aufmerksamkeit moduliert werden kann, selbst wenn der beachtete und der nicht beachtete Reiz in unterschiedlichen rezeptiven Feldern liegen (z. B. Roelfsema et al. 1998). Die Modulation zeigte sich aber erst etwa 235 ms nach Reizdarbietung, obwohl die Reaktionslatenz der V1-Neuronen typischerweise bei nur etwa 30 ms liegt. Die attentionale Modulation der neuronalen Aktivität in V1 erfolgte also erst in späten Phasen der Reizverarbeitung (s. ► Kap. 12, ◘ Abb. 12.1).

Im *dorsalen* Pfad zeigten sich Aufmerksamkeitseffekte auf der Ebene einzelner Neuronen u. a. im mediotemporalen Areal (MT), im medial-superior-temporalen Areal (MST) und dem lateralen intraparietalen Areal (LIP). Neuronen in MT und MST sind an der Verarbeitung von visueller Bewegungsinformation beteiligt. Sie sind in der Regel richtungsselektiv, d. h., sie antworten bevorzugt, wenn sich ein Reiz in eine bestimmte Richtung bewegt. Das Antwortverhalten von Neuronen in MT und MST kann in ähnlicher Weise durch Aufmerksamkeit moduliert werden wie das Antwortverhalten von Neuronen des ventralen visuellen Systems. In einer Untersuchung von Treue und Maunsell (1996) wurden zwei Reize, ein effektiver und ein

---

1 „When attention is directed to one of two stimuli in the receptive field of a V4 cell, the effect of the unattended stimulus is attenuated, almost as if the receptive field has contracted around the attended stimulus" (S. 783).

Elektroenzephalographie (EEG) und ereignisrelatierte Potentiale (ERP)

Die Technik der ereignisrelatierten Potentiale (ERP),
auch als ereigniskorrelierte
Potentiale (EKP) bezeichnet,
ist ein Ansatz, elektrokortikale
Gehirnpotenziale in Form von
Elektroenzephalogrammen
(EEG) zur Untersuchung von
(u. a.) kognitiven Mechanismen
der selektiven Aufmerksamkeit
zu nutzen. Ein Stimulus, das
Ereignis, zieht systematische
Veränderungen des elektrokortikalen Potenzials nach sich, die
in der grafischen Darstellung
als Auslenkungen entweder
in die positive oder negative
Richtung sichtbar werden, und
die mit den Abkürzungen P
bzw. N gekennzeichnet werden.
Der Zeitpunkt des Auftretens
der Komponenten bezieht sich
auf den Beginn der Stimu-
lusdarbietung, wobei frühe
Komponenten hauptsächlich
Charakteristika visueller Information widerspiegeln; spätere
Auslenkungen bzw. Kompo-
nenten (rund 100–200 ms nach
Stimulusbeginn, mit P1/N1 bzw.
P2/N2 bezeichnet) reflektieren
Prozesse der attentionalen
Selektion. Analysiert werden die
maximale Auslenkung (Amplitude) sowie der Beginn (Latenz)
spezifischer Komponenten.
Relativ kleinere Amplituden
bzw. längere Latenzen weisen
auf eine reduzierte Antwort
auf einen nicht attendierten im
Vergleich zu einem attendierten
Reiz hin. EEG-basierte Verfahren
ermöglichen eine genaue
zeitliche Determinierung der
Entstehung elektrokortikaler
Aktivierung, wobei die räumliche Auflösung eher gering ist.

ineffektiver, innerhalb des RF des abgeleiteten Neurons platziert. Sollte der Affe den ineffektiven Reiz beachten, wurde die Antwort des Neurons (auf den effektiven Reiz) deutlich reduziert.

Effekte ortsbezogener Aufmerksamkeit konnten auch bei Ableitung einzelner Neuronen in LIP nachgewiesen werden (Colby und Goldberg 1999). Nahezu alle LIP-Neuronen zeigen eine Aktivitätszunahme, wenn das Versuchstier einen bestimmten Punkt fixiert und ein visueller Reiz innerhalb des rezeptiven Feldes des jeweiligen Neurons erscheint. Die Feuerrate des Neurons ist aber noch weiter erhöht, wenn der Reiz verhaltensrelevant ist. Eine erhöhte Aktivität bei Erscheinen eines visuellen Reizes zeigt sich sowohl in Aufgaben mit als auch in solchen ohne Augenbewegungen. Schließlich zeigen LIP-Neuronen auch eine erhöhte Spontanakti-vität, wenn das Erscheinen eines verhaltensrelevanten Reizes innerhalb des rezeptiven Feldes antizipiert wird.

10.1.2 Studien zu ereignisrelatierten Potentialen

In einem prototypischen Experiment, in dem die ereignisrelatierten Potentiale (ERP) des Elek-troenzephalogramms (EEG) zur Messung der Effekte ortsbezogener Aufmerksamkeit verwandt wurden (z. B. Mangun et al. 1993), wurden den Probanden visuelle Reize in schneller und zu-fälliger Reihenfolge an vier Positionen im Gesichtsfeld dargeboten. Die Probanden hatten die Aufgabe, ihre Aufmerksamkeit während eines gesamten experimentellen Blocks auf eine der vier Positionen zu richten (ohne die Augen zu bewegen) und bei Erscheinen eines Zielreizes an dieser Position so schnell wie möglich in vorgegebener Weise zu reagieren. Die Analyse der ERP zeigte, dass Reize an beachteten Positionen stärkere P1- und N1-Komponenten (s. ▶ Kas-ten „Elektroenzephalographie (EEG) und ereignisrelatierte Potentiale (ERP)") auslösen als Reize an nicht beachteten Positionen. Die ersteren Reize weisen eine Gipfellatenz von 80–110 ms auf, die Letzteren eine Latenz von 140–190 ms. Dabei treten die EKP-Effekte nicht nur bei aufgabenrelevanten Zielreizen auf, sondern auch bei irrelevanten (von den Zielreizen deutlich unterschiedlichen) Reizen, die an der beachteten Position erscheinen (Heinze et al. 1990). In Studien, die die Ableitung von ERP mit der Methode der Positronenemissionstomographie (PET) kombinierten (z. B. Heinze et al. 1994; Mangun et al. 1997), ließ sich die Modulation der P1-Komponente im posterioren Gyrus fusiformis des ventrolateralen extrastriären Kortex lokalisieren. Daraus wurde gefolgert, dass die ortsbezogene Aufmerksamkeit frühe Stufen der visuellen Verarbeitung im extrastriären Kortex modulieren kann. Da die N1-Komponente relativ weit über die posteriore wie auch die anteriore Schädeloberfläche verteilt ist, wird vermutet, dass die N1 auf der Aktivität mehrerer räumlich getrennter Generatoren beruht. Die N1-Komponente ist bei Wahlreaktionsaufgaben deutlich stärker ausgeprägt als bei einfachen Reaktionsaufgaben (Vogel und Luck 2000), was dafür spricht, dass die N1 einen Diskriminationsprozess widerspiegelt. Im Unterschied zu den P1- und N1-Komponenten wird die C1-Komponente nicht durch die Zuwendung räumlicher Aufmerksamkeit moduliert (z. B. Clark und Hillyard 1996). Die C1-Komponente hat eine Gipfellatenz von nur 50–55 ms und wird vermutlich in V1 generiert. Daraus wurde geschlossen, dass die frühe sensorische Verarbeitung im striären Kortex nicht durch ortsbezogene Aufmerksamkeit beeinflusst werden kann.

10.1.3 Bildgebende Verfahren

Mithilfe bildgebender Verfahren werden in der Kognitionsforschung Orte bzw. Areale im Gehirn lokalisiert, die im Zusammenhang mit einem bestimmten Verhalten wie etwa der Lösung einer Aufgabe erhöhte metabolische Aktivität zeigen. Unter den am häufigsten eingesetzten Verfahren sind die Positronen-Emissions-Tomographie (PET), die funktionelle Magnetresonanztomographie (fMRT) und die Magnetenzephalographie (MEG); ein weiteres Verfahren ist die Nahinfrarotspektroskopie (NIRS). In den folgenden Abschnitten werden PET- und fMRT-Studien diskutiert.

In einer Reihe grundlegender Untersuchungen mit bildgebenden Verfahren hatten die Probanden ihre Aufmerksamkeit entweder über eine längere Zeit auf eine bestimmte Position zu richten (z. B. Heinze et al. 1994; Vandenberghe et al. 1996), oder die zu beachtende Position wurde vor jedem Durchgang durch einen Hinweisreiz angezeigt (z. B. Corbetta et al. 1993; Gitelman et al. 1999). In diesen Studien fanden sich relativ konsistent Aktivierungen im posterioren parietalen Kortex (insbesondere im Sulcus intraparietalis), im superioren frontalen Kortex sowie im ventralen extrastriären Kortex. Diese Aktivierungen wurden derart interpretiert, dass superiore frontale und posteriore parietale Kortizes der Kontrolle der ortsbezogenen Aufmerksamkeit zugrunde liegen und für die Modulation der Informationsverarbeitung im ventralen visuellen System verantwortlich sind.

Da hämodynamische (*blood oxygen level-dependent*, BOLD) Reaktion in den oben genannten Untersuchungen über mehrere Sekunden oder sogar Minuten gemittelt wurden, kann ein Zusammenhang zwischen der Aktivierung bestimmter Gehirnregionen und einzelnen Aufgabenkomponenten eigentlich nicht hergestellt werden. Dies gelang aber in zwei späteren Studien, die ereignisrelatierte fMRT verwendeten, bei der die hämodynamische Reaktion auf einen einzelnen und zeitlich eng begrenzten Versuchsdurchgang bezogen werden kann (Hopfinger et al. 2000; Corbetta et al. 2000). Hopfinger et al. untersuchten, welche Gehirnregionen der Ausrichtung der ortsbezogenen Aufmerksamkeit (d. h. der attentionalen Kontrolle) zugrunde liegen und in welchen Regionen die nachfolgende selektive Verarbeitung der Reize (d. h. die attentionale Modulation) stattfindet. Hierzu wurden in einem Cueingparadigma die Veränderungen der Gehirnaktivität infolge der Darbietung eines ortsbezogenen Hinweisreizes bzw. infolge der Präsentation des Zielreizes bestimmt. Der Hinweisreiz zeigte in jedem Durchgang an, welcher von zwei Reizen beachtet werden sollte. Zu den Gehirnregionen, die durch die Darbietung des Hinweisreizes aktiviert wurden, zählen insbesondere der superiore frontale Kortex, der inferiore parietale Kortex sowie der superiore temporale Kortex. Diese Gehirnregionen scheinen folglich Teil eines Netzwerkes zu sein, das an der Kontrolle der ortsbezogenen Aufmerksamkeit betei-

Bildgebende Verfahren (PET, fMRT)

In Untersuchungen mit bildgebenden Verfahren werden Gehirnareale, die bei der Ausführung kognitiver Prozesse aktiv sind, durch Messung der Veränderungen des Blutflusses identifiziert. Die Grundlage bildgebender Verfahren ist, dass der Blutfluss und der Sauerstoffgehalt im Blut mit neuronaler Aktivität verbunden sind; Neurone in aktiven Arealen haben einen erhöhten Sauerstoffbedarf und -verbrauch. Gemessen wird also eine Veränderung des Blutflusses in Gehirnarealen bzw. der Blutsauerstoffgehalt roter Blutkörperchen in Gehirnarealen, wenn sie aktiv bzw. wenn sie nicht aktiv sind, die sogenannte hämodynamische Reaktion; man spricht auch von der blood oxygenlevel-dependent (BOLD) Reaktion des gemessenen Signals. In der Positronenemissionstomografie (PET) wird die Verteilung eines ins Blut injizierten radioaktiven Markers gemessen. In der Magnetresonanztomografie (MRT) werden bestimmte Atomkerne (Wasserstoffatomkerne, Protonen) durch ein starkes Magnetfeld resonant angeregt, d. h., ihre Ausrichtung wird verändert. Normalerweise zufällig ausgerichtete Protonen richten sich abhängig vom Magnetfeld aus und die abgegebene Energie, die bei Beendigung der Magnetstimulation entsteht, kann gemessen werden. Je mehr Atome sich in einer Region befinden, desto höher ist diese Energie. In der funktionellen Magnetresonanztomografie (fMRT) werden diese Ereignisse in Abhängigkeit von bestimmten sensorischen Ereignissen und/oder Reaktionsanforderungen gemessen. PET und fMRT ermöglichen eine relativ genaue räumliche Lokalisierung von kortikalen Arealen, wobei die zeitliche Auflösung gering ist.

ligt ist. Zu den Gehirnregionen, die durch die Darbietung der Reize aktiviert wurden, zählen u. a. der Gyrus fusiformis und der Gyrus lingualis, der ventrolaterale präfrontale Kortex, der Gyrus cinguli anterior und das supplementär-motorische Areal (SMA). Des Weiteren traten kontralaterale attentionale Aktivierungen (z. B. bei Aufmerksamkeit nach links vs. rechts) in den okzipitalen Arealen V2 bis V4 auf.

Corbetta et al. (2000) verwendeten ein experimentelles Paradigma, bei dem nicht nur die Gehirnaktivität infolge der Darbietung des ortsbezogenen Hinweisreizes bestimmt, sondern auch die Aktivität infolge der Darbietung beachteter Reize (valide Durchgänge) vs. nicht beachteter Reize (invalide Durchgänge) differenziert werden konnte. Während die Darbietung des Hinweisreizes zu einer erhöhten Aktivität im Bereich des Sulcus intraparietalis führte, wurde die rechte temporoparietale Übergangsregion durch die nachfolgende Darbietung des Zielreizes aktiviert. Die Aktivierung der temporoparietalen Übergangsregion war bei invaliden Zielreizen deutlich stärker als bei validen Zielreizen. Dies spricht dafür, dass der Sulcus intraparietalis mit der Zuwendung der Aufmerksamkeit in Zusammenhang steht, während die rechte temporoparietale Übergangsregion an der (Re-)Orientierung der Aufmerksamkeit beteiligt ist.

Lepsien und Pollmann (2002) fanden in einem ereignisrelatierten fMRT-Experiment unter Verwendung eines Cueing-Paradigmas mit peripheren Hinweisreizen differenzielle Aktivierungsmuster für attentionale Reorientierung und IOR. Als attentionale Reorientierung wurden jene Prozesse definiert, die mit der verlängerten Reaktionszeit nach invaliden Cues bei kurzem Cue-Target-SOA (100 ms) einhergehen. Die Hirnareale, die bei kurzem SOA nach invaliden Cues stärker aktiviert waren als nach validen Cues, befanden sich insbesondere im anterioren präfrontalen Kortex, d. h. im linken frontopolaren Kortex (s. a. Nobre et al. 1999) und im rechten anterioren Gyrus frontalis medius. Davon ausgehend, dass IOR durch eine zeitversetzte Inhibition der durch den Cue indizierten Position bzw. Seite entsteht, suchten Lepsien und Pollmann weiter nach Hirnarealen, die einen signifikanten Haupteffekt des Faktors SOA aufwiesen, d. h. deren Aktivierung bei validen und invaliden Cues gleichermaßen mit dem SOA anstieg (IOR für die indizierte Position sollte sich im Gehirn unabhängig davon manifestieren, ob der Cue valide ist oder invalide, obwohl Reaktionszeitkosten nur für valide Cues gemessen werden können). Ein solches Muster fand sich in den frontalen (FEF) und supplementären Augenfeldern (SEF), in Übereinstimmung mit der Vorstellung, dass okulomotorische Prozesse für IOR von zentraler Bedeutung sind.

In Einklang mit Einzelzellableitungsuntersuchungen (z. B. Roelfsema et al. 1998) konnte in neueren fMRT-Studien eine aufmerksamkeitsbedingte Modulation der Gehirnaktivität auch in V1 nachgewiesen werden. Die Untersuchung von Martinez et al. (1999), die die Ableitung von ERP mit fMRT kombinierten, konnte den vermeintlichen Widerspruch zu den Ergebnissen von EKP-Untersuchungen (s. ▶ Abschn. 10.1.2) lösen. Es zeigte sich, dass die ortsbezogene Orientierung der Aufmerksamkeit zwar zu einer erhöhten Aktivität in V1 führte, die C1-Komponente aber nicht beeinflusste. Eine plausible Erklärung dieser Befundlage könnte darin bestehen, dass die erhöhte Aktivität in V1 erst zu einem späteren Zeitpunkt durch Rückprojektionen von höheren extrastriären Arealen nach V1 hervorgerufen wird. Diese Interpretation ist u. a. mit dem Befund kompatibel, dass auch in Einzelzellableitungen eine Verstärkung der neuronalen Aktivität in V1 erst zu einem relativ späten Zeitpunkt während der Verarbeitung nachgewiesen werden konnte (Roelfsema et al. 1998).

10.1.4 Neurokognitive Untersuchung von Probanden mit Gehirnläsionen

Die Untersuchung der Auswirkung von neuronalen Läsionen in definierten Bereichen bzw. spezifischen Arealen des Gehirns auf kognitive Prozesse ermöglicht detaillierte Rückschlüsse auf die Funktionsweise des kognitiven Systems. Neurokognitive Untersuchungen von Aufmerksamkeitsprozessen stellen zusammen mit bildgebenden Verfahren eine wichtige Quelle von Informationen über die Kontrolle und die Implementierung von Aufmerksamkeitsprozessen in spezifischen Gehirnarealen und die zugrundeliegenden kortikalen Netzwerke dar.

Zwei neuropsychologische Phänomene, die mit Defiziten der ortsbezogenen Aufmerksamkeit in Zusammenhang gebracht werden, sind der unilaterale Neglect sowie das verwandte Phänomen der Extinktion (einen Überblick geben Driver und Mattingley 1998; Vallar 1998). Patienten mit *unilateralem Neglect* haben ein Problem, Reize auf der kontralateral zur Hirnschädigung liegenden Raumseite zu explorieren und zu benennen. Meist handelt es sich um eine Hirnschädigung im rechten inferioren posterioren parietalen Kortex (genauer dem temporo-parieto-okzipitalen Übergangsbereich um den Gyrus supramarginalis im inferioren parietalen Kortex, Leibovitch et al. 1998) bzw., wenn Patienten mit Gesichtsfeldausfällen systematisch ausgeschlossen werden, im rechten Gyrus temporalis superior (Karnath et al. 2001), die zu einer Vernachlässigung von Stimuli im linken visuellen Halbfeld führt. Anatomisch liegt der Gyrus temporalis superior zwischen den beiden Hauptverarbeitungspfaden visueller Information, dem (dorsalen) Wo-System im Parietallappen und dem (ventralen) Was-System im unteren Temporallappen, und erhält Input aus beiden Systemen. Man kann daher annehmen, dass hier sowohl orts- als auch objektbezogene Information verarbeitet wird. Dagegen werden Stimuli im intakten (ipsilateralen) visuellen Feld weitgehend unbeeinträchtigt verarbeitet. Bei *Extinktion* liegt ebenso eine Vernachlässigung auf der kontralateralen Seite vor, die allerdings nur auftritt, wenn sich neben einem Objekt im vernachlässigten Feld ein weiteres Objekt im intakten ipsilateralen visuellen Feld befindet. Ein einzelnes Objekt im „schlechten" visuellen Feld wird also durchaus gesehen, aber es verschwindet aus dem Bewusstsein, wenn ein weiteres Objekt im „guten" Feld erscheint. Ob Extinktion und Neglect auf eine Störung der gleichen attentionalen Mechanismen zurückgehen oder ob es sich um zwei getrennte Störungen handelt, ist umstritten. Beide Phänomene lassen sich aber als attentionale Defizite interpretieren, die sich in der „Vernachlässigung" räumlicher Information manifestieren.

Diese attentionale Interpretation stützt sich vor allem darauf, dass bei reinen Neglect- sowie Extinktionspatienten primäre sensorische Strukturen (z. B. V1) oder motorische Strukturen (z. B. M1) intakt sind und somit keine sensorischen oder motorischen Defizite vorliegen. Es wird also Information im vernachlässigten Halbfeld in den Anfangs- und Endstufen des sensomotorischen Bogens verarbeitet, aber diese Verarbeitung ist nicht ausreichend, um einen „bewussten Eindruck" zu generieren, der intentionales Handeln ermöglichen würde. Schreibt man Aufmerksamkeit eine zentrale Rolle bei der Erzeugung bewusster, handlungsfähiger Repräsentationen zu (z. B. James 1890; Bundesen 1998), so sind Neglect und Extinktion als attentionale Phänomene einzuordnen.

Des Weiteren haben u. a. Untersuchungen, in denen Paradigmen räumlicher Hinweisreize (*spatial cueing*) der Aufmerksamkeit verwendetet wurden, zum Verständnis des attentionalen Defizits bei Neglectpatienten beigetragen (z. B. Posner et al. 1984). Zum Beispiel fanden Posner et al., dass Patienten mit unilateralen Läsionen des parietalen Kortex besonders langsame Reaktionszeiten zeigten, wenn nach einem (invaliden) peripheren Cue im intakten Feld der einzelne Zielreiz im vernachlässigten Feld erschien. Posner et al. interpretierten diesen Befund als Beleg für einen defizitären Abzugsprozess (*disengagement*) der Aufmerksamkeit durch Stimuli im schlechten, d. h. vernachlässigten, Feld. In diesem Zusammenhang ist auch interessant, dass sich die Neglectsymptomatik über eine durch Hinweisreize vermittelte Orientierung der Aufmerksamkeit für kurze Zeit ganz oder zumindest teilweise kompensieren lässt (z. B. Karnath 1988). So führt die Darbietung von zusätzlichen oder auffälligen Reizen auf der kontraläsionalen Seite (*bottom-up*) zu einer deutlichen Verbesserung der Wahrnehmung. Auch die eindringliche und anhaltende verbale Instruktion, sich der zuvor vernachlässigten Seite zuzuwenden, kann als neglectreduzierender (*top-down*) Hinweisreiz wirken.

Ein neuer einflussreicher Ansatz (z. B. Desimone und Duncan 1995; Duncan et al. 1999) interpretiert dagegen Vernachlässigung als Folge eines gestörten Wettbewerbs von „Objekten" im vernachlässigten Feld um Aufmerksamkeit (s. ▶ Abschn. 12.1).

10.2   Objektbezogene Aufmerksamkeit

10.2.1   Einzelzellableitungsstudien

Einige Ergebnisse der oben erwähnten Einzelzellableitungsstudie von Roelfsema et al. (1998) lassen sich auch im Sinne objektbezogener Aufmerksamkeit interpretieren. Roelfsema et al. boten einem Versuchstier in einem Durchgang zwei Kreise und zwei Kurven dar. Einer der Kreise war durch eine Kurve mit dem Fixationspunkt verbunden (die mit dem anderen Kreis verbundene Kurve dagegen ging nicht vom Fixationspunkt aus). Die Aufmerksamkeit des Affen wurde auf die mit dem Fixationspunkt verbundene Kurve gelenkt, indem er instruiert wurde, eine Augenbewegung zu dem mit dieser Kurve verbundenen Kreis zu machen. Die abgeleiteten V1-Neuronen zeigten eine verstärkte Reaktion, wenn Segmente der beachteten Kurve in ihrem rezeptiven Feld lagen, selbst wenn sich die beiden Kurven kreuzten (d. h. wenn sie sich als Objekte überlagerten). Dies kann als Beleg für die Vorstellung gewertet werden, dass Aufmerksamkeit einer objektartigen Gruppierung von basalen Figurelementen zugewiesen wird (z. B. Duncan 1984). Konsistent damit zeigte sich die Verstärkung der neuronalen Aktivität erst etwa 235 ms nach Reizdarbietung, was darauf hinweist, dass sie durch Rückprojektionen von höheren – Objekt-„berechnenden" – visuellen Arealen innerhalb des ventralen visuellen Pfades vermittelt wird.

Tatsächlich konnten objektbezogene Aufmerksamkeitseffekte auf Einzelzellebene auch für diese höheren Stufen, insbesondere den inferioren temporalen (IT) Kortex, nachgewiesen werden (z. B. Chelazzi et al. 1993). Chelazzi et al. boten einem Affen zu Beginn eines Versuchsdurchgangs einen komplexen Reiz kurzzeitig als Suchvorlage, d. h. als nachher zu entdeckenden Zielreiz, dar. Nach einer Verzögerung im Sekundenbereich wurde das Suchdisplay präsentiert, das aus einem (der vorher gezeigten Suchvorlage entsprechenden) Zielreiz und einem Distraktorreiz bestand. Der Affe sollte eine Sakkade zu dem Zielreiz ausführen. Je nach Durchgang war entweder der Zielreiz oder der Distraktorreiz ein für die abgeleitete IT-Zelle effektiver Reiz. Im Intervall zwischen der Präsentation der Suchvorlage und der des Suchdisplays war die Spontanaktivität von Zellen, für die die Suchvorlage der effektive Reiz war, erhöht. Unmittelbar nach Präsentation des Suchdisplays zeigte sich zunächst ein genereller Anstieg der neuronalen Aktivität im IT Kortex, sowohl für Zellen, für die der Zielreiz der effektive Reiz war, als auch für Zellen, für die der Distraktorreiz der effektive Reiz war. Nach etwa 175 ms, also 100–125 ms bevor die Augenbewegung erfolgte, wurde jedoch die Aktivität der Neuronen reduziert, wenn für sie der Distraktorreiz der ineffektive Reiz war (d. h., wenn der für sie effektive Reiz nicht das Sakkadenziel war). War hingegen der Zielreiz der effektive Reiz, stieg die Feuerrate weiter an. Dieses Muster kann so gedeutet werden, dass zumindest dann, wenn die Zielreizposition nicht von vornherein bekannt ist, komplexe neuronale Repräsentationen sowohl für Zielreiz- als auch für Distraktorreiz-„Objekte" parallel aktiviert werden und um attentionale Selektion (d. h. Zugang zum visuellen Arbeitsgedächtnis) konkurrieren. Aufgrund eines Vorlage-basierten (*template-based*) *Top-down-Bias* (der in der erhöhten Spontanaktivität der auf die Suchvorlage ansprechenden Neuronen zum Ausdruck kommt) gewinnen diejenigen Neuronen die Konkurrenz, für die der Zielreiz der effektive Reiz ist (z. B. Duncan und Humphreys 1989; Bundesen 1990).

10.2.2 Bildgebende Verfahren

In einer fMRT-Untersuchung von O'Craven et al. (1999) wurde die Hypothese überprüft, dass die attentionale Selektion eines bestimmten Merkmals eines Objekts automatisch zur Selektion der anderen Objektmerkmale führt. In der Untersuchung von O'Craven et al. betrachteten die Probanden Stimuli, die aus sich überlagernden, transparenten Bildern eines Gesichtes und eines Hauses bestanden, wobei sich entweder das Haus oder das Gesicht bewegte. Die Probanden sollten ihre Aufmerksamkeit entweder auf das Haus, das Gesicht oder auf die Bewegung richten. Mittels fMRT wurden Veränderungen der Aktivität in drei Gehirnregionen bestimmt: Erstens in einer Region des Gyrus fusiformis, die bevorzugt auf die Darbietung von Gesichtern reagiert (daher auch als *fusiform face area* bezeichnet); zweitens in einer Region des Gyrus parahippocampalis, die bevorzugt auf die Darbietung von Häusern reagiert (*parahippocampal place area*); drittens in den MT-/MST-Arealen, einer Region, die bevorzugt auf Bewegung reagiert. Es zeigte sich, dass die Zuwendung der Aufmerksamkeit zu einem bestimmten Merkmal nicht nur zur Aktivierung der neuronalen Repräsentation dieses Merkmals führt, sondern zugleich auch zur Aktivierung der neuronalen Repräsentation des anderen Merkmals des gleichen Objekts. Sollten die Probanden z. B. auf die Bewegung achten, und bewegte sich das Gesicht, so zeigte sich eine erhöhte Aktivität sowohl in MT/MST als auch im Bereich des Gyrus fusiformis. Bewegte sich hingegen das Haus, so führte die Beachtung der Bewegung nicht nur zu einer erhöhten Aktivierung in MT/MST, sondern auch zu einer Aktivitätserhöhung im Bereich des Gyrus hippocampalis. Die Untersuchung von O'Craven et al. unterstützt somit die Annahme, dass Objekte als „Gesamtheit" selektiert werden, selbst wenn nur ein einzelnes Merkmal des Objekts aufgabenrelevant ist.

10.2.3 **Neurokognitive Läsionsstudien**

Während Befunde aus Cueingexperimenten zu der Vorstellung führten, dass Neglect einen gestörten Abzugsprozess der ortsbezogenen Aufmerksamkeit durch Stimuli im vernachlässigten Feld reflektiert (Posner et al. 1984), wird der Befund neuerdings eher als Folge eines gestörten Wettbewerbs von „Objekten" im vernachlässigten Feld um Aufmerksamkeit interpretiert (Duncan 1996; Duncan et al. 1999). Diese Interpretation stützt sich vor allem auf Studien zur visuellen Suche (z. B. Eglin et al. 1989). Wurden die Suchdisplays entweder im intakten oder im vernachlässigten Halbfeld dargeboten, so lagen die Suchleistungen auf ähnlichem Niveau. Wurde jedoch ein Suchdisplay dargeboten, das sich über das intakte und vernachlässigte visuelle Halbfeld erstreckte, so wurden Zielreize im vernachlässigten Feld deutlich langsamer entdeckt als Zielreize im intakten Feld. Dieser Befund spricht dafür, dass Objekte im vernachlässigten Feld benachteiligt sind im Wettbewerb um die Zuwendung von Aufmerksamkeit gegenüber Objekten im intakten Feld. In einer Studie von Duncan et al. (1999) erhielten Patienten mit Läsionen im inferioren parietalen Kortex die Aufgabe, entweder alle Buchstaben in einem kurzzeitig dargebotenen Display zu nennen (Ganzbericht) oder nur Buchstaben einer bestimmten Farbe zu nennen und Buchstaben in einer anderen Farbe zu ignorieren (Teilbericht). Die Ergebnisse wurden im Rahmen von Bundesens TVA (s. ▶ Abschn. 9.2) analysiert. Für die Patienten zeigte sich eine bilaterale Verschlechterung der Verarbeitungsrate, eine Reduktion der attentionalen „Gewichte" für das vernachlässigte Feld sowie überraschenderweise keine Beeinträchtigung der *Top-down*-Kontrolle attentionaler Prozesse, d. h. kein Unterschied in der Fähigkeit, Zielreize im Vergleich zu Distraktoren priorisiert zu verarbeiten.

Mit einer objektbasierten Konzeption von Neglect sind auch experimentelle Studien konsistent, die nahelegen, dass Stimuli im vernachlässigten Feld nicht nur bis zur frühen sensorischen Ebene verarbeitet werden, sondern sogar bis zur semantischen („Objekt"-)Klassifikation, die freilich nicht bewusst wird (Driver und Mattingley 1998). Zum Beispiel boten McGlinchey-Berroth et al. (1993) Neglectpatienten zu Beginn eines Durchgangs kurzzeitig zwei Umrisszeichnungen als *Primestimulus*[2] dar. Als Primestimuli wurden die Zeichnung eines sinnvollen Objekts (z. B. eines Apfels oder einer Gitarre) im vernachlässigten linken Feld und die eines bedeutungslosen Linienmusters gleicher Größe im rechten Feld dargeboten. Die Patienten hatten ein kurz danach zentral dargebotenes Wort (z. B. „Bauernhof") so schnell wie möglich zu lesen. Gemessen wurde die Reaktionszeit auf dieses Wort in Abhängigkeit von der semantischen Beziehung zur Primezeichnung im vernachlässigten Feld. Es zeigte sich ein klarer semantischer Primingeffekt der Zeichnung im „schlechten" Feld, d. h. bei semantisch relatierten *primes* war die Reaktionszeit schneller als bei nichtrelatierten *primes*. In einem Kontrollexperiment wurde gezeigt, dass die Zeichnungen im vernachlässigten Feld nicht wiedergegeben werden konnten.

Schließlich spricht für eine objektbezogene Konzeption von Neglect, dass sich die Störung auch in objektzentrierter Form äußern kann. Das heißt, neben der Vernachlässigung von Objekten im kontraläsionalen Feld findet man auch eine auf das einzelne Objekt bezogene Störung (z. B. Behrmann und Tipper 1999; Driver 1999). Konzentriert sich ein Neglectpatient auf ein bestimmtes Objekt, nachdem er es irgendwo in seinem intakten Feld gefunden hat, kann es zu einer Vernachlässigung der kontralateralen Seite (z. B. relativ zur Hauptachse) dieses Objekts

---

2   Als Prime wird ein Stimulus bezeichnet, der vor der Präsentation eines Zielreizes dargeboten wird. Primes können Wörter (semantischer Prime) oder Objekte (visueller Prime) sein. Primes beschleunigen die Verarbeitung assoziierter Stimuli durch Voraktivierung.

kommen, obwohl sich diese kontralaterale Objektseite in dem von ihm ja eigentlich beachteten Teil des Feldes befindet.

Bei der objekt- und der raumzentrierten Vernachlässigung handelt es sich nicht um zwei unterschiedliche Störungen. Je nachdem, ob sich ein Neglectpatient gerade auf den ihn umgebenden Raum oder auf ein einzelnes, dort lokalisiertes Objekt konzentriert, manifestiert sich die kontralaterale Vernachlässigung entweder als raum- oder als objektzentriert (Karnath und Niemeier 2002).

Ein weiteres neuropsychologisches Phänomen, das für objektbasierte Aufmerksamkeit spricht, ist die Simultanagnosie, die häufig im Rahmen des Balint-Syndroms infolge eines bilateralen Hirnschadens auftritt (Rafal 1997; Robertson und Rafal 2000). Simultanagnosie bedeutet, dass der Patient nur ein oder zwei Objekte zu einer Zeit bewusst wahrnimmt.

10.3 Merkmals- und dimensionsbezogene Aufmerksamkeit

10.3.1 Einzelzellableitungsstudien

Wie bereits berichtet (s. ▶ Abschn. 10.1.1) konnten Treue und Maunsell (1996) zeigen, dass das Antwortverhalten von bewegungsrichtungssensitiven Neuronen in den Arealen MT und MST durch ortsbezogene Aufmerksamkeit moduliert werden kann: Bewegte sich ein Reiz im rezeptiven Feld einer abgeleiteten Zelle in deren Vorzugsrichtung und ein zweiter Reiz in die Gegenrichtung, so war die Antwort des Neurons auf den effektiven Reiz reduziert, wenn der Affe den ineffektiven Reiz beachtete. Interessanterweise zeigte sich ein – wenn auch verminderter – attentionaler Modulationseffekt in der Neuronenantwort selbst dann, wenn der zu beachtende Reiz außerhalb des rezeptiven Feldes der gemessenen Zelle dargeboten wurde. Ähnliche Befunde wurden auch für farben- und luminanzsensitive Neurone in V4 berichtet (Motter 1994a, 1994b). Diese Befunde weisen auf die Möglichkeit hin, dass die attentionale Einstellung auf einen Merkmalswert innerhalb einer Dimension parallel (über das ganze Feld) zu einer reduzierten Sensitivität für nicht beachtete Merkmalswerte innerhalb der gleichen Dimension führen kann.

10.3.2 Untersuchung ereignisrelatierter Potentiale

Eine attentionale Modulation früher EKP-Komponenten findet sich in Untersuchungen der ortsbezogenen Aufmerksamkeit (s. ▶ Abschn. 10.1.2), nicht jedoch in Untersuchungen, in denen die Probanden ihre Aufmerksamkeit auf nichträumliche Attribute von Reizen wie z. B. deren Farbe richten sollen (wobei die Reize an der gleichen Position dargeboten werden). Bei solchen Aufgaben zeigen sich typischerweise späte Aufmerksamkeitseffekte: Visuelle Reize, die aufgrund nichträumlicher Attribute beachtet werden, lösen eine stärkere Negativierung aus, die etwa nach 140–190 ms beginnt und bis etwa 300 ms nach Beginn der Reizdarbietung anhält (z. B. Harter und Previc 1978; Previc und Harter 1982; Wijers et al. 1989). Diese Negativierung unterscheidet sich deutlich von der phasischen P1- und N1-Modulation, die durch die Zuwendung der ortsbezogenen Aufmerksamkeit hervorgerufen wird. Es wurde gefolgert, dass die Selektion visueller Reize aufgrund ihrer räumlichen Position im Vergleich zur Selektion aufgrund von nichträumlichen Merkmalen auf qualitativ unterschiedlichen neuronalen Mechanismen beruht (z. B. Hillyard et al. 1996; Hillyard und Anllo-Vento 1998).

10.3.3 **Bildgebende Verfahren**

Auch Untersuchungen mit bildgebenden Verfahren haben gezeigt, dass die Aktivität umschriebener Regionen des visuellen Systems nicht nur durch ortsbezogene, sondern auch durch nichträumliche – dimensionsbasierte – Einstellung der Aufmerksamkeit moduliert werden kann. Zum Beispiel hatten die Probanden in einer PET-Studie von Corbetta et al. (1991) in einem Suchdisplay einen Pop-out-Zielreiz unter zwei Suchbedingungen zu finden: „ungeteilte Aufmerksamkeit" und „geteilte Aufmerksamkeit". Corbetta et al. stellten fest, dass, wenn die Probanden ihre Aufmerksamkeit konsistent einer einzelnen Dimension (ungeteilte Aufmerksamkeit) zuweisen konnten, der Blutfluss zu den aufgabenrelevanten kortikalen Arealen (z. B. V5 im Falle von Bewegung) im Vergleich zur Bedingung geteilter Aufmerksamkeit erhöht war. Interessanterweise involvierte letztere Bedingung auch eine erhöhte Aktivierung im dorsolateralen präfrontalen Kortex (*dorsolateral prefrontal cortex*) verbunden mit einer Aktivierung des anterioren cingulären Kortex (*anterior cinculate cortex*).

Pollmann et al. (2000, 2006) konnten diese Ergebnisse in einer fMRT-Studie bestätigen und erweitern. Pollmann et al. analysierten ereignisrelatierte Aktivierungsänderungen, die mit Wechseln in der zielreizdefinierenden Dimension, insbesondere von Farbe nach Bewegung und umgekehrt, einhergingen. Wechsel in der Zielreizdimension (nicht aber im Zielreizmerkmal innerhalb einer konstanten Dimension) führten zu erhöhter Aktivierung in einem frontoposterioren Netzwerk, bestehend aus dem linken frontopolaren Kortex, den Gyri frontales inferiores, höheren visuellen Arealen im parietalen und temporalen Kortex sowie dorsalen okzipitalen Arealen. Wenn attentionales Gewicht auf eine neue Dimension verlagert wurde, erhöhte sich die Aktivation in denjenigen visuellen Arealen, die an der Verarbeitung von Merkmalen dieser Dimension beteiligt sind (s. a. Corbetta et al. 1991). Pollmann et al. vermuteten, dass der frontopolare Kortex an der Kontrolle attentionaler Gewichtsverlagerungen beteiligt ist und dass die Gyri frontales inferiores sowie höhere parietale und temporale Areale die attentionale Gewichtung durch Modulation von extrastriären visuellen Arealen, die Merkmale der neuen Zielreizdimension verarbeiten, realisieren.

Eine weitere frontale Struktur, die in Suchblöcken mit Dimensionswechseln erhöhte Aktivation aufwies, fand sich in der frontomedianen Wand des anterioren cingulären Kortex. Jedoch zeigte der anteriore cinguläre Kortex tonisch erhöhte Aktivation während des ganzen Suchblocks, unabhängig davon, ob sich in einem Durchgang ein Dimensionswechsel ereignete oder nicht. Dagegen war die frontopolare Aktivation bei einem Dimensionswechsel phasisch erhöht. Pollmann et al. interpretierten dieses Muster derart, dass sie zwei distinkte Kontrollmechanismen annahmen: Die Aktivation im anterioren cingulären Kortex kann als überdauernder Zustand angesehen werden, der es ermöglicht, attentionales Gewicht zwischen relevanten Merkmalsdimensionen zu verschieben (*enabling-set*), wohingegen der frontopolare Kortex die eigentliche Verlagerung von Aufmerksamkeitsgewicht steuert. Weidner et al. (2002) konnten freilich zeigen, dass dann, wenn die Gewichtsverlagerung bewusste Top-down-Kontrolle erfordert (d. h. in einer Konjunktionssuche), mediale Gebiete des rechten Gyrus frontalis superior sowie bilaterale Regionen im prägenualen anterioren cingulären Kortex phasisch, d. h. dimensionswechselbezogen, aktiviert werden. Weidner et al. nahmen an, dass der laterale frontopolare Kortex ein schnelles, durch Reize ausgelöstes Umschalten zwischen den bereits spezifizierten dimensionalen Alternativeinstellungen übernimmt, während der mediale präfrontale Kortex für die Top-down-Spezifikation der Alternativeinstellungen verantwortlich ist.

Neurophysiologische Wirkung von Aufmerksamkeit

Eine wichtige Frage ist, wie die ortsspezifische und die merkmalsspezifische Einstellung der Aufmerksamkeit auf der Ebene neuronaler Verarbeitung überhaupt funktioniert (s. Anton-Erxleben und Carrasco 2013, sowie Carrasco 2011 für aktuelle Übersichten über relevante Befunde).

Im Zusammenhang mit ortsspezifischer Einstellung oder „Tuning" (spatial tuning) sind zwei Mechanismen zu nennen: räumliche Verschiebungen (shifts) im Profil der rezeptiven Felder (RF) von merkmalskodierenden Zellen, d. h. Verschiebung des RF-Zentrums auf einen attendierten Stimulus hin, sowie die Kontraktion (shrinkage) der RF auf den Fokus der Aufmerksamkeit. Räumliche Verschiebungen im RF-Profil von Zellen – d. h. Verschiebung des RF-Zentrums auf einen attendierten Stimulus hin – wurden sowohl im ventralen als auch im dorsalen Verarbeitungspfad beobachtet (V4: z. B. Connor et al. 1997; MT: Womelsdorf et al. 2006; LIP: Hamed et al. 2002), wobei sich die Größenordnung dieser Verschiebungen im Bereich von ca. 10 % bis 25 % des RF-Durchmessers (1°–3° Sehwinkel) bewegten. Solche Verschiebungen haben weitreichende Wirkung; d. h. sie sind selbst dann noch messbar, wenn der attentionale Fokus und das RF in unterschiedlichen visuellen Halbfeldern liegen, wobei der Effekt jedoch mit zunehmender Distanz zwischen dem attendierten Stimulus und der RF-Position abnimmt. Solche Verschiebungen des RF-Zentrums können auch mit einer Expansion (anstatt einer Kontraktion) des RF gegenüber einer Neutralbedingung einhergehen, und zwar dann, wenn Aufmerksamkeit auf einen Stimulus in der Nähe, anstatt

eines Stimulus innerhalb, des RF gerichtet wird (z. B. Womelsdorf et al. 2006). Während solche Verschiebungen die behaviorale Leistung generell steigern würden, würde die Kontraktion von RF die Leistung in bestimmten, hohe räumliche Auflösung erfordernden Aufgaben zusätzlich erhöhen, und zwar durch eine Reduktion der Filtergröße und somit der Größe des (Informations-)Integrationsbereichs. Es ist anzunehmen, dass die Größe des Integrationsbereichs kritisch ist für beispielsweise die Leistung in visuellen Such- (s. ► Kap. 5) und sogenannten „Crowding"-Aufgaben (z. B. Yeshurun und Rashal 2010; Pelli 2008), für die es essentiell ist, einen Zielreiz unter nahe gelegenen (also eine dichte Menge, d. h. eine „crowd", bildenden) Distraktoren zu isolieren, wobei vermutlich ein systematischer Zusammenhang besteht zwischen dem psychophysischen Integrationsbereich und der Größe visueller RF (d. h. dem physiologischen Integrationsbereich). Zusammen genommen führt also die Kombination von Shifts mit dem Schrumpfen von RF dazu, dass erstens mehr und zweitens kleinere RF den Fokus der Aufmerksamkeit repräsentieren, was das räumliche Auflösungsvermögen erhöht. Während es also gute neurophysiologische Evidenz dafür gibt, dass die Zuweisung (ortsbezogener) Aufmerksamkeit an einen Ort im visuellen Feld die Profile von RF im Sinne eines „räumlichen Tunings" beeinflusst, gibt es keine Evidenz dafür, dass ortsbezogene Aufmerksamkeit an sich auch zu einer Änderung der sogenannten Tuningkurven für Stimulusmerkmale wie Orientierung und Ortsfrequenz oder Bewegungsrichtung führt (Treue und

Maunsell 1999; McAdams und Maunsell 1999). Im Gegensatz dazu führt Ausrichtung der (merkmalsbezogenen) Aufmerksamkeit (McAdams und Maunsell 1999; Martinez-Trujillo und Treue 2004; Treue und Martinez-Trujillo 1999) auf ein bestimmtes Stimulusmerkmal zu einer Attraktion, d. h. Schärfung, der Tuningkurven auf das attendierte Merkmal hin (z. B. David et al. 2008). Unter einer Tuningkurve versteht man die Aktivität einer Population neuronaler Merkmalsdetektoren mit örtlich koinzidenten RF (z. B. Bewegungsdetektoren, die für unterschiedliche Richtungen am selben Ort im Feld sensitiv sind) in Abhängigkeit des Merkmalswertes, den ein sich in ihrem RF befindlicher Stimulus (z. B. ein sich nach rechts bewegender Stimulus) einnimmt. Dieser Stimulus spricht „passende" Detektoren (d. h. Detektoren für Bewegung nach rechts) maximal an, während weniger passende Detektoren (z. B. solche für Bewegung nach rechts oben oder rechts unten) mit zunehmender Distanz vom optimalen Merkmalswert (rechts) immer weniger aktiviert werden. Von einer Schärfung der Tuningkurve spricht man dann, wenn diese Aktivitätsfunktion auf das passende Merkmal zusammenschrumpft. In dem gewählten Beispiel würde Aufmerksamkeit auf Bewegung nach rechts also die Aktivität der entsprechenden Detektorpopulation derart schärfen, dass diese weniger stark auf von direkt „nach rechts" abweichende Richtungen, wie Bewegung nach rechts oben oder rechts unten, reagiert (d. h. die Aktivität unpassender Detektoren wird unterdrückt). [Eine Schärfung der Tuningkurve kann auch

Neurophysiologische Wirkung von Aufmerksamkeit (Fortsetzung)

mit einer erhöhten Reaktion auf Bewegung in die optimale Richtung gekoppelt sein. D. h. durch einen multiplikativen „Gain"-Kontrollmechanismus wird die Populationsreaktion der Detektoren (zusätzlich) um einen konstanten Faktor verstärkt, wodurch die Aktivität spezifischer Detektoren umso mehr ansteigt, je sensitiver sie für das attendierte Stimulusmerkmal sind.] Auf diese Weise würde die merkmalsbezogene Aufmerksamkeit also das Auflösungsvermögen im Merkmalsraum erhöhen.
Psychophysische Befunde – basierend auf Paradigmen, die die Sensitivität für ein in Rauschen eingebettetes Signal als Funktion der Stärke des Rauschens messen (Baldassi und

Verghese 2005; Ling et al. 2009) – sind mit der Einzelzell-Evidenz konsistent: Ortsbezogene (endogene) Aufmerksamkeit beeinflusst die Gesamtreaktion der Detektorpopulation in der Art eines „Gain"-Mechanismus, der die Aktivität über alle Detektoren multiplikativ verstärkt. Merkmalsbezogene Aufmerksamkeit wird dagegen durch einen Tuning-Mechanismus auf Populationsniveau vermittelt (evtl. gekoppelt einem Gain-Mechanismus, Ling et al. 2009). Insgesamt ist festzuhalten, dass Adaptationen von rezeptiven Feldern – Kontraktion um eine attendierte Position innerhalb, Expansion auf eine attendierte Position außerhalb des RF – die Repräsentation visueller Information dadurch beeinflussen

können, dass sie den attendierten Stimulus in den exzitatorischen Teil des RF bringen und somit dessen Einfluss auf die neuronale Aktivität erhöhen. Auf diese Weise verbessert Aufmerksamkeit die Repräsentation attendierter Stimuli auf Kosten von Stimuli außerhalb des Aufmerksamkeitsfokus. Davon ausgehend, dass diese Effekte mit aufsteigender Ebene in der visuellen Hierarchie größer werden, würde sich die Repräsentation visueller Information zunehmend von einer relativ neutralen Abbildung der visuellen Welt, (d. h. einer Abbildung ohne Bias), in eine solche ändern, die vorwiegend attendierte Information repräsentiert (z. B. Treue 2003).

10

- **Speed Read**
- Neurokognitive Ansätze untersuchen die Funktionen der selektiven visuellen Aufmerksamkeit auf vier verschiedenen Ebenen: mithilfe von Beobachtungen der Feuerrate einzelner Neurone der Einzelzellebene; mithilfe von ereignisrelatierten Potentialen des Elektronenzephalogramms (Psychophysiologie) und Verfahren der funktionellen Bildgebung (PET, fMRT) auf der Ebene von Zellverbänden. Dabei werden mit psychophysiologischen Ansätzen hauptsächlich zeitliche (Zeitpunkt des Entstehens und der Modulation elektrokortikaler Potentialänderungen) und mit tomographischen Ansätzen hauptsächlich räumliche Charakteristika (aktivierte Areale) der neuronalen Grundlage der Aufmerksamkeitsmechanismen analysiert.
- Eine weitere Quelle für das Verstehen der neurokognitiven Mechanismen der selektiven Aufmerksamkeit liegt in der Untersuchung von Patienten mit spezifischen neurokognitiven Beeinträchtigungen, d. h. von Patienten mit spezifischen Aufmerksamkeitsstörungen und spezifischen Gehirnläsionen.
- Untersuchungen haben neuronale Korrelate orts-, objekt- und merkmals- bzw. dimensionsbezogener selektiver Aufmerksamkeit gefunden.
- Einzelzellstudien konnten zeigen, dass die Größe von rezeptiven Feldern durch Aufmerksamkeit moduliert werden kann, dass Aufmerksamkeit einer objektartigen Gruppierung von Figurelementen zugewiesen werden kann, und dass z. B. bewegungssensitive, aber auch farb- und luminanzsensitive Neurone durch Aufmerksamkeit moduliert werden können.
- Studien zu ereignisrelatierten Potentialen zeigten, dass Reize an beachteten Displaypositionen zu stärkeren Aktivierungen früher Komponenten (P1, N1) führen als nichtbeachtete Reize; Modulationen von ereignisrelatierten Potentialen zeigen, dass visuelle Reize, die auf Basis nichträumlicher visueller Merkmale selektiert werden, eine stärkere Negati-

vierung auslösen, die nach rund 140–190 ms beginnt und bis 300 ms nach Reizbeginn fortdauert.

▬ Bildgebende Verfahren legen nahe, dass die ortsbasierte Aufmerksamkeit durch superior frontale und posterior parietale kortikale Areale kontrolliert werden und eine Modulation der visuellen Verarbeitung bewirken. Studien mit Hinweisreizen zeigten, dass der Hinweisreiz den superioren frontalen Kortex, den inferioren parietalen Kortex und den superioren temporalen Kortex aktivieren; diese Areale scheinen Teil eines Netzwerks zu sein, dass die ortsbezogene Aufmerksamkeit kontrolliert. Untersuchungen mit bildgebenden Verfahren zeigten auch, dass Objekte als Gesamtheit ihrer Merkmale selektiert werden, selbst dann, wenn nur ein bestimmtes Merkmal für die Lösung einer Aufgabe relevant ist. Weiter zeigen Bildgebungsstudien, dass der Wechsel zwischen den Merkmalsdimensionen, die einen Zielreiz definieren, über Versuchsdurchgänge hinweg im Vergleich zu Wiederholungen der Dimension zu erhöhter Aktivierung in einem frontoposterioren Netzwerk führen.

▬ Das frontopolare Netzwerk besteht aus dem linken frontopolaren Kortex, den Gyri frontales inferiores, höheren visuellen Arealen im parietalen und temporalen Kortex, sowie dorsalen okzipitalen Arealen. Der frontopolare Kortex ist an der Kontrolle beteiligt und die Gyri frontales inferiores und die höheren parietalen und temporalen Areale an der Modulation von extrastriären Arealen, in denen Merkmale verarbeitet werden.

▬ Patienten mit unilateralem Neglect haben ein Problem, Reize auf der kontralateral zur Hirnschädigung liegenden Raumseite zu explorieren und zu benennen. Bei Extinktion liegt ebenso eine Vernachlässigung auf der kontralateralen Seite vor, die allerdings nur auftritt, wenn sich neben einem Objekt im vernachlässigten Feld ein weiteres Objekt im intakten ipsilateralen visuellen Feld befindet. Beide Phänomene lassen sich als attentionale Defizite interpretieren.

Aufmerksamkeitsnetzwerke im Gehirn

Hermann J. Müller, Joseph Krummenacher, Torsten Schubert

H. J. Müller, J. Krummenacher, T. Schubert, *Aufmerksamkeit und Handlungssteuerung,*
DOI 10.1007/978-3-642-41825-9_11, © Springer-Verlag Berlin Heidelberg 2015

Die in den vorangegangenen Abschnitten dargestellten Befunde ergeben ein Bild davon, wo und wann im Gehirn mit visueller Aufmerksamkeit verbundene Effekte nachweisbar sind. So zeigen Neurone im visuellen Kortex Modulationen, die ihre Rolle bei der attentionalen Selektion von Eingangsreizen belegen. Allerdings ist der visuelle Kortex mehr als das Ziel attentionaler Kontrolle zu betrachten als deren Quelle (s. z. B. LaBerge 1995; Serences und Yantis 2006). Basierend auf der Forschung über die vergangenen 20 bis 30 Jahre hat sich ein relativ kohärentes Verständnis davon herauskristallisiert, welche Gehirnregionen und Netzwerke für die Steuerung visueller Aufmerksamkeit verantwortlich sind. Am konsistentesten ist das Bild für die Steuerung ortsbasierter Aufmerksamkeit, die (neben merkmals- bzw. dimensionsbasierten Mechanismen) auch eine zentrale Rolle in der visuellen Suche spielt. Das der ortsbasierten Selektion zugrundeliegende „Orientierungsnetzwerk", das verschiedene subkortikale und kortikale Strukturen umfasst, soll im Folgenden eingehender dargestellt werden (einen exzellenten und aktuellen Überblick, an dem sich die vorliegende Darstellung orientiert, geben Wright und Ward 2008).

11.1 Subkortikale Aufmerksamkeitsmechanismen

Mehrere subkortikale Areale spielen eine Rolle bei der Aufmerksamkeitsorientierung. Neben dem (die kortikale Verarbeitung generell modulierenden) aufsteigenden retikulären Aktivierungssystem (ARAS) sind dies v. a. die Colliculi superiores (CS), die gemeinsam mit den frontalen Augenfeldern (*frontal eye fields*, FEF) des Kortex arbeiten, sowie dem Pulvinar, einem großen Kerngebiet im Thalamus.

11.1.1 Thalamus und Formatio reticularis

Im Thalamus befindet sich die erste Relaisstation der von den Augen kommenden Neurone des Sehnervs zu den primären kortikalen visuellen Arealen im Okzipitallappen und zu subkortikalen Neuronenkernen (◘ Abb. 11.1 zeigt die Lage des Thalamus und ◘ Abb. 11.2 die neuronalen Verbindungen im Bereich des Thalamus). Crick (1984) formulierte die Hypothese, dass der Thalamus eine Rolle bei der Gewichtung der Stärke neuronaler Signale spielen könnte. Er schlug vor, dass eine ortsbasierte Selektion bzw. eine Priorisierung von Informationen durch eine Interaktion von Nervenzellen in verschiedenen Kerngebieten des Thalamus vermittelt wird. McAlonan et al. (2008) haben mehr als dreißig Jahre nach Cricks Hypothese nachweisen können, dass eine solche Modulation im Thalamus tatsächlich stattfindet.

McAlonan und Kollegen präsentierten Makaken verschiedene Lichtreize in der Peripherie und im Zentrum des Gesichtsfeldes. Die Affen sollten den Blick auf den Reiz in der Peripherie wenden, der gleich war wie der im Zentrum gezeigte Reiz. Die Analyse der Aktivität von einzelnen Nervenzellen im Thalamus zeigte, dass Nervenzellen im seitlichen Kniehöcker (Corpus geniculatum laterale, CGL) rund 50 ms nach der Präsentation eines visuellen Stimulus aktiviert werden. Dieses Signal fällt deutlich stärker aus, wenn die Aufmerksamkeit auf das präsentierte Objekt gelenkt wird. McAlonan und Kollegen konnten zeigen, dass diese attentionale Modulation durch eine Interaktion mit Nervenzellen in einer dem seitlichen Kniehöcker benachbarten Struktur zustande kommt, dem thalamischen retikulären Kern.

Außerdem beobachteten sie, dass sich das Signal nach mehr als 100 ms wieder abschwächt. Kurz bevor die Affen aber eine bewusste Entscheidung trafen, also den Blick auf einen der

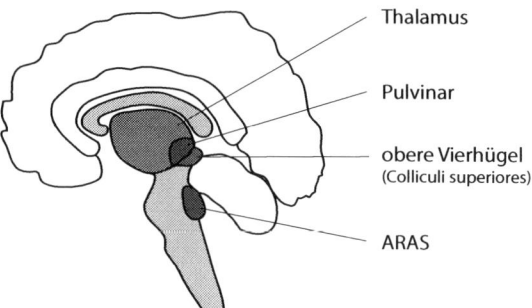

◘ **Abb. 11.1** Schematische Darstellung (Sagittalebene) der Lage des Thalamus, des Pulvinars und der oberen Vierhügel (Colliculi superiores) sowie des aufsteigenden retikulären Aktivierungssystems (ARAS). (Adaptiert nach Wright et al. 2008; mit freundlicher Genehmigung von © Oxford University Press, USA 2014. All Rights Reserved)

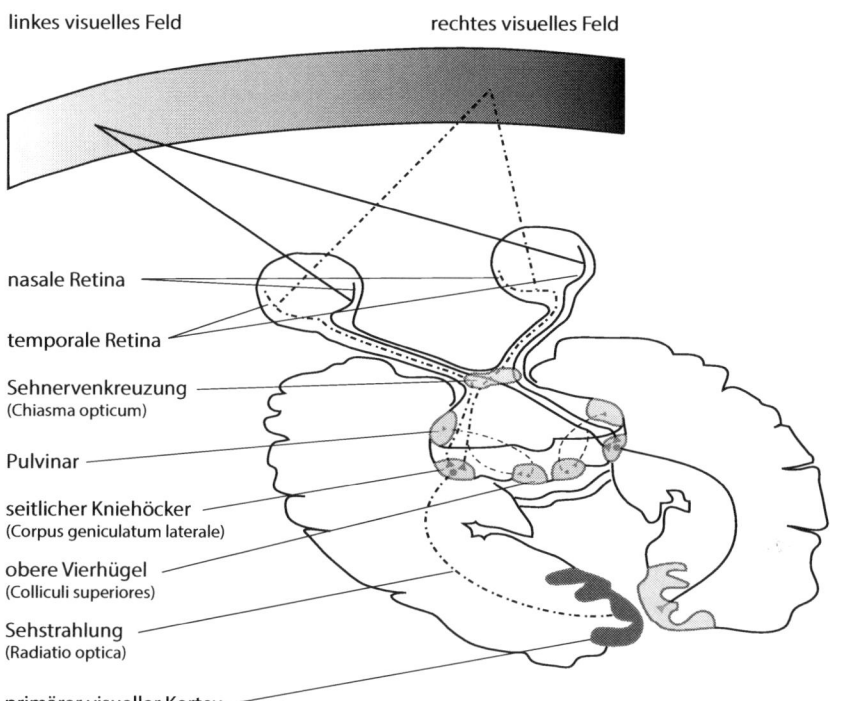

◘ **Abb. 11.2** Pfade der visuellen Information von der Retina zum primären visuellen Kortex. Reflektiertes Licht aus dem rechten visuellen Feld trifft auf die temporale Retina des linken und die nasale Retina des rechten Auges, reflektiertes Licht aus dem linken visuellen Feld auf die temporale Retina des rechten und die nasale Retina des linken Auges. In der Sehnervenkreuzung verlaufen die Nervenbahnen der nasalen Netzhäute in die gegenüberliegende Gehirnhälfte, wo sie zu den seitlichen Kniehöckern (Corpus geniculatum laterale) und zu den oberen Vierhügeln (Colliculi superiores) projizieren. Die Colliculi superiores sind mit den Kerngebieten des Pulvinar verbunden. Über die Sehstrahlung wird visuelle Information in den primären visuellen Kortex geleitet

Reize lenkten, wurde das Signal wieder stärker. Dies lässt die Vermutung zu, dass diese zweite Modulation durch eine Rückkoppelung von höheren Arealen des visuellen Systems ausgelöst wird. Daraus lässt sich schließen, dass die Stärke eines Signals im Thalamus in zwei Schritten moduliert wird: einmal durch die Interaktion zwischen Neuronen des GCL und dem thalamischen retikulären Kern und anschließend durch Top-down-Modulation aus höheren kortikalen Arealen.

11.1.2 Colliculi superiores

Der rechte und der linke Colliculus superior (oberer kleiner Hügel) repräsentieren Information v. a. über Stimuluspositionen (im Unterschied zu spezifischen Reizmerkmalen wie Form und Farbe) des jeweils kontralateralen visuellen Halbfelds. Die Colliculi superiores (CS) bestehen aus mehreren neuronalen Schichten. Jede Schicht enthält topographische organisierte Repräsentationen (Karten) des visuellen bzw. des okulomotorischen Raums. Die äußeren Neuronenschichten erhalten direkten Input von der Retina, sie sprechen besonders auf transiente visuelle Stimuli (z. B. abruptes Einsetzen) und Bewegungsreize an (z. B. Goldberg und Wurtz 1972), und sie projizieren ihre Verarbeitungsergebnisse in (ebenfalls) topographische Karten im thalamischen Pulvinar (s. ◨ Abb. 11.2 und ▶ Abschn. 11.1.4). Die mittleren und tiefen Schichten der CS erhalten kortikalen Input primär aus visuellen Arealen im Frontal- und Parietallappen (interessanterweise sprechen viele der Neurone in diesen Schichten nicht nur auf visuelle, sondern auch auf auditive und taktile Stimuli an). Neurone in den mittleren und tiefen Schichten sind an der Selektion der Zielorte für Aufmerksamkeitsverlagerungen und sakkadischen Augenbewegungen beteiligt (z. B. Kustov und Robinson 1996). Ihre Verarbeitungsergebnisse (z. B. kodierte Bewegungsvektoren) werden dann an die Zentren der Sakkadengenerierung im Hirnstamm übermittelt (z. B. Sparks und Mays 1990).

Wegen ihrer Lage tief im Gehirn (die z. B. funktionelle Bildgebungsstudien schwierig macht) beruht unser Wissen über die Beteiligung der Colliculi superiores an Aufmerksamkeitsfunktionen v. a. auf Einzelzellableitungs- (sowie Läsions-)Studien aus dem Tiermodell (beim Affen). Entsprechende Studien ergaben, dass Neurone in den oberen Schichten an Aufmerksamkeitsverlagerungen auf (abrupt einsetzende) periphere visuelle Zielreize beteiligt sind (Goldberg und Wurtz 1972). Einige dieser Neurone zeigten erhöhte Aktivität vor und während sakkadischer Augenbewegungen, andere auch, wenn die Aufmerksamkeit verdeckt (d. h. ohne eine sakkadische Augenbewegung) auf den Zielreiz auszurichten war. Es wird angenommen, dass die Aktivität dieser Neurone nur mit reizgetriggerten (nicht aber intentionsgesteuerten) Verlagerungen der Aufmerksamkeit zusammenhängt (z. B. Robinson und Kertzman 1995).

In den mittleren und tiefen Neuronenschichten der Colliculi superiores finden sich (mindestens) drei Arten von Neuronen: visuelle Neurone, die die Stimulusposition kodieren; Motorneurone, die den Zielort für eine bevorstehende Sakkade kodieren; und visuomotorische Neurone, die auf eine Kombination visueller und motorischer Inputs ansprechen. Die rezeptiven Felder der Neurone in diesen Schichten sind topographisch organisiert. So zeigt sich z. B., dass die Richtung und Größe einer durch elektrische Mikrostimulation einer motorischen CS-Zelle ausgelösten Sakkade von der Position des stimulierten Neurons in der okulomotorischen Karte abhängt (Robinson 1972). Kustov und Robinson (1996) fanden, dass die Bewegungsbahnen solcher evozierten Sakkaden durch – kurz vor der elektrischen Stimulation dargebotene – Positionscues beeinflusst werden können. Interessanterweise hatten dabei unterschiedliche Arten von Hinweisreizen unterschiedliche Wirkungen: Periphere Cues zogen eine unmittelbare und starke Modifikation der Sakkaden nach sich, der modifizierende Effekt symbolischer Cues stellte sich eher graduell ein (vermutlich weil symbolische Cues erst durch frontoparietale Areale „interpretiert" werden müssen, bevor sie Sakkaden beeinflussen können).

Auch die Aktivität visuomotorischer Neurone wird durch Aufmerksamkeit moduliert. In einer Studie von Ignashchenkova et al. (2004) wurden Affen trainiert, die Aufmerksamkeit in die durch einen Positionscue angezeigte Richtung zu lenken, wobei aber durch elektrische Mikrostimulation eine Sakkade in die Gegenrichtung induziert wurde. Visuomotorische (nicht aber motorische oder visuelle) Neurone zeigten cuebezogene Aktivität (unabhängig davon, ob eine Antisakkade induziert wurde oder nicht), allerdings nur, wenn es sich um periphere (nicht aber um symbolische) Positionscues handelte. Andere Studien zeigten, dass unterschwellige (d. h. unterhalb der Schwelle für die Auslösung einer Sakkade liegende) Mikrostimulation von Neuronen in der zwischengelagerten Schicht auch die visuelle Sensitivität für Stimuli, wie etwa die Diskriminierbarkeit von Bewegungsrichtungen, im rezeptiven Feld der stimulierten Zelle verbessern konnte (Cavanaugh und Wurtz 2004; Müller et al. 2005).

Auch neuropsychologische Befunde weisen auf eine Beteiligung der Colliculi superiores an (verdeckten) Aufmerksamkeitsverlagerungen hin. So z. B. haben Patienten mit progressiver supranukleärer Blickparese (*progressive supranuclear palsy*, PSP) – einer neurodegenerative Erkrankung, die auch die Colliculi superiores betrifft – Schwierigkeiten, ihre Aufmerksamkeit von einem Ort auf einen anderen zu verlagern. Im Anfangsstadium ist bei Patienten mit PSP zunächst die Fähigkeit beeinträchtigt, Augenbewegungen auszuführen, wobei sich die Beeinträchtigung früher bei Bewegungen in vertikaler als in horizontaler Richtung manifestiert. Rafal et al. (1988) konnten ein analoges Muster für verdeckte Aufmerksamkeitsverlagerungen in einer Positionscueingaufgabe demonstrieren. Allerdings waren die Patienten in dieser Studie noch zu einem gewissen Grad in der Lage, ihre Aufmerksamkeit verdeckt auszurichten, obwohl sie bereits die Fähigkeit verloren hatten, (v. a. vertikale) Augenbewegungen auszuführen. Diese Beobachtung spricht gegen eine strenge „prämotorische Theorie der Aufmerksamkeit" im Sinne von Rizzolatti et al. (1987) – ebenso wie der Befund, dass Patienten, die infolge angeborener Blindheit keine Augenbewegungen programmieren können, dennoch in der Lage sind, ihre auditive Aufmerksamkeit normal auszurichten (Garg et al. 2007).

Die Colliculi superiores scheinen auch eine Rolle bei der Vermittlung von Rückorientierungshemmung (IOR) zu spielen. So z. B. zeigen Patienten mit PSP neben einer reduzierten Fähigkeit, die Aufmerksamkeit in der Vertikalen zu verlagern, auch eine verminderte Kapazität, die Rückorientierung der Aufmerksamkeit auf bereits attendierte vertikale Positionen zu hemmen (während IOR für horizontale Positionen intakt bleibt, Posner et al. 1985). Auch in einer Einzelzell-Studie mit einem IOR-Paradigma konnte gezeigt werden, dass die sensorische Sensitivität von CS-Neuronen für Zielreize an gehemmten Positionen beeinträchtigt sein kann (Dorris et al. 2002). Obwohl es also Hinweise für eine Rolle der CS bei der Vermittlung von IOR gibt, weisen andere Befunde darauf hin, dass es sich bei den CS nicht um die einzige beteiligte Gehirnstruktur handeln kann (so z. B. der Nachweis von objekt-basiertem IOR an sich bewegende Stimuli durch Tipper et al. 1991, oder der Befund von Jefferies et al. 2005, dass IOR an okkludierte Objekte von kognitiven Erwartungen abhängig ist).

11.1.3 Frontocolliculärer Schaltkreis

Wie die subkortikalen Kerne der Colliculis superiores sind auch die im (kortikalen) Frontallappen dorsal zum *präfrontalen Kortex* (*pre-frontal cortex*, PFC) gelegenen *frontalen Augenfelder* (*frontal eye fields*, FEF) an der Vermittlung sowohl von Aufmerksamkeitsverlagerungen als auch von Augenbewegungen beteiligt (z. B. Thompson et al. 1997; Bruce und Goldberg 1985; Bruce et al. 1985), wobei FEF-Aktivität primär mit intentionsgesteuerten Augenbewegungen zusammenhängt (Paus 1996). Die FEF haben einen vorwiegend hemmenden Einfluss auf die CS. So z. B. scheinen die FEF beim Affen die Aktivität von CS-Neuronen zu unterdrücken, die mit Sakkaden in nichtintendierte Bewegungsrichtungen assoziiert sind (während sie die Aktivität von Neuronen verstärken, die Sakkaden in die geplante Richtung vermitteln, Schlag-Rey et al. 1992). Bei Schädigung der FEF (die mit einer reduzierten Hemmungsfunktion, d. h. einer „Dis-Inhibition" einhergehen) wird es schwierig, reizgetriggerte Sakkaden auf peripher erscheinende Stimuli zu unterdrücken (Paus et al. 1991). In der Tat zeigten Menschen mit FEF-Läsionen sogar verkürzte Latenzen für solche reizgetriggerten Sakkaden (während sie umgekehrt länger brauchten, eine intentionsgesteuerte Sakkade in das kontraläsionale visuelle Halbfeld zu machen, Henik et al. 1994). Umgekehrt bleibt bei Schädigung (bzw. totaler Entfernung) der CS die Fähigkeit bestehen, intentionsgesteuerte Sakkaden auszuführen (Schiller et al. 1980).

Zusammengenommen weisen diese Befunde also darauf hin, dass eine Hauptrolle der Colliculi superiores in der Selektion (und eventuell der kurzzeitigen Bereithaltung) der exakten Positionen von rasch einsetzenden bzw. transienten visuellen Stimuli für reflexive Verlagerungen der Aufmerksamkeit besteht. Solche Aufmerksamkeitsverschiebungen können durch die FEF inhibiert werden. D. h., während die CS die relevanten Positionen markieren, entscheiden Mechanismen im Frontalkortex, ob diese Positionen zu inhibieren oder zu beachten sind. Letztere Annahme wird auch dadurch unterstützt, dass es bei beeinträchtigter FEF-Funktion zu reduzierter IOR (die über die CS vermittelt wird) kommen kann (Ro et al. 2003).

11.1.4 Pulvinarkerngebiet des Thalamus

Der Thalamus ist eine eiförmige Struktur am rostralen Ende des Stammhirns. Wie die Colliculi superiores und der Kortex enthält er Karten des visuellen Raums. Er wird durch Projektionen aus dem Mittelhirn innerviert, und er hat reziproke Verbindungen mit allen kortikalen Regionen. Aufgrund dieser hochgradigen Verknüpftheit hat der Thalamus eine Funktion als Modulierungsstation bei der Übermittlung reizdeterminierter sensorischer Inputs an den Kortex zur weitergehenden Analyse sowie (über seine reziproken Verbindungen mit dem Kortex) zur Koordination dieses Prozesses.

Neben (bzw. zusammen mit) dem Nucleus reticularis des Thalamus ist v. a. das Pulvinar an Aufmerksamkeitsfunktionen beteiligt. Die Pulvinarkerne liegen im posterioren Thalamus (sie werden vom Nucleus reticularis umgeben), wo sie zu einem großen Teil die CS und seine axonalen Trakte bedecken. Wie andere Thalamusregionen hat auch das Pulvinar reziproke Verbindungen mit kortikalen und subkortikalen Arealen. So projizieren Inputs von den äußeren und mittleren Schichten der CS über das Pulvinar in den parietalen Kortex sowie andere Großhirnareale. Das Pulvinar enthält mehrere retinotop organisierte Karten, und vermutlich ist die Mehrheit seiner Neurone an der Verarbeitung visueller Information beteiligt.

Was den Bezug des Pulvinars zu visueller Aufmerksamkeit betrifft, so wurde gezeigt, dass Neurone insbesondere in dessen dorsomedialen Bereich (dorsomediales Pulvinar, Pdm) eine erhöhte Aktivität zeigten, wenn die Zielorte für Aufmerksamkeitsverlagerungen und Sakkaden in ihren rezeptiven Feldern präsentiert wurden (Petersen et al. 1985). PET- und fMRT-Studien haben eine verstärkte Aktivation im Pulvinar gezeigt, wenn kleine (zu identifizierende) Zielreize von Flankierreizen umgeben waren – im Vergleich zu einer Bedingung, in der die Zielreize alleine erschienen (LaBerge und Buchsbaum 1990; Buchsbaum et al. 2006), was auf seine Beteiligung an Prozessen selektiver Filterung hinweist (in Zusammenarbeit mit dem Nucleus reticularis, LaBerge 1990). Bei Menschen führen unilaterale Läsionen des Thalamus bzw. des Pulvinar (in Aufgaben mit peripheren Cues) zu verlangsamter Entdeckung von Zielreizen im kontraläsionalen (im Vergleich zum ipsiläsionalen) visuellen Halbfeld, insbesondere in invaliden Durchgängen mit einem Cue im ipsiläsionalen Halbfeld – dies aber nur, wenn der ipsiläsionale Cue sichtbar bleibt (Posner und Rafal 1987; Sapir et al. 2002). Dies wurde mit einer defizitären „Engagementfunktion" der Aufmerksamkeit im Sinne von Posner et al. (1988) in Verbindung gebracht.

Aufgrund seiner anatomischen Lage zwischen den Strukturen, die reizgetriggerte Aufmerksamkeitsverlagerungen vermitteln, und kortikalen Strukturen, die an intentionsgesteuerten Verschiebungen beteiligt sind, wurde der Vorschlag gemacht, dass die primäre Orts-karte im ventralen Pulvinarkern als die Hauptsalienzkarte fungiert, die reizgetriggerte und intentionsgesteuerte Prozesse der Aufmerksamkeitszuweisung koordiniert (z. B. Bundesen et al. 2005; Shipp 2004). Allerdings ist das Pulvinar nicht die einzige Kandidatenstruktur für eine solche Repräsentation – andere in Fragen kommende Areale sind insbesondere die FEF und der parietale Kortex (s. z. B. Gottlieb 2007; Fecteau und Munoz 2006). Zudem wurde argumentiert, dass die Annahme einer einzigen, in einem bestimmten Areal lokalisierten Hauptkarte wahrscheinlich inkorrekt ist, zumal Aufmerksamkeit auf jeder Stufe der visuel-len Verarbeitung nach der Retina einen mehr oder weniger starken Modulationseffekt hat (Serences und Yantis 2006).

11.2 Kortikale Aufmerksamkeitsmechanismen

Zwei kortikale Gebiete, die an der Orientierung der Aufmerksamkeit beteiligt sind, sind der Parietal- und der Frontallappen. Der *posteriore parietale Kortex* (*posterior parietal cortex*, PPC) enthält visuelle Karten, die der Objektlokalisation sowie der Integration von Ortsinformation mit Körperbewegungen (Augen, Kopf, Arme etc.) dienen, so dass diese präzise auf eine be-stimmte räumliche Position ausgerichtet werden können. Der Frontallappen ist an der Steue-rung zielgerichteter Aufmerksamkeit beteiligt sowie an der Auswahl und Initiierung bzw. auch an der Unterdrückung motorischer Reaktionen (z. B. Sakkaden), die mit attentionaler Verarbei-tung verbunden sind. Der *prä-frontale Kortex* (pre-frontal cortex, PFC) wird als Hauptquelle von Kontrollsignalen an andere kortikale Areale betrachtet (z. B. Miller und Cohen 2001). Einem verschiedene Befunde integrierenden Vorschlag von Corbetta und Schulman (2002) zufolge arbeiten der Frontal- und der Parietallappen in einem frontoparietalen Netzwerk zusammen, das die Ablösung (*disengagement*) sowie die intentionsgesteuerte Verschiebung der Aufmerk-samkeit von einem Ort zum anderen vermittelt (s. ▶ Abschn. 10.1.4).

11.2.1 Visueller Kortex

Neurone im visuellen Kortex spielen eine Rolle bei der attentionalen Selektion von Eingangs-reizen. Ein fMRT-basierter Vergleich visueller kortikaler Areale (in der fokussierte Aufmerk-samkeit mit passivem Betrachten derselben Stimuli verglichen wurde) zeigte, dass die Aufmerk-samkeitsmodulation in frühen Arealen, wie V1, wesentlich geringer ist als in späteren Arealen, wie V3 (Silver et al. 2005).

Untersuchungen mithilfe elektrokortikaler ereignisrelatierter Potentiale (ERP) haben ge-zeigt, dass Stimuli an beachteten Positionen typischerweise größere P1- (im Latenzbereich 80–150 ms) und N1- (150–200 ms) Komponenten hervorrufen als Stimuli an nicht beachteten Positionen (z. B. Hillyard et al. 1994). Dabei zeigten sich auch Dissoziationen zwischen der P1- und der N1-Modulation: Während die Amplitude der P1-Komponente sowohl in Reiz-entdeckungs- als auch in Diskriminationsaufgaben (für valide gegenüber invalide indizierten Targets) verstärkt war, fand sich eine Verstärkung der N1 nur in Diskriminationsaufgaben (z. B. Vogel und Luck 2000). Daraus hat man geschlossen, dass der P1-Effekt eher die attentionale Modulation basaler sensorischer Verarbeitung reflektiert, der N1-Effekt hingegen kapazitätsli-mitierte („weitere") Verarbeitung von Stimuli an beachteten Positionen.

Zudem werden die P1- und die N1-Komponente auch unterschiedlich durch die Stimulus Onset Asynchrony (SOA) zwischen (direktem) Cue und Zielreiz beeinflusst: Valide indizierte

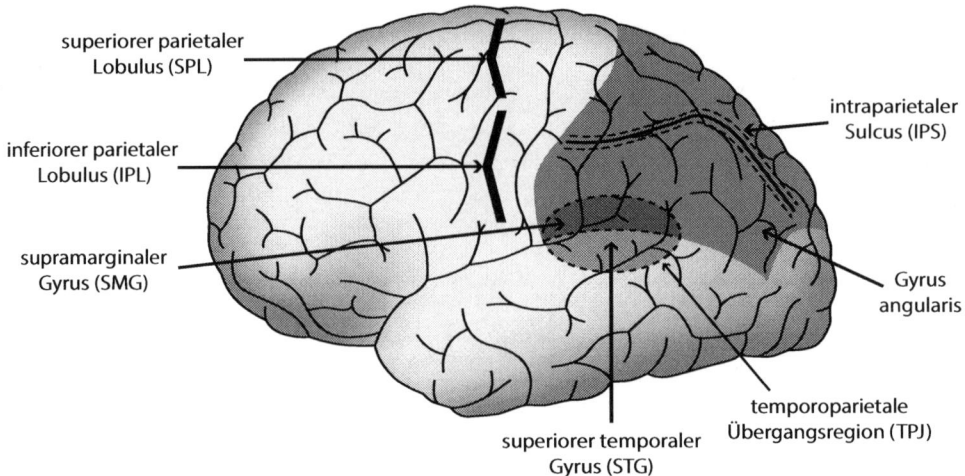

Abb. 11.3 Mit Aufmerksamkeitsfunktionen verbundene Areale im Parietalkortex

Zielreize rufen (gegenüber invaliden Zielreizen) bei kürzeren SOAs (bis ca. 250 ms) eine größere P1 hervor als bei längeren SOA (bis ca. 750 ms). Die N1 zeigte dagegen keinen Effekt der Cuevalidität bei kürzeren SOA, war aber verstärkt bei längeren SOA (Hopfinger und Mangun 1998). Daraus hat man geschlossen, dass die P1, aber nicht die N1, mit reflexiver Verarbeitung assoziiert ist.

Topographisch (im Sinne der Verteilung der abgeleiteten Potentiale auf der Kopfoberfläche) ist die P1-Komponente am größten über okzipitalen Gehirnregionen kontralateral zum beachteten visuellen Feld. In einer Studie, die die ERP mit der Analyse hämodynamischer Aktivität (PET) in einer Bildgebungsstudie kombinierte, ließ sich die Quelle der verstärkten P1 genauer im extrastriären visuellen Kortex kontralateral zum beachteten Halbfeld (sowie wie im Pulvinar) lokalisieren (Heinze et al. 1994).

11.2.2 Parietaler Kortex

Im Unterschied zu den Neuronen im visuellen Kortex sind Neurone im parietalen Kortex (wie auch die in den Colliculi superiores) sensitiver dafür, *wo* (insbesondere in der visuellen Peripherie) sich Objekte befinden, als dafür, *was* sie sind (im Sinne spezifischer Merkmale wie Form, Farbe etc.). Beim Menschen gehören zu den parietalen Regionen, die mit attentionaler Verarbeitung zu tun haben, der intraparietale Sulcus (*intraparietal sulcus*, IPS), der die Grenze zwischen dem superioren parietalen Lobulus (*superior parietal lobule*, SPL) und dem inferioren parietalen Lobulus (*inferior parietal lobule*, IPL) bildet (Abb. 11.3). Der IPL enthält auch den parietalen Anteil der temporoparietalen Übergangsregion (*temporo-parietal junction*, TPJ), der Teil des supramarginalen Gyrus (*supramarginal gyrus*, SMG) ist. Der temporale Anteil der TPJ ist Teil des temporalen superioren Gyrus (*superior temporal gyrus*, STG). Diese parietalen Areale beim Menschen entsprechen beim Makaken den Arealen LIP (*lateral intraparietal area*, entspricht IPS), IPL (*inferior parietal lobule*, entspricht SPL) und Area 7a (entspricht TPJ).

11.2.3 Sulcus intraparietalis

Eine Reihe von Studien weist darauf hin, dass der intraparietale Sulcus (IPS) beim Menschen eine ähnliche Rolle bei der Aufmerksamkeitsorientierung spielt wie das Areal LIP beim Affen.

Beim Affen ist die (in Einzelzellstudien abgeleitete) Aktivität von LIP-Neuronen verstärkt, wenn die Aufmerksamkeit auf (Stimulus-)Orte in deren rezeptivem Feld gerichtet wird (z.B. Bisley und Goldberg 2003; Gottlieb et al. 2005) – unabhängig davon, ob die Zuweisung der Aufmerksamkeit auf visuelle oder auditive Cues hin erfolgt. Zudem zeigen LIP-Neurone eine rasche Antwort auf Stimuli mit abruptem visuellem Onset (sowie auf transiente Stimuli), wobei die Feuerrate ein erstes Maximum innerhalb von 40–60 ms erreicht; danach folgt dann (wieder) ein mehr gradueller Aktivitätsanstieg, der seinen Höhepunkt etwa 200 ms nach dem Einsetzen des Stimulus erreicht (z.B. Gottlieb et al. 2005). Dies spiegelt (wenn auch etwas beschleunigt) den Zeitverlauf von Effekten direkter und symbolischer Cues beim Menschen wider. Zudem scheinen LIP-Neurone multiple Reize mit abrupten Onsets gleichzeitig zu enkodieren. Dieser Befund deutet darauf hin, dass LIP-Neurone – neben ihrer Funktion in der intentionsgesteuerten Aufmerksamkeitsorientierung – auch eine Rolle in den initialen Stadien reizgesteuerter Aufmerksamkeitsverschiebungen spielen.

Ähnlich zu diesen LIP-Befunden wurde beim Menschen in (PET- bzw. fMRT-Studien) aufrechterhaltene Aktivation des IPS beobachtet, wenn die Probanden willentlich auf periphere Stimuli achteten, und dies auch ohne gleichzeitige Augenbewegungen (z.B. Corbetta et al. 1993, 1998). Zudem wurde IPS-Aktivierung auch während bloßer willentlicher Orientierung auf eine Position hin, d.h. vor der (bzw. ohne die) Präsentation eines zu entdeckenden Reizes, gefunden, was auf eine Rolle des IPS bei der Verlagerung und Aufrechterhaltung ortsbasierter Aufmerksamkeit während der Cueperiode hinweist (Corbetta et al. 2000). Weiterhin scheinen willentliche Aufmerksamkeitsverlagerungen vorwiegend lateralisierte IPS-Aktivierungen hervorzurufen, d.h., Beachtung des linken visuellen Halbfeldes führt zu Aktivation des rechtshemisphärischen IPS und umgekehrt (Corbetta et al. 2000). Schließlich werden diese Bildgebungsbefunde durch neuropsychologische sowie durch Studien unter Verwendung transkranieller Magnetstimulation (TMS) beim Menschen unterstützt, die zeigen, dass Parietalhirnläsionen bzw. die Störung der Verarbeitung im IPS durch TMS die Fähigkeit zu willentlicher Aufmerksamkeitsorientierung beeinträchtigt (z.B. Friedrich et al. 1998; Koch et al. 2005).

11.2.4 Temporoparietale Übergangsregion

Wie Bildgebungsstudien zeigen, sind auch Neurone in der temporoparietalen Übergangsregion (*temporo-parietal junction*, TPJ, entspricht Area 7a bei Affen) in Aufgaben mit (symbolischem) Positionscueing aktiviert. Im Unterschied zum IPS allerdings findet sich keine verstärkte TPJ-Aktivierung in der Periode vom Cue- bis zum Zielreizonset, d.h., die TPJ-Aktivierung verzögert sich, bis der (als einziger Stimulus dargebotene) Zielreiz registriert wurde (Corbetta et al. 2000). Zudem ist diese Aktivation rechtshemisphärisch lateralisiert, ungeachtet dessen, ob der Zielreiz im linken oder im rechten visuellen Halbfeld präsentiert wird. Schließlich kommt es mit höherer Wahrscheinlichkeit zu einer Aktivierung der TPJ, wenn der Zielreiz an einer nicht beachteten bzw. nicht erwarteten Position erscheint (d.h. in Durchgängen mit invaliden Cues, z.B. Corbetta und Shulman 2002). Dies ist mit Befunden konsistent, denen zufolge eine Schädigung der TPJ die Amplitude eines mit der Entdeckung infrequenter Zielreize assoziierten

ERPs (der P300-Komponente) reduziert. Zusammengenommen sprechen diese Befunde dafür, dass die TPJ eine wesentliche Rolle für die (Fähigkeit zur) Rückorientierung von Aufmerksamkeit spielt.

Dies ist auch mit Patientenbefunden konsistent, die zeigten, dass Patienten mit Parietalhirnläsionen besondere Schwierigkeiten hatten, invalide indizierte Zielreize im kontraläsionalen visuellen Halbfeld zu entdecken (nachdem zuvor die Aufmerksamkeit auf einen peripheren Cue hin in das ipsilaterale Halbfeld gerichtet wurde), nicht aber valide indizierte Zielreize, die an der Position des Cues im kontraläsionalen Halbfeld erschienen (Posner et al. 1984). Posner et al. interpretierten dieses Muster im Sinne eines Defizits in der Fähigkeit zur Ablösung (*disengagement*) der Aufmerksamkeit (von einem ipsiläsionalen Hinweisreiz durch einen kontraläsionalen Zielreiz), das zu einer verlangsamten Rückorientierung der Aufmerksamkeit auf den Zielreiz führt. Obwohl die Läsionsdaten von Posner et al. eher auf den dorsalen parietalen Kortex als Ursprungsort der (defizitären) Funktion attentionaler Ablösung hinwiesen, ist mittlerweile bekannt, dass dieses Defizit auch nach stärker ventralen (TPJ) Läsionen auftreten kann (Friedrich et al. 1998). Zudem ist es nach rechtsparietalen Läsionen stärker ausgeprägt als nach linksparietalen. Schließlich kann räumlicher Neglect auch infolge eines Zusammenbruchs funktioneller Konnektivität zwischen der TPJ und dem IPS zustande kommen (He et al. 2007). Zusammengenommen stimmen diese Patientenbefunde also mit der Vorstellung überein, dass die TPJ eine kritische Rolle bei der Rückorientierung der Aufmerksamkeit auf visuelle Stimuli spielt, die an Positionen außerhalb des (momentanen) Fokus der Aufmerksamkeit erscheinen.

11.2.5 Frontoparietales Orientierungsnetzwerk

Corbetta und Shulman (2002) nahmen an, dass frontale und parietale Areale bei der Vermittlung von Aufmerksamkeitsverlagerungen von einem Ort zum anderen zusammenspielen – genauer, dass Aufmerksamkeitsorientierung im menschlichen Gehirn durch zwei partiell segregierte Netzwerke von Arealen vermittelt wird: ein bilaterales dorsales Netzwerk (mit den Komponenten IPS und FEF), das primär willentliche bzw. intentionsgesteuerte Aufmerksamkeitsverlagerungen realisiert, sowie ein rechtslateralisiertes ventrales Netzwerk (mit den Komponenten TPJ und ventraler frontaler Kortex; *ventral frontal cortex*, VFC), das v. a. die Reorientierung der Aufmerksamkeit auf nicht beachtete bzw. unerwartete Stimuli vermittelt (◘ Abb. 11.4).

Das dorsale Netzwerk zeigt (u. a.) erhöhte Aktivierung auf symbolische Positionscues hin (z. B. Nobre et al. 1997), wobei – so die Annahme – bilateral von den frontalen Augenfeldern (FEF) die zu beachtende Position spezifizierende Kontrollsignale an Bereiche um den Sulcus intraparietalis übertragen werden, die wiederum die Verarbeitung im visuellen Kortex auf die indizierte Position „fokussieren". Dieses Netzwerk ist auch während anderer willentliche Aufmerksamkeit beanspruchender Aufgaben aktiviert, wie z. B. der visuellen Suche (Shulman et al. 2001) und dem Verfolgen (*tracking*) multipler bewegter Objekte (Beauchamp et al. 2001); es scheint also rein der willentlichen Aufmerksamkeitskontrolle zu dienen.

Im Unterschied zur bilateralen Organisation des dorsalen Netzwerks ist das ventrale Netzwerk nach Corbetta und Shulman (2002) stark auf die rechte Gehirnhemisphäre lateralisiert. Die kritischen TPJ-Regionen in diesem Netzwerk liegen im rechten Gyrus supramarginalis und im Gyrus temporalis superior, während die kritischen Regionen im VFC im Gyrus frontalis inferior liegen. Dieses Netzwerk ist besonders nach der Registrierung von Zielreizen aktiviert, die an unbeachteten bzw. unerwarteten Positionen erscheinen (aber nicht auf die Cuedarbietung hin). Corbetta und Shulman (2002) nehmen an, dass der VFC die „Neuheit" von Stimuli

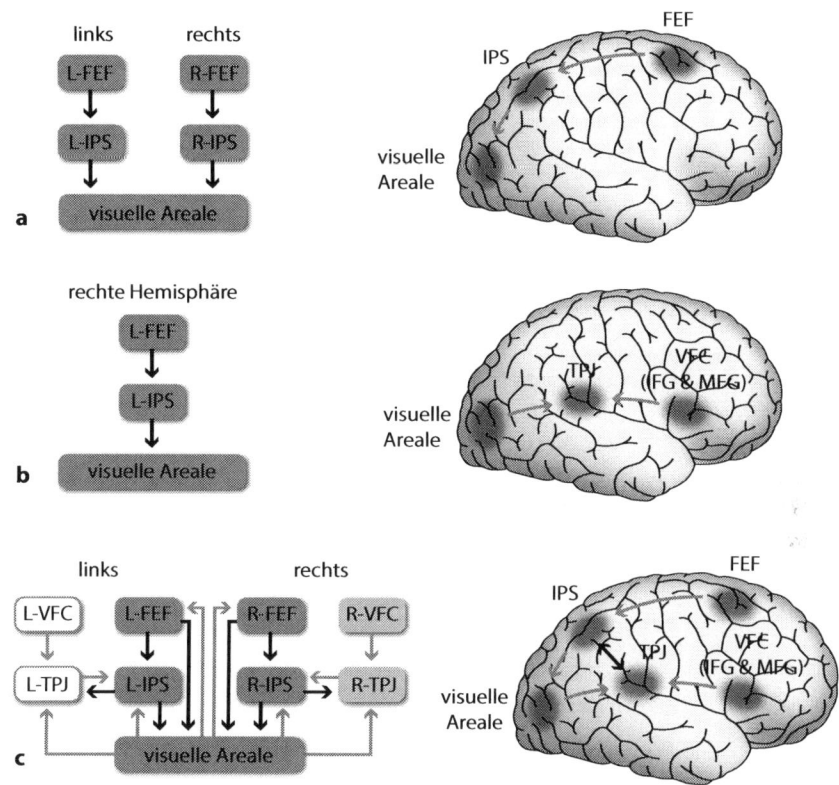

Abb. 11.4 Das von Corbetta und Shulman (2002) vorgeschlagene frontoparietale Aufmerksamkeitsnetzwerk, bestehend aus **a** dem dorsalen frontoparietalen und **b** dem ventralen frontoparietalen Netzwerk sowie **c** den Interaktionen zwischen den beiden Netzwerken. (Adaptiert nach Wright et al. 2008; mit freundlicher Genehmigung von © Oxford University Press, USA 2014. All Rights Reserved)

bewertet, während die TPJ mehr an der Bestimmung von deren Relevanz für die zu verrichtende Aufgabe beteiligt ist.

Weiterhin schlugen Corbetta und Shulman (2002) vor, dass eine Funktion des ventralen Netzwerks darin besteht, als „Schaltkreisunterbrecher" (*circuit breaker*) für das dorsale Netzwerk zu dienen. D. h., wenn das ventrale Netzwerk einen aufgabenrelevanten Stimulus außerhalb des aktuellen Aufmerksamkeitsfokus entdeckt, kann es die im dorsalen Netzwerk ablaufende Aktivität durch Übermittlung eines Bottom-up-Signals – von der „ventralen" TPJ an den „dorsalen" IPS – unterbrechen. Dies ermöglicht es, die Aufmerksamkeit vom aktuellen Ort abzulösen und auf den neuen Stimulus auszurichten. Allerdings kann das dorsale Netzwerk die – reflexiv die Aufmerksamkeit anziehenden – Unterbrecher- (bzw. Interrupt-)Signale aus dem ventralen Netzwerk selektiv „filtern", d. h. diejenigen Stimuli auswählen, die zu beachten (bzw. zu ignorieren) sind. Da die Karten (Ortsrepräsentationen) im dorsalen Netzwerk wahrscheinlich eine höhere Auflösung besitzen als die im ventralen Netzwerk, könnte das dorsale Netzwerk auch dazu dienen, die Interruptsignale genauer zu lokalisieren.

Interessanterweise gilt eine ähnliche „Arbeitsteilung" auch für willentliche und reflexive Sakkaden (auf symbolische bzw. abrupt einsetzende Reize hin): willentliche Sakkaden sind mehr mit (bilateraler) Aktivation des FEF und des IPS assoziiert als reflexive Sakkaden, Letztere dagegen mit erhöhter Aktivierung in einem (mehr rechtshemisphärischen) ventralen Parietalhirnareal, dem Gyrus angularis (Mort et al. 2003).

Ein weiterer Beleg für eine Beteiligung des dorsalen parietalen Kortex an der intentionalen Steuerung der Aufmerksamkeit stammt aus einer fMRT-Studie von Yantis et al. (2002). In dieser Studie zeigte sich eine (transiente) Aktivation (insbesondere) des rechtshemisphärischen SPL, wenn in einer RSVP-Aufgabe (RSVP = rapid serial visual presentation, s. a. ◘ Abb. 8.1) willentlich die Aufmerksamkeit von einem (gerade beachteten) Stimulusstrom auf einer Seite des Displays auf einen Strom auf der anderen Seite umzuschalten war (die Probanden hatten einen Zielreiz im gerade beachteten Strom zu entdecken, der sie entweder instruierte, die Aufmerksamkeit auf diesen Strom aufrechtzuerhalten oder auf den anderen Strom umzuorientieren). Yantis et al. schlossen daraus, dass die SPL-Aktivation mit einem (transienten) Aufmerksamkeitskontrollsignal für eine willentliche Aufmerksamkeitsverschiebung auf einen interpretierten Cue hin assoziiert ist. Eine ähnliche Aktivation zeigte sich u. a. auch für willentliche Aufmerksamkeitsverschiebungen zwischen Bewegung und Farbe (Liu et al. 2003) sowie zwischen sensorischen Modalitäten (Shomstein und Yantis 2004).

Diese Belege für ein rechtslateralisiertes ventrales Aufmerksamkeitsnetzwerk unterstützen den Vorschlag einer Dominanz der rechten Gehirnhemisphäre für ortsbezogene Aufmerksamkeit (und räumlichen Repräsentationen): Die rechte Hemisphäre verfügt über Mechanismen, die Aufmerksamkeitszuweisung an beide visuellen Halbfelder regeln, während die linke Hemisphäre nur über Aufmerksamkeitsmechanismen für primär das rechte Halbfeld verfügt. Dies würde z. B. erklären, warum räumlicher Neglect nach rechtshemisphärischen Läsionen stärker ausgeprägt ist als nach linkshemisphärischen Schädigungen (in über 90 % der Fälle bezieht sich Neglect auf das linke visuelle Halbfeld).

Ein erweiterter Erklärungsansatz für die Dominanz von linksseitigem Neglect wurde von Corbetta et al. (2005) vorgeschlagen, nämlich dass diese Dominanz durch ein hemisphärisches Ungleichgewicht infolge einer Dysfunktion des frontoparietalen Netzwerks verursacht wird. Obwohl Läsionen in verschiedenen Gehirnregionen zu neglectartigen Defiziten führen können, ist die am häufigsten betroffene Region die rechtshemisphärische TPJ (z. B. Vallar und Perani 1987). Folglich sollten Schlaganfälle, die den ventralen parietalen Kortex beeinträchtigen, die Fähigkeit zu attentionaler Reorientierung reduzieren. Zudem sollte eine Schädigung des rechts-ventralen Netzwerkanteils (TPJ), dem die Funktion der „Schaltkreisunterbrechers" zugeschrieben wird, zu einer relativen Deaktivation des dorsalen parietalen Kortex in der rechten Gehirnhemisphäre führen und damit zu einer relativen Hyperaktivierung des parietalen Kortex in der linken Hemisphäre. Konsistent mit diesem Vorschlag wird bei Neglectpatienten durch TMS-Stimulation des linken IPS (die die Hyperaktivierung des linken Parietalkortex reduziert) die linksseitige Vernachlässigung abgeschwächt (Brighina et al. 2003).

In einer neueren Arbeit revidierten Corbetta et al. (2008) wesentliche Aspekte ihres Modells (Corbetta und Shulman 2002), um Erkenntnissen aus einer großen Zahl von Forschungsarbeiten Rechnung zu tragen, die nicht zuletzt auch durch ihren ursprünglichen Vorschlag inspiriert worden waren. Zentral ist nach wie vor die Annahme zweier anatomisch und funktional getrennter Aufmerksamkeitsnetzwerke, eines dorsalen Netzwerks der Top-down-Kontrolle und eines ventralen Netzwerks der Bottom-up-Kontrolle. Verändert hat sich in der neuen im Vergleich zur ursprünglichen Version einerseits die Interpretation der funktionalen Rolle einzelner Komponenten sowie andererseits die Vorstellung darüber, wie bzw. über welche Komponenten die Interaktionen der beiden Netzwerke erfolgen. ◘ Abbil-

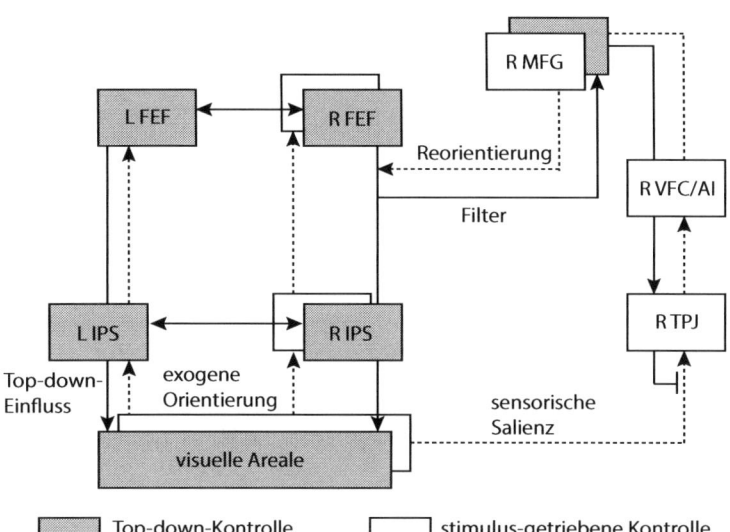

Top-down-Kontrolle   stimulus-getriebene Kontrolle

Abb. 11.5 Das frontoparietale Aufmerksamkeitsnetzwerk von Corbetta et al. (2008) mit den dorsalen Komponenten intraparietaler Sulcus (IPS) und frontale Augenfelder (*frontal eye fields*, FEF) und den ventralen Komponenten temporoparietale Übergangsregion (*temporo-parietal junction*, TPJ) und ventraler frontaler Kortex (ventral frontal cortex, VFC) und der anterioren Insularegion (AI). Die Region des rechtshemisphärischen mittleren frontalen Gyrus (MFG) spielt eine zentrale Rolle bei der Integration der beiden Aufmerksamkeitsnetzwerke. Dunkle Felder repräsentieren Top-down-Kontrolle, helle Felder stimulusgetriebene Kontrolle. (L: linkshemisphärisch, R: rechtshemisphärisch)

dung 11.5 gibt einen Überblick über die Komponenten des dorsalen und ventralen Netzwerks und die Verbindungen zwischen den Komponenten. Das dorsale frontoparietale Netzwerk mit den Komponenten intraparietaler Sulcus (IPS) und frontale Augenfelder (*frontal eye fields*, FEF) vermittelt die Top-down-kontrollierte Selektion solcher sensorischer Stimuli, die aktuellen Verhaltenszielen oder Erwartungen entsprechen, und es vermittelt die Assoziierung zwischen sensorischen Stimuli und den aktuellen Zielen entsprechenden motorischen Reaktionen. Die vom dorsalen Netzwerk ausgehende endogene Aktivität priorisiert (im Sinne der Hypothese der *biased competition*) die Verarbeitung relevanter Stimulusmerkmale und -orte in den visuellen kortikalen Arealen. Das ventrale frontoparietale Netzwerk, das nach Corbetta et al. (2008) durch die Aktivierung der Komponenten temporoparietale Übergangsregion (*temporo-parietal junction*, TPJ) einerseits und ventraler frontaler Kortex (*ventral frontal cortex*, VFC) in der rechten Hemisphäre andererseits charakterisiert ist, vermittelt die Entdeckung auffälliger, jedoch nicht attendierter sensorischer Stimuli, sofern sie verhaltensrelevant sind, und es unterbricht die aktuelle Verarbeitung dadurch, dass die mit diesen verbundene neuronale Aktivität reduziert wird.

Eine zentrale Rolle in der Interaktion zwischen dorsalem und ventralem Netzwerk kommt dem rechtshemisphärischen mittleren frontalen Gyrus (MFG) zu. Über diese Region werden Signale aus dem dorsalen an das ventrale Netzwerk übermittelt, die (wenn die Aufmerksamkeit fokussiert ist) dazu führen, dass das ventrale Netz nur sensorische Stimuli verarbeitet, die Merkmale aufweisen, die für das aktuelle Verhalten relevant sind. Das ventrale Netzwerk verrichtet also eine Filterfunktion, mittels der zwar auffällige, aber nicht verhaltensrelevante Stimuli, davon ausgeschlossen werden, die aktuelle Verarbeitung zu stören. Vom ventralen Netzwerk ausgehende Aktivität wird ebenfalls über den MFG ans dorsale Netzwerk übermittelt; bei Entdeckung eines verhaltensrelevanten sensorischen Stimulus wird ein Signal an das dorsale

Netzwerk geschickt, das die Orientierung auf den Stimulus vermittelt (das dorsale Wo-Netzwerk repräsentiert die Koordinaten, die der Aufmerksamkeitsausrichtung zugrunde liegen).

Der bedeutendste Unterschied zwischen dem ursprünglichen (Corbetta und Shulman 2002) und dem revidierten Modell (Corbetta et al. 2008) liegt also darin, dass dem ventralen Netzwerk nicht mehr die Rolle eines Prozess-Unterbrechers (*circuit breaker*) zukommt, das die Aktivität des dorsalen Netzwerks bei Auftreten eines auffälligen Stimulus unterbricht; vielmehr kann gemäß dem revidierten Modell das ventrale Netzwerk durch das dorsale Netzwerk so konfiguriert werden, dass es irrelevante sensorische Reize filtert und das dorsale Netz bei fokussierter Aufmerksamkeit vor Distraktion schützt. Sowohl das ventrale als auch das dorsale Netzwerk sind also an der Reorientierung der Aufmerksamkeit auf einen verhaltensrelevanten sensorischen Stimulus beteiligt, und die Interaktion der beiden Netzwerke erfolgt nach dem Modell der *biased competition* (▶ Abschn. 12.1).

Ein integratives Modell der subkortikalen und kortikalen Netzwerke wurde von Wright und Ward (2008), in Anlehnung an Shipp (2004), skizziert (◨ Abb. 11.6). Diesem Modell, das die Autoren als „spekulativ" verstehen, zufolge generieren die visuellen kortikalen Areale Karten der Verteilung sensorischer Information. Diese Information wird an das Pulvinar übertragen, das alle Salienz- (bzw. Merkmalskontrast-)Werte aus den Seharealen ortsspezifisch aufsummiert. Diese Salienzinformation wird an die visuellen Areale rückübertragen und von dort weitergeleitet an die Komponenten des frontoparietalen Netzwerks, die den Ort für die Zuweisung fokaler Aufmerksamkeit ermitteln. Die frontoparietalen Signale (die die Zielorte für Aufmerksamkeitsverlagerungen spezifizieren) werden wiederum über die CS in die Salienzkarte im Pulivnar rückübertragen – wodurch Bottom-up- und Top-down-Inputs integriert werden können. Nach Wright und Ward erfolgt die eigentliche Verlagerung fokaler Aufmerksamkeit (d.h. die Eröffnung eines „Kanals fokussierter Aufmerksamkeit") auf der Basis der Positionskarte im IPS.

11.3 Neuronale Mechanismen crossmodaler Aufmerksamkeitsverlagerungen

Auch bei der multimodalen Aufmerksamkeit besteht die Konsequenz von Aufmerksamkeitsverlagerungen in selektiv verstärkter Verarbeitung von beachteten Inputs (bzw. abgeschwächter Verarbeitung von nichtbeachteten Inputs) in den modalitätsspezifischen – visuellen, auditiven und somatosensorischen – kortikalen Systemen (wobei sich die verschiedenen Systeme in der Manifestation dieser Konsequenzen unterscheiden können). Es gibt eine Anzahl von Gehirnarealen, in denen Neurone Inputs von mindestens drei räumlichen Sinnessystemen erhalten, insbesondere die tiefen Schichten der Colliculi superiores (CS) und der Sulcus temporalis superior in der Region, in der der untere parietale, der temporale und der rostrale okzipitale Kortex zusammentreffen (z. B. Stein und Meredith 1993), sowie mehrere thalamische Kerne und selbst die sensorischen kortikalen Areale (Schroeder und Foxe 2005). Zudem gibt es Hinweise darauf, dass modalitätsspezifische Mechanismen ortsbasierter Aufmerksamkeit in der Nähe der TPJ konvergieren (z. B. Coren et al. 2004) – d. h., es könnte eine Art multimodale Ortsrepräsentation im Gehirn geben, die die neuronale Aktivität in den Karten der verschiedenen sensorischen Modalitäten integriert.

Eine Reihe von Befunden weist darauf hin, dass *intentionsgesteuerte* crossmodale Aufmerksamkeitsverlagerungen durch einen solchen supramodalen Mechanismus vermittelt werden. So z. B. werden neuronale Inputs von jeder der Sinnesmodalitäten im präfrontalen Kortex integriert (z. B. Fuster 1997). Weiterhin gehen intentionsgesteuerte Verlagerungen der Aufmerksamkeit auf Zielreize aus verschiedenen Modalitäten mit ERP-Aktivität in ähnlichen Gehirnregionen (an Elektroden entlang der Mittellinie) einher, neben attentionalen Modulationen in modali-

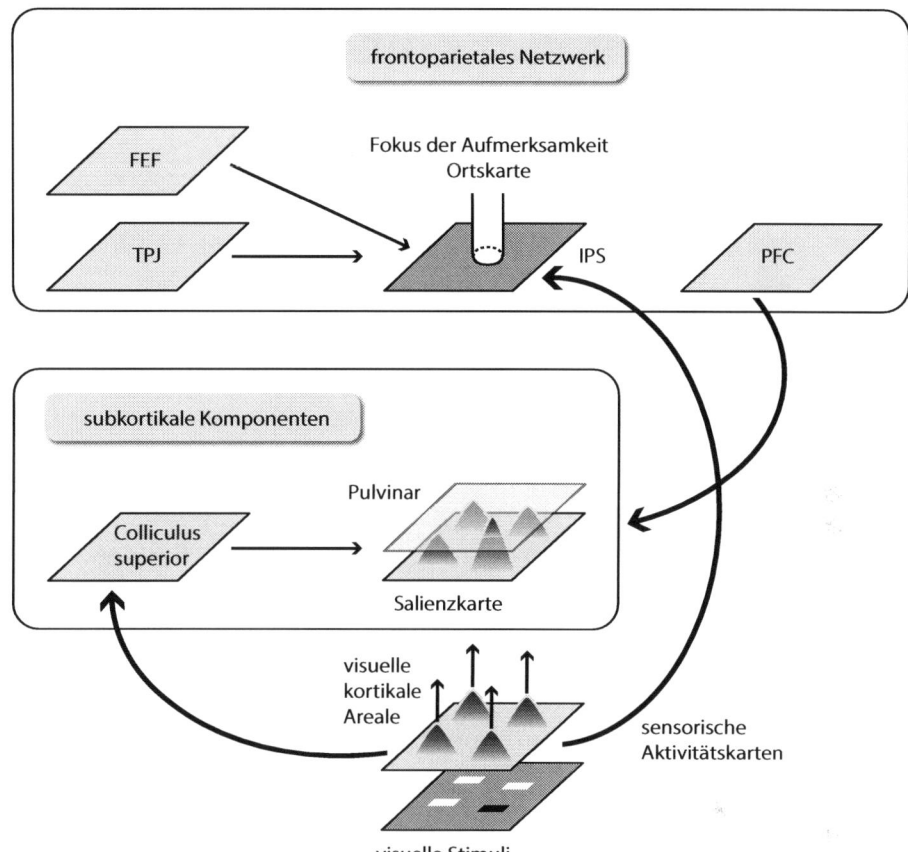

☐ **Abb. 11.6** Schematische Darstellung des Vorschlags von Wright und Ward (2008) eines integrativen Modells des Zusammenspiels subkortikaler und kortikaler Netzwerke in der Steuerung der ortsbezogenen Aufmerksamkeit. Sensorische Aktivationsverteilungen in visuellen kortikalen Arealen werden, auf einer intermediären Stufe, zu einer Salienzrepräsentation im ventralen Pulivar zusammengeführt; der Fokus der Aufmerksamkeit wird über eine Ortsrepräsentation im Parietalkortex (IPS) durch das frontoparietale Netzwerk gesteuert (Corbetta und Shulman 2002). (Adaptiert nach Wright et al. 2008; mit freundlicher Genehmigung von © Oxford University Press, USA 2014. All Rights Reserved)

tätsspezifischen Regionen (Eimer und Schröger 1998). Auch zeigten sich frühe ERP-Modulationen (< 200 ms nach dem Einsetzen von Zielreizen), wenn ein beachteter visueller und ein beachteter auditiver Zielreiz an der gleichen Position dargeboten wurden, nicht aber, wenn sie an unterschiedlichen Positionen erschienen (Eimer 1999) – der letztere Befund spricht gegen separate Aufmerksamkeitssysteme für die unterschiedlichen Sinnessysteme.

Auch die Ergebnisse von fMRT-Studien weisen auf ein supramodales Aufmerksamkeitssystem hin. So konnten z. B. in einer Studie von Macaluso et al. (2002) auditive symbolische Positionscues entweder von visuellen oder taktilen Zielreizen gefolgt werden, die mit einer Wahrscheinlichkeit von 80 % an der indizierten Position erschienen. Ungeachtet der Zielreizmodalität zeigten der VFC und die TPJ, also die ventralen Komponenten des frontoparietalen Netzwerks, erhöhte Aktivität in invaliden gegenüber validen Durchgängen. Zudem waren die

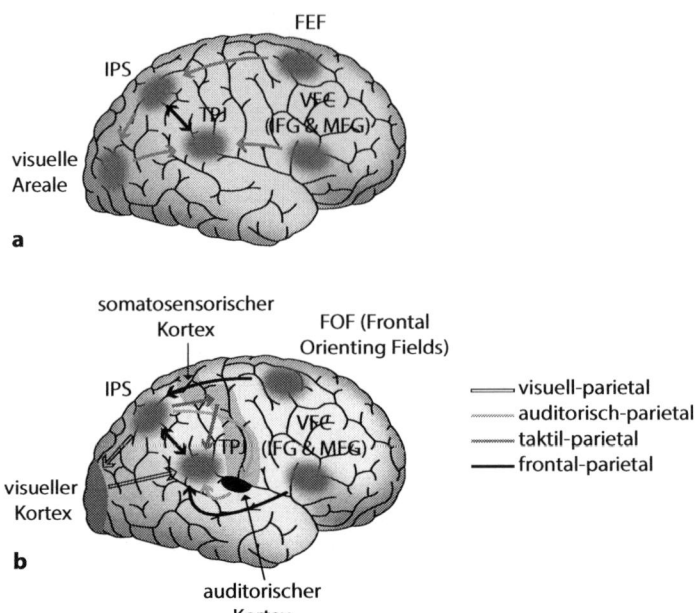

□ Abb. 11.7 a Version des von Corbetta und Shulman (2002) vorgeschlagenen frontoparietalen Aufmerksamkeitsnetzwerks, **b** Multimodale Version des Netzwerks. Neben visuellen Inputs erhält die temporoparietale Übergangsregion (TPJ) auch auditiven und somatosensorischen Input. Der intraparietale Sulcus (IPS) sendet Inputs nicht nur an visuelle Areale, sondern auch an den auditorischen und somatosensorischen Kortex. Die frontalen Augenfelder (FEF) wurden in frontale Orientierungsfelder (FOF) umbenannt, um ihre multimodale Rolle bei der Initiierung von Aufmerksamkeitsverschiebungen hervorzuheben. (Adaptiert nach Wright et al. 2008; mit freundlicher Genehmigung von © Oxford University Press, USA 2014. All Rights Reserved)

frontalen Augenfelder (FEF) sowie der IPS, d. h. die dorsalen Netzwerkkomponenten, unabhängig von der Cuevalidität aktiviert. Des Weiteren konnten Shomstein und Yantis (2004) zeigen, dass das Umschalten von einem zentralen RSVP-Strom visueller auf einen zentralen Strom auditiver Stimuli, sowie umgekehrt, mit transient erhöhter Aktivität im SPL einherging. Analog zu Yantis et al. (2002) hatten die Probanden Umschaltreize in der gerade zu beachtenden Modalität zu entdecken und daraufhin ihre Aufmerksamkeit auf die andere Modalität zu verlagern. Nach dem Umschalten erhöhte sich die Aktivität in den Kodierarealen für die relevante Modalität (z. B. auditiver Kortex) und reduzierte sich die Aktivität in den Arealen für die irrelevante Modalität (im Beispiel visueller Kortex). D. h., wie in der Studie von Macaluso et al. war ein gemeinsames Areal im parietalen Kortex aktiviert, unabhängig von der Modalität des Zielreizes. Insgesamt scheinen also das (dorsale) IPS-FEF- und das (ventrale) TPJ-VFC-Netzwerk in einer von der spezifischen Modalität unabhängigen Weise zu funktionieren (□ Abb. 11.7).

Auch die Befunde aus Studien zu reizgetriggerter crossmodaler Aufmerksamkeit weisen eher auf ein supramodales Aufmerksamkeitssystem hin. Zum Beispiel konnten ERP-Experimente mit direkten auditiven Hinweis- und visuellen Zielreizen (McDonald und Ward 2000) bzw. direkten visuellen Hinweis- und auditiven Zielreizen (McDonald et al. 2001) Cueingeffekte über dem okzipitalen bzw. dem auditiven Kortex im gleichen Zeitfenster von 200–300 ms nach dem Einsetzen des Zielreizes demonstrieren.

Reizgetriggerte Aufmerksamkeitsverlagerungen werden z. T. auch durch subkortikale Mechanismen vermittelt. So könnten etwa Informationen aus den verschiedenen Sinnesmodalitäten (der visuellen, der auditiven und der taktilen) die Aktivation in der Salienzkarte im ventralen Pulvinar beeinflussen. Dabei ist die Kodierung von Orten innerhalb der einzelnen Systeme aber modalitätsspezifisch: zweidimensionale Kodierung horizontaler und vertikaler Positionen in einem blickzentrierten Bezugsrahmen im Sehsystem; separate horizontale (Azimut) und vertikale (Elevation) Positionskodierung bezogen auf einen kopfzentrierten Rahmen im Hörsystem und Kodierung taktiler Orte in sogenannten „Dermatomen" (d. h. großen rezeptiven Feldern im somatosensorischen Kortex) auf der Körperoberfläche. Da allerdings diese unterschiedlichen Karten je nach der (Experimental-)Situation miteinander übereinstimmen oder aber konfligieren können, kann es zu komplexen Manifestationsmustern in unterschiedlichen Paradigmen kommen.

Zusammenfassend gibt es zwar weniger relevante Befunde aus Experimenten mit reizgetriggerter Aufmerksamkeit, aber die vorliegende Evidenz ist mit der Vorstellung eines multimodalen frontoparietalen Aufmerksamkeitsnetzwerks vereinbar.

- **Speed Read**
- Die Kontrolle der selektiven Aufmerksamkeit erfolgt durch Netzwerke sub-kortikaler und kortikaler Areale. Wichtige subkortikale Aufmerksamkeitsareale sind das aufsteigende retikuläre Aktivierungssystem (ARAS), die Colliculi superiors (CS) und das Pulvinarkerngebiet des Thalamus.
- Die Aktivierung von Neuronen in Corpus geniculatum laterale (CGL) des Thalamus, die rund 50 ms nach Beginn eines visuellen Stimulus beginnt, ist stärker, wenn ein attendiertes Objekt verarbeitet wird als ein nicht attendiertes. Die neuronale Aktivierung des CGL wird moduliert durch Neurone des thalamischen retikulären Kerns sowie durch Rückkoppelungen aus höheren Arealen des visuellen Systems.
- Neurone in den oberen Schichten der Colliculi superiores (CS) sind an Aufmerksamkeitsverlagerungen auf (abrupt einsetzende) periphere visuelle Zielreize beteiligt, wobei davon ausgegangen wird, dass Aktivität dieser CS-Neurone mit reizgetriggerten, nicht aber intentionsgesteuerten, Aufmerksamkeitsprozessen zusammenhängt.
- Die rezeptiven Felder von Neuronen in mittleren und tiefen Schichten der CS sind topographisch organisiert und können in drei Arten kategorisiert werden: visuelle Neurone kodieren Stimuluspositionen, motorische Neurone kodieren Sakkadenziele und visuomotorische Neurone sprechen auf visuelle und motorische Inputs an. Die Aktivität motorischer und visuomotorischer Neurone wird durch Aufmerksamkeit beeinflusst.
- Patienten mit progressiver supranukleärer Blickparese, einer neurodegenerativen Beeinträchtigung, die auch die CS betrifft, haben Schwierigkeiten, Aufmerksamkeit zwischen verschiedenen Orten zu verlagern.
- Die Beteiligung der CS an der Kontrolle von ortsbasierter Aufmerksamkeit legt eine funktionale Überlappung von Mechanismen nahe, die an der Kontrolle von Aufmerksamkeitsverschiebungen und Augenbewegungen beteiligt sind.
- Neben den subkortikalen CS sind auch die frontalen Augenfelder (FEF) an der Vermittlung von Aufmerksamkeitsverlagerungen und Augenbewegungen beteiligt, wobei FEF-Aktivität primär mit intentionsgesteuerten Augenbewegungen zusammenhängt. Die FEF haben einen vorwiegend hemmenden Einfluss auf die CS und bei Schädigungen der FEF ist es schwierig, Sakkaden auf peripher erscheinende Stimuli zu unterdrücken.
- Das Pulvinar, ein Kerngebiet im posterioren Thalamus, hat reziproke Verbindungen mit kortikalen und subkortikalen Arealen, es beinhaltet mehrere retinotop organisierte Karten. Unilaterale Läsionen des Thalamus bzw. des Pulvinar führen bei Menschen zu einer

verlangsamten Entdeckung von Zielreizen im kontraläsionalen visuellen Halbfeld. Es wurde vorgeschlagen, dass die primäre Ortskarte im ventralen Pulvinarkern die Funktion einer Hauptsalienzkarte hat, die reizgetriggerte und intentionsgesteuerte Prozesse der Aufmerksamkeitszuweisung koordiniert.

- Zwei an der Orientierung der Aufmerksamkeit beteiligte kortikale Gebiete sind der Parietal- und der Frontallappen. Der *posteriore Parietalkortex* enthält visuelle Karten zur Objektlokalisation sowie zur Integration von räumlicher Information mit Körperbewegungen für eine präzise Ausrichtung auf eine bestimmte räumliche Position.

- Der Frontallappen ist an der Steuerung zielgerichteter Aufmerksamkeit sowie an der Auswahl, Initiierung bzw. Unterdrückung motorischer Reaktionen (z. B. Sakkaden) beteiligt, die mit attentionaler Verarbeitung verbunden sind.

- Der prä-frontale Kortex wird als Hauptquelle von Kontrollsignalen an andere kortikale Areale angesehen. Einem einflussreichen theoretischen Modell zufolge arbeiten der Frontal- und der Parietallappen in einem frontoparietalen Netzwerk zusammen, das die Ablösung der Aufmerksamkeit von einem Ort und die intentionsgesteuerte Verschiebung der Aufmerksamkeit zu einem anderen Ort vermittelt.

- Im visuellen Kortex rufen Stimuli an beachteten Positionen größere P1- (Latenzbereich 80–150 ms) und N1- (150–200 ms) Komponenten hervor als Stimuli an nicht beachteten Positionen. Dabei reflektiert die P1 die attentionale Modulation der basalen sensorischen Verarbeitung, die N1 dagegen die kapazitätslimitierte Verarbeitung von Stimuli an beachteten Positionen.

- Neurone in mehreren Bereichen des parietalen Kortex, die mit Aufmerksamkeit assoziiert sind – der intraparietale Sulcus (IPS), an der Grenze zwischen dem superioren parietalen Lobulus (SPL) und dem inferioren parietalen Lobulus (IPL) sowie der parietale Anteil der temporoparietalen Übergangsregion (TPJ) – sind sensitiv dafür, wo sich Objekte befinden.

- Beim Menschen wurde in PET- und fMRT-Studien aufrechterhaltene Aktivation des IPS beobachtet, wenn die Probanden willentlich auf periphere Stimuli achteten. IPS-Aktivierung wurde auch während der durch einen Cue initiierten willentlichen Orientierung auf einen Ort im Raum hin gefunden. Diese Befunde weisen auf eine Rolle des IPS bei der Verlagerung und Aufrechterhaltung ortsbasierter Aufmerksamkeit hin.

- In der TPJ findet sich keine erhöhte Aktivierung in der Periode vom Cue- bis zum Zielreizonset, vielmehr verzögert sich die TPJ-Aktivierung, bis der Zielreiz registriert wurde.

- Die TPJ spielt eine kritische Rolle bei der Rückorientierung der Aufmerksamkeit auf visuelle Stimuli, die an Positionen außerhalb des momentanen Fokus der Aufmerksamkeit erscheinen.

- Die an der Kontrolle der räumlichen Aufmerksamkeit beteiligten frontalen und parietalen Areale wurden in einem theoretischen Vorschlag (Corbetta und Shulman 2002) in ein Modell eines frontoparietalen Aufmerksamkeitsnetzwerks integriert. Das Netzwerk besteht aus einer dorsalen frontoparietalen (FEF und IPS) und einer ventralen frontoparietalen (ventraler frontaler Kortex [VFC] und TPJ) Netzwerkkomponente. Das dorsale Netzwerk ist bilateral organisiert und zeigt erhöhte Aktivierung auf symbolische Positionscues sowie während anderer die willentliche Aufmerksamkeit beanspruchender Aufgaben; es scheint der rein willentlichen Aufmerksamkeitskontrolle zu dienen.

- Das ventrale Netzwerk ist stark auf die rechte Gehirnhemisphäre lateralisiert und es ist besonders nach der Registrierung von Zielreizen aktiviert, die an unbeachteten bzw. unerwarteten Positionen erscheinen, wobei der VFC die „Neuheit" von Stimuli bewertet, während die TPJ die Bestimmung von deren Relevanz für aktuelle Aufgabe vermittelt.

Das ventrale Netzwerk erfüllt auch die Funktion eines Schaltkreisunterbrechers für das dorsale Netzwerk.

- In einer Revision wurden wesentliche Aspekte des ursprünglichen Modells an den aktuellen Stand der Forschung angepasst (Corbetta et al. 2008). Das dorsale frontoparietale Netzwerk (IPS und FEF) vermittelt die Top-down-kontrollierte Selektion sensorischer Stimuli, die aktuellen Verhaltenszielen entsprechen, sowie die Assoziierung zwischen sensorischen Stimuli und motorischen Reaktionen. Das ventrale frontoparietale Netzwerk (TPJ und VFC) ist rechtshemisphärisch lokalisiert und vermittelt die Entdeckung auffälliger sensorischer Stimuli, sofern sie verhaltensrelevant sind; es unterbricht die aktuelle Verarbeitung durch Reduktion neuronaler Aktivität. Das ventrale Netzwerk hat eine Filterfunktion, die verhindert, dass auffällige, aber nicht verhaltensrelevante Stimuli die aktuelle Verarbeitung beeinträchtigen.

- Gehirnareale, in denen Neurone Inputs von mindestens drei räumlichen Sinnessystemen erhalten, sind die tiefen Schichten der CS, der Sulcus temporalis superior (Zusammentreffen parietaler, temporaler und rostral okzipitaler Kortices), mehrere thalamische Kerne und sensorische kortikale Areale. Modalitätsspezifische Mechanismen ortsbasierter Aufmerksamkeit konvergieren in der Nähe der TPJ, was als eine Art multimodaler Ortsrepräsentation im Gehirn interpretiert werden könnte, die die neuronale Aktivität der verschiedenen sensorischen Modalitäten integriert.

- Eine Reihe von Befunden weist darauf hin, dass intentionsgesteuerte crossmodale Aufmerksamkeitsverlagerung durch einen supramodalen Mechanismus (ein supramodales Aufmerksamkeitssystem) vermittelt wird.

- Reizgetriggerte Aufmerksamkeitsverlagerungen werden u. a. auch durch subkortikale Mechanismen, wie etwa dem ventralen Pulvinar, vermittelt, wo Informationen aus der visuellen, auditiven und taktilen Sinnesmodalität in eine Salienzkarte integriert werden.

Integrative Erklärungsansätze behavioraler und neuronaler Befunde

Hermann J. Müller, Joseph Krummenacher, Torsten Schubert

H. J. Müller, J. Krummenacher, T. Schubert, *Aufmerksamkeit und Handlungssteuerung*,
DOI 10.1007/978-3-642-41825-9_12, © Springer-Verlag Berlin Heidelberg 2015

12.1   Die Hypothese der integrierten Kompetition

Während es also bereits eine Fülle von Befunden zu neuronalen Mechanismen der visuellen Aufmerksamkeit gibt, so sind wir noch weit davon entfernt, eine detaillierte Korrespondenz zwischen den in verhaltensbasierten Studien dargestellten Prinzipien und den neuronalen Mechanismen herstellen zu können. In seiner *Theorie der integrierten Kompetition* (*integrated-competition hypothesis*) schlägt Duncan (1996; Desimone und Duncan 1995) vor, den Versuch der theoretischen, neurokognitiven Integration durch ein „Rahmenschema" objektbasierter attentionaler Kompetition im Sinne von Bundesens TVA leiten zu lassen.

Dieses Schema beruht auf drei Grundannahmen:

- Die Verarbeitung erfolgt in vielen, vielleicht sogar den meisten, der weit verteilten visuellen Gehirnsysteme in kompetitiver Weise. Eine erhöhte neuronale Reaktion auf ein Objekt geht mit einer verminderten Antwort auf andere Objekte einher (vermutlich weil die Reaktionen auf unterschiedliche Objekte wechselseitiger Inhibition unterliegen). Eine derartige Kompetition ist das neuronale Äquivalent attentionaler Kompetition auf der behavioralen Ebene.
- Verhaltensrelevanten Objekten wird durch Präaktivierung bzw. Bahnung (*priming*) relevanter neuronaler Populationen ein kompetitiver Vorteil verschafft. Erfordert die Aufgabe z. B. die Beachtung roter Items, so werden auf „rot" ansprechende Neuronen in farbselektiven Teilen des Netzwerks gebahnt. Diese Bahnung implementiert das Biasing attentionaler Kompetition im behavioralen Kontext.
- Die Kompetition verläuft in integrierter Weise zwischen dem einen und dem anderen Gehirnsystem. Gewinnt ein Objekt Dominanz in irgendeinem Teil des visuellen Netzwerkes, so tendiert es dazu, die Kontrolle über das restliche Netzwerk zu übernehmen. Insgesamt tendiert das Netzwerk dazu, sich in einen Zustand „einzufinden", in dem dasselbe Objekt überall dominant ist, wodurch seine unterschiedlichen Eigenschaften gleichzeitig der Verhaltenssteuerung verfügbar gemacht werden.

Diese „Hypothese der integrierten Kompetition" ist direkt durch die aus Bundesens (1990) TVA übernommenen Vorstellung einer sich zeitlich erstreckenden, objektbasierten Kompetition und des Erfordernisses eines flexiblen, kontextsensitiven Selektionsbias motiviert. Die gute quantitative Beschreibung von behavioralen Daten durch die TVA legt nahe, nach einem neuronalen Erklärungsansatz zu suchen, der ähnliche Grundgleichungen generiert: exponentielle Verarbeitungsdynamik, Kompetition durch Modulation der Verarbeitungsrate und aufgabenabhängige Gewichtszuordnung. Grundsätzlich besteht dem Ansatz der integrierten Kompetition zufolge der Zusammenhang zwischen der behavioralen und der neuronalen Ebene nicht in einem lokalisierten Gehirnsystem, das für visuelle Aufmerksamkeit verantwortlich ist. Vielmehr wird Aufmerksamkeit als ein Zustand des Netzwerks als Ganzes konzipiert: Ein Objekt wird beachtet, wenn verteilte Gehirnsysteme auf die Verarbeitung seiner multiplen Eigenschaften und Verhaltensimplikationen konvergieren.

12.2   Die neuronale Theorie der visuellen Aufmerksamkeit

In der *neuronalen Theorie der visuellen Aufmerksamkeit* (*neural theory of visual attention*, NTVA) von Bundesen et al. (2005) werden die Annahmen von Bundesens (1990) Theorie der visuellen Aufmerksamkeit (TVA) auf das Verhalten von Neuronen und Neuronengruppen abgebildet. Das Ziel der Entwicklung dieses Ansatzes lag darin, eine Lösung für den Zusammenhang von kognitiven und neuronalen Mechanismen zu entwickeln.

Bevor auf die NTVA eingegangen wird, ist es notwendig, die Formalisierungen der TVA kurz zu diskutieren. Wie schon dargestellt (s. ▶ Abschn. 9.2), beschreibt die TVA die visuelle Selektion in der Form von Teilleistungen: der Kapazität des visuellen Kurzzeitgedächtnisses, der Verarbeitungsgeschwindigkeit, der Top-down-Kontrolle und der relativen räumlichen Verteilung von Verarbeitungsressourcen. Zur Untersuchung bzw. der Determinierung der Teilleistungen werden die von Sperling (1960) entwickelten Ganz- und Teilberichtsverfahren angewandt. Um die Kapazität des visuellen Kurzzeitgedächtnisses und die Verarbeitungsgeschwindigkeit zu untersuchen, werden Buchstaben für verschieden lange Expositionszeiten (im Bereich von einigen 10 ms) präsentiert, und die Probanden geben so viele Buchstaben wie möglich wieder. Aus dem Anteil korrekt wiedergegebener Buchstaben wird eine psychophysische Funktion abgeleitet, aus deren Steigung die Verarbeitungsgeschwindigkeit und deren Asymptote die Kapazität des visuellen Kurzzeitgedächtnisses (vKZG) abgeleitet wird. Für die Schätzung der Top-down-Kontrolle und der relativen räumlichen Gewichtung wird die Teilberichtsmethode verwendet, bei der die Probanden nur Buchstaben mit einem vorher indizierten Merkmal (z. B. Farbe: rot) wiedergeben, Buchstaben mit anderen Merkmalen jedoch ignorieren sollen. Das Verhältnis von korrekt und falsch wiedergegebenen Buchstaben ist die Grundlage für das Maß der Top-down-Gewichtung. Die Analyse bezogen auf den Ort (links, rechts, oben oder unten im Suchdisplay), an dem Objekte dargeboten wurden, dient der Abschätzung, ob alle Bereiche eines Displays gleichmäßig gewichtet oder ob bestimmte Stellen vernachlässigt wurden.

Die Grundlage der Berechnung der genannten Teilleistungen bilden zwei Gleichungen, die *Verarbeitungsratengleichung* (*rate equation*) und die *Gewichtungsgleichung* (*weight equation*).

Die Gleichung der Verarbeitungsrate kann intuitiv so verstanden werden, dass sie die Stärke der sensorischen Evidenz angibt, mit der ein bestimmtes Displayelement x zur Kategorie i gehört, wobei diese Evidenz gewichtet ist durch den Bias (s. Hypothese der integrierte Kompetition, s. ▶ Abschn. 12.1), Kategorisierungen eines bestimmten Typs vorzunehmen, sowie durch das attentionale Gewicht, die einem Displayelement x zugewiesen wird.

Das Gewicht selbst wird durch die Gewichtungsgleichung ausgedrückt, die das Verhältnis des Gewichts für ein bestimmtes Objekt relativ zum Gewicht aller Displayobjekte darstellt.

Die NTVA wurde als abstrakte Informationsverarbeitungstheorie konzipiert und basiert auf einer Reihe von axiomatischen Annahmen zur Beziehung von kognitiven Mechanismen und der Funktionsweise von Neuronen. Die zentralen Postulate sind dabei, dass 1) Neurone im visuellen System darauf spezialisiert sind, einzelne Merkmale abzubilden und dass 2) Neurone zu einem definierten Zeitpunkt nur auf die Merkmale eines Objekts reagieren. Die NTVA erklärt zwei Prozesse, die in der TVA vorgeschlagen wurden, auf neuronaler Ebene. Bei den beiden Prozessen, die ihrerseits von Broadbent (1971) vorgeschlagen wurden, handelt es sich um das *filtering* (Einsatz eines Filters zur Selektion von Merkmalen) und das *pigeonholing* (Selektion von Kategorien). Filtering bezeichnet den Prozess, in dem etabliert wird, dass ein Objekt x zur Kategorie i gehört, und ist äquivalent mit der Aussagen, dass Objekt x das Merkmal i aufweist (als Beispiel: „diese Buchstaben gehören zur Farbkategorie rot"). Der Prozess des *pigeonholing* bezieht sich auf die Selektion von Kategorien: Wenn Objekt x in die Kategorie i eingeordnet wurde, wurde die Kategorisierung (x, i), also, x ist eine Element von i, selektiert. *Pigeonholing* ist gekennzeichnet durch den Biaswert, also die Tendenz, eine bestimmte Kategorie zu selektieren.

Filterung kann konzeptualisiert werden als eine Erhöhung des Pertinenzwertes π einer perzeptuellen Kategorie (d. h. eines Merkmals), die eine Erhöhung des attentionalen Gewichts w nach sich zieht. Wenn der Pertinenzwert π eines Objekts x erhöht wird, so wird das attentionale Gewicht w aller Objekte (mit den Eigenschaften) x um einen Betrag erhöht, der proportional ist zu η (x, i), d. h. zur Stärke der sensorischen Evidenz, dass Objekt x zur Kategorie i gehört.

Auf der Basis dieser Annahmen geht die NTVA nun davon aus, dass die Mechanismen des *filtering* (Selektion von Objekten/Elementen) und des *pigeonholing* (Selektion von Kategorien) auf der neuronalen Analyseebene reflektiert werden durch die Anzahl der Neurone, die ein bestimmtes Objekt neuronal repräsentieren bzw. durch die Feuerraten der Neurone, die bestimmte Merkmale repräsentieren. Die Selektion von visuellen Elementen, in der TVA durch die Gewichtungsgleichung (*weight equation*) beschrieben, spiegelt sich also in der Menge der Neurone, die feuern; und die Selektion von Merkmalen/Kategorien, in TVA in der Verarbeitungsratengleichung (*rate equation*) formalisiert, spiegelt sich in der Anzahl von Spikes, die ein Neuron produziert.

Die „attentionale Gewichtung" bzw. die Verarbeitungskapazität (s. a. Dimensionsgewichtung, ▶ Abschn. 6.5 und Ähnlichkeitstheorie, ▶ Abschn. 5.3.3), die einem bestimmten Objekt x zugeordnet ist, wird reflektiert durch die Anzahl der Neurone, die selektiv auf das Objekt x reagieren. Anders ausgedrückt: Im Rahmen der theoretischen Annahmen der TVA wird einem Objekt, das attendiert wird, erhöhtes Gewicht zugewiesen (wobei man sich das Gewicht in Form abstrakter [Verarbeitungs-]Ressourcen vorstellen kann). Im Rahmen der NTVA ist eine Erhöhung des attentionalen Gewichts durch eine größere Anzahl feuernder Neuronen implementiert. Aufbauend auf die Annahmen des Ansatzes der integrierten Kompetition (Duncan 1996; Desimone und Duncan 1995) nimmt die NTVA an, dass die neuronale Aktivierung von anderen Objekten entsprechend reduziert wird.

Wichtig ist, dass die eigentliche Einstellung (*tuning*) eines Neurons auf ein bestimmtes Objekt durch eine dynamische Anpassung des rezeptiven Feldes einer Zelle erreicht wird (s. Moran und Desimone 1985, 10.1.1). Die Anpassung des rezeptiven Feldes kann als eine sich verändernde Wahrscheinlichkeit ausgedrückt werden, dass ein Neuron ein bestimmtes Objekt repräsentiert, wobei diese Wahrscheinlichkeit gegeben ist durch das Verhältnis des Gewichts, das dem fraglichen Objekt zugewiesen wird, zur Summe der Gewichte, die den anderen Objekten im rezeptiven Feld zugewiesen wird. Das Ergebnis der dynamischen Anpassung ist eine Einschränkung des rezeptiven Feldes, so dass es nur noch das fragliche Objekt repräsentiert.

Hinsichtlich der Verarbeitungsrate, mit der eine Entscheidung getroffen werden kann, dass ein Objekt x zur Kategorie i gehört, ist die gesamte Aktivierung, die die Kategorisierung repräsentiert, direkt proportional zur Anzahl der Neurone, die die Kategorisierung repräsentieren, und zur Höhe der Aktivierung der individuellen Neurone, die die Kategorisierung repräsentieren. Wie oben dargestellt, wird die Anzahl der Neurone durch das relative attentionale Gewicht (*filtering)* und die Stärke der Aktivierung einzelner Neurone durch den Entscheidungsbias (*pigeonholing*) moduliert.

Wichtig im Zusammenhang mit der Frage, wie sich diese neuronalen Aktivierungsmuster entwickeln, ist die Annahme, dass die Verarbeitung der Information einer visuellen Szene in zwei Phasen oder Wellen erfolgt. Die erste Phase umfasst eine nichtselektive Verarbeitung aller Objekte einer visuellen Szene, während die gesamten Verarbeitungsressourcen zufällig über das gesamte visuelle Feld verteilt sind. In der ersten Phase werden attentionale Gewichte für jedes Objekt berechnet (Gewichtungsgleichung), die als Aktivierungsausprägung auf einer Salienzkarte repräsentiert werden. Im anschließenden zweiten Verarbeitungszyklus der selektiven Verarbeitung wird den Objekten im Verhältnis zu ihren attentionalen Gewichten Verarbeitungskapazität zugewiesen, die nach der (Verarbeitungsratengleichung) die Verarbeitungsgeschwindigkeit moduliert und damit die Wahrscheinlichkeit determiniert, mit der ein Objekt selektiert wird (d. h. ins vKZG kommt).

12.3   Mechanismus „rekurrenter" neuronaler Aktivierung der Selektion

Neuere Modelle zu temporalen Charakteristika der Aufmerksamkeit beziehen sich auf Ergebnisse von Untersuchungen zur Informationsübertragung in verschiedenen neuronalen Bahnen zu unterschiedlichen Gehirnarealen.

Während wir gewohnt sind, Informationsverarbeitung in einer hierarchischen Weise zu betrachten, in der Signale von den Sinnesorganen ausgehend zu immer höheren Arealen der sensorischen Verarbeitung, der Assoziation und schließlich der Planung und Durchführung von Reaktionen transferiert werden, integrieren einige aktuelle Modelle auch Rückprojektionen von höheren zu niedrigen Verarbeitungsstufen in ihre Erklärungsansätze. Dabei wird prinzipiell unterschieden zwischen einer *schnellen vorwärtsgerichteten Informationsweiterleitung (fast forward sweep of information)* und einer zurückfließenden bzw. *rekurrenten Informationsvermittlung (recurrent processing)*, Rückprojektionen also von höheren zu niedrigeren Verarbeitungsstufen (z. B. Lamme und Roelfsema 2000).

Rekurrente Modulierung von neuronalen Signalen wurde als Erklärung der sogenannten Substitutionsmaskierung vorgeschlagen, die als erste von Enns und Di Lollo (1997) beschrieben wurde. In einem typischen Experiment wird den Probanden kurzzeitig ein Display präsentiert, das eine Reihe unterschiedlicher einfacher geometrischer Objekte (Kreise, Quadrate, Dreiecke) enthält. Eines dieser Objekte ist von vier kleinen Punkten umgeben, die das Objekt jedoch nicht berühren. Die Aufgabe der Probanden ist es, die Identität des durch die Punkte markierten Objekts zu berichten. Wenn das gesamte Display nach der kurzen Präsentationszeit gelöscht wird, kann diese Aufgabe ohne Probleme gelöst werden, d. h., der Anteil korrekt berichteter Items liegt nahe bei 100 %. Bleiben jedoch die vier Punkte als einzige noch für kurze Zeit weiter sichtbar, nachdem das restliche Display gelöscht wurde, so fällt die Erkennensleistung massiv ab. Beobachter haben den subjektiven Eindruck, dass ein Quadrat, dessen Ecken durch die vier Punkte gegeben sind, das ursprünglich zu identifizierende Objekt ersetzt hat. (Ein ähnliches Phänomen ist das *common-onset masking.*) Zur Erklärung dieser Maskierungsphänomene schlugen Di Lollo et al. (2000) ein Modell vor, das annimmt, dass Verarbeitung modular ist und dass die beteiligten Module einer anatomischen Hierarchie folgen. Im Gegensatz zur herkömmlichen Idee eines Moduls, die von einer modulbezogenen Informationsenkapsulation (z. B. Fodor 1983) ausgeht, konzeptualisieren Di Lollo et al. ein Modul als einen Kreislauf, der aus Verbindungen zwischen einer frühen kortikalen visuellen Area (z. B. V1) und einer verbundenen Region im extrastiären visuellen Kortex (z. B. dem inferioren temporalen Kortex, IT) besteht. Ein solches Modul generiert eine Repräsentation des räumlichen Musters (der räumlichen Anordnung) innerhalb des rezeptiven Feldes, das das Modul repräsentiert.

Wahrnehmung ist ein emergenter Prozess, der auf iterativem Austausch zwischen Aktivierung auf niedrigen Verarbeitungsstufen, die die räumliche Anordnung von Stimuli repräsentieren, und Aktivierung auf höheren Stufen, auf denen Objekte überdauernd repräsentiert sind, beruht. Ein Display generiert also Aktivierung, die die räumliche Anordnung der Stimuli kodiert. Wird (im Rahmen des oben dargestellten Beispiels) das Display gelöscht, erfolgt die weitere Verarbeitung auf Basis der neuronalen Aktivierung, die die Stimuli generiert haben, wobei das Modul aus niedrigen und höheren Verarbeitungsstufen aktiviert wird.

Werden alle Displayelemente gelöscht, so zerfällt das gesamte neuronale Signal in einer gleichförmigen Weise und ein Zielreiz kann identifiziert werden. Bleibt jedoch ein Teil des visuellen Displays etwas länger sichtbar, so ergibt sich ein Ungleichgewicht zwischen der Information, die auf frühen und späten Stufen des Moduls kodiert ist. Anders formuliert fehlt eine Übereinstimmung zwischen der Information, die aus der höheren Verarbeitungsstufe des Moduls wieder zurück in die frühere Stufe projiziert wird. Die Aktivierung der frühen Stufe beinhaltet die vier Punkte, die länger sichtbar blieben; die höhere Stufe des Moduls besteht aus der langsam zerfallenden Repräsentation des zu nennenden Objekts. Welches Objekt (Zielreiz bzw. Maske) wahrgenommen wird, hängt von der Anzahl der Iterationen des Kreislaufs ab, die benötigt werden, um das Zielobjekt zu identifizieren. Sind nur wenige Iterationen notwendig, so reicht möglicherweise die frühe Aktivierung des Zielreizes aus, um es zu identifizieren. Ist jedoch eine große Zahl von Iterationen erforderlich, wird die initiale Repräsentation durch eine neue ersetzt, die mit der aktuellen Aktivierung auf der niedrigen Stufe übereinstimmt, d. h. das Objekt, das genannt werden sollte, ist durch die Punkte, die es umgeben, substituiert worden.

12.4   Neuronbasierte Modelle der Selektion

Die Untersuchungen zu zeitlichen Charakteristika neuronaler Verarbeitung können selbst als eine Kategorie von Modellen der Informationsselektion und Antwortgenerierung angesehen werden. Ein Beispiel einer solchen Theorie wurde vor kurzem von Lamme und Kollegen vorgestellt (z. B. Lamme und Roelfsema 2000; s. a. Hochstein und Ahissar 2002). Zeitliche Charakteristika der Ausbreitung von Information in verschiedenen Gehirnarealen stellen dem Ansatz von Lamme und Roelfsema (2000) zufolge einen zentralen Aspekt der Generierung von bewussten Reaktionen und kognitiven Ereignissen dar (s. ◨ Abb. 12.1). Die visuelle Information über multiple visuelle Stimuli erreicht die visuelle Area 1 (V1) des striären Kortex ungefähr 40 ms nach dem Beginn der Stimuluspräsentation. Rund 60–80 ms nach Stimulationsbeginn wird die unbewusste Verarbeitung in extrastriären Areale initiiert; etwa 100– 150 ms nach Stimulationsbeginn, im Anschluss an die Aktivierung frontaler Areale, können unbewusste Reaktionen generiert werden. Extrastriäre Areale der höheren visuellen Verarbeitung sind gekennzeichnet durch zunehmend größere rezeptive Felder, in denen multiple Stimuli darum konkurrieren, repräsentiert bzw. verarbeitet zu werden. Auf diesen höheren Stufen der visuellen Verarbeitung wird eine begrenzte Anzahl von Stimuli zur weiteren Verarbeitung und zur Kontrolle von Verhalten selektiert. Ungefähr 150 ms nach Stimulusbeginn setzt in den visuellen Gehirnarealen die sogenannte rekurrente neuronale Aktivierung der in höheren Arealen selektierten Stimuli ein. Dabei werden Neurone in visuellen Arealen, die die selektierten Objekte repräsentieren, durch Rückprojektionen (*recurrent projections*) aus Arealen höherer Verarbeitung im parietalen oder temporalen Kortex aktiviert. Visuelle Merkmale, die in Arealen der initialen visuellen Verarbeitung kodiert sind, werden in einer sich ausbildenden perzeptuellen Organisation zu Objekten gebunden, die die Entstehung eines *Phänomenbewusstseins* nach sich ziehen, das heißt, eines Bewusstseins des Vorhandenseins eines bestimmten individuellen Objekts. Rund 200–300 ms nach Stimulusbeginn bekommen exekutive Areale im frontalen Kortex zunehmend größeres Gewicht für die Mechanismen der rekurrenten Verarbeitung, und visuelle Information wird ins Set der aktuellen (Aufgaben-) Anforderungen und Ziele integriert (s. ◨ Abb. 12.1). Bewusstsein über das Vorhandensein von Objekten zieht, durch eine Interaktion mit Arealen höherer kognitiver Verarbeitung, eine umfassendere Art von Bewusstsein der in einer Szene befindlichen Objekte nach sich, das als *Zugangsbewusstsein* bezeichnet wird. Mit Zugangsbewusstsein werden die Wahrnehmung von auf ein Objekt anwendbaren kognitiven Transformationen sowie die handlungsbezogene Relevanz bezeichnet, die mit einem Objekt assoziiert sind. Aufgrund der Kompetition um Zugang zu höheren Verarbeitungsstufen wird nur eine kleine Menge von Objekten auf der Ebene von Zugangsbewusstsein repräsentiert.

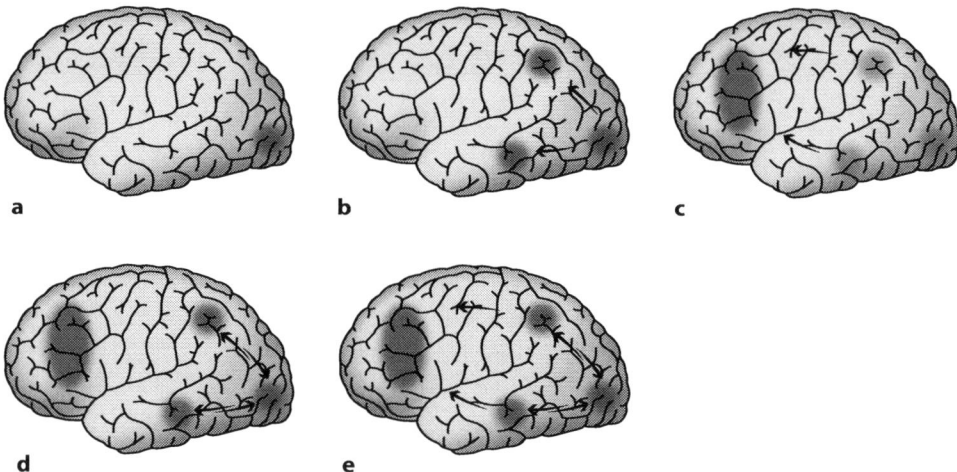

Abb. 12.1 **a** Rund 30 ms nach einer sensorischen Stimulation erreicht die neuronale Aktivierung den visuellen Kortex, **b** nach rund 60 ms werden extrastriatäre Areale aktiviert, **c** rund 100 ms nach Stimulation können unter visueller Kontrolle stehende Reaktionen ausgelöst werden, die nicht auf bewusster Verarbeitung beruhen, **d** Nach mehr als 100 ms nach Stimulation setzt aus höheren Arealen stammende Aktivierung in vorgeschalteten Arealen ein, die Voraussetzung ist für bewusste Verarbeitung, **e** nach etwa 200 ms kann die aufgrund bewusster Verarbeitung generierte Aktivität zu motorischer Aktivierung führen, die bewusste Reaktionen auf die sensorischen Stimulation ermöglicht. (Adaptiert nach Lamme 2000; mit freundlicher Genehmigung von © Kluwer Academic Publishers 2014. All Rights Reserved)

- **Speed Read**
- Die Theorie der integrierten Kompetition ist der Vorschlag einer Rahmentheorie, deren Ziel es ist, eine gemeinsame Interpretationsbasis sowohl für behaviorale Daten und die kognitive Erklärungsebene als auch für neurobiologische Daten und die kognitiv-neurowissenschaftliche Erklärungsebene zu bieten. Dabei wird von einem Mechanismus objektbasierter attentionaler Kompetition ausgegangen.
- Der Ansatz basiert auf drei Grundannahmen: 1) die Verarbeitung erfolgt in der überwiegenden Zahl der verteilten Gehirnsysteme in kompetitiver Weise, wobei die Erhöhung der neuronalen Reaktion auf ein Objekt von einer Reduktion der Reaktion auf andere Objekte begleitet wird. Neuronale Kompetition hat ihr behaviorales Äquivalent in attentionaler Kompetition. 2) Verhaltensrelevante Objekte bekommen durch Präaktivierung der sie repräsentierenden Neurone einen kompetitiven Vorteil. Präaktivierung hat ihr behaviorales Äquivalent in einem Bias in der attentionalen Kompetition. 3) Die Kompetition verläuft zwischen verschiedenen Gehirnregionen in einer integrierten Weise. Gewinnt ein Objekt die Kompetition in einem Teil des visuellen Systems, so tendiert es dazu, die Kompetition in anderen Teilen zu gewinnen. Das Gesamtsystem bewegt sich hin zu einem Zustand, in dem ein und dasselbe Objekt überall dominant ist.
- Die neuronale Theorie der visuellen Aufmerksamkeit (NTVA) erweitert die Theorie der visuellen Aufmerksamkeit (TVA, s. ▶ Abschn. 9.2) dadurch, dass sie die Prozesse des *filtering* (Selektion von Merkmalen) und des *pigeonholing* (Selektion von Kategorien) auf der neuronalen Ebene durch die Anzahl der Neurone, die ein Objekt neuronal repräsen-

tieren sowie die Feuerrate der Neurone, die bestimmte Merkmale repräsentieren, erklärt. Die Einstellung (tuning) eines Neurons auf ein bestimmtes Objekt wird dabei durch die dynamische Anpassung des rezeptiven Feldes erreicht.

▬ Rekurrente, d. h. von höheren zu niedrigeren Gehirnarealen zurückfließende Information kann eine Selektionsfunktion haben, durch die das Phänomen der Substitutionsmaskierung erklärt werden kann. Bei einer Substitutionsmaskierung wird ein Objekt in der Wahrnehmung scheinbar durch ein anderes Objekt ersetzt. Diese Art der Maskierung tritt dann auf, wenn es keine Übereinstimmung gibt zwischen der Aktivierung, die aus der höheren Verarbeitungsstufe wieder zurück in die niedrigere Stufe projiziert wird und der aktuell auf der niedrigeren Stufe vorhandenen Aktivierung. Damit ein Objekt selektiert werden kann, muss ebendiese Korrespondenz für eine bestimmte Zeit gegeben sein.

▬ Die Analyse der Zeitpunkte des Auftretens neuronaler Aktivierung in bestimmten Gehirnarealen und den zu diesen Zeitpunkten möglichen Handlungen zeigt, dass rund 100 ms nach Stimulationsbeginn unter visueller Kontrolle stehende, jedoch nicht auf bewusster Verarbeitung beruhende, Reaktionen ausgelöst werden können. Nach mehr als 100 ms nach Stimulation setzt aus höheren Arealen stammende Aktivierung ein, die Voraussetzung ist für bewusste Verarbeitung. Nach etwa 200 ms kann die aufgrund bewusster Verarbeitung generierte Aktivität zu bewussten Reaktionen führen.

12

Handlungssteuernde Aufmerksamkeit (Aufmerksamkeit und Handlung)

Hermann J. Müller, Joseph Krummenacher, Torsten Schubert

H. J. Müller, J. Krummenacher, T. Schubert, *Aufmerksamkeit und Handlungssteuerung*,
DOI 10.1007/978-3-642-41825-9_13, © Springer-Verlag Berlin Heidelberg 2015

Wenn im Zuge der Informationsaufnahme sensorische Stimuli für die weitere Verarbeitung selektiert wurden, erfolgt darauf häufig ein extern beobachtbares Verhalten, das zur Erreichung von bestimmten Zielen nötig ist. So nimmt man den Stimulus eines roten Ampellichts nicht ausschließlich wahr, um ihn zu sehen, sondern man steuert daraufhin eine bestimmte Verhaltensreaktion, zum Beispiel das Betätigen eines Bremspedals.

Wie einleitend schon erwähnt, beschäftigt sich ein Teil der Aufmerksamkeitsforschung mit Fragen, die den Stellenwert der Aufmerksamkeit bei der Selektion der Handlungen auf die eintreffenden Stimuli und bei der Kontrolle und Steuerung der Handlungen betreffen (*handlungssteuernde Selektion*). Fragen, die dabei eine Rolle spielen, sind: Wie wird die Aufmerksamkeit aufgeteilt, wenn eine Person mehrere Handlungen gleichzeitig ausführen muss? Ist die Aufmerksamkeit dabei eine unteilbare Größe, die zu einem bestimmten Zeitpunkt der einen Handlung zugewiesen wird und zu einem anderen Zeitpunkt der anderen Handlung? Oder kann man die Aufmerksamkeit in verschiedene Portionen aufteilen, so dass gleichzeitig ein Anteil auf eine Handlung und ein anderer Anteil auf die andere Handlung kommt? Welche Mechanismen bestimmen die Art und Weise, wie Personen sich in solchen Situationen verhalten? Gibt es eine übergeordnete Aufmerksamkeitskapazität (s. a. ▶ Kap. 4), die dabei Kontrolle ausführt, oder existieren verschiedene Aufmerksamkeitsmechanismen, die bei der Ausführung des Verhaltens involviert sind? Wie werden Konflikte zwischen Verarbeitungsprozessen gelöst, die gleichzeitig um Ausführung einer Verhaltensantwort konkurrieren? Die folgenden Abschnitte beschäftigten sich mit diesen Fragen in unterschiedlichen Zusammenhängen: Aufmerksamkeit und multiple Handlungen (▶ Kap. 13), Aufmerksamkeit und exekutive Kontrolle von Handlungen (▶ Kap. 14) und neuronale Implementierung exekutiver Prozesse (▶ Kap. 15).

13.1 Aufmerksamkeit und multiple Handlungen

Bevorzugte Situationen, in denen man die oben genannten Fragen in der Psychologie untersucht, sind *Doppeltätigkeiten*; hier müssen Personen ihre Aufmerksamkeit auf zwei Handlungen aufteilen, so wie etwa das Steuern eines Autos und die gleichzeitige Kommunikation mit dem Beifahrer.

Aus eigener Erfahrung wissen wir, dass das gleichzeitige Autofahren und Kommunizieren eine schwierige Situation ist, die zu Leistungseinbußen in der Form eines erhöhten Zeitbedarfs oder Anstiegs der Fehler bei der Ausführung führen kann. Strayer und Johnston (2001) haben das unlängst in einer gut kontrollierten Laborsituation zeigen können. In ihrem Experiment mussten die Probanden in einer simulierten Autosteuerungsaufgabe ein Bremspedal so schnell wie möglich betätigen, sobald ein rotes Licht (Ampellicht) aufleuchtete. Diese Aufgabe sollte einmal allein (als Einfachaufgabe) und zusammen mit einer zweiten Aufgabe (Doppelaufgabensituation) ausgeführt werden, in der die Probanden per Handy mit einer anderen Person kommunizierten. Die Ergebnisse erbrachten deutliche Leistungseinbußen in der Doppelaufgaben- gegenüber der Einzelaufgabensituation. Die Probanden übersahen viel häufiger das rote Licht in der Doppelaufgaben- (7 %) gegenüber der Einzelaufgabenbedingung (3 %). Gleichzeit erhöhte sich die Zeit beim Betätigen des Bremspedals um 50 ms (◘ Abb. 13.1). Obwohl dies nicht sehr lang zu sein scheint, bedeutet dies aber bei einer Geschwindigkeit von 110 km/h einen um 1.5 m verzögerten Bremsweg (Sternberg 2008). Diese Verzögerung könnte über ein erfolgreiches Ausweichen oder das Anfahren einer Person im Straßenverkehr mit schlimmsten Folgen entscheiden.

In der psychologischen Literatur werden die Leistungsverschlechterungen in solchen Doppelaufgabensituationen häufig dadurch erklärt, dass die Aufmerksamkeitskapazität einer Person nicht ausreicht, um beide Aufgaben gleichzeitig so auszuführen wie in Einzelsituationen,

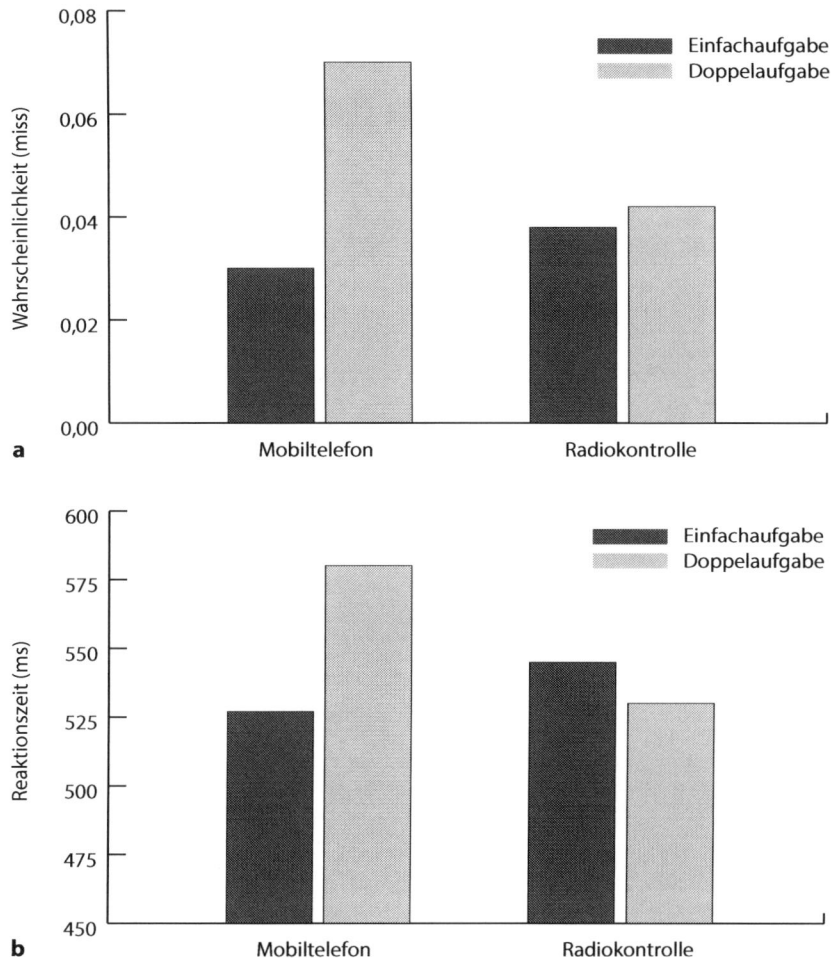

□ **Abb. 13.1** Leistung von Probanden in einem Doppelaufgabenlaborexperiment, **a** Wahrscheinlichkeit einer ausgelassenen Reaktion (*miss*), **b** Reaktionszeit. Die Leistung im Fahrsimulator (Reaktion auf ein rotes (Ampellicht) beim Steuern eines Autos fällt ab, wenn man per Mobiltelefon mit einer anderen Person kommuniziert (Doppelaufgabe) im Vergleich zur Situation ohne Mobiltelefon (Einfachaufgabe). Zum Vergleich: Die Notwendigkeit der Radiokontrolle führt nicht zur Verringerung der Leistung bei der Reaktion auf das rote Licht. (Adaptiert nach Strayer und Johnston 2001)

sodass es zu einer Verschlechterung der Leistung (Performanz) kommt. Wie kommt es nun aber zur Verschlechterung der Leistung? Wie erfolgt in solchen Situationen die Verteilung der Aufmerksamkeit auf die verschiedenen Aufgaben? Wo sind die Grenzen bei der Bearbeitung zweier Aufgaben?

13.1.1 Der strukturelle Engpass und die Verteilung der Aufmerksamkeit

Verschiedene Autoren (Welford 1952; Pashler 1994) erklären das Entstehen von zusätzlicher Zeit oder Fehlern in Doppelaufgaben gegenüber Einzelaufgaben mit der Annahme einer strukturel-

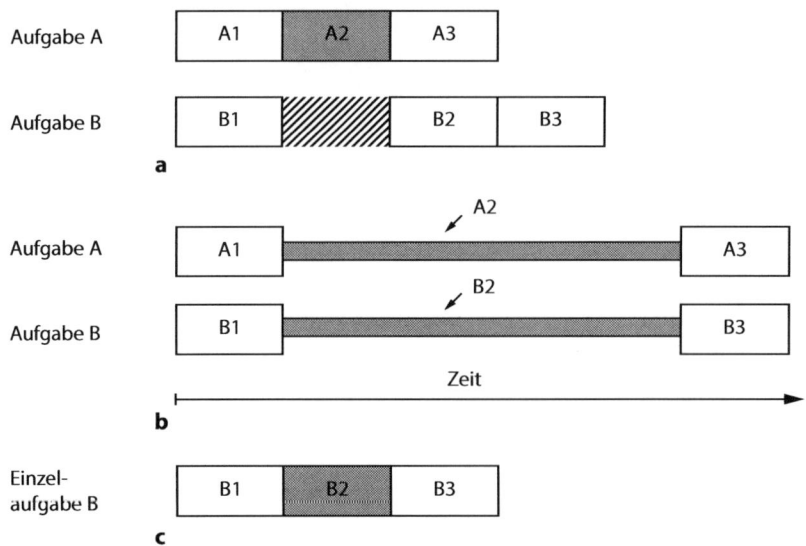

◘ Abb. 13.2 Grundannahmen über die Verteilung von Aufmerksamkeitskapazität bei Doppelaufgabensituationen, **a** Im Modell struktureller Kapazitätslimitationen wird die Verarbeitungskapazität im Alles-oder-Nichts-Verfahren zwischen zwei kapazitätslimitierten Prozessen (A2 und B2) aufgeteilt. Dadurch kommt es zur Unterbrechung der Aufgabe B (schraffierter Bereich), **b** Die Aufmerksamkeit wird als Ressource graduell auf zwei gleichzeitige Prozesse aufgeteilt. Dadurch kommt es zur Unterversorgung von A2 und B2 mit Kapazität und zur Verschlechterung der Leistung (hier Verlängerung der Bearbeitungszeit), **c** Ausführung der Aufgabe B in Einzelaufgabensituation zum Vergleich mit den Verhältnissen in **a** und **b**

len Kapazitätsbegrenzung der Aufmerksamkeit. Sie nehmen an, dass eine Verarbeitungsstruktur im kognitiven System existiert, die jeweils nur einmal zu einem Zeitpunkt genutzt werden kann. Nutzen Prozesse der Aufgabe A diese Struktur, dann können Prozesse der Aufgabe B sie nicht gleichzeitig nutzen. Es kommt während dieser Zeit zur Unterbrechung der Prozesse in der Aufgabe B und damit zur Verlängerung der Bearbeitungszeit in dieser Aufgabe (◘ Abb. 13.2a).

Ein empirischer Befund, der mit dem Auftreten einer strukturellen Kapazitätsbegrenzung und der dadurch entstehenden Unterbrechung von Prozessen in Doppelaufgaben in Verbindung gebracht wird, ist das Phänomen der *Psychologischen Refraktärperiode* (PRP, s. a. ▶ Abschn. 2.1). Bei Experimenten mit dem Paradigma der PRP werden den Probanden in kurzem und veränderlichem zeitlichem Abstand (als Inter-Stimulus-Intervall, ISI, bezeichnet) zwei Stimuli (S1 und S2) dargeboten, auf die jeweils eine Reaktion erfolgen muss (meistens erfolgt S1 vor S2). In der Regel werden Wahlreaktionen gefordert, wobei der Proband anzeigen muss, welcher S1 (z. B. tiefer oder hoher Ton; Aufgabe 1) und S2 (z. B. großes oder kleines Quadrat; Aufgabe 2) dargeboten wurde. Das ISI wird so gewählt, dass bei kurzem ISI die Prozesse bei der Bearbeitung von Aufgabe 1 zeitlich sehr stark mit denen von Aufgabe 2 überlappen, und bei einem langen ISI dagegen nicht. Als Befund zeigt sich im wenig geübten Zustand sehr stabil, dass die Reaktionszeit auf S2 (RZ2) bei kleinem ISI sehr groß ist und mit zunehmendem Intervall dann abnimmt (◘ Abb. 13.3). Die Reaktionszeiten auf S1 (RZ1) werden allgemein als unabhängig vom Intervall beschrieben.

Zur Erklärung hat Welford (1952) angenommen, dass die zu beobachtende Verlängerung der RZ2 durch die Existenz eines Informationsverarbeitungskanals mit begrenzter Kapazität zustande kommt. Wenn die Prozesse bei der Bearbeitung von S1 den Kanal begrenzter Kapazität benötigen, dann können S2-Prozesse diesen Kanal nicht gleichzeitig nutzen. Es kommt zur

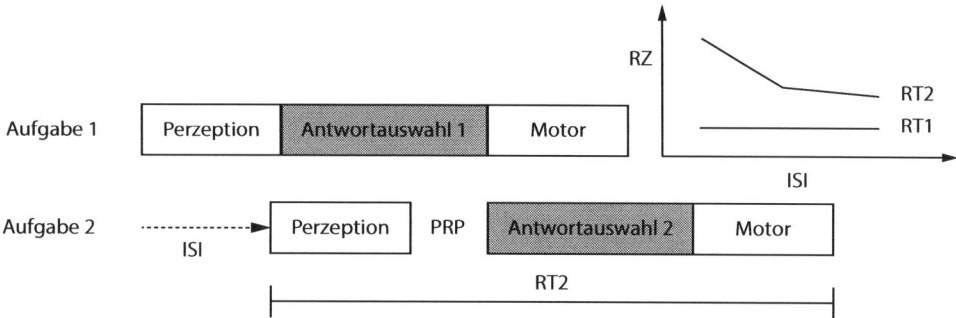

❏ Abb. 13.3 Typischer Verlauf der Reaktionszeiten in Aufgabe 1 und Aufgabe 2 einer Doppelaufgabensituation des Psychologischen Refraktärzeit (PRP)-Typs; oben rechts. RZ2 Reaktionszeit auf Aufgabe 2 nimmt mit zunehmenden Intervall zwischen den beiden Aufgaben (ISI) ab; RZ1 Reaktionszeit auf Aufgabe 1 wird häufig als unabhängig vom ISI berichtet. Panel unten: Modell eines Flaschenhalses bei der Antwortauswahl; die Antwortauswahlprozesse in Aufgabe 2 warten bis die Antwortauswahlprozesse in Aufgabe 1 beendet sind. Dadurch entsteht eine Unterbrechung in der Aufgabenbearbeitung von Aufgabe 2; PRP Psychologische Refraktärperiode

Unterbrechung der Bearbeitung von S2. Man spricht auch vom Auftreten eines Flaschenhalses in der Verarbeitung der Aufgaben A und B, um deutlich zu machen, dass das Warten von B deshalb notwendig ist, weil ein Engpass dazu zwingt (PRP; ❏ Abb. 13.3).

Eine wichtige Frage ist, welche Prozesse beim Bearbeiten zweier Aufgaben dem kapazitätsbegrenzten Kanal unterworfen sind. Um diese Frage systematisch stellen zu können, geht man von der Unterteilung der Prozesse in Prozesse der *Perzeption* der Stimuli (P), Prozesse der Selektion der Antworten auf die Stimuli bzw. der *Antwortselektion* (AS) und der *motorischen Antworten* (M) aus (❏ Abb. 13.3, 13.4 und 13.5). Im Grunde könnte bei allen diesen Prozessen ein Engpass auftreten.

Forscher wie Welford (1952) und später Pashler (1994) behaupten jedoch, dass es die zentral-kognitiven Prozesse der Antwortselektion sind, die dem Engpass durch den kapazitätsbegrenzten Kanal unterworfen sind. Dafür sprechen einerseits Befunde von Pashler (1990), der das Auftreten einer PRP in Situationen gezeigt hat, in denen die Probanden in einer Doppelaufgabe eine Fingerreaktion (rechter Zeige-, Mittel- oder Ringfinger) auf einen visuellen Reiz (Buchstaben) und in einer anderen Aufgabe eine verbale Reaktion (Wort „hoch" oder „tief") auf einen hohen oder tiefen Ton ausführten. Da die sensorischen und motorischen Systeme bei dieser Aufgabenkombination vollständig getrennt waren und somit hier kein Anlass zu Störungen zwischen den Aufgaben vorhanden war, schlussfolgerte Pashler (1990), dass der PRP-Effekt aufgrund eines strukturellen Engpasses bei der Antwortselektion zustande kommt.

Zusätzliche Hinweise auf die Lokalisation des kapazitativen Engpasses bei der Antwortselektion kommen von weiteren Untersuchungen von Pashler und Kollegen; bei diesen Untersuchungen wurde eine Methode eingesetzt, die es erlaubt, sehr genaue Einblicke in die zeitliche Abfolge von Prozessen bei Doppelaufgaben zu bekommen und die als Methode der *Lokation-des-Verarbeitungsengpasses* (*locus-of-slack method*) bezeichnet wird. Bei dieser Methode wird der Zeitbedarf einzelner Teilprozesse der Doppelaufgabe vor oder nach einem angenommenen Engpass experimentell manipuliert, und der Effekt auf die Reaktionszeiten in den Aufgaben 1 und 2 in Abhängigkeit vom ISI untersucht. Um den Zeitbedarf einzelner Prozesse zu manipulieren, vergleicht man dabei unterschiedliche Aufgabenkombinationen, bei denen zum Beispiel einmal eine Aufgabe 2 mit einer schwierigen Perzeption (oder Antwortselektion) und einmal mit einer leichten Perzeption (oder Antwortselektion) ausgeführt werden muss. Die Schwierigkeit der Perzeption kann man durch Manipulation der Intensität

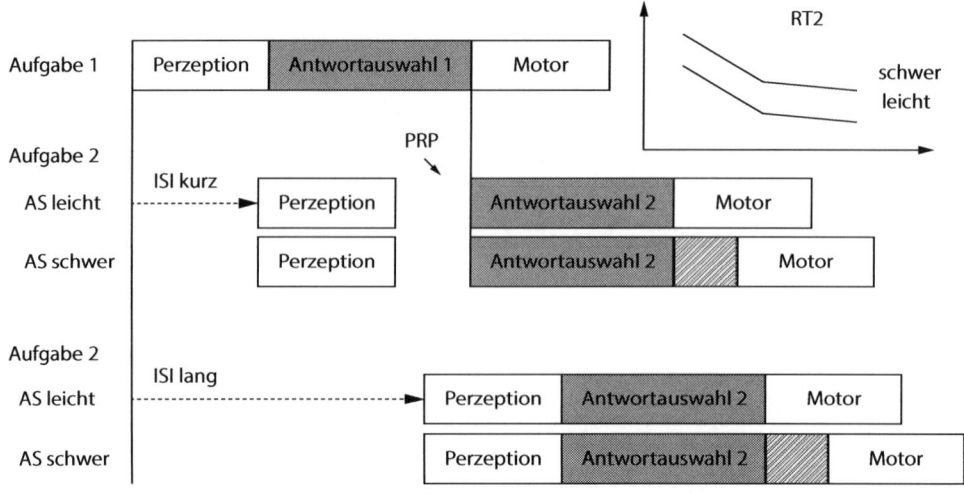

□ Abb. 13.4 Modell eines Verarbeitungsengpasses bei der Antwortauswahl. Vorhersagen über die Effekte einer Verlängerung der Bearbeitungszeit für die Antwortauswahl in Aufgabe 2 auf die Reaktionszeiten in einer Doppelaufgabe (Pashler 1994). Aufgrund der Verlängerung der Antwortauswahl (durch erhöhte Antwortauswahlschwierigkeit) entsteht eine zusätzliche Zeit in Aufgabe 2 (schraffiert). Die zusätzliche Zeit entsteht nach der Unterbrechung der Aufgabe 2 (psychologische Refraktärperiode, PRP). Dadurch verlängert sich die Reaktionszeit in Aufgabe 2 (RZ2) zu gleichen Teilen bei langem und kurzem Intervall zwischen beiden Aufgaben (ISI)

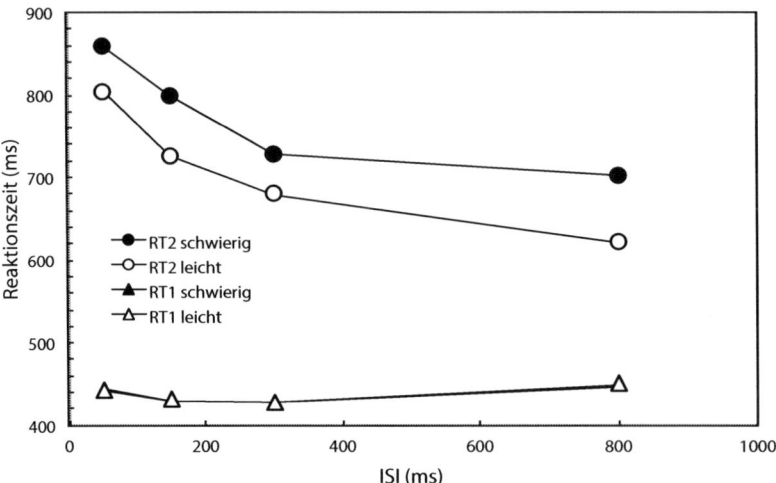

□ Abb. 13.5 Reaktionszeiten für Aufgabe 1 (RZ1) und Aufgabe 2 (RZ2) in einem Experiment von McCann und Johnston (1992) in Abhängigkeit von der Schwierigkeit der Antwortauswahl in Aufgabe 2 und dem Intervall zwischen beiden Aufgaben (ISI). Die Ergebnisse entsprechen den Vorhersagen des Modells über die Lokalisation eines Verarbeitungsengpasses bei der Antwortauswahl in □ Abb. 13.3 und 13.4

eines visuellen Stimulus variieren, und die der Antwortselektion durch den Vergleich einer systematischen Zuordnung der Stimuli mit den Reaktionen gegenüber einer unsystematischen (siehe □ Abb. 13.4 und 13.6 und Text).

Wie kann man nun mit dieser Methode prüfen, welche Prozesse genau zwischen zwei Aufgaben einem Engpass unterworfen sind? Das Doppelaufgabenmodell von Pashler (1994) macht dazu eine Reihe sehr klarer und gut zu prüfender Annahmen. Zum Beispiel sagt das Modell voraus, dass eine Verlängerung der Bearbeitungsdauer der Antwortselektion in Aufgabe 2 (AS2) nur einen Effekt auf die Bearbeitungszeit der Aufgabe 2 (RZ2) und keinen auf die Zeit für Aufgabe 1 (RZ1) haben soll und dass die Größe des Effektes unabhängig vom ISI zwischen S1 und S2 ist (◘ Abb. 13.4). McCann und Johnston (1992) konnten diese Vorhersage in einem Experiment bestätigen, in dem die Probanden in Aufgabe 1 auf einen hohen oder tiefen Ton verbal reagierten und in Aufgabe 2 auf mehrere visuell dargebotene Objekte (z. B. Quadrate unterschiedlicher Größe) mit Fingerreaktionen reagierten (◘ Abb. 13.5). In der leichten Bedingung der Antwortselektion in Aufgabe 2 (AS2) waren die Quadrate systematisch der Größe nach (von klein zu groß) drei Fingern einer Hand (Zeige-, Mittel-, Ringfinger) zugeordnet. In der schwierigen Version war die Zuordnung unsystematisch, so dass mehr Zeit bei der Antwortselektion verbraucht wurde. Man nimmt an, dass der zusätzliche Zeitbetrag in der schwierigen gegenüber der leichten Antwortselektion in Aufgabe 2 nach dem Engpass in der Aufgabe 2 entsteht; deshalb wird die zusätzliche Zeit zu gleichen Anteilen unabhängig von ISI auf die RZ2 aufgetragen. Wie in ◘ Abb. 13.5 zu sehen ist, resultiert daraus ein Muster mit zwei parallel verlaufende RZ2 Kurven für die beiden Schwierigkeitsbedingungen der Aufgabe 2 (siehe dazu ausführlich auch Schubert 1999). Dieses Muster weist dann darauf hin, dass der manipulierte Prozess (die Antwortselektion) am oder nach dem Engpass lokalisiert ist.

Eine andere Vorhersage betrifft die Manipulation des Zeitbedarfs für einen Prozess der nach dem Pashler-Modell vor dem Engpass in Aufgabe 2 abläuft, wie die Perzeption. Das Modell von Pashler macht hier eine spektakuläre Vorhersage (◘ Abb. 13.6). Der erhöhte Zeitbedarf in der schwierigen gegenüber einer leichten Perzeption in Aufgabe 2 führt *nicht* zu einer Verlängerung der RZ2 bei einem kurzen ISI, obwohl sich hier die beiden Aufgaben zeitlich sehr stark überlappen und es deshalb schwieriger sein müsste, sie gemeinsam auszuführen; wohl aber kommt es zu einer Erhöhung der RZ2 in der schwierigen gegenüber der leichten Version der Aufgabe bei einem langen ISI, wenn sich die beiden Aufgaben zeitlich nicht mehr überlappen. Das ist so, weil der zusätzliche Zeitbetrag für die Perzeption des Stimulus bei einem kurzen ISI zeitlich vor dem Engpass entsteht. Dadurch kann der in der schwierigen Bedingung zusätzlich entstehende Zeitbedarf für die Perzeption durch die PRP absorbiert werden (◘ Abb. 13.6 und 13.7). Bei einem langen ISI gibt es keinen Engpass und die RZ2 ist dann verlängert gegenüber der RZ2 in der leichten Perzeptionsbedingung von Aufgabe 2. Pashler und Johnston (1989) konnten dieses Phänomen in einer Studie zeigen, in der die Probanden eine auditorische Aufgabe 1 und eine visuelle Aufgabe 2 ausführten; bei Letzterer war die Schwierigkeit der Perzeption durch eine Manipulation der Intensität variiert (◘ Abb. 13.7)

Untersuchungen zu diesen Annahmen haben zur starken Verbreitung des PRP-Modells von Pashler als Modell für die Schwierigkeiten von Personen bei Doppelaufgaben beigetragen. Danach erfolgt die Antwortselektion in Doppelaufgaben nur seriell nacheinander und nicht gleichzeitig. Gleichzeitig legen diese Untersuchungen die Annahme nahe, dass eine Unterbrechung der effektiven Verarbeitung in einer Aufgabe nach der Perzeption und vor der Antwortselektion stattfindet. Allerdings muss eingeschränkt werden, dass perzeptive Prozesse zwischen zwei Aufgaben wohl nur dann gleichzeitig ohne gegenseitige Störung (Interferenz) ablaufen können, wenn es sich um sehr einfache perzeptive Prozesse handelt, die keinen Rückgriff auf gemeinsame motorische Programme bei der Detektion und Verarbeitung der Reize erfordern (Koch 2008). Wenn Letzteres nicht der Fall ist, treten zusätzliche Störungen zwischen den Aufgaben auf. Viele Autoren nehmen an, dass die serielle Abarbeitung der Antwortselektion in zwei Aufgaben das Resultat einer strukturellen Kapazitätsbegrenzung des kognitiven Systems ist; danach soll der kapazitätsbegrenzte Kanal zu einer Zeit nur jeweils einmal die Verknüpfung der perzeptiven Codes (Repräsentationen) mit den dazugehörigen motorischen Codes bei zwei unterschiedlichen Aufgaben zulassen (siehe auch ► Textbox Untersuchung der neuronalen Grundlagen des PRP Effektes).

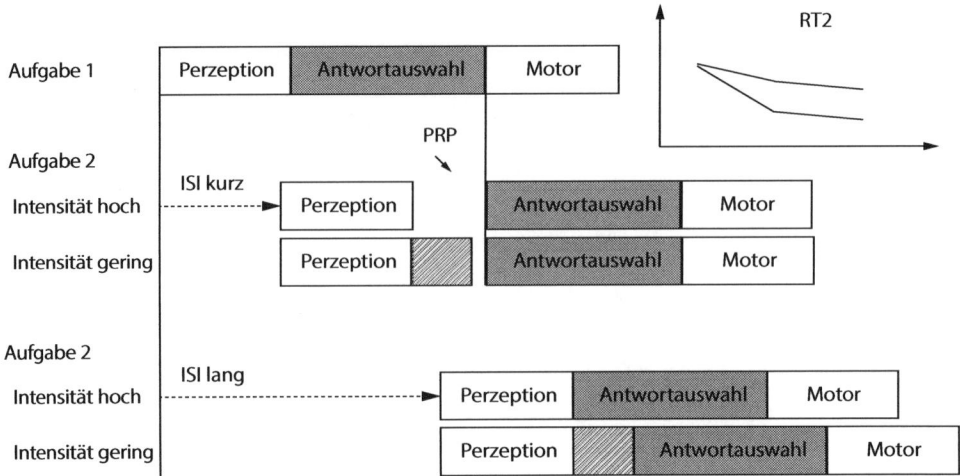

◘ **Abb. 13.6** Vorhersagen über die Absorption der Verlängerung der Perzeptionszeit in Aufgabe 2, einer Doppelaufgabe. Bei der Darbietung eines niedrig intensiven gegenüber eines hoch intensiven visuellen Stimulus in Aufgabe 2 kommt es zu einer verlängerten Perzeptionszeit in dieser Aufgabe (schraffiert); die Verlängerung der Perzeptionszeit führt bei kurzem Intervall (ISI) zwischen beiden Aufgaben jedoch nicht zur Verlängerung der Reaktionszeiten in Aufgabe 2; es kommt zur Absorption der zusätzlichen Zeit in die PRP (Refraktärperiode) bei Aufgabe 2. Bei langem ISI kommt es zu längeren RZ2 bei geringer im Vergleich zu hoher Intensität des Stimulus in Aufgabe 2

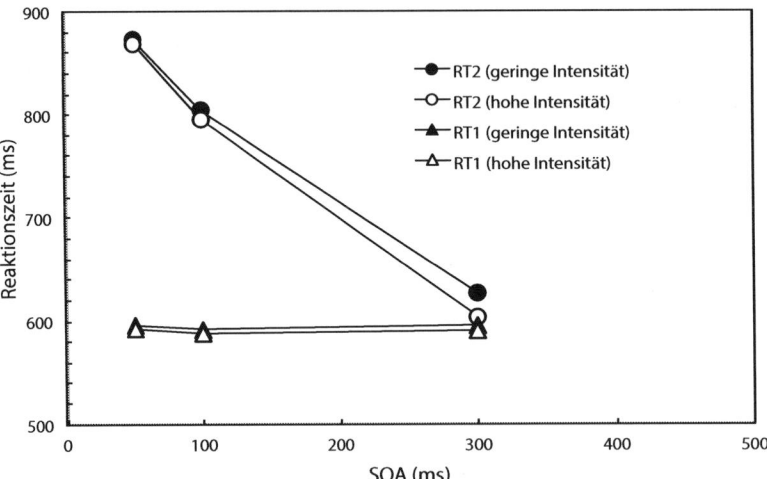

◘ **Abb. 13.7** Reaktionszeiten für Aufgabe 1 (R1) und Aufgabe 2 (R2) in Abhängigkeit von der Zeitdauer der Perzeption in Aufgabe 2 und dem Intervall zwischen beiden Aufgaben (ISI); adaptiert nach Pashler und Johnston (1989). Die Ergebnisse entsprechen den Vorhersagen über die Absorption der zusätzlichen Perzeptionszeit in der schwierigen (geringe Intensität) gegenüber der leichten (hohe Intensität) Perzeptionsbedingung in Aufgabe 2 bei einer starken zeitlichen Überlappung der beiden Aufgaben. Sie werden vom Doppelaufgabenmodell von Pashler (1994) vorhergesagt

Probleme mit dem Doppelaufgabenmodell von Pashler

Ein wichtiger Problemkreis für das Modell von Pashler und Welford ergibt sich aus Abweichungen einiger Befunde in Laboruntersuchungen von den Vorhersagen des Modells. Einige Forscher konnten zeigen, dass unter bestimmten, aber sehr eingeschränkten, Umständen die

Erhöhung der RZ2 sehr gering ist und nicht den Vorhersagen des Modells entspricht. Eine solche Situation wurde von Van Selst et al. (1999) beschrieben, die den PRP-Effekt in einer Doppelaufgabensituation mit Aufgaben untersuchten, die sich nicht bezüglich der Input- und der Outputcharakteristika überlappten. In dieser Situation reduzierte sich der PRP-Effekt (RZ2 langes ISI minus RZ2 kurzes ISI) auf minimale 50 ms, nachdem die Probanden die beiden Aufgaben 36 Tage intensiv trainiert hatten. Ähnliche Befunde wurden von Schumacher et al. (2001) in einer Untersuchung, in der die Probanden zwei Aufgaben ausführen mussten, beschrieben. In der visuell-manuellen Aufgabe führten die Probanden eine räumlich kompatible Reaktion mit den Fingern der rechten Hand auf einen Kreis, der entweder links, mittig oder rechts auf dem Bildschirm dargeboten war, aus; in der auditiv-verbalen Aufgabe sagten die Probanden „1", „2" oder „3" auf einen tiefen, mittleren oder hohen Ton. Die anfängliche Differenz zwischen den Reaktionszeiten und Fehlern in den Komponentenaufgaben der Doppelaufgaben- und Einzelaufgabensituation verschwand nach 5 Tagen intensiven Trainings.

Verschiedene Ursachen werden für die Befunde in solchen sehr eingeschränkten Lernsituationen diskutiert. Am wahrscheinlichsten scheint die Annahme, dass in sehr spezifischen Aufgabensituationen (unterschiedliche perzeptive und motorische Systeme) eine Automatisierung der Prozesse in zwei Aufgaben bei intensivem und extensivem Lernen möglich ist, so dass keine zentrale Kapazität mehr bei der Antwortselektion genutzt wird (s. a. ▶ Abschn. 14.1) Alternativ scheint es aber auch möglich zu sein, dass durch Übung die kapazitätslimitierten Antwortselektionsprozesse so stark verkürzt wurden, so dass nur kleine Unterbrechungen notwendig sind, wenn die beiden Aufgaben gleichzeitig ausgeführt werden, die dann schwer zu messen sind (Ruthruff et al. 2001). Übung kann danach zu Veränderungen im Ablauf der zeitlichen Koordination der Prozesse bei beiden Aufgaben führen, die zur Folge haben, dass der Engpass nicht mehr zu einer Unterbrechung der Ausführung der beiden Aufgaben führen muss.

Ein weiteres Problem ergibt sich aus der Frage, wie die kapazitätsbegrenzte Struktur dem jeweiligen Handlungsstrom in Aufgabe A oder Aufgabe B zugewiesen wird. Während das Ursprungsmodell von Pashler (1994) diese Frage nicht problematisiert und von einem „first come, first served" Prinzip ausgeht, nehmen neuere Modelle einen aktiven Mechanismus der Aufmerksamkeitskoordination am Flaschenhals an (Meyer und Kieras 1997; Schubert und Szameitat 2002).

Weiterführende Modelle zu Doppeltätigkeiten und PRP

Das EPIC Modell von Meyer und Kieras. In der Folge wurden weitere Befunde zu Reaktionszeiten bei PRP Aufgaben berichtet, die von den strengen Vorhersagen des PRP Modells von Pashler abwichen. Deshalb schlugen Forscher wie Meyer und Kieras (1997) ein alternatives Modell zur Erklärung von Doppelaufgabeninterferenz vor, das sie *Executive Processes Interactive Control* (EPIC) nannten. Nach diesen Autoren ist nicht eine strukturelle Kapazitätsbegrenzung für den Flaschenhals bei der Antwortselektion verantwortlich, sondern eine strategische Entscheidung der Probanden, die zu einem *strategischen* Flaschenhals (Engpass) führt. Ein Flaschenhals kann an jeder zeitlichen Position im Aufgabenstrom, z. B. nach der Perzeption oder auch nach der Antwortselektion, auftreten. An welcher Stelle der Flaschenhals auftritt wird durch zusätzliche, sogenannte exekutive Kontrollprozesse entschieden, wobei der Grad der Übung der Teilaufgaben, ihre Schwierigkeit, instruierte Reihenfolgen bei der Bearbeitung der Aufgaben, etc. eine entscheidende Rolle spielen. Die Autoren formulierten ein komplexes computationales Modell (EPIC), das Annahmen des Produktionsmodells von Anderson (1980) mit Annahmen über die Architektur des kognitiven Apparates verknüpft und es erlaubt, viele der zahlreichen Befunde zu Doppelaufgabeninterferenz und Übungseffekten bei PRP Aufgaben zu simulieren. Obwohl das Modell damit eine sehr gute Beschreibungsgrundlage für diese Befundmuster bietet, erlaubt es, aufgrund einer großen Anzahl freier Modellparameter, keine strengen Prädiktionen der RZ Leistungen von Probanden bei den Aufgaben.

Das ECTVA Modell von Logan und Gordon. Ein weiteres Beispiel eines weiterführenden Modells für die Interferenzverarbeitung in PRP Doppelaufgaben ist das ECTVA Modell (*ECTVA: Executive Control Theory of Visual Attention*) von Logan und Gordon (2001). Es greift auf die schon im Zusammenhang mit der visuellen Aufmerksamkeit beschriebenen Grundannahmen des TVA Modells von Bundesen zurück (s. ▶ Abschn. 9.2) und wurde speziell für Doppeltätigkeiten formuliert, bei denen zwei visuelle Teilaufgaben ausgeführt werden. Als experimentelle Situation wurden dabei den Probanden zwei Ziffern übereinander dargeboten. In einer Versuchsbedingung musste in Aufgabe 1 entschieden werden, ob die obere Ziffer größer/kleiner 5 ist und in Aufgabe 2, ob die untere Ziffer gerade/ungerade ist. In einer anderen Versuchsbedingung mit überlappenden Anforderungen bezüglich der Kategorisierung der visuellen Stimuli musste für beide Aufgaben entschieden werden, ob die Ziffern jeweils kleiner/größer 5 sind. Die Prozesse der gleichzeitigen Ausführung von visuellen Aufmerksamkeitsprozessen wurden für beide Aufgaben 1 und 2 entsprechend TVA jeweils als Mechanismen der Zuordnung eines visuellen Stimulus zur jeweiligen Objektkategorie im Langzeitgedächtnis aufgefasst, und die Mechanismen der Auswahl der motorischen Reaktion als Parameterspezifizierung für eine rechte oder linke motorische Reaktion nach den Annahmen eines Random-Walk-Modells konzipiert. Wichtig ist, dass zusätzlich zu diesen Annahmen ein Set an exekutiven Kontrollparametern angenommen wird, welche die Parametereinstellungen bei der Bearbeitung der Aufmerksamkeitsmodule und Antwortauswahlmodule von Aufgabe 1 und Aufgabe 2 vorbestimmen, und die im Arbeitsgedächtnis vorliegen. Wenn zwei Aufgaben mit gleichen Parametereinstellungen für beide Aufgaben gleichzeitig bearbeitet werden müssen, beeinflussen sich die im Arbeitsgedächtnis aktivierten Kontrollparameter in Abhängigkeit davon, ob die Stimuli zur gleichen Kategorie (z. B. beide Ziffern größer 5) gehören oder nicht, und ob die motorischen Reaktionen in beiden Aufgaben überlappen oder nicht. In Abhängigkeit davon, ob es Überlappungen zwischen beiden Aufgaben gibt, kommt es zu Beeinflussungen der Bearbeitungszeit in Aufgabe 1 und 2. Entsprechend diesen Vorhersagen konnten die Autoren erhöhte RZ1 und RZ2 finden, wenn die Probanden bei Aufgabe 1 eine Kategorisierung < 5 und in Aufgabe 2 eine Kategorisierung > 5 vornehmen mussten. Dieser Befund einer verstärkten Interferenz zwischen den Aufgaben wäre nicht durch das ursprüngliche Modell von Pashler (1994) vorhergesagt und kann aber sehr detailliert durch die Anwendung von ECTVA vorhergesagt werden. Wenngleich der Wertebereich für die Anwendung des ECTVA Modells zunächst erstmal gering erscheint, weil es für zwei visuelle Aufmerksamkeitsaufgaben gilt, ist damit eine Prinziplösung vorhanden, die spezifische Annahmen zur Implementierung selektiver perzeptiver Aufmerksamkeit und handlungsbezogener Aufmerksamkeit auf einer integrierten Modellebene verknüpft.

13.1.2 Graduelle Kapazitätsbegrenzungen

Im Gegensatz zu Modellen *struktureller Begrenzungen* gehen Modelle *gradueller Kapazitätsbegrenzungen* davon aus, dass Aufmerksamkeit mit unterschiedlicher Ausprägung auf zwei simultan ablaufende Prozesse bei zwei verschiedenen Aufgaben aufgeteilt werden kann (Kahneman 1973). Dadurch kommt es bei der Bearbeitung zweier Aufgaben nicht zur Unterbrechung, sondern zum parallelen Weiterführen der Prozesse; allerdings bei einer verringerten Versorgung mit Kapazität (◻ Abb. 13.2b). Aufgrund dieser verringerten Kapazitätsversorgung werden Leistungseinbußen bei Doppeltätigkeiten erklärt.

Untersuchung der neuronalen Grundlagen des PRP Effektes

Neurophysiologische Studien mit EEG. Die Flaschenhalsverarbeitung im PRP Paradigma ist auch Gegenstand vieler Untersuchungen mit neurophysiologischen Verfahren, um die neuronalen Mechanismen des Flaschenhalses zu verstehen. So lassen sich mit Hilfe von EEG Studien sehr präzisen Annahmen zur zeitlichen Abfolge der angenommen Prozesse bei der Flaschenhalsverarbeitung testen, wobei die im Modell von Pashler vorgeschlagene Stufenlogik eine gute Grundlage für die Ableitung von Hypothesen bietet. So lässt sich z. B. der Zeitpunkt des Starts der motorischen Stufe mit Hilfe des lateralisierten Bereitschaftspotentials (LRP; lateralized readiness potential) lokalisieren, das am Ende der Antwortselektion generiert wird. Sommer et al. (2001) schlugen vor, das Zeitintervall von der Beendigung des LRP bis zum Start der motorischen Reaktion (LRP_R) und das Zeitintervall von der Darbietung des Stimulus (S) bis zum LRP (S_LRP) zu unterscheiden. Für den Fall eines Flaschenhalses bei der Antwortselektion, macht das Modell klar zu prüfende Vorhersagen: so sollte das S_LRP Intervall abhängig sein vom ISI zwischen den Stimuli beider Aufgabe, während das LRP_R Intervall unabhängig vom ISI sein müsste. Im Detail müsste das S_LRP Intervall kleiner werden je größer

das ISI wird. Diese Vorhersage konnte in mehreren Studien mit PRP Aufgaben bestätigt werden, in denen das LRP als EEG Parameter erhoben wurde. Eine verwandte Logik wurde für evozierte Potentiale formuliert und getestet, die mit dem Zeitpunkt der Perzeption eines Stimulus assoziiert werden, wie die P3 Komponente. Luck (1998) untersuchte die Latenzzeit beim Auftreten einer P3 Komponente in einer visuellen Buchstabendetektionsaufgabe 2, die neben einer Aufgabe 1 (rotes versus grünes Quadrat unterscheiden) durchgeführt wurde, bei der eine motorische Reaktion auf einen Ton gefordert war. Luck stellte fest, dass die Latenzzeit der P3 unabhängig vom ISI war, was darauf hinwies, dass die Zeit der Detektion des visuellen Buchstabens unabhängig von der zeitlichen Überlappung mit der visuellen Aufgabe 1 ist. Die Befunde dieser Studien mit EEG Parametern zeigen somit mit zeitlich feiner auflösenden Parametern als Reaktionszeiten die zeitliche Dynamik der Flaschenhalsverarbeitung. Die berichteten Befunde sind dabei konsistent mit den Vorhersagen des Modells eines Flaschenhalses an der Antwortauswahlstufe.
Neurophysiologische Studien des PRP Effektes mit fMRT haben methodenbedingt häufig andere Ziele als EEG Studien

und sind z. B. auf die Analyse der an der Doppeltätigkeit beteiligten Hirnareale gerichtet. Die Befunde von Schubert und Szameitat (2003) weisen dabei darauf hin, dass Flaschenhalsverarbeitung bei Doppeltätigkeiten mit der Rekrutierung zusätzlicher neuronaler Bereiche im präfrontalen Kortex verbunden ist. In ihrer Studie untersuchten sie die fMRT-Aktivität, wenn Personen eine PRP Aufgabe ausführten, die aus einer auditiven und einer visuellen Wahlreaktionsaufgabe bestand. Von der fMRT-Aktivität bei der Ausführung der Doppeltätigkeit subtrahierten sie die Aktivität, die mit der auditiven und der visuellen Aufgabe verbunden ist, wenn diese als Einzelaufgaben ausgeführt wurden. Als Resultat blieb eine sehr ausgeprägte fMRT-Aktivation im linken und rechten präfrontalen Kortex und anderen Hirnarealen wie dem Parietalen Kortex und dem Prämotorischen Areal übrig. Nach den Autoren weist dieser Befund einer zusätzlichen Doppelaufgabenaktivation auf die Existenz von exekutiven Kontrollprozessen hin, die zur Koordination der Reihenfolge von Aufgabenprozessen bei Doppeltätigkeiten notwendig sind (eine ausführlichere Darstellung findet sich in ► Abschn. 15.1 unter „Koordination multipler Aufgaben und Handlungsziele").

Im Speziellen gehen Modelle gradueller Kapazitätsbegrenzungen von der Vorstellung der Aufmerksamkeit als einer limitierten, flexibel einsetzbaren, *energetisierenden (Allzweck-)Ressource* aus. Die Aufmerksamkeit kann auf eine Tätigkeit konzentriert oder zwischen mehreren Tätigkeiten geteilt werden, wobei schwierigere Aufgaben einen erhöhten Einsatz von Aufmerksamkeit erfordern.

Um wenigstens eine intuitive Vorstellung von der Art der Energie zu haben, die mit der Ressource Aufmerksamkeit verbunden sein soll, hat Kahneman angenommen, dass die Höhe des Erregungsniveaus (*arousal*) eine mögliche physiologische Entsprechung für den Begriff der Energie darstellt.

Nach dieser Vorstellung hängt die verfügbare Gesamtkapazität an Aufmerksamkeit vom generellen Erregungsniveau einer Person ab, d. h., sie steigt mit zunehmender Erregung an (bis das Maximum erreicht ist). Deshalb sollte dann mehr Aufmerksamkeitskapazität vorhanden sein, die zu einer besseren Leistung bei der Aufgabenbearbeitung führen würde. Problematisch für diese Annahme ist das *Yerkes-Dodson-Gesetz* (Yerkes und Dodson 1908), demzufolge eine Zunahme im Erregungsniveau die Leistung bis zu einem bestimmten Punkt verbessert; eine weitere Erhöhung des Erregungsniveaus dagegen verschlechtert die Leistung. Aus diesem Grund kann Erregung bzw. Aktivierung nur bedingt als Metapher für das Verständnis einer teilbaren Aufmerksamkeitskapazität angesehen werden.

Wichtig ist aber die Annahme, dass die Qualität der Ausführung eines Prozesses vom Ausmaß der Versorgung mit der begrenzten Ressource abhängig ist. Wenn mehr Ressourcen zur Verfügung gestellt werden, dann erfolgt die Ausführung des Prozesses besser im Vergleich zu einer Situation, in der nicht ausreichend Ressourcen zur Verfügung stehen. Man kann das mit einem Verbrennungsmotor vergleichen, der besser, d. h. schneller, arbeiten kann, wenn mehr Benzin zur Verfügung gestellt wird, und der nur noch langsam arbeiten kann, wenn die Benzinvorräte zur Neige gehen.

Nach diesen Annahmen müsste also das Ausmaß der Verringerung der Leistung in Doppelaufgabensituationen stark von der Schwierigkeit der einzelnen Aufgaben abhängen. Je schwieriger die einzelnen Aufgaben, desto größer ihr Bedarf an Energie/Aufmerksamkeit. Wenn man jetzt noch zwei Aufgaben gleichzeitig ausführt, dann müsste die verfügbare Kapazität geteilt werden, und die Leistungsverschlechterung müsste größer sein als in einer Aufgabensituation in der zwei leichtere Aufgaben miteinander kombiniert werden.

In der Tat gibt es Hinweise auf eine derartige Relation in verschiedenen Studien, die Doppeltätigkeiten untersuchten. Häufig wurden solche Zusammenhänge zum Beispiel in Laborexperimenten gezeigt, in denen eine Gedächtnisaufgabe mit einer anderen zeitlich ausgedehnten Aufgabe kombiniert wurde (Baddeley 1986). In einer Studie von Lansman und Hunt (1982) wurde zum Beispiel die Leistung von Probanden bei der Detektion eines visuellen oder eines auditorischen Reizes während der Ausführung einer Gedächtnisaufgabe gemessen; die Gedächtnisaufgabe war dabei eine Paar-Assoziationsaufgabe, bei der die Probanden zunächst Paarungen von Buchstaben und Zahlen lernten (A = 3, B = 7 etc.) und sich dann in der Abrufphase auf die Darbietung des Buchstaben an die Ziffer erinnern mussten (A = ?); die Schwierigkeit der Gedächtnisaufgabe variierte in diesem Experiment durch die Anzahl der Paare, die erinnert werden mussten (2–7). Als wichtiger Befund stiegen sowohl die Reaktionszeit bei der Detektionsaufgabe als auch die Anzahl der Fehler bei der Paar-Assoziationsaufgabe in Abhängigkeit von der Anzahl der zu memorierenden Gedächtnispaare (Schwierigkeit). Dieser Befund kann demzufolge nach Kahneman als Hinweis auf eine teilbare Kapazität gelten.

Allerdings sind solche Befunde nicht zu verallgemeinern (Navon und Gopher 1979). Zum Beispiel zeigte schon die oben zitierte Untersuchung von Pashler und Johnston (1989), dass es nicht zwingend notwendig ist, dass erhöhte Aufgabenschwierigkeit im Zusammenhang mit einer zeitlich gleichzeitig auszuführenden Aufgabe zu einer Erhöhung der Bearbeitungszeit (Leistungsverschlechterung) führt (◘ Abb. 13.6 und 13.7). In dieser Studie führte die Bedingung der schwierigen perzeptiven Verarbeitung nicht zu einer Erhöhung der Bearbeitungszeit im Vergleich zur leichten perzeptiven Bedingung, wenn sich beide Aufgaben zeitlich stark überlappten; in der Situation in der sich beide Aufgaben zeitlich jedoch nicht überlappten, erhöhte sich die Bearbeitungszeit allerdings schon. Da die Doppelaufgabe umso schwieriger ist, je mehr sich beide Aufgaben zeitlich überlappen, spricht somit der Befund von Pashler und Johnston (1989) gegen die Annahme einer Aufmerksamkeit, die auf zwei Aufgaben graduell verteilt wird, und für die Annahme einer Verteilung der Aufmerksamkeit nach dem Alles-oder-Nichts-Prinzip in Doppelaufgaben.

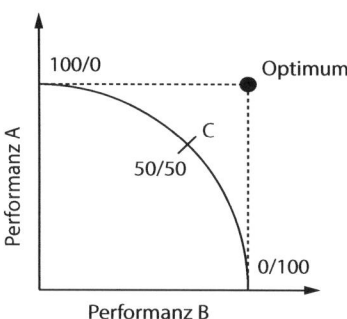

Abb. 13.8 Performance-Operating-Characteristic (POC); y-, x-Achse: Leistungsniveau bei Aufgabe A und B. Durchgezogene Linie ist ein Maß für die gemeinsame Leistung bei beiden Aufgaben, wenn beide sich im kapazitätsbegrenzten Bereich befinden und die Probanden die Kapazität in unterschiedlichem Ausmaß auf A und B verteilen. Gestrichelte Linie: Leistungsniveau, wenn A und B im datenbegrenzten Bereich sind. Hier beeinflusst eine Verschlechterung der Leistung in einer Aufgabe nicht das Leistungsniveau der anderen Aufgabe. Optimum: Beide Aufgaben werden mit höchster Leistung gleichzeitig durchgeführt, ohne dass sie sich stören

Im Anschluss an Kahnemans Arbeiten wurden weit elaboriertere Ressourcenteilungsmodelle formuliert, die sehr flexible Annahmen darüber zulassen, wie begrenzte Aufmerksamkeitsressourcen auf verschiedene Prozesse aufgeteilt werden können. Ein Beispiel dafür ist die Formulierung von *Leistungs-Ressourcen-Funktionen* (LRF) die man nach Norman und Bobrow (1975) für jeden einzelnen kognitiven Prozess formulieren kann, der gleichzeitig mit einem anderen Prozess in einer anderen oder derselben Aufgabe ablaufen soll. Norman und Bobrow (1975) nehmen an, dass es Bereiche bei der Ausführung eines kognitiven Prozesses gibt, in denen es zu einer Verbesserung der Leistung bei vergrößerter Kapazitätszuweisung kommt. Diese Bereiche werden *kapazitätsbegrenzt* genannt. Daneben gibt es aber Bereiche in denen eine verstärkte Kapazitätszuweisung zu diesem Prozess nicht mehr zur Verbesserung der Leistung führen soll. Diese werden als *datenbegrenzte* Bereiche bezeichnet. Ein illustratives Beispiel für datenbegrenzte Prozesse ist die Detektion visueller Objekte mit sehr geringem Kontrast zum Hintergrund. Wenn man versucht, unter diesen Bedingungen ein Wort zu erkennen, dann wird die Leistung bei der Detektion nicht besser, je mehr man sich auch anstrengt. Eine Leistungserhöhung ist erst möglich, wenn die Datenqualität erhöht wird, d. h., wenn der Kontrast der Buchstaben zum Hintergrund verbessert wird.

Was passiert nun nach diesen Annahmen, wenn die Aufmerksamkeitskapazität zwischen zwei Prozessen in Doppelaufgaben aufgeteilt werden muss? Das Resultat eines graduellen Austausches der Kapazität zwischen Prozessen in gleichzeitig auszuführenden Aufgaben A und B kann dann durch sogenannte *Performance-Operating-Characteristics* (POC) beschrieben werden (Norman und Bobrow 1975). In diesen POC wird das jeweilige Leistungsniveau einer Aufgabe A mit dem Leistungsniveau einer Aufgabe B in Verbindung gebracht (Abb. 13.8). Wenn Aufgabe A Kapazität verbraucht, die gleichzeitig von B genutzt wird *und* wenn beide Aufgaben sich im kapazitätsbegrenzten Bereich befinden, dann führt eine stärkere Nutzung von Kapazität in Aufgabe A zu einer Verringerung der Kapazität, die für Aufgabe B verfügbar ist. Als Resultat kommt es zu einer Leistungseinbuße bei B und umgekehrt. Dieser Zusammenhang ist in Abb. 13.8 dargestellt.

In dieser Abbildung stellt der Schnittpunkt der POC-Kurve mit der y-Achse den Punkt dar, der das gemeinsame Leistungsniveau in beiden Aufgaben charakterisiert, wenn Personen die verfügbare Kapazität in einem Verhältnis von 100 % (Aufgabe A) zu 0 % (Aufgabe B) verteilen. Dagegen stellt der Schnittpunkt der POC-Kurve mit der x-Achse die Verteilung von 0 % Aufgabe A zu 100 % Aufgabe B dar. Die Punkte, die sich auf der Kurve zwischen diesen beiden Polen befinden, stellen das Leistungsniveau bei beiden Aufgaben unter anderen Ressourcenverteilungsverhältnissen dar, z. B. 75 : 25 %; 50 : 50 %; 25 : 75 %.

Um POC empirisch zu erfassen, muss man zwei Aufgaben unter unterschiedlichen Verhältnissen der Verteilung der verfügbaren Ressourcen untersuchen. Dass das möglich ist und zur Darstellung von POC genutzt werden kann, haben u. a. Navon und Gopher (1979; s. a. Wickens

1980) diskutiert. Der Nutzen von POC besteht vor allem darin, die gegenseitige Abhängigkeit der Leistungen in zwei Aufgaben A und B und die dabei entstehende gemeinsame Leistung durch ein einheitliches empirisches Maß zu charakterisieren. Das ist unter anderem wichtig für Anwendungssituationen, zum Beispiel in industriellen Settings, bei denen Flugzeugpiloten mehrere Aufgaben zu erfüllen haben und eine Diagnose ihrer Leistung notwendig ist.

Probleme mit Modellen gradueller Kapazitätsbegrenzungen

Modelle gradueller Kapazitätsbegrenzungen werden trotz ihrer intuitiven Attraktivität für die Erklärung von Leistungseinbußen bei Doppeltätigkeiten kritisiert. Ein Kritikpunkt ist der empirische Aufwand zur Erstellung von POC. Da die Schätzung der POC umso genauer erfolgt, je mehr Datenpunkte vorhanden sind, steigt der empirische Aufwand zur Ermittlung genauer POC sehr schnell, da jedes Aufgabenpaar A und B unter unterschiedlichen Bedingungen der Zuweisung von Aufmerksamkeit ausgeführt werden muss ($100:0 \rightarrow 0:100$).

Ein weiterer Kritikpunkt stammt von Vertretern struktureller Kapazitätsmodelle. Pashler (1994) kritisiert, dass die Annahme einer wirklichen Gleichzeitigkeit zweier kapazitätsbegrenzter Prozesse nicht belegt ist. Die Bestimmung von POC als wichtigstes empirisches Maß für Vertreter von Kapazitätsteilungsmodellen ist zu grob, um präzise Aussagen über die zeitliche Koordination von Prozessen bei multiplen Handlungen zu ermöglichen. Zum Beispiel könnte es zwar im Sekunden- oder Minutenbereich so aussehen, dass zwei Aufgaben tatsächlich bei Teilung der Aufmerksamkeitskapazität gleichzeitig ablaufen, im Millisekundenbereich könnten jedoch zeitlich begrenzte Unterbrechungen auftreten, die für strukturelle Kapazitätsbegrenzungen sprechen.

Das weitaus größte Problem besteht jedoch darin, dass es keine von der Messung unabhängige Definition des Kapazitäts- oder Ressourcenbegriffes gibt. Ein Prozess A ist kapazitätsbegrenzt, wenn er durch den Kapazitätsbedarf eines anderen Prozesses B in seiner Effizienz beeinflusst wird. Was macht den Kapazitätsbedarf des anderen Prozesses B aus? Die Antwort ist: der Kapazitätsbedarf von A – wenn der aber nur durch den Kapazitätsbedarf von B gemessen werden kann, dann „beißt sich die Katze in den Schwanz". Darin kommt die Tautologiegefahr bei der Verwendung des Kapazitätsbegriffes als unabhängige Erklärungskategorie psychischer Phänomene zum Ausdruck (Neumann 1987).

13.1.3 Ein- und Mehrkapazitätsmodelle

Eine weitere Möglichkeit der Unterscheidung von Modellen über die Funktionsweise von Aufmerksamkeit besteht in der Frage, ob eine (zentrale) oder mehrere Kapazitäten angenommen werden.

Einkapazitätsmodelle gehen von der Existenz einer begrenzten zentralen Kapazität aus, was sowohl für Modelle struktureller (Pashler 1994; Welford 1952) als auch gradueller Kapazitätsbegrenzungen (Kahneman 1973) gilt. Einkapazitätsmodelle stellen aufgrund der Einfachheit ihrer Grundannahmen einen sehr beliebten Ansatz bei der Betrachtung empirischer Phänomene dar. Die Einfachheit ergibt sich daraus, dass nur eine *einzige* Kapazität angenommen wird, deren Zuweisung auf die Prozesse bei zwei verschiedenen Aufgaben koordiniert werden muss.

Ein problematischer Befund für Einkapazitätsmodelle ist aber, dass zwei gleichzeitig auszuführende Handlungen sich umso mehr stören, je ähnlicher sie sich sind. Deshalb nehmen verschiedene Autoren an, dass es *mehrere spezifische Verarbeitungskapazitäten oder -module* (strukturelle oder auch graduelle) geben muss (Navon und Gopher 1979; Wickens 1980). Je nachdem, ob Prozesse bei zwei Aufgaben auf die gleiche Kapazität oder gleiche Prozessstrukturen zurückgreifen oder nicht, werden sie sich mehr oder weniger stören.

Ähnlichkeitseffekte bei Doppelaufgaben

Ein Befund, der auf verschiedene Verarbeitungssysteme mit unterscheidbarer Verarbeitungs-kapazität hinweist, geht auf eine Untersuchung von Posner und Boies (1971) und auf deren Erweiterung durch McLeod (1977) zurück. Posner und Boies (1971) kombinierten eine visuell dargebotene Buchstabenvergleichsaufgabe mit einer Tonentdeckungsaufgabe. Bei der Buchsta-benvergleichsaufgabe sollten zwei Buchstaben hinsichtlich ihrer physikalischen Identität, z. B. a–a, oder ihrer Namensidentität, z. B. a–A, verglichen und durch eine rechtshändige Gleich-/ Unterschiedlich-Reaktion beantwortet werden; bei der Entdeckung eines Tones sollte eine Re-aktion mit der linken Hand erfolgen. Als Ergebnis erwies sich die Tonentdeckungsreaktion als verlangsamt, wenn die Tondarbietung während des Intervalls zwischen den beiden Buchstaben oder direkt beim Zeitpunkt des Vergleichs der Buchstaben erfolgte.

Auf den ersten Blick könnte dieser Befund als Anzeichen für die Existenz einer „generellen" Aufmerksamkeitsressource interpretiert werden, wenn man annimmt, dass die Tonentdeckung deshalb verlangsamt ist, weil die Probanden mit der Verarbeitung der visuellen dargebotenen Buchstaben sowie deren Vergleich beschäftigt sind.

Dass aber eine solche Schlussfolgerung voreilig ist, zeigte McLeod (1977). Ähnlich wie Posner und Boies kombinierte McLeod die visuelle Buchstabenvergleichsaufgabe mit einer audi-tiven Tonentdeckungsaufgabe; allerdings mussten die Probanden diesmal eine vokale Reaktion auf den Ton (Stimulus „bip" → Reaktion „bip") – anstelle einer manuellen Reaktion – abgeben. Bei dieser Aufgabenkombination blieb die Interferenz (Störung) zwischen Vergleichs- und Entdeckungsaufgabe aus. Demnach weist der von Posner und Boies gefundene Interferenzef-fekt nicht auf eine generelle Limitation hin, sondern auf eine Begrenzung in der gleichzeitigen Ausführung ähnlicher (d. h. manueller: einer rechts- und einer linkshändigen) Reaktionen auf zwei unterschiedliche Aufgaben.

Allerdings ist auch diese Schlussfolgerung noch nicht völlig sicher; Anhänger von Einkapa-zitätsmodellen könnten kritisch entgegenhalten, dass die Tonentdeckungsaufgabe, bei der auf einen Stimulus „bip" mit einer verbalen Reaktion „bip" reagiert werden muss, leichter ist als eine Tonentdeckungsaufgabe, bei der auf die Detektion des Tones zunächst erst eine Übersetzung des akustischen Signals in eine motorische Fingerreaktion erfolgen muss. Deshalb braucht die „bip"-Aufgabe weniger zentrale Ressourcen als die Aufgabe mit der Fingerreaktion und führt deshalb nicht zur Interferenz mit dem Buchstabenvergleich.

Doppelte Dissoziation

Ein Befundmuster das auf tatsächlich unterscheidbare Kapazitäten bei der Nutzung visueller und verbaler Verarbeitungssysteme hinweist und das dem oben genannten Gegenargument Rechnung trägt, haben Logie et al. (1990) beschrieben (◘ Abb. 13.9). In ihrem Experiment untersuchten die Autoren die Höhe der visuell-räumlichen und verbalen Gedächtnisspanne in Abhängigkeit davon, ob die Probanden gleichzeitig eine visuell-räumliche oder eine arithmeti-sche Zweitaufgabe machen mussten. Bei den Spannenaufgaben mussten die Probanden so viele visuelle Symbole (visuelle Gedächtnisspanne) oder Buchstaben (verbale Gedächtnisspanne) wie möglich reproduzieren, nachdem diese ihnen als Abfolge dargeboten wurden. Bei der vi-suell-räumlichen Zweitaufgabe mussten sich die Probanden eine räumliche Figur in einem 3×5-Gitter mental vorstellen und bei der arithmetischen Aufgabe fortlaufende Additionsaufga-ben im Kopf ausführen. Als Ergebnis zeigte sich einerseits, dass die visuelle Gedächtnisspanne bei der Ausführung der visuellen, aber nicht während der gleichzeitigen Ausführung der Ad-ditionsaufgaben, verringert ist. Umgekehrt war die Leistung bei der verbalen Gedächtnisspan-nenaufgabe von der gleichzeitigen Ausführung der Additions-, aber nicht von der Ausführung der visuellen-räumlichen Zweitaufgabe beeinflusst. Diese Befundlage nennt man *doppelte Dis-*

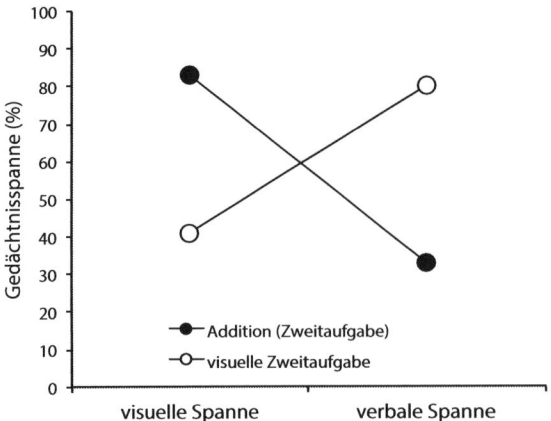

⬛ Abb. 13.9 Befund einer doppelten Dissoziation bei der Bearbeitung zweier Aufgaben: Die gleichzeitige Ausführung einer fortwährenden Additionsaufgabe (7 + 3 − 5 + 6 usw.) führt zur Verschlechterung der ermittelten verbalen Gedächtnisspanne (Darbietung von Buchstaben), aber kaum zur Verschlechterung der Leistung in der visuellen Gedächtnisspanne. Umgekehrt führt eine visuelle Zweiaufgabe (mentale Vorstellung eines Objektes in einem 3 × 5-Gitter) zur Verschlechterung der visuellen Gedächtnisspanne, aber nicht der verbalen Gedächtnisspanne; y-Achse: Prozent der Leistung in Doppelaufgabensituation von der Leistung in Einfachaufgabensituation; x-Achse: visuelle und verbale Gedächtnisspanne. Adaptiert nach Logie et al. (1990)

soziation; die Leistung in der Aufgabe A (visuelle Spanne) ist besser als in Aufgabe B (verbale Spanne) unter der Bedingung I (Addition) im Vergleich zur Bedingung II (visuell-räumliche Vorstellung); umgekehrt ist die Leistung in der Aufgabe B aber besser als in Aufgabe A unter der Bedingung II im Vergleich zur Bedingung I (⬛ Abb. 13.9).

Der Befund einer dissoziierbaren Störbarkeit von Aufgaben unter verschiedenen Zweitaufgabenbedingungen kann *nicht* durch die Annahme einer einzigen Verarbeitungskapazität erklärt werden. Es müssen unterschiedliche Kapazitätsmodule existieren, zum Beispiel eines für visuelle-räumliche und eines für verbale Prozesse.

Auch im Umfeld von Untersuchungen im Rahmen des PRP-Paradigmas gibt es deutliche Hinweise, dass die Annahme eines einzigen zentralen Engpasses bei der Antwortselektion nicht ausreicht, um die Möglichkeiten der Störung zweier Aufgaben zu beschreiben. Ein Hinweis darauf lieferten zum Beispiel die Untersuchungen der schon beschriebenen Lernstudien von Van Selst et al. (1999) und Schumacher et al. (2001). In diesen Untersuchungen konnte zwar eine starke übungsabhängige Reduktion des PRP-Effektes gezeigt werden, was darauf hinweisen würde, dass das Ausmaß der Störung zweier Aufgaben sehr stark vom Ausmaß der Interferenz bei zentralen Prozessen abhängt; wichtig ist jedoch in diesem Zusammenhang, dass diese starke Reduktion des PRP-Effektes nur dann möglich ist, wenn beide Aufgaben sich nicht bezüglich der sensorischen (Input-) und motorischen (Output-)Modalitäten überlappen (Ruthruff et al. 2001).

Insgesamt zeigen also die Untersuchungen zu Ähnlichkeitseffekten bei Doppeltätigkeiten, dass die Annahme einer zentralen Kapazität, die entweder in einem Alles-oder-Nichts-Verfahren oder in geteilter Weise auf zwei Handlungen zugewiesen wird, nicht ausreichend ist, um die Möglichkeiten der Interferenz zwischen Verarbeitungskanälen bei zwei Aufgaben zu beschreiben. Interferenz zwischen Verarbeitungsprozessen kann an vielfältigen Stellen im Prozess der Bearbeitung zweier Aufgaben auftreten, wobei Interferenz bei zentralen kognitiven Stellen eine wichtige Ursache für drastische Verlängerungen bei der Bearbeitungszeit in Doppeltätigkeiten ist. Ob sich die Prozesse bei zwei Aufgaben gegenseitig stören (was somit durch die Annahme gleicher Kapazitätsmodule oder gleicher Prozessstrukturen bei

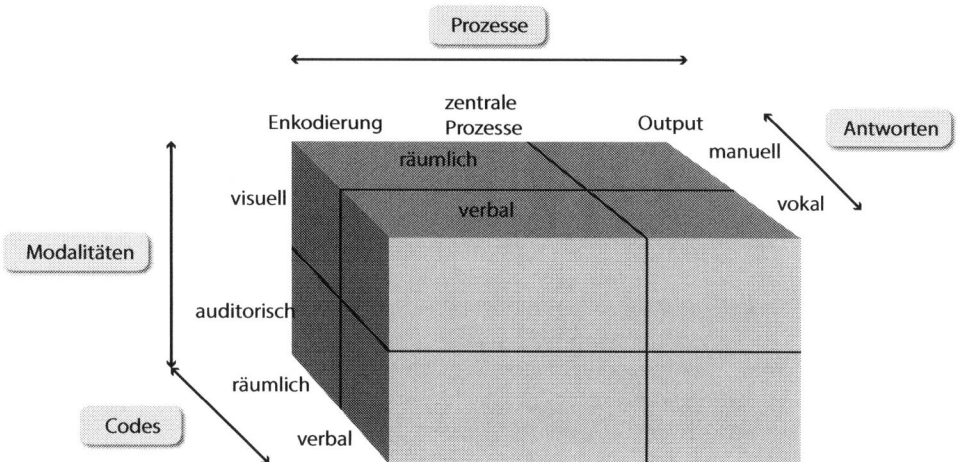

Abb. 13.10 Modell multipler Aufmerksamkeitsressourcen nach Wickens (1980). Die Prozesse in zwei Aufgaben interferieren dann, wenn sie auf gemeinsame Ressourcen bezüglich der verwendeten Codes, der Modalitäten der verarbeiteten Input- oder Outputinformationen zurückgreifen oder auf gemeinsame Ressourcen bezüglich der Prozesse bei Input, zentraler Verarbeitung oder Output. (Adaptiert nach Wickens 2008; mit freundlicher Genehmigung von © Human Factors and Ergonomics Society, All Rights Reserved)

der Verteilung der Aufmerksamkeit interpretiert werden könnte), hängt häufig davon ab, ob gleiche sensorische oder motorische Komponenten verwendet werden und ob die jeweiligen Kapazitätsgrenzen der jeweiligen Prozesskomponenten dann in der Doppeltätigkeitssituation überschritten werden.

Das zurzeit wohl elaborierteste Mehrkapazitätsmodell zur Systematisierung von Ähnlichkeitseffekten bei Doppeltätigkeiten stammt von Wickens (1984). Wickens unterscheidet Kapazitätsmodule bezüglich dreier Dimensionen: Verarbeitungsstufen in den auszuführenden Handlungen, Modalität der verarbeiteten Information und beteiligte kortikale Hemisphäre (■ Abb. 13.10). Kapazität muss jeweils zwischen den Prozessen zweier Handlungen verteilt werden, wenn es Ähnlichkeiten auf diesen Dimensionen gibt. Wickens konnte zeigen, dass mit diesen Annahmen unterschiedlich starke Leistungseinbußen zwischen unterschiedlich ähnlichen Aufgabenpaaren gut beschrieben werden können.

Probleme bei Modellen mit multiplen Aufmerksamkeitsressourcen

Das Modell von Wickens (1984) wird aufgrund seiner relativ einfachen Systematik sehr gern genutzt, um Expressvorhersagen über potentiell auftretende Störungen in verschiedenen Situationen der industriellen Praxis vornehmen zu können; zum Beispiel bei der Abschätzung von Aufmerksamkeitsproblemen für Flugzeugpiloten bei unterschiedlicher Cockpitgestaltung. Allerdings basiert das Modell auf der Grundannahme einer graduellen Kapazitätsbegrenzung der Aufmerksamkeit und unterliegt damit der schon beschriebenen Tautologiegefahr.

Ein weiteres Problem besteht darin, dass das Modell außer der Unterscheidung von visuell-manuellen und auditiv-verbalen Systemen (■ Abb. 13.10) keine weiteren Systeme mit unterschiedlichen Verarbeitungskapazitäten annimmt. Um weitere Systeme definieren zu können, müsste man nach der Logik von Wickens testen, ob eine jeweilige Kombination von Input- und Outputmodalitäten und zentralen Prozessen in zwei Aufgaben zu gegenseitiger Interferenz führt oder nicht. Aufgrund dessen bleibt die Vorhersagekraft des Modells zu Systemen mit unterschiedlichen Aufmerksamkeitsressourcen sehr begrenzt.

Ein allgemeines Problem für Mehrkapazitätsmodelle bilden Annahmen zur Koordination der multiplen Kapazitäten (Ressourcen) bei der Bearbeitung von Doppelaufgaben. Wenn mehrere Kapazitätsmodule bei Doppelaufgaben gefordert sind, dann entsteht die Frage; wie diese verschiedenen Verarbeitungskapazitäten miteinander koordiniert werden. Gibt es dafür unterscheidbare übergeordnete Verarbeitungskapazitäten, die ausschließlich mit der Koordination der anderen Verarbeitungskapazitäten beschäftigt sind? In einigen Informationsverarbeitungsmodellen werden dafür übergeordnete Verarbeitungsmodule angenommen, bei denen sogenannte exekutive Prozesse den Ablauf untergeordneter Prozesse steuern und kontrollieren (Baddeley 1986; Norman und Shallice 1986). Das Arbeitsgedächtnismodell von Baddeley (1986) enthält als Hybridmodell sowohl Komponenten von Ein- als auch von Mehrkapazitätsmodellen. In dem Modell werden getrennte Kapazitäten für die Verarbeitung von Information in untergeordneten Systemen jeweils für die visuell-räumliche und für die verbale Modalität unterschieden. Zusätzlich wird die Existenz eines als *zentrale Exekutive* bezeichneten Moduls mit einer zentralen Aufmerksamkeitskapazität angenommen; eine wichtige Funktion der zentralen Exekutive besteht in der flexiblen Kontrolle und Steuerung der Funktion der untergeordneten Verarbeitungssysteme durch Zuweisung von Aufmerksamkeitskapazität. Dieser Gedanke wird im Modell von Norman und Shallice weiter differenziert (s. ▶ Abschn. 14.2.1 Handlungssteuerung und exekutive Kontrolle).

■ **Anwendung**

Ein zentrales Problem in vielen Anwendungssituationen der industriellen Praxis zum Beispiel bei Auto- oder Flugzeugbau ist die Notwendigkeit der Abschätzung, ob eine gegebene Cockpitgestaltung zur Überlastung der Aufmerksamkeitsressourcen von Piloten führen kann oder nicht. Anhand von Modellen wie dem von Wickens lassen sich schnelle Abschätzungen vornehmen, ob eine Cockpitgestaltung eines Flugzeuges optimal auf die Verarbeitungscharakteristika des kognitiven Systems angepasst ist oder nicht. Wenn Information über wichtige Zustände des Flugzeuges wie Höhe, Entfernung und Geschwindigkeit über Anzeigegeräte vermittelt wird, die auf dieselben Sinnesmodalitäten und damit nicht auf unterschiedlichen Kapazitätsmodule zurückgreifen, können Kapazitätsbegrenzungen der Aufmerksamkeit schnell zum „Übersehen" einer wichtigen Information und somit zu fehlerhaften Handlungen führen.

■ **Speed Read**

- Sowohl Mechanismen als auch Grenzen handlungssteuernder Aufmerksamkeit können gut in Situationen beobachtet werden, in denen Personen mehrere Handlungen gleichzeitig ausführen müssen (multiple Handlungen).
- Als Grund für das Entstehen von zusätzlichen Kosten in Situationen mit multiplen Handlungen werden Kapazitätsbegrenzungen der handlungssteuernden Aufmerksamkeit angenommen.
- Die Annahme struktureller Kapazitätsbegrenzungen besagt, dass eine Verarbeitungsstruktur im kognitiven System nur einmal zu einem bestimmten Zeitpunkt von einem Prozess genutzt werden kann. Nutzen Prozesse der Aufgabe A diese Struktur, dann können Prozesse der Aufgabe B die Struktur nicht gleichzeitig nutzen und es kommt zur Verlängerung der Bearbeitungszeit oder Fehlerzahl in dieser Aufgabe.
- Die Annahme gradueller Kapazitätsbegrenzungen besagt, dass Aufmerksamkeit in unterschiedlichem Grad auf zwei gleichzeitige Prozesse bei zwei verschiedenen Aufgaben aufgeteilt werden kann. Leistungseinbußen bei multiplen Handlungen werden aufgrund einer Unterversorgung der Prozesse mit einer angenommenen Verarbeitungsressource erklärt. Allerdings ist unklar, von welcher Art diese Ressource sein soll.

13

- Eine weitere wichtige Frage betrifft die danach, ob es eine (zentrale) oder mehrere unterscheidbare Verarbeitungskapazitäten gibt.
- Verschiedene empirische Befunde weisen darauf hin, dass die Annahme nur einer zentralen Aufmerksamkeitskapazität bei der Handlungssteuerung zu kurz greift und die Vielzahl von Befunden über Leistungseinbußen bei unterschiedlichen Situationen mit multiplen Handlungen (z. B. Ähnlichkeitseffekte, doppelte Dissoziation) nicht erklären kann.

Aufmerksamkeit, Automatizität und exekutive Kontrolle

Hermann J. Müller, Joseph Krummenacher, Torsten Schubert

H. J. Müller, J. Krummenacher, T. Schubert, *Aufmerksamkeit und Handlungssteuerung,*
DOI 10.1007/978-3-642-41825-9_14, © Springer-Verlag Berlin Heidelberg 2015

14.1   Automatizität und Aufmerksamkeit

Aus eigener Erfahrung wissen wir, dass *Übung* zu einer erstaunlichen Verbesserung der Leistung in vielen komplexen Situationen führt, zum Beispiel auch bei Doppeltätigkeiten. Während es Anfängern beim Autofahren zu Beginn sehr schwer fällt, das Betätigen des Kupplungspedals mit dem des Bremspedals zu koordinieren, können erfahrene Taxifahrer neben dem sicheren Fahren auch Gespräche mit Fahrgästen durchführen. Eine Erklärung für diese und auch für die im Zusammenhang mit dem PRP Effekt beschriebenen erstaunlichen Übungseffekte besteht darin, dass einige Verarbeitungsvorgänge im Verlauf der Übung aufhören, Anforderungen an die zentrale Aufmerksamkeitskapazität zu stellen – vereinfacht kann man sagen, sie werden „*automatisiert*". Was aber bedeutet es, wenn ein Prozess automatisch abläuft?

Als allgemeine Kennzeichen automatischer Prozesse gelten im Rahmen des kognitiven Ansatzes vor allem, 1. dass sie nicht die zur Erledigung anderer Aufgaben verfügbare Aufmerksamkeitskapazität reduzieren; 2. dass sie schnell ablaufen; 3. dass sie unvermeidbar sind, d. h., dass sie immer ausgelöst werden, wenn ein geeigneter Stimulus erscheint, selbst wenn dieser Stimulus außerhalb des Bereichs der Aufmerksamkeit liegt (Unvermeidbarkeits-/Intentionalitätskriterium); und 4. dass sie dem Bewusstsein nicht zugänglich sind.

Im Folgenden werden wichtige theoretische Ansätze zum Verständnis von Automatizität wie die Zwei-Prozesstheorien von Posner und Snyder (1975) sowie Shiffrin und Schneider (1977) diskutiert. Danach wird eine von Neumann (1984) vorgebrachte, grundsätzliche Kritik an Zwei-Prozesstheorien und die alternative Konzeption von Neumann sowie eine Konzeption von Logan (1988) zur Automatizität erörtert.

- **Automatische Bahnung und kontrollierte Hemmung**

Posner und Snyder (1975) schlugen eine Unterscheidung vor „zwischen automatischen Aktivationsprozessen, die allein das Ergebnis vergangenen Lernens sind, und Prozessen, die unter aktueller bewusster Kontrolle stehen":

>> Automatische Aktivationsprozesse sind Vorgänge, die ohne Intention, ohne Bewusstsein und ohne Interferenz mit anderen mentalen Aktivitäten ablaufen können. Sie sind zu unterscheiden von Operationen, die vom bewussten Verarbeitungssystem ausgeführt werden, denn das letztere System ist von beschränkter Kapazität, und somit vermindert sein Einsatz bei einer Operation seine Verfügbarkeit zur Ausführung anderer Operationen (S. 81–82).[1]

Posner und Snyder (1975) trennen damit zwischen Prozessen, die ohne Einsatz einer zentralen Aufmerksamkeitskapazität ablaufen können und Prozessen, die diese Aufmerksamkeitskapazität benötigen und dabei bewusst kontrolliert werden.

Ein häufig zitiertes Beispiel für einen automatischen Prozess ist in diesem Zusammenhang der *Stroop-Effekt* (Stroop 1935). Bei der klassischen Stroop-Aufgabe hat der Proband möglichst schnell die Farbe eines Farbwortes, z. B. des Wortes „GRÜN", zu nennen, das in einer farbigen Schrift (mit einer farbigen Tinte) gedruckt ist. Dabei gibt es eine inkongruente Bedingung, in der z. B. das Farbwort „GRÜN" in roter Schrift gedruckt ist – die richtige Antwort wäre also

---

1   „… automatic activation processes which are solely the result of past learning and processes that are under current conscious control"

„Automatic activation processes are those which may occur without attention, without any conscious awareness and without interference with other mental activity. They are distinguished from operations that are performed by the conscious processing system since the latter is of limited capacity and thus its commitments to any operation reduces its availability to perform any other operation." (pp. 81–82)

„rot". Der Stroop-Effekt besteht nun darin, dass in der inkongruenten Bedingung das Nennen der Farbe (rot) verzögert erfolgt (und als mühsam erlebt wird), während das Lesen des Wortes selbst (GRÜN) unproblematisch ist. Es ergibt sich eine Interferenz derart, dass die Fähigkeit zur selektiven Reaktion auf eine Dimension des Stroop-Stimulus (die Farbe) gestört wird durch eine andere Dimension (die Wortinformation), die nicht völlig ignoriert werden kann (umgekehrt funktioniert es nicht).

Entsprechend den Annahmen von Posner und Snyder weist das Phänomen des Stroop-Effektes darauf hin, dass das Wort automatisch seine Aussprechreaktion aktiviert oder bahnt. Obwohl das offene Aussprechen des Farbwortes vor der Aussprechreaktion noch unterdrückt werden kann, ergibt sich eine Zeitverzögerung, während der die intendierte Farbbenennreaktion die Kontrolle über die offene Reaktion gewinnt. Posner und Snyder (1975) gehen dabei von automatischer, paralleler Verarbeitung der beiden Aspekte bis kurz vor die offene Reaktion aus.

■ **Automatische und kontrollierte Verarbeitung**

In der Folge der Arbeiten von Posner und Snyder elaborierten Schneider und Shiffrin (1977) bzw. Shiffrin und Schneider (1977) die Unterscheidung zwischen „automatischen" und „kontrollierten" Prozessen in zwei äußerst einflussreichen Arbeiten: Kontrollierte Prozesse sind von limitierter Kapazität, erfordern Aufmerksamkeit und können in sich verändernden Situationen flexibel eingesetzt werden; automatische Prozesse dagegen sind nicht kapazitätslimitiert, erfordern keine Aufmerksamkeit und lassen sich nur schwer modifizieren, wenn sie einmal erworben sind.

Schneider und Shiffrin (1977) untersuchten diesen Vorschlag mittels eines visuellen Suchparadigmas mit variabler Anzahl von Elementen in einer Gedächtnis- (d. h. Zielreiz-) (*memory set*) und in der Displaymenge (*display set*). Zu Beginn eines Durchgangs hatten sich die Probanden 1, 2, 3 oder 4 potentielle Zielbuchstaben zu merken (*memory-set size*); dann wurde ihnen ein Display mit 1, 2, 3 oder 4 Buchstaben präsentiert (*display-set size*), und sie hatten so schnell wie möglich zu entscheiden, ob einer der gemerkten Buchstaben als Zielreiz im Display vorhanden war oder nicht (Anwesend-/Abwesendreaktion). Die kritische Variable war die Art der Zuordnung der Ziel- bzw. Distraktorreize zur (positiven) Reaktion: konsistent oder variabel. Bei *konsistenter Zuordnung* (*consistent mapping*) enthielt die Menge der Gedächtniselemente (d. h. der potentiellen Zielbuchstaben) z. B. nur Konsonanten und die Menge der Distraktoren nur Ziffern (oder umgekehrt). Dagegen wurde bei *variabler Zuordnung* (*variable mapping*) die Menge der Gedächtniselemente aus einer Mischung von Konsonanten und Ziffern gebildet, ebenso wie die Menge der Distraktoren (d. h. ein Element konnte in einem Durchgang ein Zielreiz sein, in einem anderen aber ein Distraktor). Im Ergebnis zeigte sich, dass bei konsistenter Zuordnung die Such-Reaktions-Zeiten relativ unabhängig von der Größe der Gedächtnis- und der der Displaymenge waren. Dagegen nahmen bei variabler Zuordnung die Reaktionszeiten mit sowohl der Größe der Gedächtnis- als auch der der Displaymenge zu.

Schneider und Shiffrin erklärten dieses Befundmuster dadurch, dass bei variabler Zuordnung die Suche einen kontrollierten Prozess serieller Vergleiche zwischen einem jeden Element der Gedächtnismenge und einem jeden Element der Displaymenge involviert, bis ein Zielreiz gefunden oder alle möglichen Vergleiche durchgeführt wurden. Da der Vergleichsprozess Aufmerksamkeitskapazität benötigt, ist er zeitintensiv, und deshalb steigt die Suchzeit mit jedem Suchschritt an. Dagegen involviert die Suche bei konsistenter Zuordnung einen automatischen Entdeckungsprozess, der parallel über das ganze Display abläuft (d. h., ein vorhandener Zielreiz springt sofort ins Auge – das Pop-out-Phänomen, s. ▶ Abschn. 5.1). Dieser automatische Entdeckungsprozess hat sich nach Shiffrin und Schneider als Ergebnis ausgedehnter Übung im Unterscheiden von Buchstaben und Ziffern entwickelt und erlaubt nun eine schnelle, d. h. automatische Entdeckung des jeweiligen Zielreizes. In weiteren Experimenten konnten Shiffrin und Schneider (1977) Belege dafür finden, dass einmal erworbene automatische Entdeckungs-reaktionen auch auf (erlernte) Stimuli außerhalb des Fokus der Aufmerksamkeit ansprechen, also nicht unterdrückbar sind, und dass sie nur durch ausgedehnte Übung wieder „verlernt" werden können.

Schneider und Shiffrin (1977) bzw. Shiffrin und Schneider (1977) arbeiteten also wesent-liche Kennzeichen automatischer und kontrollierter Verarbeitung heraus. Zur kritischen Be-wertung ihrer Zwei-Prozess-Dichotomie ist freilich anzumerken, dass sich als „automatisch" angenommene Prozesse bei genauer Betrachtung nicht als strikt automatisch erweisen. Bei-spielsweise sind die Such-Reaktions-Zeit-Funktionen unter konsistenten Zuordnungsbedin-gungen nicht völlig unabhängig von der Größe der Gedächtnis- und der Displaymenge, was darauf hinweist, dass der Suchprozess nicht strikt parallel verläuft und Kapazität beansprucht. Weiterhin sagt der Vorschlag, dass bestimmte Prozesse durch Übung automatisiert werden, wenig darüber aus, was sich eigentlich im Verlauf der Übung verändert: Führt Übung einfach zu einem schnelleren Ablauf der an der Ausführung einer Aufgabe beteiligten Prozesse, oder bewirkt sie eine Veränderung in der Natur (d. h. eine Restrukturierung) der beteiligten Pro-zesse selbst (Cheng 1985; Schneider und Shiffrin 1985)? Dieser Vorschlag ist folglich mehr deskriptiv als erklärend.

■ Automatizität und Handlungsparameterspezifikation

Den Ausgangspunkt von Neumanns (1984) Kritik an den Zwei-Prozess-Theorien bilden die gängigen Kennzeichen für Automatizität (s. o. 14.1 Automatizität und Aufmerksamkeit), wobei Neumann zwischen primären und sekundären Kriterien unterscheidet. Primäre Kriterien sind: 1. Die Art der Funktion: Automatische Prozesse erfordern keine Kapazität, und weder erleiden sie noch verursachen sie Interferenz. 2. Die Art der Kontrolle: Automatische Prozesse stehen unter der Kontrolle der Stimulation, nicht unter der Kontrolle von Intentionen (Strategien, Erwartungen, Pläne). 3. Die Art der Repräsentation: Automatische Prozesse führen nicht not-wendig zu bewusstem Gewahrsein. Dazu kommen als sekundäre Kriterien 1., dass automatische Prozesse „fest verdrahtet" (*wired in*) bzw. durch Übung erlernt sind und 2., dass sie einfach, schnell und inflexibel (d. h. nur durch ausgedehnte Übung modifizierbar) sind.

Zu Kriterium 1 (kapazitätsunabhängige Funktion) bemerkt Neumann, dass es sich nur schwer nachweisen lässt, dass eine Aufgabe, die scheinbar „automatisch" erledigt wird, keine Kapazität beansprucht. Übung führt zur Entwicklung einer Fertigkeit, die „eine sensorische und, zumindest während der Übung, motorische Reaktion beinhaltet. Nach der Übung kann die Reaktion verborgen bleiben, sie ist jedoch immer noch […] eine attentionale Reaktion, die mit einem spezifischen Zielreizstimulus verbunden ist" (Neumann 1984, S. 269)[2]. Aber selbst gut geübte Aufgaben produzieren Interferenz, wenn die Reaktionen ähnlich sind.

Zu Kriterium 2 (stimulusabhängige Kontrolle) führt Neumann an, dass sich selbst beim Stroop-Effekt die Interferenz reduzieren lässt, wenn das Wort und die inkongruente Farbe räumlich getrennt dargeboten werden (Kahneman und Henik 1981), d. h., der Effekt ist nicht rein reizgesteuert. Also generieren Distraktoren Interferenz nicht einfach durch ihre Anwe-senheit im Umfeld, sondern dadurch, dass sie mit der intendierten Handlung verbunden sind. Beispielsweise sind beim Stroop-Effekt sowohl das Wort als auch die Farbe mit dem gegenwär-

---

2 „includes a sensory and, at least during practice, a motor response. After practice the response may remain covert, but is still […] an attentional response connected to the particular target stimulus" (Neumann, 1984, S. 269).

tig aktiven Aufgabenset verbunden. Das heißt, es ist die strategische, kontrollierte *Einstellung* (*set*) des kognitiven Systems, „auf Farben zu reagieren", die zu der Interferenz führt. Folglich ist automatische Verarbeitung keine „invariable Konsequenz der Stimulation, die unabhängig von den Intentionen einer Person ist" (Neumann 1984, S. 270)[3].

Im Zusammenhang mit Kriterium 3 (Kontrolle unter dem Bewusstseinsniveau) stellt Neumann die Frage, ob es mit der Ausführung einer Aufgabe zusammenhängende intentionale Prozesse gibt, die aber dem Bewusstsein nicht zugänglich sind. Die Antwort ist ja. Dies kommt z. B. beim Phänomen des „auf der Zunge Liegens" (*tip-of-the-tongue*) zum Ausdruck, wenn einem, nachdem man die Gedächtnissuche nach einem gesuchten Wort aufgegeben hat, die Antwort plötzlich einfällt. Derartige Prozesse ereignen sich im Kontext einer (latent) fortlaufenden Tätigkeit und müssen somit zu einem bestimmten Grad von Intentionen abhängen, obwohl sie mit wenig oder keinerlei Bewusstsein ablaufen.

Nach Neumanns (1984) alternativer Konzeption liegt der Unterschied zwischen automatischer und kontrollierter Verarbeitung im Niveau der erforderlichen Kontrolle. Eine Handlung kann nur ausgeführt werden, wenn alle Parameter für die Handlung spezifiziert sind. Einige Parameterspezifikationen sind im Langzeitgedächtnis als *Fertigkeiten* (*skills*) gespeichert. Andere stammen vom Stimulus selbst. Die übrigen müssen von einem Aufmerksamkeitsmechanismus bereitgestellt werden, dessen Funktion darin besteht, die Spezifikationen bereitzustellen, die nicht aus der Verbindung zwischen Eingangsinformation und Fertigkeiten erhältlich sind:

„Ein Prozess ist automatisch, wenn seine Parameter durch eine Fertigkeit in Verbindung mit Inputinformation spezifiziert werden. Wenn dies nicht möglich ist, muss einer von mehreren Aufmerksamkeitsmechanismen der Parameterspezifikation ins Spiel kommen. Diese sind verantwortlich für Interferenz und verursachen bewusstes Gewahrwerden" (Neumann 1984, S. 282)[4]. Belege für seine Konzeption konnte Neumann u. a. in seinen Arbeiten zum Reaktionspriming durch metakontrastmaskierte (d. h. unter der Schwelle der bewussten Wahrnehmung dargebotene, s. ▶ Abschn. 9.2) Stimuli erbringen, die die Parameter für eine intendierte Handlung auf einen überschwelligen imperativen Stimulus direkt spezifizieren (und diese Handlung dadurch bahnen) können (z. B. Neumann und Klotz 1994).

■ Automatizität als Gedächtniszugriff

Logan (1988) schlug vor, Automatizität im Sinne von Gedächtnis-Zugriff (*memory retrieval*) zu begreifen, und versuchte, Übungseffekte durch folgende Annahmen zu erklären: Jedes Mal, wenn man einem bestimmten Stimulus begegnet und ihn verarbeitet, werden separate Gedächtnisspuren angelegt, die als Instanzen bezeichnet werden. In einer Instanz sind nach Logan (1988) jeweils alle sensorischen Eigenschaften eines Stimulus als auch die Eigenschaften des mit dem Stimulus assoziierten motorischen Verhaltens abgelegt. Bei jedem neuen Auftreten des Stimulus wird die mit ihm verbundene Instanz aktiviert. Übung mit demselben Stimulus führt also zur Speicherung von „vermehrter" Information über diesen Stimulus sowie darüber, wie man mit ihm zu verfahren hat. Die übungsbedingte Zunahme im *Wissensbestand* (*knowledge base*) gestattet raschen *Zugriff* (*retrieval*) auf relevante Information, wenn der entsprechende Stimulus dargeboten wird. Folglich: „Automatizität ist Gedächtniszugriff: Leistung ist automatisch, wenn sie auf einem Zugriff auf vergangene Lösungen aus dem [Langzeit-]Gedächtnis

---

3   „invariant consequence of stimulation, independent of a subject's intention" (Neumann 1984, S. 270).

4   „A process is automatic if its parameters are specified by a skill in conjunction with input information. If this is not possible, one or several attentional mechanisms for parameter specification must come into play. They are responsible for interference and give rise to conscious awareness" (Neumann 1984, S. 282).

durch einen direkten Zugang mit einem einzigen Schritt basiert" (Logan 1988, S. 493)[5]. Ohne Übung erfordert das Reagieren auf einen Stimulus bewusste Kontrolle und die Anwendung von Regeln. Die Performanz eines (ungeübten) Novizen ist also eher durch einen Mangel an Wissen als durch einen Mangel an Ressourcen limitiert, und nur der Wissensbestand verändert sich mit der Übung.

Nach Logan steht die Möglichkeit des Zugriffs auf den Stimulus und seine mit ihm assoziierte motorische Reaktion in direktem Zusammenhang zur Anzahl der Übungserfahrungen mit der jeweiligen Instanz. In seinen empirischen Untersuchungen hat Logan dazu das Power-Gesetz der Übung genutzt, nachdem der Fertigkeitserwerb beim Erlernen einfacher sensomotorischer Fertigkeiten durch Übung und auch der Gedächtnisabruf durch eine exponentielle Lernkurve beschrieben werden kann. Danach nimmt die Dauer beim Abruf einer Fertigkeit zur Ausführung z. B. einer einfachen sensomotorischen Handlung oder eines Gedächtnisabrufs in einem exponentiellen Zusammenhang mit der zunehmenden Anzahl von Lernbeispielen ab. Als automatisch, d. h. als Einschrittabruf aus dem Gedächtnis, gilt die Leistung dann, wenn die zeitliche Dauer in der Lernkurve das exponentielle Minimum erreicht hat.

Diese Möglichkeit der mathematischen Überprüfung spielt in der gegenwärtigen Fertigkeitserwerbsforschung eine wichtige Rolle.

14.2 Aufmerksamkeit und exekutive Kontrolle

Unter dem Begriff exekutive Kontrolle subsumieren viele Forscher eine Menge an unterschiedlichen, kognitiven Mechanismen, die insbesondere dann gut zu beobachten sind, wenn die *Zielerreichung* während einer ablaufenden Handlung *schwierig* ist. Das können Situationen sein, in denen z. B.

1. der Kontext für die Handlungen neuartig ist,
2. besonders schwierige Handlungen auszuführen sind,
3. Fehler vermieden werden sollen,
4. eine Handlungsoption gegen eine andere automatisch aktivierte Handlung durchgesetzt werden muss oder
5. mehrere Handlungen (wie bei Doppeltätigkeiten) koordiniert werden müssen.

Kognitive Prozesse, die das bewerkstelligen, bezeichnet man als *exekutive Kontrollprozesse*. Sie werden den automatischen Prozessen gegenübergestellt und sollen langsam(er als automatische Prozesse) ablaufen, flexibel einsetzbar sein, der intentionalen Kontrolle durch das handelnde Subjekt unterworfen sein und Aufmerksamkeitskapazität beanspruchen.

Untersuchungen zum Verständnis exekutiver Kontrollprozesse waren initial durch weiterführende Überlegungen zum Modell des Arbeitsgedächtnisses von Baddeley (1986) motiviert. Das Modell beschreibt Prozesse, die bei der online Verarbeitung von Information ablaufen. Dazu wird neben den modalitätsspezifischen Speichersystemen (phonologische Schleife, visuell-räumlicher Speicher) eine zentrale Exekutive postuliert. Die zentrale Exekutive sollte danach für die generelle Strategie des Verhaltens und seine Kontrolle zuständig sein und sie sollte darüber entscheiden, welche spezialisierten Verarbeitungssysteme zur Speicherung von visuell-räumlicher oder verbal-sprachlicher Information in welchen Situationen aktuell genutzt werden und wie gehandelt wird. Nachdem die empirischen Untersuchungen im Bereich des

---

5   „Automaticity is memory retrieval: Performance is automatic when it is based on a single-step direct-access retrieval of past solutions from [long-term] memory" (Logan 1988, S. 493).

Arbeitsgedächtnismodells lange Zeit auf das Verständnis der basalen Speichersysteme phonologische Schleife und visuell-räumlicher Speicher fokussiert waren, richtete sich das Interesse vieler Forscher auf das Verständnis der Mechanismen der sogenannten zentralen Exekutive, woraus sich der Begriff exekutive Kontrollprozesse ableiten lässt. In der Zwischenzeit entstand ein unabhängiges und eigenständiges Forschungsgebiet. Die Untersuchungen beziehen sich auf Grundprobleme wie zum Beispiel das Homunculusproblem, das Unitaritätsproblem und das Problem des Bezugs psychologischer Funktion und der neurophysiologischen Implementierung (siehe ▶ Textbox Grundprobleme bei der Untersuchung exekutiver Kontrolle). Im Folgenden werden diese Problemstellungen jedoch eher als weite und nicht als systematische Klammer bei der Diskussion exekutiver Kontrolle verwendet.

Grundprobleme bei der Untersuchung exekutiver Kontrolle

Das Homunculusproblem: Das Homunculusproblem umschreibt die Frage: Wer kontrolliert die Handlungen und Kognitionen des Subjekts? Das damit verbundene Problem betrifft den gnostischen Erklärungswert der Annahme einer zentralen Exekutive. Wenn als Antwort auf die Frage nach dem Wer? die Existenz einer Instanz wie der zentralen Exekutive angenommen wird, dann hat die damit verbundene Annahme keinen wirklichen Erklärungswert. Das Problem wird nur auf einen weiteren Begriff verlegt, der wiederum nicht erklärt wird. Es ergibt sich dann die Frage: Wer kontrolliert die zentrale Exekutive?

Das Unitaritätsproblem: Das Unitaritätsproblem umschreibt die Frage, ob die Kontrolle mit dem Funktionieren einer Art unteilbaren Ressource oder eines zentralen Mechanismus verbunden ist oder ob Kontrolle besser verstanden werden kann, wenn man verteilte oder separate Mechanismen dazu annimmt, die auch auf separierbare Ressourcen oder kognitive Mechanismen zurückgreifen. Eine Beantwortung des Unitaritätsproblems im Sinne einer verteilten Kontrolle steht dabei vor dem Problem, dass eine gemeinsame Koordination separater Kontrollmechanismen oder deren Ergebnisse angenommen werden muss, um ein kohärentes Verhaltensziel zu ermöglichen.

Das Problem des Bezugs psychologischer Funktion und deren neuronaler Implementierung: Hier geht es um die Beziehung zwischen psychologischen Mechanismen der exekutiven Kontrolle und der neuronalen Implementierung. Der Problemkreis ist eng mit dem Unitaritätsproblem verbunden. Ist exekutive Kontrolle mit einer strukturellen, neuronalen Einheit/einem neuronalen System verbunden bzw. wie erfolgt die Zusammenarbeit unterschiedlicher neuronale Systeme bei der exekutiven Kontrolle, und wie wäre die Arbeitsteilung zwischen diesen Systemen auf neurophysiologischer Ebene? Die Untersuchungen dazu beziehen sich vor allem auch auf Fragen zur funktionellen Neuroanatomie des lateralen präfrontalen Kortex und seiner möglichen Funktionsdifferenzierungen und -unterteilungen.

14.2.1 Handlungssteuerung und exekutive Kontrolle

Ein Modell, das exekutive Mechanismen der Handlungssteuerung beschreibt, ist das Modell eines supervisorischen attentionalen Systems (Supervisory Attentional System, SAS) von Norman und Shallice (1986), das in ◘ Abb. 14.1 dargestellt ist.

Nach diesem Modell werden Verhaltensakte durch Repräsentationen auf mehreren Ebenen gesteuert, die Aufmerksamkeit in unterschiedlichem Ausmaß beanspruchen: 1. durch automatische Aktivierung gelernter Schemata, 2. durch teilweise automatische Kontrolle mehrerer

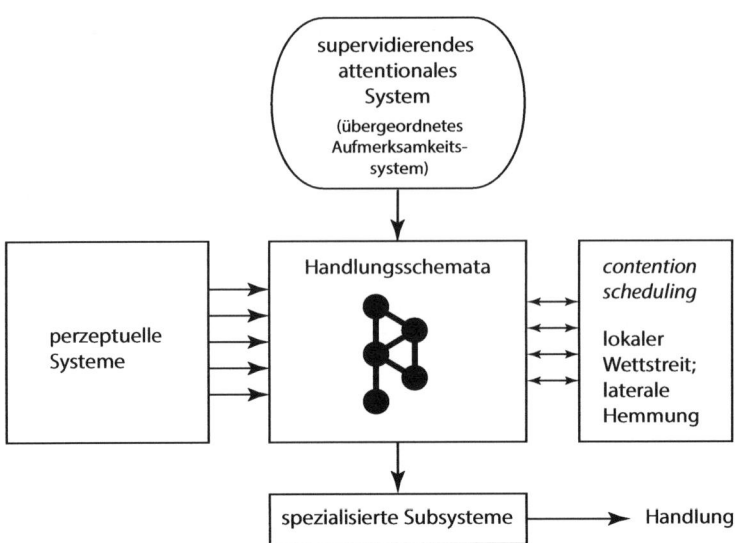

☑ Abb. 14.1 Das Modell der Kontrolle von Handlungen nach Norman und Shallice (1986). Handlungskontrolle durch erworbenen Handlungsschemata erfolgt automatisch; das übergeordnete Aufmerksamkeitssystem (SAS) greift in die Selektion von Handlungsschemata ein, indem es deren Aktivationswerte ändert. (Adaptiert nach Goschke 2002; mit freundlicher Genehmigung von © Springer-Verlag Berlin Heidelberg 2014. All Rights Reserved)

konkurrierender Schemata, 3. durch Einsatz eines übergeordneten Systems der Aufmerksamkeitskontrolle.

Automatische Aktivierung durch Schemata

Auf einer unteren Ebene werden Handlungen durch Schemata gesteuert; Schemata sind dabei im Langzeitgedächtnis gespeicherte Strukturen, die die Input- und die Outputbedingungen einer Handlung und die jeweiligen Regeln, wie die Handlung auf den jeweiligen Input ausgeführt wird, enthalten. Sie wurden vor allem durch Lernprozesse erworben und werden dann automatisch aktiviert und ausgeführt, wenn eine bestimmte Aktivationsschwelle, die von der Gebrauchshäufigkeit des Schemas, der Salienz des Stimulus etc. abhängig ist, überschritten wird. Zum Beispiel kann das Schema „Bremsen des Autos" beim Aufleuchten eines roten Ampelsignals automatisch aktiviert werden und dann die spezielle Bremshandlung beim Fahrer auslösen. Bei komplexen und häufig geübten Handlungen können gleich komplexere Schemata aufgerufen werden; dabei wird durch die Aktivierung eines *hierarchisch hoch angeordneten Schemas* (*source schema*), ein integriertes Ensemble von untergeordneten Schemata aktiviert werden. Zum Beispiel kann die Aktivierung des Schemas „Auto starten" auf unteren Ebenen gleichzeitig mehrere weitere Schemata aktivieren wie „Tür öffnen", „Kupplungspedal betätigen", „Auto starten" und „Gang einlegen" etc.

Automatische „Kontrolle" konkurrierender Schemata

Die Koordination der jeweiligen Aktivierungen mehrerer Schemata wird dabei durch laterale Inhibition vorgenommen und unter dem Begriff *contention scheduling* zusammengefasst.

Contention scheduling (was so etwa so viel bedeutet wie „Konfliktverwaltung") ist ein Mechanismus, der ohne zusätzliche zentrale Aufmerksamkeit bewirkt, dass potenziell konkurrierende Schemata nicht gleichzeitig ablaufen können; er verhindert zum Beispiel, dass nicht gleichzeitig Gas gegeben wird und der Gang eingelegt ist, wenn das Bremspedal betätigt wird.

Durch die Annahme von Schemata, *contention scheduling* und Aktivationswerten für die Aktivierung von Schemata kann somit ein Großteil des Verhaltens, vor allem in Routinesituationen, im Rahmen des Modells von Norman und Shallice (1986) erklärt werden.

Wie kommt die Aufmerksamkeit ins Spiel?

Übergeordnete Aufmerksamkeitskontrolle. Ein System, das ausschließlich auf diesen Mechanismen beruhen würde, hätte jedoch keine Möglichkeit, flexibel auf neuartige Situationen – Nichtroutinesituationen – einzugehen; es würde zum Beispiel immer wieder die Schemata aktivieren müssen, die in der jeweiligen Situation gelernt wurden. Ein solches System könnte zum Beispiel nicht auf Aufgaben reagieren, in denen vom gelernten Verhaltensweg abgewichen werden muss. Eine solche Situation ist zum Beispiel bei der schon zitierten Stroop-Aufgabe gegeben, in der auf die Farbe eines Farbwortes reagiert wird. Wenn die Farbe vom Farbwort abweicht, zum Beispiel das Wort „ROT" in grüner Farbe, kommt es zu einem Problem für das System; das Schema für die Wortbenennung „rot" wird nämlich schnell aktiviert, da es häufig geübt ist, und die Aktivierungswerte für die Benennung der Farbe viel niedriger sind, da nicht häufig genug geübt. Für solche Situationen muss demzufolge ein Mechanismus existieren, der es dem System erlaubt, das Schema für die Farbbenennung auszuführen und nicht das für die Wortbenennung. Norman und Shallice (1986) nehmen an, dass für die Ausübung dieser Kontrollfunktion ein hierarchisch übergeordnetes Aufmerksamkeitssystem existiert, das supervisorische attentionale System, SAS. Dieses SAS kann Kontrolle auf das Verhalten ausüben und Verhalten steuern, indem es die Aktivationswerte von Schemata durch einen Aufmerksamkeitsmechanismus gezielt erhöht oder verringert und dadurch die Selektion eines weniger aktivierten Schemas befördern oder das eines stärker aktivierten Schemas in inadäquaten Situation verhindern kann.

Nach Norman und Shallice (1986) wird das SAS insbesondere in folgenden Situationen benötigt:

- wenn komplexe Handlungen geplant werden müssen,
- wenn Probleme gelöst werden müssen,
- in besonders schwierigen und gefährlichen Situationen (Fehlervermeidung),
- in neuartigen Situationen, für die keine Schemata vorliegen,
- in Situationen, in denen ein aktiviertes Schema zu einer inadäquaten Handlung führen würde.

Als Beleg für ihre Theorie werden von Norman und Shallice (1986) Situationen beschrieben, in denen das SAS durch eine Aufgabe beschäftigt ist und dadurch nicht mehr in den normalen Gang der Dinge eingreifen kann. Aus den Handlungsresultaten, die dann häufig ein der Situation nicht angepasstes oder angemessenes Verhalten darstellen, wird auf die Notwendigkeit der Existenz eines SAS geschlossen.

Als eine derartige Situation führen Norman und Shallice (1986) Situationen mit Handlungsfehlern (*capture errors*) an, die damit verbunden sind, dass Schemata durch eine gegebene externe Reizsituation aktiviert werden, die nicht adäquat zur Situation passen. Zum Beispiel beschreiben Norman und Shallice (1986) das Verhalten einer Person, die auf dem Weg zur Garage war, die sich rückseitig am Haus in der Nähe des zum Garten befindlichen hinteren Hauseingangs befand: Diese Person „beschrieb wie sie auf dem Weg, ihren Wagen herauszufahren, beim Passieren des Hinterausgangs anhielt, um ihre Gummistiefel und ihre Gärtnerjacke anzuziehen, so als ob sie im Garten arbeiten wollte" (Norman und Shallice 1986, S. 12)[6].

6　„described how, when passing through his back porch on the way to get his car out, he stopped to put on his Wellington boots and gardening jackets as if to work in the garden" (Norman und Shallice 1986, S. 12).

Das Modell der Managerial Knowledge Units (MKU)

Im MKU Modell schlägt Jordan Grafman (1994) vor, dass Handlungskontrolle durch gespeicherte Wissensstrukturen des Langzeitgedächtnisses erfolgt. Das Modell gibt somit eine interessante und nachvollziehbare Antwort auf die im Kontext des SAS Modells von Norman und Shallice (1986) aufgeworfene Frage nach dem Homunculusproblem, d. h. woher ein kontrollierendes System „wissen" kann, welche Handlungsstrukturen (Schemata) aktiviert oder inhibiert werden müssen. Als gespeicherte handlungsleitende Wissensstrukturen bezeichnet Grafman so genannte Managerial Knowledge Units (MKU), die skriptähnliche Wissensstrukturen darstellen und planungsintensives Verhalten in sozialen Kontexten sowie bei der Wissensverarbeitung steuern sollen. Als allgemeine Grundstruktur beinhalten MKUs Repräsentationen mehrerer Ereignisse, die bei der Aus-

führung eines zielgerichteten Verhaltens erfahrungsgemäß auftreten können. Zum Beispiel kann die MKU „im Restaurant essen" die Repräsentation eines Startereignisses (hungrig sein), eines Endereignisses (gesättigt das Restaurant verlassen) und mehrere Ereignisse dazwischen beinhalten. Zwischen den Repräsentationen dieser beiden Ereignisse werden zusätzliche Ereignisse wie z. B. das Aussuchen eines geeigneten Tisches, die Bestellung von Getränken und Speisen, das Servieren derselben durch den Kellner, die Bezahlung, etc. repräsentiert, die insgesamt das Erlebnisschema des „Restaurantbesuches" darstellen, und die in Folge von Lernprozessen in der Ontogenese von einer Person erworben werden. Nach Grafman sollen derartige Repräsentationen komplexes, planungsintensives Verhalten in verschiedensten Lebenssituationen steuern. Da nach Grafman

diese Repräsentation im präfrontalen Kortex gespeichert ist, führen Läsionen oder andere neurologische Störungen des präfrontalen Kortex zu Störungen im planerischen Verhalten dieser Patienten. Entsprechend dem Modell wird eine MKU als handlungsleitende Repräsentation in das Arbeitsgedächtnis aktiviert, sobald die mit dem Startereignis verknüpften Informationen gegeben sind. Dadurch lässt sich zumindest die Frage beantworten, woher das System weiß, welches Schema zur jeweiligen Situation passt. Grafman hat seinen Vorschlag durch Analysen und zahlreiche Befunde zum gestörten planerischen Verhalten von Patienten mit Störungen des frontalen Kortex untermauert. (Siehe dazu auch ▶ Abschn. 15.1, Exekutive Kontrolle und der laterale präfrontale Kortex.)

Ein anderer Fall sind Effekte bei *Doppeltätigkeiten*. Diese können im Rahmen des SAS-Modell mit der Annahme beschrieben werden, dass die Kapazität des SAS mit einer Aufgabe belegt wird und nicht ausreichend Kapazität für andere Aufgaben zur Verfügung steht, deren Steuerung sich deshalb verschlechtert (siehe aber die Diskussion zu Ein- und Mehrkapazitätsmodellen und Modellen geteilter Kapazität).

Weiterhin wird das Verhalten von Personen beschrieben, die Störungen in den neuronalen Strukturen aufweisen, die nach Norman und Shallice (1986) hauptsächlich mit dem SAS in Verbindung gebracht werden. Hierzu werden vor allem *Personen mit Läsionen im Frontalhirn* beschrieben (siehe dazu die ausführliche Darstellung in ▶ Abschn. 15.1, Neurokognitive Mechanismen der exekutiven Kontrolle).

Ein wichtiger Vorzug der SAS-Theorie besteht demnach darin, dass es sich dabei um eine allgemeine Rahmentheorie handelt, die den Einfluss von Aufmerksamkeit auf den Mechanismus der Handlungssteuerung in sehr verschiedenen Situationen beschreibt, in denen exekutive Funktionen zur Zielerreichung notwendig sind.

Allerdings sind wichtige Annahmen über die Teilmechanismen bei der Regulation des Verhaltens durch exekutive Funktionen nicht ausreichend spezifiziert und lassen weiten Interpretationsspielraum zu. So bleibt zum Beispiel unklar, woher das SAS weiß, welches Schema aktiviert und welches Schema inhibiert werden soll (Homunculusproblem). Diese Fragen sind im Rahmen einer nur auf kognitive Mechanismen des Ist-Zustandes fokussierten Theorie vermutlich nicht zu beantworten, da hier die Geschichte des Individuums, seine Persönlichkeit und sein Vorwissen über die jeweiligen Situationen betrachtet werden müssen (Grafman 1994; Miller und Cohen 2001).

Weiterhin bleibt offen, ob das SAS einen unteilbaren exekutiven Mechanismus darstellt oder ob es unterschiedliche Teilmechanismen bei der exekutiven Kontrolle von Handlungen gibt (Unitaritätsproblem). Siehe dazu auch die theoretischen und empirischen Schwierigkeiten bei der Ausdifferenzierung dieser Fragen in Untersuchungen zu Doppeltätigkeiten, die in ► Abschn. 13.1.3 (Ein- und Mehrkapazitätsmodelle) dargestellt sind.

14.2.2 Eine exekutive Instanz versus mehrere exekutive Teilfunktionen

Eine Frage, die häufig im Zusammenhang mit den Annahmen zum SAS oder anderen exekutiven Mechanismen gestellt wird, ist, ob es eine exekutive Entität gibt, die alles kontrolliert und regelt, oder mehrere exekutive Teilfunktionen angenommen werden sollten (Unitaritätsproblem). Entsprechend der ersten Auffassung wäre das mit einer exekutiven Instanz zu verbinden, die zentral ist und deren Kapazität auf verschiedene andere Funktionen, Aufgaben oder Handlungen flexibel aufteilbar wäre (Kahneman 1973). Eine derartige Annahme ist konsistent mit der von Baddeley (1986) im Rahmen seines Modells zum Arbeitsgedächtnis beschriebenen Auffassung, dass es eine zentrale Exekutive gibt, die für die generelle Strategie des Verhaltens und seine Kontrolle zuständig ist. Diese Idee einer zentralen Kontrolle war vor allem in den Anfangsjahren (d.h. den 1980er-Jahren) der Erforschung exekutiver Funktionen vorherrschend. Heute ist man sich jedoch weitgehend einig, dass die Idee von exekutiver Kontrolle als undifferenzierte zentrale Instanz nicht ausreicht, um der Vielfalt der Erscheinungsformen exekutiver Kontrolle gerecht zu werden. Darum untersucht man die speziellen Mechanismen der Kontrolle von Prozessen in verschiedenen Situationen, die exekutive Kontrolle erfordern. Dabei werden verschiedene exekutive Teilfunktionen von unterschiedlichen Autoren als relevant erachtet, ohne dass sich dabei bisher eine von allen akzeptierte Taxonomie exekutiver Teilfunktionen herausgebildet hat. Smith und Jonides (1999) listen folgende auf:
1. Selektive Aufmerksamkeit und Inhibition von aufgabenirrelevanter Informationen und Reaktionen,
2. Wechsel der Aufmerksamkeit zwischen verschiedenen Aufgaben,
3. Planung von Aufgaben zur Zielerreichung,
4. Aktualisierung und Überwachung von Arbeitsgedächtnisinhalten,
5. Kodierung von zeitlichen und räumlichen Repräsentationen im Arbeitsgedächtnis.

In der Literatur sind umfangreiche Studien zu finden, die sich mit der Aufklärung der Mechanismen verschiedener exekutiver Teilfunktionen beschäftigen. Im Folgenden werden exemplarische Ansätze und empirische Befunde zu ausgewählten exekutiven Teilfunktionen beschrieben. Diese beziehen sich auf Situationen, in denen a) aufgabenrelevante Informationen und Reaktionen unterdrückt und andere weniger starke Handlungstendenzen durch Aufmerksamkeitsverlagerung ausgeführt werden müssen, und b) in denen die Aufmerksamkeit schnell zwischen zwei Aufgaben hin und her wechseln muss.

Unterdrückung aufgabenirrelevanter Informationen und Reaktionen

Ein gelungenes Beispiel, wie man sich die exekutiven Teilmechanismen bei der Unterdrückung nicht adäquat aktivierter Handlungstendenzen detailliert vorstellen kann, haben Cohen und

Gemeinsamer Kern trotz spezialisierter Teilfunktionen

Miyake et al. (2000) legten eine einflussreiche Studie zur Frage nach zentraler Kontrolle oder separierbaren Teilfunktionen vor. Sie gingen von folgender Überlegung aus: Wenn verschiedene exekutive Teilfunktionen auf ein gemeinsames zentrales exekutives Kontrollsystem zurückzuführen sind, dann sollte es sehr hohe Korrelationen zwischen den Leistungen von Personen in einer Reihe von unterschiedlichen Aufgaben geben, die diese Teilfunktionen beanspruchen.

In der Studie mussten die Probanden deshalb neun Aufgaben mit unterschiedlichen exekutiven Funktionen bearbeiten. Danach wurde faktorenanalytisch geprüft, ob und wie hoch die Leistungen in den einzelnen Aufgaben miteinander korrelierten. Außerdem wurde gefragt, ob man wenige Funktionen definieren kann, mit denen die Leistung in den einzelnen Aufgaben hoch korreliert. Als Ergebnis zeigten sich drei Faktoren, die von den Autoren als drei exekutive Teilfunktionen identifiziert

wurden, die die Korrelationen zwischen den Leistungen in den einzelnen Aufgaben am besten abbildeten: 1. Inhibition nicht-adäquater Reaktionen, 2. Wechsel der Aufmerksamkeit zwischen verschiedenen Aufgaben, 3. Aktualisierung und Überwachung von Information im Arbeitsgedächtnis. Die Leistungen der Probanden in diesen drei Teilfunktionen waren tatsächlich untereinander korreliert. Allerdings waren die Korrelationen zwischen den Teilfunktionen nur mäßig hoch ($r = 0.42$ bis $r = 0.62$), so dass sie nicht vollständig voneinander zu separieren waren.

Das lässt die Schlussfolgerung zu, dass verschiedene exekutive Teilfunktionen sich zwar in Bezug auf die verschiedenen Mechanismen und Prozesse voneinander unterscheiden lassen, dass sie aber auch einen gemeinsamen Kern oder Prozess teilen (z. B. kontrollierte Aufmerksamkeit). Dieser Kern bewirkt vermutlich das Zustandekommen der Korrelationen zwischen den Leistungen bei

den drei definierten Teilfunktionen.

Eine weitere Quelle für die Annahme, dass exekutive Funktionen trotz funktionaler Spezialisierung Gemeinsamkeiten teilen, stammt aus Untersuchungen zur neuronalen Implementierung exekutiver Kontrolle. Diverse Studien haben gezeigt, dass verschiedene exekutive Funktionen häufig mit einem gemeinsamen Teilbereich des Gehirns zusammenhängen, dem präfrontalen Kortex (Problem des Bezugs psychologischer Mechanismen und deren neuronale Implementierung; s. Kasten „Grundprobleme exekutiver Kontrolle"). Auch wenn dieser Bereich einen großen Raum im Gehirn einnimmt und deshalb in verschiedene Regionen unterteilt werden kann, lässt sich aus den mittlerweile bekannt gewordenen Ergebnissen eine besondere Rolle des präfrontalen Kortex für verschiedene exekutive Funktionen annehmen (siehe dazu ▶ Kap. 15, Neurokognitive Mechanismen der exekutiven Kontrolle).

14

Kollegen (Cohen et al. 1990) für die Mechanismen der Konfliktlösung bei der Stroop-Aufgabe vorgeschlagen. Die Autoren legten dazu eine Theorie vor, die auf Annahmen konnektionistischer Modelle basiert und bei der die Aufgabe des Stroop-Tests durch ein konnektionistisches Netzwerk repräsentiert wird (◘ Abb. 14.2). Zur Erinnerung: beim Stroop-Effekt werden Farbwörter (z. B. „ROT", „GRÜN", „BLAU") dargeboten, die in bestimmten Farben geschrieben sind (z. B. blau, rot, grün) und man soll die Farbe des Farbwortes benennen. Die Zeiten zur Benennung der Farbe sind in kongruenten Durchgängen (in denen die Farbe und die semantische Bedeutung des Farbwortes übereinstimmen) kürzer als in inkongruenten Durchgängen (Farbe und Farbwort stimmen nicht überein; z. B. das Wort GRÜN in roter Farbe).

Konnektionistisches Netzwerk

Mit konnektionistischen Netzwerken versucht man, sich ein möglichst genaues Modell zu schaffen, das ähnlich wie das Gehirn den Mechanismus der exekutiven Kontrolle (und anderer kognitiver, perzeptiver oder motorischer Prozesse) abbilden kann. Als Grundform werden bei

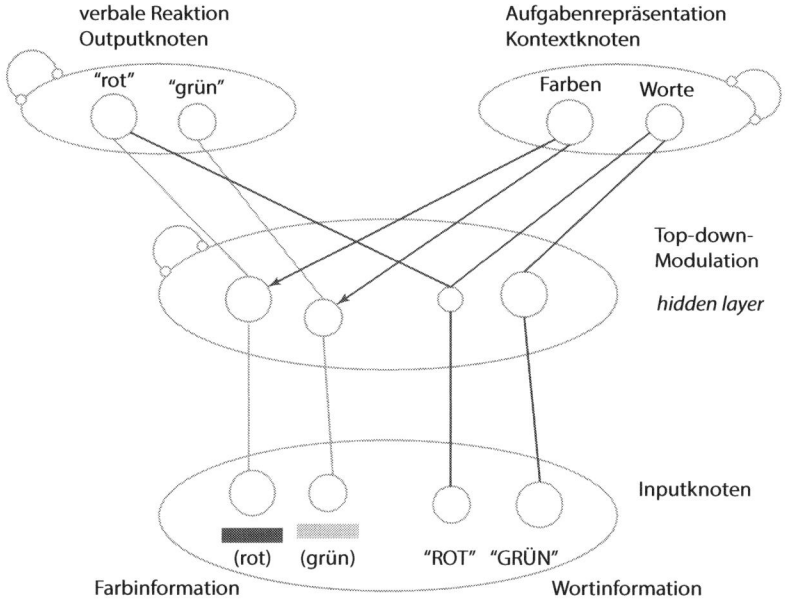

> konnektionistischen Netzen Verarbeitungseinheiten angenommen, die Informationen und deren Verarbeitung repräsentieren sollen; diese werden im Netz durch Knoten repräsentiert, die Neuronen des Gehirns ähneln sollen (z. B. O'Reilly und Munakata 2000; Rumelhart et al. 1986). Zwischen diesen Knoten bestehen Verbindungsbahnen, die den Umstand reflektieren sollen, dass Neuronen durch Nervenfasern im Gehirn verbunden sind und dadurch miteinander kommunizieren. Knoten können mehr oder weniger aktiviert sein, sie können erregend oder hemmend auf andere Knoten wirken, und sie kommunizieren miteinander über die Verbindungsbahnen. Die Stärke der Verbindungen zwischen den Knoten ist jeweils durch ein Assoziationsgewicht repräsentiert, wobei die Knoten die Aktivationswerte pro Verbindung aufsummieren.

Aufbauend auf Ideen zu konnektionistischen Netzwerkmodellen (siehe ▶ Textbox Konnektionistisches Netzwerk) haben Cohen et al. (1990) die Annahme vorgeschlagen, dass verschiedene Netzwerkknoten existieren, die unterschiedliche Komponenten bei der Bearbeitung einer Stroop-Aufgabe repräsentieren (◫ Abb. 14.2). Die Inputinformationen beim Stroop-Test sind durch Knoten (Inputknoten) repräsentiert, die einerseits die Farben (z. B. rot und grün) und andererseits die Farbwörter („ROT" und „GRÜN") repräsentieren. Die potentiellen verbalen Antworten („rot" oder „grün") sind ebenfalls durch Knoten repräsentiert, die als Outputknoten des Netzwerks operieren; weiterhin existiert eine *verborgene* Schicht (*hidden layer*) von Knoten, die die Inputknoten mit den Outputknoten verknüpft. Die Knoten sind durch jeweilige Assoziationsbahnen miteinander verbunden, durch die sie sich gegenseitig aktivieren können. Die Autoren nehmen an, dass die Assoziationsgewichte, die die Verbindungsstärke zwischen Outputknoten und den Inputknoten der Farbwörter kodieren, stärker sind als die Verbindungsstärke zwischen Outputknoten und den Inputknoten, die Farben repräsentieren. Diese Annahme trägt der Tatsache Rechnung, dass Personen das Lesen von Wörtern häufig geübt haben, während die Benennung einer Farbe durch das entsprechende Farbwort nicht so häufig vorkommt. Aus diesem Grund würde normalerweise bei der Darbietung eines grünen Farbwortes „ROT" der Outputknoten des Farbwortes („rot") schneller aktiviert als der Outputknoten, der mit der Farbe (grün) assoziiert ist.

Wie realisiert das Modell aber nun, dass Personen trotzdem in der Lage sind, das richtige Farbwort („grün") und nicht das Farbwort („rot") auszusprechen? Das wird durch folgenden Aufmerksamkeitsmechanismus gewährleistet; dazu wird eine weitere Gruppe von Knoten angenommen, die als Kontextknoten bezeichnet werden und die die Aufgabenstellung („Farbe benennen" oder „Farbwort benennen") repräsentieren. Diese Kontextknoten regulieren, in Abhängigkeit von der Aufgabenstellung, dass die Aktivationswerte für die Knoten angehoben werden, die die Verbindungsbahn repräsentieren, die der jeweiligen Aufgabe entspricht. Muss zum Beispiel die Person auf die Farbe reagieren, werden die Aktivationswerte der Knoten der Farbverbindung durch zusätzliche Aktivationsinputs aus den Kontextknoten angehoben. Dadurch kann die Informationsverarbeitung in der Farbverbindung einen Vorteil gegenüber der Verarbeitung in der Wortverbindung erzielen und die richtige Antwort kann produziert werden.

Aufmerksamkeit bei der Handlungssteuerung wird in diesem Zusammenhang demzufolge als Mechanismus verstanden, der die Aktivationswerte im Aufgabennetzwerk so einstellt, dass eine Aufgabenerfüllung auch unter Konfliktbedingungen möglich wird. Dabei spielen die Kontextknoten, die die jeweilige Aufgabe repräsentieren, eine entscheidende Rolle.

Eine wichtige Erweiterung haben Botvinick et al. (2001) zu diesem Modell vorgenommen, um sogenannte sequentielle Modulationseffekte zu erklären, die häufig in Situationen wie der Stroop-Aufgabe und anderen Interferenzaufgaben auftreten und die ein Hinweise auf das Wirken von exekutiver Kontrolle sind. Bei sequentiellen Modulationseffekten sind die Bearbeitungszeiten in einem inkongruenten Stroop-Durchgang schneller, wenn vorher ein inkongruenter Durchgang im Vergleich zu einem kongruenten Durchgang bearbeitet wurde (Kerns et al. 2004). Um dieses Phänomen erklären zu können, formulierten Botvinick et al. (2001) die Annahme einer Instanz, die das Entstehen eines Konfliktes im vorhergehenden Durchgang registriert und dann für zukünftige Durchgänge zusätzliche Korrekturen an den Aktivationswerten der Kontextknoten vornimmt. Diese Korrekturen führen zu einer zusätzlichen Erhöhung der Aktivationswerte der relevanten Aufgabenknoten (also „Farbe benennen") in der Kontextschicht. Als Resultat wird im nachfolgenden Durchgang der Einfluss der inkongruenten Farbwortinformation auf die aktuelle Handlung „Benennen der Farbe des Stimulus" noch stärker verringert als zuvor, und dadurch wird die Selektion der relevanten Antwort optimiert (◘ Abb. 14.2, rechts unten). Dieses Konfliktverarbeitungsmodell besticht durch seine geringe Komplexität und durch die Möglichkeit, wichtige empirische Befunde im Kontext des kognitiven Ansatzes der Aufmerksamkeit und exekutiven Kontrolle im Rahmen eines formalisierten Modells zu beschreiben. Des Weiteren bietet das Modell eine elegante Lösung des Homunculusproblems an. Nach dem Modell von Botvinick et al. (2001) ist keine solche übergeordnete homunculusartige Entscheidungsinstanz notwendig, die selbst wiederum nicht durch kognitive Mechanismen erklärt werden kann. Stattdessen lässt sich das Ausmaß kognitiver Kontrollprozesse deterministisch auf die Stärke vorheriger Entscheidungskonflikte zurückführen.

Aktuelle neurowissenschaftliche Untersuchungen legen nahe, dass die im Modell angenommene Knoten der Aufgabenrepräsentation (Kontextknoten) und die Instanz der Konflikterkennung unterschiedlichen neuronalen Strukturen zugeordnet werden können. Wie in ▶ Kap. 15 beschrieben wird, wird die Aufrechterhaltung der Aufgabenrepräsentation dem lateralen frontalen Kortex und Prozesse der Konfliktregistrierung dem anterioren cingulären Kortex (*anterior cingulate cortex*, ACC) zugeordnet (Miller und Cohen 2001).

Die oben beschriebenen Adjustierungen von kognitiver Kontrolle im Rahmen sequentieller Modulationseffekte werden auch als „reaktive" Kontrollprozesse bezeichnet. Der sequentielle Adaptationseffekt ist insofern reaktiv, als er die Konsequenz aus dem Erleben eines Entscheidungskonfliktes darstellt. Neben reaktiven werden auch proaktive Kontrollprozesse angenommen (Braver et al. 2007). Von proaktiver Kontrolle spricht man, wenn das kognitive System in Erwartung von zukünftigen Aufgabensituationen das Ausmaß kognitiver Kontrolle reguliert. Proaktive Kontrollprozesse können beispielsweise in der Stroop-Aufgabe gemessen werden, wenn Probanden vor einem Durchgang des Experiments darüber informiert werden, dass der folgende Durchgang mehr inkongruente als kongruente Stroop-Wörter enthält. Es zeigt sich, dass die Größe des Kongruenzeffektes geringer ist, wenn Probanden mehr inkongruente als kongruente Farbwörter erwarten, im Vergleich zu wenn sie mehr kongruente als inkongruente Farbwörter erwarten. Die Erwartung von Entscheidungskonflikten scheint also dazu zu führen, dass die Probanden schon im Voraus das Ausmaß an kognitiver Kontrolle erhöhen und somit Entscheidungskonflikte besser lösen können. Aktuelle Studien zeigen, dass reaktiven und proaktiven Kontrollprozessen unterschiedliche Mechanismen zugrunde liegen (Funes et al. 2010), was die Bedeutung der Unterscheidung von reaktiver und proaktiver Kontrolle unterstreicht.

Wechsel der Aufmerksamkeit zwischen verschiedenen Aufgaben

Viele haben sicher schon eine Situation erlebt, in der es notwendig war, abwechselnd mit einer Person in einer Sprache (zum Beispiel auf Englisch) und dann mit einer anderen Person in einer anderen Sprache (auf Deutsch) zu kommunizieren und dabei ständig zwischen den Sprachen zu wechseln. Das fällt den meisten von uns schwerer, als wenn wir hintereinander jeweils nur mit einer Person entweder nur auf Englisch oder nur auf Deutsch kommunizieren. Diese zunächst subjektiv erlebten Schwierigkeiten sind auch objektiv begründbar, denn sie werden begleitet von längeren Bearbeitungszeiten beim Finden der richtigen Wörter und der entsprechenden grammatikalischen Strukturen in der jeweiligen Sprache, die jedes Mal gewechselt werden müssen, wenn die Person und damit die Sprache wechselt, im Vergleich zu Situationen, in denen der Wechsel nicht nötig ist.

Die Kosten beim ständigen Wechsel zwischen Tätigkeiten im Vergleich zur nicht abwechselnden Ausführung der Tätigkeiten nennt man *Wechselkosten*. Die Untersuchung des Zustandekommens dieser Kosten erfolgt ebenfalls paradigmatisch, um herauszufinden, welche exekutiven Kontrollfunktionen beim Konfigurieren und Rekonfigurieren der sensorischen, kognitiven und motorischen Module bei der Ausführung einer Aufgabe involviert sind und welche Rolle dabei exekutive Kontrolle und Aufmerksamkeit spielen.

In der kognitiven Psychologie haben Allport et al. (1994) das Auftreten von Wechselkosten mit dem sogenannten *Wechselparadigma* operationalisiert und dadurch untersuchbar gemacht. In ihrer ursprünglichen Untersuchung haben Allport und Kollegen den Probanden Listen mit Stroop-ähnlichen Stimuli dargeboten (◘ Abb. 14.3). Einmal wurden Mengen von gleichen Ziffern in einer Liste dargeboten, zum Beispiel vier Mal die Ziffer 2 oder zweimal die Ziffer 7 etc. Der Zahlwert der Ziffer entsprach dabei nicht der Menge an Ziffern (inkompatibel). Die Aufgaben der Probanden bestanden in der Wechselbedingung darin, abwechselnd die dargebotene Ziffer (Durchgang N) und die dargestellte Menge an Ziffern (Durchgang N + 1) zu benennen. Als Ergebnis zeigte sich, dass die durchschnittliche Bearbeitungszeit für ein Item auf der Liste höher war, als wenn man die Liste jeweils unter der Instruktion „Ziffer benennen" (Aufgabe A) oder der Instruktion „Anzahl benennen" (Aufgabe B) durchführte (Wechselkosten; ◘ Abb. 14.4).

22	1111	7
22	1111	
7	33	2222
4	5	66
4		66
5	66	1
5	66	
5		
2	88	44444
33	5	6
33	5	
33		

◻ **Abb. 14.3** Darstellung einer Listenstruktur in einem Laborexperiment zur Untersuchung von Kontrollprozessen beim Wechsel zwischen verschiedenen Aufgaben (nach Allport et al. 1994). In der linken Spalte müssen die Probanden nur die Aufgabe A (Ziffer benennen) durchführen und in der mittleren Spalte nur die Aufgabe B (Anzahl dargestellter Ziffer benennen). In der rechten Spalte soll abwechselnd zwischen A und B gewechselt werden. Probanden empfinden größere Schwierigkeiten bei der Bearbeitung der rechten Spalte gegenüber den anderen beiden, und die Bearbeitungszeit pro Item ist in dieser Spalte größer als in den anderen beiden Spalten

Wie erklärt man nun das Entstehen der Wechselkosten? Ursprünglich hat man die Entstehung zusätzlicher Kosten vereinfachend mit der Ausführung einer exekutiven Wechseloperation eines dem SAS ähnlichen Systems in Verbindung gebracht. Wenn man sich die Aufgabenbearbeitung bei der Aufgabe von Allport et al. (1994) in Form des SAS-Modells vorstellt, dann stellt man fest, dass die Stimuli nicht eindeutig nur mit einer Aufgabe verbunden sind; d. h., sowohl die Anzahl der Ziffern als auch die Ziffer wird vom perzeptiven System aufgenommen und dies aktiviert die entsprechenden Schemata („Anzahl benennen" oder „Ziffer benennen"). Da „Ziffer benennen" das stärker gelernte Schema ist, müssen durch Top-down-Eingriffe durch die SAS die Aktivationswerte der einzelnen Schemata entsprechend der Aufgabenstellung erhöht („Anzahl benennen") oder verringert („Ziffern benennen") werden. Wenn nun die Aufgaben und die jeweiligen Antworten sich von Durchgang zu Durchgang abwechseln, dann müssen diese Aktivations- und Inhibitionsmechanismen alternierend zum Zuge kommen, um die wechselnden Aufgaben korrekt zu bearbeiten. Wenn diese Operation von einem kapazitätsbegrenzten Verarbeitungssystem (wie dem SAS) kontrolliert wird, dann benötigt das ständige Konfigurieren und Rekonfigurieren der jeweiligen Module Zeit, und es kommt zu einer Zunahme der Verarbeitungszeit, die durch Wechselkosten reflektiert wird. Zumindest in einem groben Rahmen bietet die Annahme eines SAS demzufolge auch hier zunächst einen Rahmen für ein Verständnis der Prozesse, die ablaufen, wenn Personen zwischen Aufgaben wechseln.

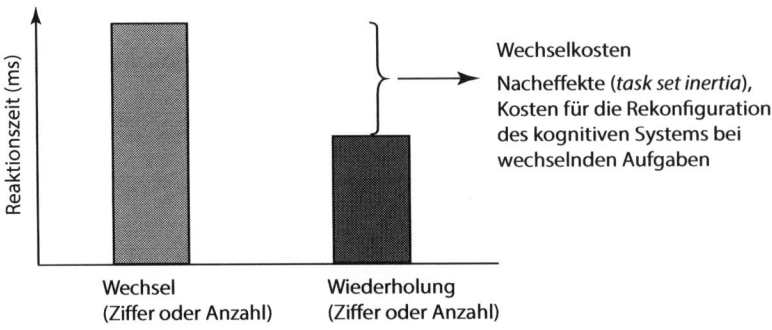

◻ **Abb. 14.4** Schematische Darstellung des Befundes von Wechselkosten in einem Experiment, in dem die Probanden zwischen der Bearbeitung zweier Aufgaben A (Benennung der dargestellten Ziffer) und B (Benennung der Anzahl der Ziffern) wechseln oder sie einzeln ausführen

Allerdings haben weitere Untersuchungen von Allport und Mitarbeitern und anderen Forschern diese Annahmen weiter spezifiziert. Im Zuge der Untersuchungen wurden wichtige Quellen für die Wechselkosten identifiziert: Zerfall von Gedächtnisspuren, die mit früheren Aufgabenbearbeitungen verbunden sind, und exekutive Kontrollmechanismen der Vorbereitung auf die neue Aufgabe.

Zerfall von Gedächtnisspuren: Proaktive Interferenz und Nacheffekte

Allport und Kollegen (Allport et al. 1994) argumentieren, dass die Wechselkosten eigentlich lediglich durch residuale Aktivationswerte im System entstehen, die damit verbunden sind, dass jedes Verarbeitungsmodul, das in der Vergangenheit bei der Aufgabenausführung genutzt wurde, noch für eine Weile im System aktiviert bleibt. Die Autoren bezeichnen das als Nacheffekte im Sinne einer Trägheit der zur Aufgabenausführung aktivierten Prozesse (*task set inertia*). Die Aktivationswerte der vergangenen Aufgabe interferieren dann proaktiv mit den aktuellen Prozessen bei der Vorbereitung auf die neue Aufgabe. Man kann sich das so vorstellen, dass die Ausführung einer kognitiven Operation zur Aktivierung von Gedächtnisinhalten führt, die als Nacheffekt noch eine Weile aktiv sind, also auch dann, wenn eine Person schon mit ganz anderen Dingen beschäftigt ist, und somit bei der neuen Aufgabe hinderlich sind. Allport et al. (1994) nehmen nun an, dass der Zerfall der Gedächtnisspuren nach der Bearbeitung einer Aufgabe passiv erfolgt; deshalb müsste man, streng genommen, gar keine exekutiven Kontrollmechanismen (in der Form eines SAS) annehmen, um die Entstehung von Wechselkosten zu erklären. Das, was mit der Erfassung von Wechselkosten gemessen wird, ist lediglich das Produkt von proaktiver Interferenz bei der Ausführung einer aktuellen Aufgabe durch frühere Gedächtnisspuren.

Taskset Rekonfiguration und Aufgabenvorbereitung

Dass diese Auffassung allerdings zu eng greift und dass Wechselkosten nicht nur mit proaktiver Interferenz aufgrund von Nacheffekten erklärt werden können, zeigten spätere Untersuchungen von Rogers und Monsell (1995); diese Autoren verwendeten ein anderes Paradigma als Allport et al. (1994), das sogenannte *ABBA-Paradigma*. In diesem Paradigma kann man durch geeignete experimentelle Manipulationen aktive Kontrollprozesse der Vorbereitung auf eine neue Aufgabe besser untersuchbar machen als im Paradigma von Allport et al. Beim Paradigma von Rogers und Monsell wurden den Probanden jeweils Paare von je einem Buchstaben (Konsonant oder Vokal) und einer Ziffer (gerade oder ungerade) dargeboten. Die Stimuluspaare wurden im Uhrzeigersinn nacheinander in den Quadranten eines größeren Quadrates dargeboten, und die Probanden mussten die Aufgaben A (Buchstaben) und B (Ziffern) in einem festgelegten Rhythmus ausführen. Zum Beispiel rechter oberer und rechter unterer Quadrant jeweils Aufgabe A, linker unterer und linker oberer Quadrant jeweils Aufgabe B. Das hat zwei Vorteile: 1. durch die regelhafte Abfolge der Aufgaben konnten die Probanden wissen, welche Aufgabe als nächste gelöst werden musste, und 2. durch die Darbietung der Aufgaben in separaten Durchgängen (nicht wie bei Allport et al. listenweise) kann die Zeit zwischen den einzelnen Durchgängen und damit die Zeit für die Vorbereitung auf eine neue Aufgabe genau kontrolliert werden.

Als wichtige Variation manipulierten Rogers und Monsell (1995) die Zeitdauer für die Vorbereitung auf eine neue Aufgabe durch Manipulation der Dauer des Reaktions-Stimulus-Intervalls, also des Intervalls zwischen der Reaktion in einem Durchgang und dem Stimulus im nächsten Durchgang (*response-stimulus interval*, RSI). Es gab Blöcke, in denen das RSI von Durchgang zu Durchgang zufällig zwischen 150 ms und 1200 ms variierte (zufälliges RSI) und dann gab es Blöcke, in denen das RSI über den gesamten Block fix war, wobei sich die Dauer des RSI zwischen den Blöcken unterschied. Natürlich erbrachte ein Vergleich der Reaktionszeiten in

Wechseltrials A → B oder B → A generell höhere Bearbeitungszeiten im Vergleich zu den Nicht-wechseltrials A → A oder B → B, was auf das Auftreten von Wechselkosten hinwies. Entscheidend war allerdings, dass die Wechselkosten in den Blöcken mit zufälligem RSI konstant hoch blieben und nicht mit der Dauer des RSI variierten. Dagegen nahmen aber die Wechselkosten in den fixen RSI Blöcken mit zunehmendem RSI ab. Dieser Befund weist darauf hin, dass die Probanden in den Blöcken mit fixem RSI genau wissen (vorhersehen), wann der Stimulus für die nächste Aufgabe kommt; deshalb bereiten sie die Verarbeitungsmodule der nächsten Aufgabe genau auf diesen Zeitpunkt vor, und dadurch verringern sich dann die Wechselkosten.

Obwohl in einer fixen (vorhersehbaren) Bedingung die Wechselkosten nicht ganz verschwinden, zeigen die Befunde jedoch, dass Personen sehr wohl in der Lage sind, aktiv etwas dafür zu tun, damit die Aufgabe so gut wie möglich vorbereitet ist, und dadurch verringern sich die Wechselkosten. Rogers und Monsell bezeichnen diesen Mechanismus als Rekonfiguration des Tasksets (*task set reconfiguration*), ein Mechanismus, den sie entgegen der Annahme von Allport und Kollegen mit dem aktiven Eingriff des supervisorischen attentionalen Systems (SAS) in die Verarbeitungsmodule in Verbindung bringen. Die Tatsache, dass selbst bei einem langen RSI nicht alle Wechselkosten verschwunden waren, weist nach Rogers und Monsell (1995) darauf hin, dass es endogen und exogen getriggerte Kontrollmechanismen der Vorbereitung auf die Aufgabe gibt; der endogen getriggerte Anteil bezieht sich darauf, dass exekutive Aufmerksamkeitskontrolle willentlich durch die handelnde Person ausgeübt wird, um die Module der Aufgabe vorzubereiten; der exogen getriggerte Anteil der Vorbereitung kann nach Rogers und Monsell erst dann erfolgen, wenn die jeweiligen Reize für die neue Aufgabe dargeboten sind; deshalb können nicht alle Wechselkosten nur allein durch endogene Mechanismen exekutiver Kontrolle verschwinden.

Als Kritikpunkt für die Untersuchung von Rogers und Monsell (1995) kann angesehen werden, dass eine vollständige Trennung von Mechanismen der proaktiven Interferenz durch die vorangegangene Aufgabe und Mechanismen der endogen (durch exekutive Prozesse) kontrollierten Vorbereitung auf eine neue Aufgabe nicht vollständig möglich ist. Da das RSI manipuliert wird, wird gleichzeitig die Zeitdauer für den potentiellen Zerfall von Nacheffekten manipuliert und auch die Zeit für die Vorbereitung auf die neue Aufgabe. Diese Kritik wird in späteren Untersuchungen zum Beispiel von Meiran (1996) und auch Mayr und Keele (2000) aufgegriffen.

Wenn man also die Befunde zur Konfiguration und Rekonfiguration von Aufgabenmodulen zusammenfasst, dann wird deutlich, dass die Annahme exekutiver Aufmerksamkeitskontrollprozesse ihre Berechtigung aus den erhobenen empirischen Daten gewinnt. Damit lassen sich anhand der Untersuchungen beim Aufgabenwechsel wichtige Prinzipien im Hinblick darauf erkennen, wie die einzelnen Verarbeitungsmodule bei der Ausführung von Handlungen in wechselnden Kontexten koordiniert werden. Der Mechanismus des Wechsels der Aufmerksamkeit zwischen den Aufgaben reflektiert damit unterschiedliche Mechanismen der exekutiven Intervention bei der Konfiguration und Rekonfiguration der Aufgabenmodule.

■ **Anwendung**

Exekutive Kontrolle ist zum Beispiel in vielen Multitaskingsituationen des Alltagslebens und in beruflichen Situationen notwendig. Arbeitnehmer in Bürosituationen müssen häufig zwischen Projekten aus verschiedenen Arbeitsbereichen hin- und herschalten. Dabei wechseln nicht nur die Arbeits- und Wissensbereiche, sondern häufig auch die Arbeitsmedien und Arbeitsmittel, z. B. E-Mail-Bearbeitung, Telefon- und persönliche Gespräche, Literatur- und Wissensrecherchen mit dem Internet oder Papierquellen etc. Gloria Mark (Gonzales und Mark 2004) konnte nachweisen, dass Analysten in der Finanzbranche im Durchschnitt 3 Minuten Zeit für die

Ausführung einer Aufgabe haben, bevor sie durch eine andere Aufgabe oder Anforderung unterbrochen werden. Dadurch kann ein Mehrbedarf an Zeit für die Ausführung der unterbrochenen Aufgaben von bis zu 29 % entstehen.

- **Speed Read**
- Unter exekutiven Kontrollfunktionen subsummieren viele Forscher eine Menge an unterschiedlichen, kognitiven Mechanismen, die notwendig sind, um Handlungen in schwierigen Situationen zielgerichtet durchführen zu können.
- Exekutive Funktionen sind zum Beispiel dann notwendig, wenn der Kontext und die auszuführenden Handlungen neuartig sind, wenn potentiell auftretende Fehler vermieden werden sollen, wenn eine Handlungsoption gegen eine andere automatisch aktivierte Handlungen durchgesetzt werden soll, wenn mehrere Handlungen koordiniert werden müssen, wenn Konflikte zwischen zwei oder mehreren Handlungen vermieden oder gelöst werden müssen.
- Zwei-Prozess-Modelle nehmen eine Unterscheidung von Prozessen an, bei denen eine Selektion von Handlungsparametern durch automatische Informationsverarbeitung und/oder durch Eingriff kontrollierender exekutiver Funktionen erfolgt.
- Das Modell des Supervisory Attentional System von Norman und Shallice bietet einen Rahmen für das Verständnis des Wechselspiels kontrollierender, exekutiver Aufmerksamkeit und automatischer Handlungsselektion bei der Handlungssteuerung.
- Die Annahme einer einzigen exekutiven kognitiven Instanz greift zu kurz, um die verschiedenen Phänomene von Schwierigkeitseffekten beim Ausführen exekutiver Funktionen in unterschiedlichen Domänen wie Doppeltätigkeiten, Aufgabenwechsel, Interferenzaufgaben, Arbeitsgedächtnis erklären zu können. Allerdings kann auch ein gemeinsamer Kern der verschiedenen Mechanismen nicht ausgeschlossen werden.

Neurokognitive Mechanismen der exekutiven Kontrolle

Hermann J. Müller, Joseph Krummenacher, Torsten Schubert

H. J. Müller, J. Krummenacher, T. Schubert, *Aufmerksamkeit und Handlungssteuerung,*
DOI 10.1007/978-3-642-41825-9_15, © Springer-Verlag Berlin Heidelberg 2015

Bezüglich ihrer neuronalen Implementierung im Gehirn werden exekutive Kontrollfunktionen vor allem mit Strukturen und Mechanismen des Frontalhirns (FH) in Verbindung gebracht. Dabei werden aufgrund neuerer Ergebnisse vor allem zwei Strukturen des FH in die engere Betrachtung gezogen: der seitliche, vordere Bereich des FH, d. h. der *laterale präfrontale Kortex* (*lateral prefrontal cortex*, lPFC) und Bereiche im mittleren, vorderen Teil des FH, der *anteriore cinguläre Kortex* (*anterior cingulate cortex*, ACC, s. ◘ Abb. 15.1). Für das Verständnis exekutiver Funktionen sind allerdings auch Bereiche außerhalb des FH wie der parietale Kortex und subkortikale Strukturen (z. B. die Basalganglien) von besonderem Interesse. Man kann von einem Netzwerk von Regionen sprechen, in denen der lPFC eine besonders wichtige Rolle für die exekutive Kontrolle spielt.

15.1 Exekutive Funktionen und der laterale präfrontale Kortex

Eine wichtige Quelle für die Zuordnung von exekutiven Funktionen zum lPFC stammt aus Berichten über Patienten mit Läsionen im Bereich des FH (siehe ▶ Textbox Grundprobleme der Untersuchung exekutiver Kontrolle). So werden vor allem für Patienten mit Läsionen im lPFC, die aufgrund eines Schlaganfalls, einer Gehirnoperation oder eines Unfalls entstehen können, Phänomene beschrieben, die auf Störungen bei der exekutiven Kontrolle von Handlungen hinweisen (Fuster 1997; Stuss und Benson 1986). Diese Störungen werden in der kognitiven Neuropsychologie durch den Begriff des *dysexekutiven Syndroms* beschrieben. Patienten mit diesem Syndrom leiden unter Störungen bei der Planung, Organisation und Realisierung zielgerichteter Handlungen. Auf der *Makroebene des Verhaltens* kann man diese Schwierigkeit als Unfähigkeit bezeichnen, sinnvolle Verhaltenssequenzen zu erzeugen, zu planen und zu überwachen, die zur Erreichung von adäquaten Handlungszielen in Nichtroutinesituationen im alltäglichen Leben, im beruflichen Leben (z. B. Abarbeitung eines komplexen Arbeitsauftrages) oder in anderen Bereichen des Lebens notwendig sind. Auf der *Mikroebene* werden dann zahlreiche Symptome beschrieben, die man weitgehend mit der Unfähigkeit, sich auf eine Aufgabe zu konzentrieren, wenn gleichzeitig störende Stimuli dargeboten werden (erhöhte Distraktibilität), und als Unfähigkeit zur flexiblen Verhaltensänderung, wenn gezeigtes Verhalten nicht mehr adäquat ist (Perseveration), umschreiben kann. Darüber werden noch weitere Symptome beschrieben, wie die gestörte Koordination von mehreren Aufgabenströmen, Probleme beim Lernen durch Fehler, bei der Schätzung unbekannter Mengen und Größenordnungen (Wie hoch war die Berliner Mauer?) etc.

Neben Befunden von Patienten mit Läsionen oder anderen neurologischen Störungen im FH, stammt Evidenz für die Annahme der Assoziation von exekutiven Funktionen mit dem lPFC auch aus anderen Bereichen der kognitiven Neurowissenschaften. Das sind zum Beispiel Studien mit bildgebenden Verfahren (Braver et al. 1997; Smith und Jonides 1999), Studien, die Befunde am Tiermodell (z. B. Affenstudien, Goldman-Rakic 1987; Petrides 1995) erheben, und Studien, die mathematische Simulationen von kognitiven Funktionen oder Gehirnfunktionen vornehmen (Braver und Cohen 1998), um die Steuerung und Kontrolle von Verhalten besser zu verstehen.

Die Befunde dieser Studien führten dazu, dass man eine Menge unterschiedlicher exekutiver Funktionen dem lPFC zuordnet, ohne dass dazu allerdings bisher eine systematische Taxonomie von Funktionen formuliert wurde. Solche Funktionen sind zum Beispiel:

- flexibler Wechsel zwischen Handlungsalternativen und Reaktionen;
- Unterdrückung von nichtadäquaten Reaktionen;
- Planung und Antizipation von Verhalten und Verhaltenszielen;

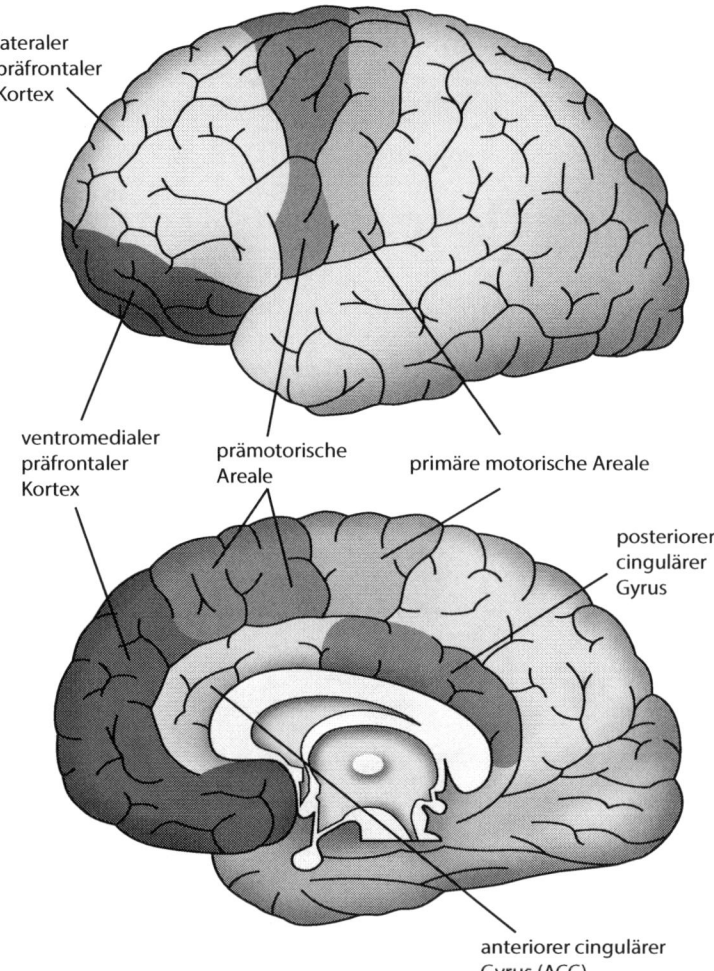

lateraler
präfrontaler
Kortex

ventromedialer
präfrontaler
Kortex

prämotorische
Areale

primäre motorische Areale

posteriorer
cingulärer
Gyrus

anteriorer cingulärer
Gyrus (ACC)

☐ **Abb. 15.1** Darstellung wichtiger neuroanatomischer Strukturen des Frontalhirns. Oben seitliche Ansicht des Gehirns, unten mediane Ansicht. (Adaptiert nach Hagendorf et al. 2011; mit freundlicher Genehmigung von © Springer-Verlag Berlin Heidelberg 2014. All Rights Reserved)

━ Koordination von multiplen Aufgaben und multiplen Handlungszielen;
━ Aufrechterhaltung von aufgabenrelevanten Repräsentationen.

Bei der folgenden Beschreibung dieser Funktionen gehen wir zunächst von der SAS-Theorie von Norman und Shallice als einer psychologischen Rahmentheorie aus. Nach Norman und Shallice (1986) funktioniert der lPFC bei der Handlungskontrolle als SAS; das heißt als diejenige Gehirnstruktur, die das aktuelle Verhalten dadurch beeinflusst, dass die Auswahl von Handlungsschemata durch Erhöhung oder Verringerung ihrer Aktivationswerte beeinflusst wird. Zusätzlich dazu werden dann vor allem Befunde aus Studien mit bildgebenden Studien referiert, die detaillierte Aussagen zur Lokalisation von neuronalen Regionen im lPFC zulassen, die mit den verschiedenen exekutiven Teilfunktionen assoziiert werden.

Anatomie des Frontalhirns (*Fortsetzung*)

Das Frontalhirn des Menschen (s. ◘ Abb. 15.1 und 15.6) wird posterior durch den Sulcus centralis (s. ◘ Abb. 15.6c) begrenzt, vor dem sich die primären motorischen Areale befinden. Anterior zu den motorischen Arealen befinden sich die prämotorischen, die supplementärmotorischen Areale (in der medianen Ansicht), die frontalen Augenfelder und das Broca-Areal. Als nächster wichtiger Sulcus begrenzt der Sulcus praecentralis den lateralen präfrontalen Kortex (lPFC, prefrontal cortex), der den gesamten Rindenbereich anterior zu diesem Sulcus ausmacht und bis zu 30 % der gesamten Großhirnrinde beim Menschen ausmacht (s. ◘ Abb. 15.6b). Er kann sehr grob in folgende Bereiche unterteilt werden: den dorsalen lPFC (Brodmann Areale [BA] 9 und 46), den ventralen lPFC (BA 45/74 und auch 44 obwohl zytoarchitektonisch anders), den orbitofrontalen Kortex (BA 11/12), den anterioren präfrontalen Kortex (BA 10). Wie in ◘ Abb. 15.6 gezeigt, kann die Lokalisation des dorsalen und ventralen lPFC vereinfacht daran fest gemacht werden, dass sich der dorsale lPFC oberhalb (dorsal) und der ventrale lPFC unterhalb (ventral) des Sulcus frontalis inferior (s. ◘ Abb. 15.6a) befinden (obwohl sich Bereiche des BA 46 auch in Regionen ventral zum Sulcus frontalis inferior hinziehen (Goldman-Rakic 1987). Bei der Beschreibung der Funktionen des lPFC im vorliegenden Kapitel wird hauptsächlich das neuronale Substrat bezeichnet, das den dorsalen und ventralen lPFC ausmacht.

Ein wichtige Eigenschaft des präfrontalen Kortex (PFC) besteht darin, dass er mit vielen anderen Regionen des Gehirns insbesondere mit perzeptuellen, motorischen (prämotorischen) und limbischen Regionen des Gehirns vernetzt ist. Der PFC erhält afferente Projektionen von den meisten parietalen und temporalen kortikalen Assoziationsfeldern, vom anterioren cingulären Kortex (ACC, anterior cingulate cortex), von subkortikalen Strukturen wie dem Thalamus, der Amygdala, dem Cerebellum, den Basalganglien und dem Mittelhirn; bei letzterem sind insbesondere die dopaminergen Projektionen aus dem ventralen Tegmentum wichtig. Zu den meisten Regionen, zu denen er afferente Beziehungen hat, unterhält der PFC auch efferente Projektionen, so dass er deren Zustand beeinflussen kann. Diese zentrale Rolle im Gehirn prädestiniert den PFC dazu, Information über innere Zustände des Organismus und über externe Reizsituationen zu verarbeiten, Information an Areale weiterzuleiten die die Motorik des Verhaltens steuern und den Zustand anderer Hirnareale zu modulieren. Darüber hinaus ermöglicht der hohe Grad der Vernetzung der Regionen im präfrontalen Kortex einen hohen Grad an Integration von Information aus unterschiedlichen Quellen.

Eine weitere Region des Frontalhirns, die für das Verständnis der neurokognitiven Mechanismen exekutiver Kontrollprozesse wichtig ist, ist der vordere Bereich in medianen Regionen des Frontalhirns. Er umfasst beim Menschen vor allem den ACC (BA 24, 32), der anteriore Bereiche des Gyrus cinguli umfasst. Darüber hinaus zeigen weiteren Regionen in der Nähe des ACC im medianen frontalen Kortex ähnliche Verarbeitungscharakteristika wie der ACC. Dabei handelt es sich um die medianen Bereiche des prämotorischen Areals und des supplementärmotorischen Areals (BA 6) als auch um die medianen Bereiche um den Gyrus frontalis superior (BA 11, 10, 9, 8 und 6), die dorsal und anterior zum ACC gelegen sind. Als Gemeinsamkeit scheint sich für diese Regionen herauszuschälen, dass sie bei der Detektion handlungsrelevanter Konflikte und Diskrepanzen von aktuellen Handlungsergebnissen zu gewünschten Resultaten involviert sind.

15.1.1 Flexibler Wechsel von Handlungsalternativen und Reaktionen

Das wohl am häufigsten genannte Problem von Patienten mit Läsionen im lateralen FH (auch des lPFC) ist die Unfähigkeit, sich flexibel auf neue Situationen einzustellen. Dieses Problem wird auch mit dem Begriff der *Perseveration* umschrieben. Perseveration wird gern in Untersuchungen mit der Wisconsin-Kartensortieraufgabe (Wisconsin Card Sorting Test; ◘ Abb. 15.2) gezeigt. Dabei werden den Patienten Karten mit Symbolen, die verschiedene Dimensionen haben, (Objektform, Objektfarbe, Anzahl der Objekte) dargeboten. Zum Beispiel können das ein rotes Dreieck, zwei grüne Sterne, drei gelbe Kreuze oder vier blaue Punkte sein. Die Aufgabe der Patienten besteht darin, die Karten nach einem bestimmten Kriterium zu ordnen; dabei ist

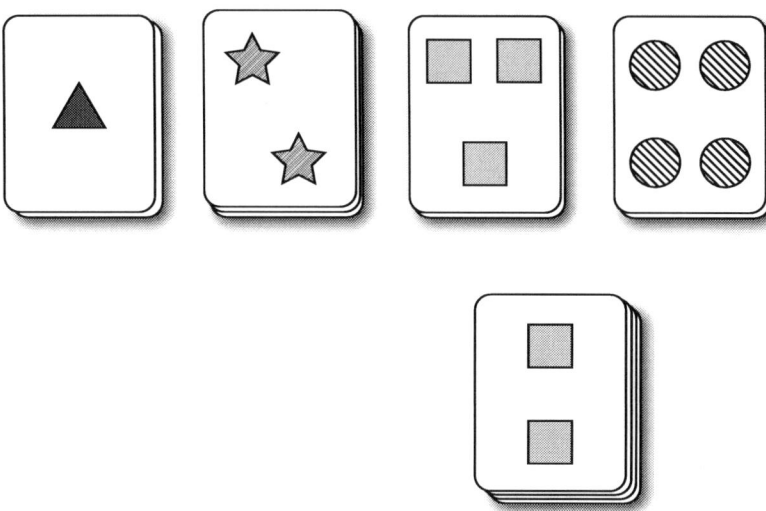

◘ **Abb. 15.2** Darstellung des Versuchsmaterials bei der Wisconsin-Kartensortieraufgabe. Die verschiedenen Grautöne und Schraffierungen entsprechen bestimmten Farben (im aktuellen Beispiel entspricht hellgrau der Farbe Gelb). Die Karten des Stapels (unten) müssen entsprechend unterschiedlicher Kriterien (Objektform, Objektfarbe, Objektanzahl) den jeweiligen Stapeln zugeordnet werden. Wenn das Kriterium Farbe heißt, dann müsste die Karte zum (gelben) Stapel mit den drei Quadraten zugeordnet werden

wichtig, dass das Kriterium dem Patienten nicht bekannt, sondern vom Versuchsleiter ausgedacht ist. Das heißt, wenn der Patient annimmt, dass das Kriterium die Farbe ist, dann muss er jede Karte auf den Stapel legen, der der jeweiligen Farbe entspricht, unabhängig davon, ob die Objektform oder die Anzahl der Objekte auf der Karte mit denen der zuzuordnenden Kategorien übereinstimmen. Nach jeder zugeordneten Karte erhält der Patient eine Rückmeldung, ob die Antwort richtig oder falsch war. Der entscheidende Moment in dieser Anforderung entsteht dann, wenn der Versuchsleiter, nach einigen erfolgreichen Zuordnungen durch den Patienten, das Kriterium der Zuordnung ändert. Die einzige Information über diese Kriteriumsänderung ist durch die Rückmeldung des Versuchsleiters gegeben, wenn der Patient eine Karte nach dem nun neuen Kriterium „falsch" zuordnet; in diesem Fall muss der Patient sein Zuordnungsverhalten ändern. Verschiedene Untersuchungen mit neuropsychologischen Patienten haben gezeigt, dass vor allem Patienten mit Läsionen im lPFC in solchen Situationen ihr Verhalten nicht ändern und zu Perseverationen neigen. Das heißt, sie führen altes Verhalten weiter aus, indem sie die Karten entsprechend der alten Kategorie weiter zuordnen, auch wenn sich das durch die Rückmeldung des Versuchsleiters als falsch erwiesen hat (Milner 1963).

Im Rahmen der Annahmen von Norman und Shallice würde das heißen, dass das alte Schema der Einordnung einer Karte aktiv bleibt und die Handlung steuert. Die neurologische Störung des lPFC bewirkt, dass das „geschädigte" SAS nicht die Aktivationswerte der verfügbaren Schemata ändern kann und es demzufolge zur fortdauernden Nutzung des alten Schemas kommt.

Wichtige Befunde zur Involvierung des lPFC in Prozesse des flexiblen Wechsels der Aufmerksamkeit wurden auch mit Hilfe von bildgebenden Verfahren wie fMRT im Zusammenhang mit Untersuchungen zum Aufgabenwechsel erhoben. Die Befunde vieler Untersuchungen weisen daraufhin, dass vor allem Regionen um den Sulcus frontalis inferior und insbesondere in der linken Gehirnhälfte (und auch mit geringer Häufigkeit rechts) aktiv sind, wenn Personen schnell zwischen den Prozessen einer Aufgabe zu einer anderen Aufgabe schalten. In einer charakteristischen Studie von Dove et al. (2000) mussten die Probanden auf das Erscheinen eines grünen „+" Zeichens auf einen linke Taste mit dem rechten Zeigefinger und auf ein grünes „–" Zeichen auf eine rechte Taste mit dem rechten Mittelfinger so schnell wie möglich reagieren. Ein Aufgabenwechsel, der zufällig auftreten konnte, wurde für die Probanden jeweils dadurch angekündigt, dass die Farbe der Stimuli von grün zu rot wechselte. In einem solchen Wechseldurchgang mussten die Probanden auf das „+" Zeichen auf die rechte Taste drücken (rechter Mittelfinger) und auf das „–" Zeichen auf die linke Taste (rechter Zeigefinger) drücken. Nach Dove et al. (2000) ermöglicht diese einfache Versuchssituation, dass die Prozesse des Aufgabenwechsels sehr sauber gemessen werden können und dabei nicht durch eine eventuell hohe Belastung des Arbeitsgedächtnisses konfundiert sind. Dove et al. konnten die mit dem Wechsel der Aufmerksamkeit assoziierten Hirnareale durch einen direkten Vergleich der Aktivationen in den Durchgängen mit den grünen und roten Stimuli lokalisieren. Dabei zeigten sich insbesondere Regionen im Bereich der Sulcus frontalis inferior, des prämotorischen Kortex, des insulären Kortex (rechts und links) und des parietalen Kortex aktiv.

Spätere Untersuchungen mit bildgebenden Verfahren erlaubten dann verschiedene Teilmechanismen beim Aufgabenwechsel und deren Assoziationen mit bestimmten Regionen des lPFC zu zeigen. So konnten Brass und von Cramon (2002) durch eine geschickte Variation des Aufgabenwechselparadigmas zeigen, dass die Bereiche des Sulcus frontalis inferior schon während der Vorbereitung auf den Wechsel zur nächsten Aufgabe und in die Rekonfiguration der damit verbundenen Verarbeitungsmodule aktiviert werden, bevor ein Stimulus für die nächste Aufgabe überhaupt dargeboten wird. Dazu führten die Autoren die Darbietung eines Hinweisreizes ein, der zeitlich separat vor dem Reiz für die jeweilige Aufgabe (eine Zahl, z. B. 33) dargeboten wurde. Entsprechend dem Hinweisreiz mussten die Probanden dann entweder beurteilen, ob es sich um eine gerade oder ungerade Zahl handelte, oder, im Fall der anderen Aufgabe, entscheiden, ob die Zahl größer oder kleiner als 30 war. Da in einigen wenigen Durchgängen keine Ziffer nach dem Hinweisreiz dargeboten wurde, konnten die Autoren in diesen Durchgängen Hirnaktivität erfassen, die nur auf die Verarbeitung des Hinweisreizes und die damit verbunden Vorbereitungsprozesse und Aufgabenkonfigurationsprozesse bezogen ist. Diese Hirnaktivität konnte dann jeweils für Durchgänge verglichen werden, in denen Probanden sich für die gleiche Aufgabe zweimal nacheinander vorbereiteten oder in denen es zu einem Wechsel in der Vorbereitung auf die nächsten Aufgabe kam. Interessanterweise gab es einen direkten Bezug der Hirnaktivität im Bereich des Sulcus frontalis inferior mit dem Ausmaß der gemessenen Wechselkosten, wenn die Probanden viel versus wenig Zeit zur Vorbereitung auf die nächste Aufgabe hatten. Die Befunde von Brass und von Cramon (2002) weisen somit auf einen direkten Bezug des neuronalen Substrats um den Sulcus frontalis inferior zu exekutiven Funktionen der Vorbereitung und Rekonfiguration des Aufgabensets hin. In weiteren Untersuchungen gelang es dann, die Lokalisation derjenigen Region im Bereich des Sulcus frontalis inferior genauer zu spezifizieren, die mit der Vorbereitung und Rekonfiguration der Aufgabenmodule verbunden ist. Diese befindet sich vornehmlich im hinteren Bereich des Sulcus frontalis inferior, wo dieser Sulcus auf den Sulcus praecentralis trifft (siehe ◻ Abb. 15.6). Diese Region wird als unterer frontaler Übergangspunkt (inferior frontal junction; IFJ) bezeichnet. Weitergehende vergleichende Untersuchungen haben gezeigt, dass diese Region stabil in verschiedensten Aufgabensituationen aktiv ist, wenn Prozesse der Aufgabenvorbereitung und Rekonfiguration von Aufgabenmodulen notwendig sind. Derrfuss et al. (2005) konnten das in einer Metaanalyse nahelegen, in der sie die Aktivationsorte in 16 fMRT-Studien mit dem Aufgabenwechselparadigma und 11 Studien mit dem Stroop-Paradigma verglichen. Neben dem IFJ erwiesen sich als paradigmenübergreifende Regionen zum Beispiel auch der ACC und der insuläre Kortex im Bereich des FH aktiv.

Es ist davon auszugehen, dass die Regionen im FH (vor allem um den Sulcus frontalis inferior; s. ◧ Abb. 15.6a) die Vorbereitung und Rekonfiguration der Aufgabenmodule beim Aufgabenwechsel in enger Abstimmung mit posterioren Hirnregionen vornehmen, die in die Stimulusverarbeitung der nächsten Aufgabe involviert sind. Das konnten Yeung et al. (2006) mit einer Untersuchung nahelegen, in der die Probanden zwischen einer Aufgabe, in der sie das Geschlecht dargebotener Gesichter unterscheiden sollten und einer Aufgabe, in der sie die Silbenzahl dargebotener Wörter entscheiden sollten, wechseln mussten. Den Autoren gelang es, die mit der Gesichterwahrnehmung und dem Wortlesen verbundene Hirnaktivität gezielt zu messen, und sie konnten zeigen, dass das Ausmaß der Aktivität in den jeweiligen Arealen höher war, wenn vorher die jeweils andere Aufgabe bearbeitet werden sollte. Interessanterweise waren die gemessenen Wechselkosten im Verhaltensbereich proportional zur Höhe der Hirnaktivation in dem jeweiligen Areal, das mit der Stimulusverarbeitung der vorherigen Aufgabe verbunden war. Im Sinne der Annahmen zur *Task Set Inertia* von Allport und Kollegen (Allport et al. 1994); (s. ▶ Abschn. 14.2.2, Abschn. Zerfall von Gedächtnisspuren: Proaktive Interferenz und Nacheffekte) lassen sich diese Befunde so interpretieren, dass zunächst die noch übriggebliebene Aktivation der vorherigen Aufgabenmodule überwunden werden muss, damit sich das System effizient auf die nächste Aufgabe vorbereiten kann.

15.1.2 Unterdrückung von nicht-adäquaten Reaktionen

In einer sehr beeindruckenden Untersuchung hat Lhermitte (1983) die Rolle des FH bei der Unterdrückung von nicht-adäquaten Reaktionen an Patienten mit Läsionen im FH illustriert. Die Patienten in seiner Untersuchung wurden am Untersuchungstisch vor den Versuchsleiter gesetzt und ihnen wurden Alltagsgegenstände wie eine Brille, eine Schachtel Streichhölzer oder ein Glas Wasser dargeboten. Ohne dass die Patienten verbal aufgefordert waren, etwas mit diesen Dingen zu tun, starteten Patienten mit Läsionen im lPFC sofort die dazugehörigen Routinehandlungen, die mit diesen Objekten assoziiert sind; das heißt, sie setzten die Brille auf, zündeten ein Streichholz an etc. Lhermitte (1983) umschrieb dieses Verhalten mit dem Begriff des *Utilisationsverhaltens*: Ein Gegenstand führt durch seine Darbietung direkt zur Aktivierung des Verhaltens, das mit seiner Nutzung normalerweise verbunden ist (Aktivierung des entsprechenden Schemas), und Patienten mit Läsionen im FH können dieses Verhalten nicht unterdrücken. Obwohl an den Ergebnissen der Ursprungsuntersuchung von Lhermitte (1983) kritisiert wurde, dass die Versuchsleiter im experimentellen Setting die sich auf dem Tisch befindenden Hände der Patienten mit dem jeweiligen Gegenstand kurz berührten, konnten spätere Untersuchungen zeigen, dass *Utilisationsverhalten* tatsächlich schon durch die bloße visuelle Verfügbarkeit des Gegenstandes erzeugt wird (Shallice et al. 1989).

Ähnlich wie bei der Funktion des Wechsels der Aufmerksamkeit erlauben Untersuchungen mit bildgebenden Verfahren mittlerweile eine viel genauere Lokalisation der Funktion der Unterdrückung nicht-adäquater Reaktionen im Bereich des lPFC. So schälte sich seit Beginn der 2000er-Jahre die Annahme heraus, dass der rechte posteriore Anteil des unteren frontalen Gyrus (Gyrus frontalis inferior; GFI; s. ◧ Abb. 15.6 I) insbesondere mit der Inhibition von motorischen Reaktionen und anderen kognitiven Prozessen (Gedächtnissuche) verbunden ist. Diese Sicht ist ursprünglich mit dem Namen von Seiki Konishi verbunden und wurde dann in den Untersuchungen von Adam Aron weiterentwickelt. Konishi et al. (1999) untersuchten die fMRT-Aktivationen von Probanden, die eine Go/No Go-Aufgabe lösten. In der Go/No Go-Aufgabe reagierten die Probanden auf die Darbietung eines grünen Quadrates und reagierten nicht, wenn ein rotes Quadrat dargeboten wurde. Die Probanden waren speziell trainiert, so schnell wie möglich auf die grünen

Quadrate zu reagieren und dabei auch eine mittlere Reaktionszeit von 350 ms zu erreichen. Aus diesem Grund stellte die inhibitorische Komponente in den Durchgängen mit roten Quadraten eine ausreichend starke kognitive Herausforderung für die Probanden dar, und eine markante fMRT Aktivierung beim Vergleich No Go versus Go war im posterioren rechten GFI zu finden.

Untersuchungen mit anderen Paradigmen wie der Stop-Signal-Aufgabe weisen ebenfalls auf eine Assoziation der Funktion der Inhibition von motorischen Reaktionen mit dem rechten GFI hin (Aron et al. 2004). Bei einer Stopp-Signal Aufgabe müssen Probanden so schnell wie möglich auf dargebotene Stimuli reagieren, z. B. auf die Darbietung eines „X" mit dem rechten Zeigefinger und auf die Darbietung eines „O" mit dem rechten Mittelfinger. In einigen Durchgängen erscheint zusätzlich ein Ton, der in einem bestimmten zeitlichen Abstand zum Buchstaben dargeboten wird, und der den Probanden signalisiert, dass sie *nicht* auf den Buchstaben reagieren sollen. Aufgrund der Tondarbietung müssen die Probanden die Vorbereitung oder sogar die Ausführung einer schon gestarteten Reaktion auf den Buchstaben abbrechen, d. h. inhibieren. Je später der Ton relativ zum Zeitpunkt des Erscheinens des Buchstaben dargeboten wird, desto größer ist die Wahrscheinlichkeit, dass die Probanden nicht mehr erfolgreich die Reaktion inhibieren können, da dann die individuelle Stoppverarbeitungszeit (stop signal reaction time, SSRT) zu lang werden kann. Die individuelle SSRT lässt sich aus dem Verhältnis von erfolgreichen und nicht erfolgreichen Durchgängen bei unterschiedlichen Intervallen des Tonsignals berechnen. Studien mit fMRT (Aron et al. 2004) konnten nun zeigen, dass der posteriore Anteil des GFI mit der Inhibitionsleistung bei der Stop-Signalaufgabe assoziiert ist. Auch weisen neuere Läsionsstudien mit Patienten auf die Bedeutung des rechten GFI Region für die Inhibition von ungewünschten oder zu unterdrückenden motorischen Reaktionen hin. In einer Studie von Aron et al. (2003) korrelierte die SSRT in einer Gruppe von Patienten mit Läsionen im Bereich des rechten FH direkt mit dem Volumen des gestörten Gehirngewebes im Bereich des rechten GFI ($r = 0.83$). Im Vergleich dazu waren die Korrelationen zwischen der SSRT und dem Volumen gestörten Gewebes in anderen Regionen wie dem Gyrus frontalis medius, superior oder dem orbitofrontalen Kortex (s. ◼ Abb. 15.6) weitaus geringer und teilweise auch nicht signifikant ($r = 0.53$ bis 0.30 von Gyrus frontalis medius bis orbitofrontaler Kortex).

Im Vergleich zu Patienten mit Läsionen im rechten GFI ist die SSRT bei Patienten mit linkslateralen Läsionen im FH jedoch nicht erhöht und hier ist auch keine vergleichbare Korrelation mit dem Ausmaß des Volumens gestörten Gehirngewebes im GFI zu finden. Das weist auf die spezifische Rechtslateralisierung der Inhibitionsfunktion im lPFK hin. Weitere konvergierende Evidenz wird von Vertretern der Annahme einer Assoziation der Inhibitionsfunktion mit dem rechten lPFK aus Affenstudien berichtet. So kommt es beim Affen (Makaken) zu einer wirksamen Inhibition motorischer Signale im Motorkortex, wenn die homologe Region des posterioren GFI elektrisch stimuliert wird, die sich in Aron et al. (2004) als relevant für inhibitorische Prozesse beim Menschen erwies. Insgesamt weisen somit verschiedene Befunde darauf hin, dass inhibitorische Prozesse bei der Unterdrückung nicht-adäquater oder unerwünschter Reaktionen und Handlungen mit dem FH assoziiert sind. Dabei scheint dem rechten posterioren Anteil des GFI eine besondere Rolle zuzukommen. Diese Befunde lassen sich somit als Evidenz für eine weitergehende Spezialisierung von verschiedenen Bereichen des lPFC für unterschiedliche exekutive Teilfunktionen auffassen. Dabei könnten Prozesse der Konfiguration und Rekonfiguration der Aufgabensets vor allem mit Regionen des linken SFI assoziiert sein, während Prozesse der Inhibition oder des Abbruchs von gestarteten Reaktionen mit dem rechten GFI verbunden sind. Wenngleich unterstützende Evidenz für diese Auffassung in der Literatur zu finden ist, wirft die Annahme einer verteilten Lokalisation dieser Funktionen in der linken und rechten Hemisphäre weitere wichtige Fragen auf. Kritisch ist dabei unter anderem, dass beide Funktionen häufig mit ähnlichen oder auch eng verknüpften Mechanismen bei der Ausführung von

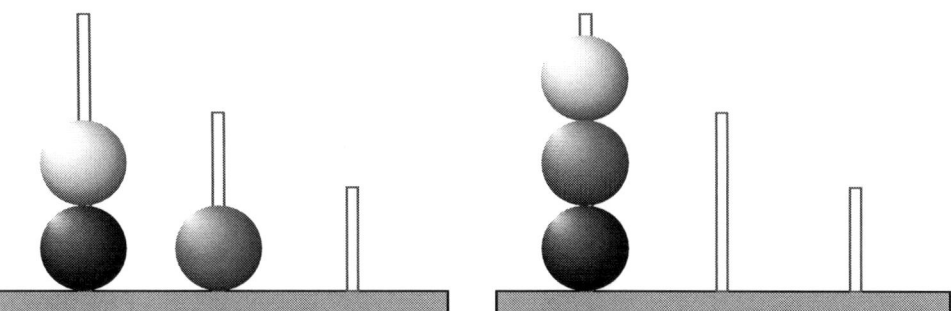

☐ **Abb. 15.3** Darstellung der Aufgabe Turm von London: Die Kugeln müssen mit so wenig wie möglich Zügen von der Ausgangsstellung in die Zielstellung überführt werden, wobei jeweils nur eine Kugel bewegt werden darf. Es werden unterschiedliche Ausgangsstellungen definiert, die gelöst werden müssen

senso-motorischen Aufgaben verbunden sind. Zum Beispiel erfordert die Rekonfiguration einer handlungsleitenden Aufgabenrepräsentation nach dem Wechsel von einer anderen Aufgabe B zu einer Aufgabe A eine inhibitorische Komponente. Im Fall einer verteilten Assoziation der Konfigurations- und Rekonfigurations- sowie der Inhibitionsfunktionen sollte es also eine enge Kommunikation zwischen den beteiligten Regionen geben. Die Forschung kann hier jedoch noch keine weiterführenden Antworten liefern.

15.1.3 Planung und Antizipation von Verhalten und Verhaltenszielen

Um potentielle Störungen von FH Patienten beim Planungsverhalten zu zeigen, konstruierten Shallice und Burgess (1991a) die sogenannte Mehrfach-Besorgungs-Aufgabe (*multiple errands task*). Dabei müssen die Patienten mehrere Aufgaben nach bestimmten Regeln in einem größeren Zeitintervall erledigen, die mit normalen Alltagsverhalten in Verbindung stehen. Während sechs Aufgaben relativ einfach sind, wie zum Beispiel einen Laib Brot kaufen, eine Packung Halstabletten besorgen etc., muss sich der Patient bei einer schwierigeren Aufgabe nach 15 min an einen bestimmten Ort innerhalb des Krankenhausgeländes begeben und in einer weiteren Aufgabe müssen vier Informationen eingeholt werden (den kältesten Ort am gestrigen Tag bestimmen, den Namen eines Geschäftes mit dem teuersten Produkt bestimmen etc.). Patienten mit Läsionen im FH zeigten dabei überzufällig häufig Fehler im Ausführen der Handlungen, bei der Sequenzierung der Handlungen in der richtigen Reihenfolge, oder sie beachteten die spezifischen Regeln, die für die Aufgaben aufgestellt waren, nicht (z. B. „Verlasse nie ein Geschäft, ohne zu bezahlen!") .

Planungsprobleme von Patienten mit Läsionen im FH lassen sich auch beim Lösen der Aufgabe *Turm von London* zeigen, die früher im Bereich der künstlichen Intelligenz als Turm von Hanoi bekannt war und mit der man menschliches Problemlöseverhalten untersucht (Klix 1971). Bei dieser Aufgabe geht es darum, dass drei unterschiedlich farbige Kugeln auf drei dafür vorgesehene vertikale Stäbe unterschiedlicher Länge in einer möglichst geringen Zahl von Zügen verteilt werden (☐ Abb. 15.3). Bei jedem Zug darf immer nur eine Kugel bewegt werden. Es gibt unterschiedliche Ausgangsformationen und unterschiedliche Endformationen. Um die Endformationen in einer möglichst kleinen Anzahl von Zügen zu erreichen, müssen die Patienten die Züge „im Geist" vorplanen und antizipieren, was passieren würde, wenn sie eine Kugel auf eine andere gelegt haben. Als Resultat zeigten Owen et al. (1990), dass Patienten mit Läsionen im FH diese Aufgabe schlechter ausführten als Normalpersonen. Sie benötigten signifikant mehr Lösungszüge und schafften weniger Problemstellungen in einer vorgegebenen Zeit.

Während eine Zuordnung von Funktionen wie 1. flexible Adaptation von Verhalten oder 2. Unterdrückung nicht-adäquater Reaktion zu den Annahmen von Norman und Shallice (1986) über die Modulation der Aktivierungswerte von Schemata einfach erfolgt, ist die Zuordnung im Fall des gestörten Planungsverhaltens bei FH-Patienten schwieriger (Ponsford und Kinsella 1992). Eine Möglichkeit wurde von Shallice und Burgess (1991b) vorgeschlagen, die annehmen, dass die Modulation der Aktivationswerte abstrakter Schemata, die für Problemlöseprozesse eingesetzt werden, bei Läsionen im FH geschädigt ist; solche abstrakten Problemlöseschemata können zum Beispiel Problemlösestrategien sein, wie die *Mittel-Zweck-Analyse* (*means-end analysis*) oder die Methode der Unterschiedsreduktion (Newell und Simon 1972), die von gesunden Personen beim Lösen des Turms von London angewendet werden und die im Laufe der Ontogenese erworben werden.

15.1.4 Koordination multipler Aufgaben und Handlungsziele

Neben Befunden aus neuropsychologischen Studien, die Verhaltensdefizite bei Patienten mit frontalen Läsionen bei multiplen Aufgaben feststellen (Burgess 2000), weisen auch Befunde aus Studien mit bildgebenden Verfahren auf die Rolle des lPFC bei der Koordination multipler Aufgaben hin. In einer fMRT-Studie von Schubert und Szameitat (2003) mussten die Probanden eine visuell-manuelle und eine auditiv-manuelle Wahlreaktion in Einzelaufgabensituationen und in Doppelaufgabensituationen durchführen. In der Doppelaufgabensituation wurden beide Aufgaben mit einem zeitlich variablen ISI von 50–250 ms dargeboten, was die Aufgabe zu einer PRP-Doppelaufgabensituation machte und durch den auftretenden PRP-Effekt (siehe ▶ Abschn. 13.1.1) in den Reaktionszeiten bestätigt wurde. Um die Regionen im Gehirn zu finden, die mit dem Mechanismus Aufmerksamkeitskontrolle von zwei Aufgaben assoziiert sind, haben Schubert und Szameitat (2003) eine Subtraktionslogik angewendet. Sie erfassten zunächst die Aktivationsmuster, die in der Doppelaufgabensituation entstanden und subtrahierten davon die summierte Aktivation in der auditiven und visuellen Einzelaufgabensituation. Da die Einzelaufgaben wenig komplex waren, argumentierten die Autoren, dass ein solcher Vergleich dazu führt, dass nur die Aktivationsmuster übrig bleiben, die speziell damit verbunden sind, dass zwei Aufgaben gemeinsam koordiniert werden. Schubert und Szameitat (2003) stellten ausgeprägte Aktivationen im Bereich des lPFC fest, die sie mit der Funktion der Aufgabenkoordination im lPFC in Verbindung brachten und die in ◩ Abb. 15.4 dargestellt sind. Der Umstand, dass sich in dieser Region bei der Ausführung der Einzelaufgaben keine signifikanten Aktivationsänderungen gegenüber einer gegebenen Grundaktivation ergab, lässt darauf schließen, dass die beobachtbaren Aktivationen tatsächlich Prozesse reflektieren, die zusätzlich als Anforderung hinzukommen, wenn Personen zwei im Vergleich zu einer Aufgabe ausführen (D'Esposito et al. 1995).

Nach Schubert und Szameitat (2003) besteht eine Funktion des lPFC in der *Planung und Koordination der sequentiellen Abarbeitung von Aufgabenprozessen*, die beim Auftreten eines Engpasses bei PRP-Doppelaufgaben erforderlich wird. Dazu sind exekutive Kontrollprozesse notwendig, die zusätzlich zu den Prozessen bei den Einzelaufgaben hinzukommen und die vermutlich damit verbunden sind, dass der Engpass eine Reihenfolge in der Bearbeitung der beiden Aufgaben zwingend notwendig macht.

Ein wichtiger Befund, der auf eine Assoziation von exekutiven Prozessen bei der Koordination von Doppelaufgaben mit dem lPFC hinweist, besteht darin, dass die Aktivation im lPFC von der Schwierigkeit der Koordination der Aufgaben in der Doppelaufgabensituation abhängig ist (Szameitat et al. 2002); d. h., es kommt zu einer stärkeren Aktivierung in der doppelaufgabenspezifischen Region des lPFC, wenn die Reihenfolge der Aufgaben in der Doppelaufgaben-

auditorisch-visuell

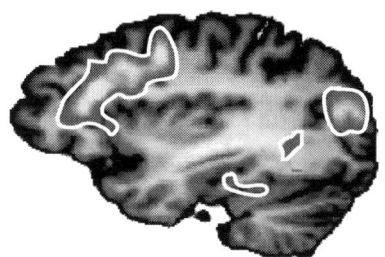 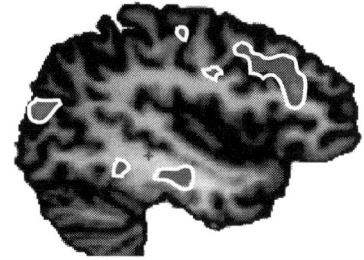

auditorisch – Grundaktivierung

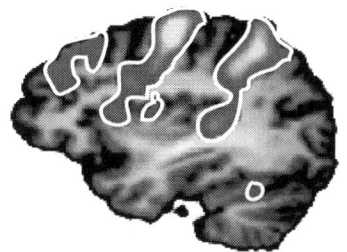 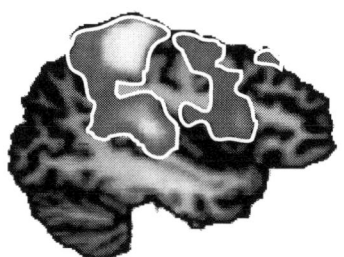

visuell – Grundaktivierung

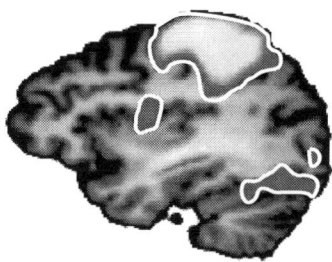 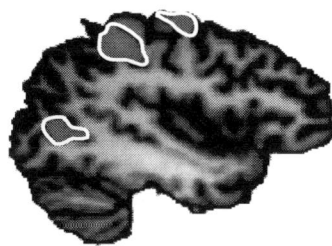

◘ **Abb. 15.4** Gehirnaktivierung beim Lösen einer Doppelaufgabe in einem Experiment mit Kernspintomographie (adaptiert nach Schubert und Szameitat 2003). Die Probanden mussten eine visuell-manuelle Wahlreaktion (Quadrat, links, mittig oder rechts → Reaktion Finger der rechten Hand) und eine auditorische Wahlreaktion (tiefer, mittlerer, hoher Ton → Reaktion Finger der linken Hand) gleichzeitig (Doppelaufgabe) oder einzeln (visuell, auditorisch) ausführen. Die obere Zeile zeigt die Aktivation, die bei der Koordination der Aufgaben in der Doppelaufgabensituation entsteht (Aktivation Doppelaufgaben – Summe der Aktivation beider Einzelaufgaben); sie ist im Bereich des lateralen präfrontalen Kortex. Die mittlere und untere Zeile zeigen die Aktivation bei den Einzelaufgaben. (Adaptiert nach Schubert et al. 2003; mit freundlicher Genehmigung von © Elsevier Inc. 2014. All Rights Reserved)

situation ständig wechselt (positives und negatives ISI zwischen S1 und S2) im Vergleich zu einer Bedingung, in der sie gleich bleibt (nur positives ISI). Diese Befunde zeigen, dass Regionen im lPFC mit Planungs- und Kontrollprozessen bei Doppelaufgabensituationen verbunden sind. Interessanterweise sind die Regionen im lPFC, die mit der Reihenfolgenkoordination bei Doppeltätigkeiten verbunden sind, anatomisch dissoziierbar von den Regionen, die mit der bei Doppeltätigkeiten gegenüber Einzelaufgabenbearbeitung erhöhten Arbeitsgedächtnisbelastung verbunden sind. Das geht aus Befunden von Stelzel et al. (2008) hervor, die ihre Probanden aufforderten, unterschiedliche Arten von Doppelaufgabensituationen im MR-Scanner auszuführen: einmal mit wechselnder Reihenfolge der beiden Einzelaufgaben versus gleichbleibender Reihenfolge der beiden Aufgaben. Zusätzlich wurde noch die Gedächtnisbelastung bei der Bearbeitung der Doppelaufgaben variiert. In Doppelaufgaben mit hoher Gedächtnisbelastung wurden doppelt so viele Stimulus-Reaktions Verknüpfungen von den Probanden bearbeitet wie in den Doppelaufgaben mit geringer Gedächtnisbelastung. Die anschließenden Analysen ergaben, dass die gedächtnisbelastungssensitiven Regionen im lPFC separat von den Regionen waren, die sich als sensitiv gegenüber der erhöhten Koordinationsschwierigkeit der Doppeltätigkeit erwiesen.

Bezüglich der Lokalisation der Region im lPFC, die mit der Reihenfolgenkoordination bei Doppeltätigkeiten verbunden ist, zeigen sich Ähnlichkeiten zu den Befunden zur funktionellen Neuroanatomie des Wechsels der Aufmerksamkeit zwischen Aufgaben, da sich der Hauptfokus der Aktivierung im Bereich des linken posterioren lPFK am IFJ befand (Stelzel et al. 2008). Das deutet darauf hin, dass die Notwendigkeit der schnellen Konfiguration und Rekonfiguration der Aufgabenprozesse bei simultan auszuführenden oder bei wechselnden Aufgaben mit gleichen Hirnregionen im lPFC verbunden ist. Verschiedene Autoren (Brass und von Cramon 2004; Marois und Kollegen, z.B. Tombu et al. 2011) argumentieren, dass das neuronale Substrat um den IFJ besonders prädestiniert dafür ist, die mit einer Aufgabe verbundenen Hirnregionen der entsprechenden Stimulusverarbeitungs- und Motormodule gemeinsam vorzuaktivieren, d.h. dabei eine Art Bindung (binding) der Prozesse in beiden Regionen vorzunehmen. Dabei scheint es jedoch so zu sein, dass die Bindungsmöglichkeiten des Substrates begrenzt sind, so dass jeweils nur die Aufgabenmodule für eine aktuell zu verarbeitende Aufgabe aktiv gehalten werden können. Diese Annahme könnte erklären, warum es zu erhöhten Wechselkosten kommt, wenn Probanden zwischen zwei Aufgaben hin und her wechseln müssen, und warum es zu erhöhten Doppelaufgabenkosten kommt, wenn neben einer Aufgabe noch eine zweite gleichzeitig ausgeführt werden muss. Bei Doppeltätigkeiten des PRP Typs könnte dann die durch einen Engpass verbundene Unterbrechung der Bearbeitung einer Aufgabe damit verbunden sein, dass Aufgabenmodule für diese Aufgabe nicht gemeinsam aktiv sind, wodurch erhöhte Interferenz und Doppelaufgabenkosten erklärbar sind (Stelzel et al. 2009).

15.1.5 Aufrechterhaltung von Information im Arbeitsgedächtnis

Eine wesentliche Funktion des lateralen präfrontalen Kortex hat mit der Aufrechterhaltung von Information im Arbeitsgedächtnis zu tun. Als Arbeitsgedächtnis ist dabei eine Gedächtnisstruktur gemeint, die Information bei der Online-Kontrolle von Handlungen in einem aktiven Zustand hält, so dass sie aktuell verfügbar bleibt. Wichtig ist allerdings, dass Patienten mit Läsionen in oberen Bereichen des lPFC (dem dorsolateralen PFC) häufig bei elementaren Prozessen des Kurzzeitgedächtnisses, wie dem Aufrechterhalten einer Liste von Items innerhalb der Gedächtnisspanne (7 ± 2 Items), gegenüber Normalpersonen nicht schlechter abschneiden (Stuss und Benson 1986); Störungen treten erst dann auf, wenn das elementare Aufrechterhalten der Gedächtnisitems mit zusätzlichen Anforderungen kombiniert wird, die von Baddeley (1986) einer zentralen Exekutive zugeschrieben werden; das sind zum Beispiel Anforderungen, in denen die Personen die Gedächtnisinhalte manipulieren müssen, eine Art Monitoring der Gedächtnisinhalte ausführen und gleichzeitig die Inhalte vor Interferenz durch andere Inhalte schützen müssen. Petrides und Milner (1982) zeigten das zum Beispiel in einer Anforderung, in der den Patienten 12 Bilder dargeboten wurden. Die Patienten mussten die Bilder immer wieder eins nach dem anderen in einer zufälligen Reihenfolge durch Handreaktion auswählen; dabei war es wichtig, dass zunächst alle 12 Bilder ausgewählt und danach in einer anderen, zufälligen

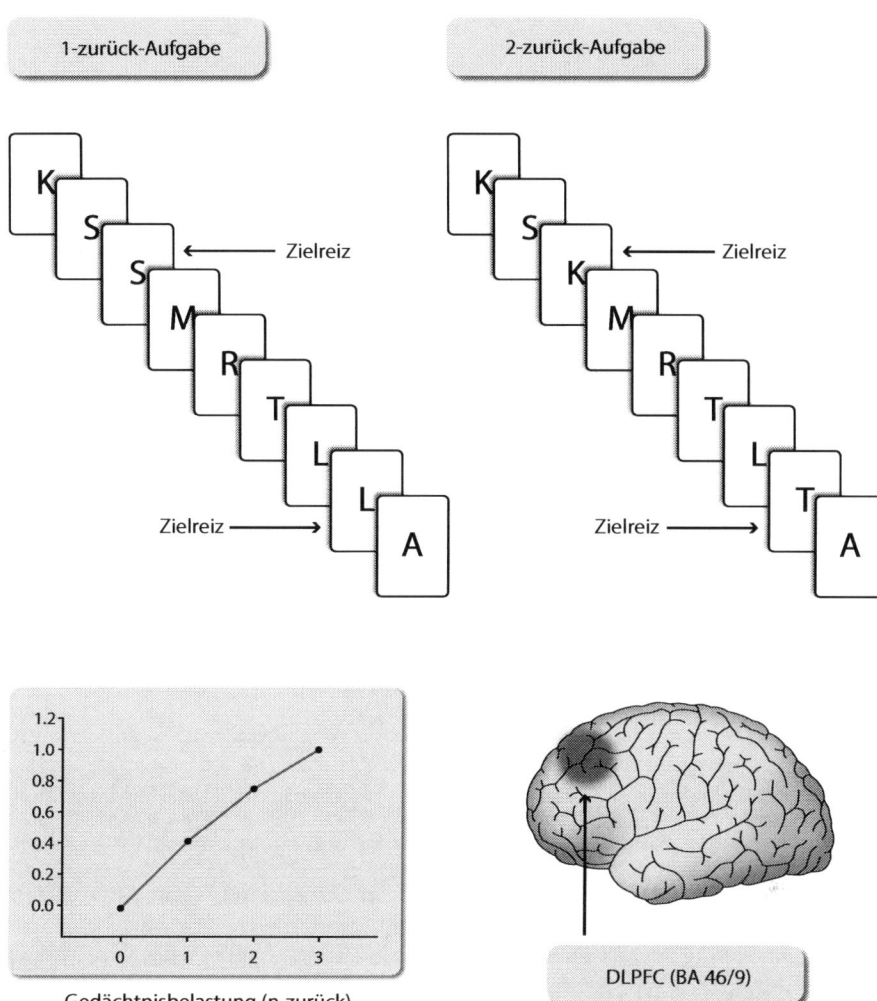

Abb. 15.5 N-zurück-Aufgaben und der lateral präfrontale Kortex: in einer N-zurück-Aufgabe muss der Proband dann reagieren, wenn der jeweils dargebotene Reiz identisch ist mit dem Reiz, der in N Durchgängen zuvor dargeboten wurde. Links und Mitte: Dargestellt sind jeweils die Situationen für eine 1- und eine 2-zurück-Aufgabe. Rechts: Die Gehirnaktivität im Bereich des oberen Teils des lateralen präfrontalen Kortex (PFC; dorsolateraler PFK) korreliert in vielen Untersuchungen mit der Belastung des Arbeitsgedächtnisses in N-zurück-Aufgaben. (Adaptiert nach Braver et al. 1997; mit freundlicher Genehmigung von © Elsevier Inc. 2014. All Rights Reserved)

Reihenfolge wieder ausgewählt wurden. Patienten mit Läsionen im linken PFC zeigten dabei signifikant mehr Fehler (z. B. Wiederholung von Bildern) als Kontrollpersonen.

Die Involvierung des lPFC in derartige Arbeitsgedächtnisprozesse wurde auch sehr deutlich mit bildgebenden Verfahren gezeigt (z. B. Braver et al. 1997); in vielen Untersuchungen wurden sogenannte *N-zurück-Aufgaben* (*N-back tasks*) verwendet, die es gestatten, zwischen der reinen Aufrechterhaltung von Gedächtnisinhalten und der Anforderung, die Gedächtnisinhalte zusätzlich zu manipulieren, zu differenzieren. Bei N-zurück-Aufgaben werden den Probanden eine Reihe von Gedächtnisitems (z. B. Buchstaben, Ziffern etc.) eines nach dem anderen für eine begrenzte Zeit (z. B. 500 ms) dargeboten (■ Abb. 15.5). Wichtig ist, dass sich die Items nach einer

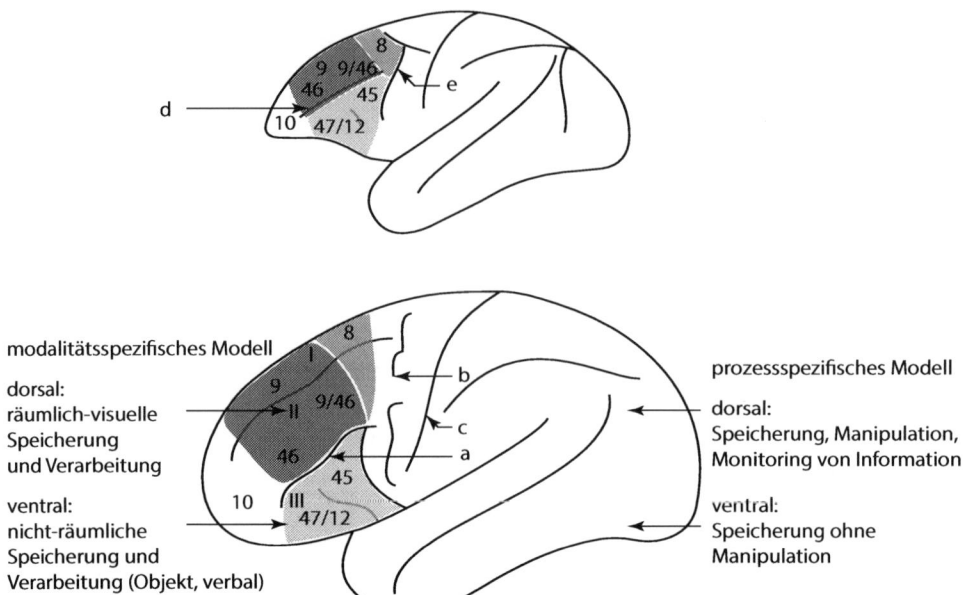

◻ Abb. 15.6 Schematische Darstellung des Modalitätsspezifischen Modells (Goldman-Rakic) und des Prozess-spezifischen Modells (Petrides) des lateralen Präfrontalen Kortex am Menschen (Panel unten); Nummerierungen mit arabischen Ziffern entsprechen Illustrationen entsprechender Brodmann Areale; I, II, III Gyrus frontalis inferior, Gyrus frontali medius, Gryus frontal superior **a–c** Sulcus frontalis inferior, Sulcus praecentralis, Sulcus centralis. dar. Panel oben: Darstellung der homologen Regionen am Affen (Makak), **d** Sulcus principalis, **e** Sulcus arcuatus; die Region am unteren Ufer und oberhalb des Sulcus principalis wird als homolog zum dorsolateralen präfrontalen Kortex angenommen; nach Petrides (1995). (Adaptiert nach Petrides 1995; mit freundlicher Genehmigung der © Society for Neuroscience 2014. All Rights Reserved)

gewissen Zeit wiederholen können. In einer sogenannten 2-zurück-Aufgabe (d. h. N = 2) muss dann der Proband durch Tastendruck angeben, ob das aktuell dargebotene Gedächtnisitem identisch ist zu dem Item, das in N-2-Durchgängen vorher dargeboten wurde. Die Belastung des Arbeitsgedächtnisses ist in einer 2-zurück-Aufgabe dann höher als in einer ein 1-zurück-Aufgabe oder in einer 0-zurück-Aufgabe; in Letzterer müssen die Probanden nur dann die Taste drücken, wenn ein vorher definiertes Item dargeboten wird, z. B. ein „X" oder eine „8".

Die fMRT-Untersuchungen mit derartigen Aufgaben ergaben, dass Anforderungen wie die 2-zurück-Aufgabe zu Aktivationen im Bereich des dorsolateralen PFC führen. Interessanterweise steigt die Stärke der Aktivation im lPFC an, je mehr N-zurück die Probanden verarbeiten müssen (0-zurück→3-zurück). Derartige und viele andere Befunde haben zu der Auffassung geführt, dass Bereiche des lPFC mit höheren Arbeitsgedächtnisprozessen befasst sind, die die Aufrechterhaltung und die gleichzeitige Manipulation und Überwachung dieser Gedächtnisinhalte betreffen (Smith und Jonides 2000).

Damit wird eine wesentliche Eigenschaft der Neuronen im lPFC beschrieben, die vor allem in Pionierarbeiten um Patricia Goldman-Rakic und ihren Kollegen bei Untersuchungen mit Einzelzellableitungen am Affen gefunden wurde und die wahrscheinlich Grundlage für die Arbeitsgedächtnisfunktion des lPFC ist. Diese Untersuchungen zeigten, dass die Neuronen im Bereich des lateralen PFC dargebotene Reize (externe Stimuli) durch verstärkte neuronale Aktivität auch dann repräsentieren können, wenn diese Reize nicht mehr im Gesichtsfeld des Affen vorhanden sind (Funahashi et al. 1989). Als wichtige zusätzliche Spezifizierung zu diesen Befunden wurde gezeigt, dass die Neuronen im lPFC auch dann noch ihre Aktivität zur

Speicherung eines Reizes im Behaltensintervalls aufrechterhalten, wenn andere Reize, die für die aktuelle Aufgabe nicht relevant sind, zusätzlich dargeboten werden und ablenkend wirken könnten (Miller et al. 1996). Diese Eigenschaft unterscheidet die Arbeitsgedächtnisfunktion der Neuronen im lPFC von der Funktion der Neuronen in anderen Hirnarealen, die ihre Aktivität im Behaltensintervall bei Darbietung nicht relevanter Reize nicht aufrechterhalten können.

Während Einigkeit bei der generellen Zuweisung der Arbeitsgedächtnisfunktion zum lPFC herrscht, gibt es jedoch beträchtliche Unterschiede in den Auffassungen darüber, ob unterschiedliche Regionen des lPFC verschiedene Funktionen bei der Ausübung der Arbeitsgedächtnisfunktion haben. So nehmen einige Forscher an, dass alle Bereiche des lPFC gleichermaßen in die Speicherung, Manipulation und das Überwachen von Arbeitsgedächtnisinhalten involviert sind, wobei jedoch unterschiedliche Informationsmodalitäten in verschiedenen Bereichen des lPFC (dorsale oder ventrale Bereiche) lokalisiert sind: die modalitätsspezifische Theorie des lPFC. Andere Forscher nehmen dagegen an, dass die Modalität der verarbeiteten Information keine Rolle spielt, sondern dass vielmehr unterschiedliche Bereiche (dorsale und ventrale) des lPFC sich auf unterschiedliche Teilfunktionen bei der Aufrechterhaltung und Manipulation von Information im Arbeitsgedächtnis spezialisiert haben: die prozessspezifische Theorie des lPFC. Da diese Vorstellungen sich nicht unbedingt ausschließen, ist es möglich, dass beide ihre Berechtigung haben und möglicherweise eine gewichtete Lokalisation unterschiedlicher Prozesse und Modalitäten in verschiedenen Bereichen des lPFC denkbar ist (siehe dazu ▶ Textbox Modalitäts- und prozessspezifische Theorien des lPFC.)

Modalitäts- und prozessspezifische Theorien zum lateralen präfrontalen Kortex

Nach der *modalitätsspezifischen Theorie* werden dem dorsalen und ventralen lPFC unterschiedliche Informationsmodalitäten beim Speichern und Aufrechterhalten der Information zugeordnet (s. ◼ Abb. 15.6). Während räumliche und visuelle Information im dorsalen Bereich des lPFC gespeichert und verarbeitet werden sollen, werden im ventralen Bereich nicht-räumliche Information gespeichert und verarbeitet. Evidenz stammt aus den Untersuchungen von Patricia Goldman-Rakic und ihren Kollegen mit Einzelzellableitungen am Affen. In diesen Untersuchungen wurde dem Affen ein Hinweisreiz an einer bestimmten Position im Raum dargeboten. Nach einer festgelegten Zeitdauer wurde der Hinweisreiz aus dem Gesichtsfeld des Affen entfernt und musste für eine bestimmte Zeit (delay) im Arbeitsgedächtnis aufrechterhalten werden. Nach Ablauf der Zeit des Behal-

tensintervalls musste der Affe eine von mehreren räumlichen Positionen auswählen, weshalb diese Aufgabe als „delayed response task" bezeichnet wird. Richtig war die Antwort dann (d. h. sie wurde belohnt), wenn der Affe diejenige Position ausgewählt hatte, (z. B. durch eine Augenbewegung dorthin), an der sich vorher der Hinweisreiz befand. Goldman-Rakic und Kollegen fanden, dass die Neuronen im Bereich der homologen Region des dorsalen lPFC selektiv während des Behaltensintervalls aktiv waren. Neuronen in homologen Bereichen des ventralen lPFC waren selektiv aktiv in einer anderen Art von Arbeitsgedächtnisaufgabe, die als „delayed matching to sample" bezeichnet wird. Dabei wird als Hinweisreiz ein spezielles Objekt dargeboten, das sich der Affe erinnern muss, zum Beispiel ein rotes Licht. Nach einem Behaltensintervall, in dem der Hinweisreiz

verdeckt ist, werden dem Affen verschiedene Objekte (z. B. unterschiedlich farbige Lichter) an verschiedenen Positionen zur Auswahl dargeboten. Eine richtige Antwort besteht dann darin, dass der Affe eine Augenbewegung zu dem Objekt ausführt, das vorher als Hinweisreiz dargeboten wurde. Als Ergebnis der Einzelzellableitung zeigten nur Neuronen im ventralen lPFC selektive Aktivität während des Behaltensintervalls der „delayed matching to sample" Aufgabe. Aus diesen Ergebnissen schloss Goldman-Rakic auf eine modalitätsabhängige Unterteilung des lPFC, wobei räumliche-visuelle Informationen im dorsalen Bereich des lPFC und nicht-räumliche Information (Objektinformation – z. B. rotes oder nicht-rotes Objekt) im ventralen lPFC gespeichert und verarbeitet werden. In der Verallgemeinerung auf das menschliche Arbeitsgedächtnis schlussfolgerte Gold-

> **Modalitäts- und prozessspezifische Theorien zum lateralen präfrontalen Kortex** (*Fortsetzung*)
>
> man-Rakic, dass auch verbale Arbeitsgedächtnisprozesse, die nicht-räumliche Information reflektieren, im ventralen lPFC lokalisiert sind. Kritisch ist, dass für die modalitätsspezifische Unterteilung des präfrontalen Arbeitsgedächtnisses bisher wenig überzeugende Evidenz erhoben wurde.
>
> Nach der *prozessspezifischen Theorie* (Michael Petrides) unterscheiden sich die Bereiche des lPFC nicht danach, welche Informationen dort verarbeitet werden, sondern danach, welche Prozesse des Arbeitsgedächtnisses von der jeweiligen Region unterstützt werden. Es werden Prozesse der Speicherung von Information im Arbeitsgedächtnis ohne zusätzliche Manipulation der Information unterschieden, die mit dem ventralen lPFC verbunden sind; weiterhin werden höhere Arbeitsgedächtnisprozesse der online Aufrechterhaltung von Information, der Manipulation, Veränderung und dem Monitoring von Information im Arbeitsgedächtnis unterschieden, die mit dem dorsalen lPFC verbunden sein sollen. Evidenz stammt aus Läsionsstudien am Affen und am Menschen (Läsi-
>
> onspatienten) und aus Studien mit bildgebenden Verfahren. Petrides (1995) konnte zeigen, dass Affen mit Läsionen in Bereichen, die homolog zum dorsalen lPFC des Menschen sind, die so genannte *self-ordered task* nicht ausführen können, auch wenn sie diese vorher in vielen Durchgängen gelernt haben. Bei der *self-ordered task* werden dem Affen drei unterschiedliche Objekte auf einem Tableau in einer Reihe stehend dargeboten. Der Affe muss eines der Objekte hochheben. Danach werden die Objekte entfernt und nach einiger Zeit wieder dargeboten, wobei die Reihenfolge der Objekte im Vergleich zur erstmaligen Darbietung der Objekte verändert ist. Die Aufgabe des Affens besteht darin, wiederum ein Objekt auszuwählen; allerdings soll es sich dabei *nicht* um das Objekt handeln, das er schon vorher ausgewählt hatte (ein derartiges Objekt wird nicht belohnt). Affen mit Läsionen in homologen Regionen des dorsalen lPFC führen diese Aufgabe signifikant schlechter aus als Affen mit Läsion in anderen (prämotorischen) Bereichen des lPFC. Da die Aufgabe eine
>
> Verarbeitung von Objekten erforderte, schloss Petrides daraus, dass nicht der Inhalt der Information (also räumlich oder objekt-basiert wie von Goldman-Rakic angenommen), sondern die Merkmale der Arbeitsgedächtnisprozesse ein geeigneteres Charakteristikum darstellen, mit dessen Hilfe man die Funktion des dorsalen lPFC beschreiben kann. Weitere Untersuchungen mit bildgebenden Verfahren und mit Patienten mit Läsionen im Bereich des FH unter Verwendung verschiedener Versionen der self-ordered task führten zu Erweiterungen dieser Annahmen. Die Untersuchungen zeigten, dass einfache Prozesse der Aufrechterhaltung von Information ohne Manipulation (z. B. die Speicherung und der Abruf einer Folge von zufällig dargebotenen Ziffern zwischen 0 und 9 oder die Speicherung einer gelernten Sequenz von Fingerbewegungen auf verschiedene räumliche Positionen auf einem Display) mit dem ventralen lPFC und höhere Prozesse mit dem dorsalen lPFC verbunden sind (Owen et al. 1996; s. ◻ Abb. 15.6).

15.2 Aufgabenrepräsentation im lateralen präfrontalen Kortex und exekutive Kontrolle ·

Eine wichtige Frage, die mit der Zuordnung exekutiver Funktionen zum lPFC verbunden ist, besteht darin, wie nun exekutive Kontrolle bei der Bearbeitung verschiedenster Aufgaben durch den lPFC genau erfolgen soll. Die Verwendung des SAS-Modells von Norman und Shallice (1986) lässt zwar in vielen der oben beschriebenen Fälle eine grobe Passung der Befunde mit den Rahmenannahmen des SAS zu; im Grunde genommen handelte es sich im vorangegangenen Abschnitt aber eher um eine Aufzählung wenig zusammenhängender Funktionen. Wie kann es aber sein, dass Funktionen, wie zum Beispiel die Aufrechterhaltung von Information im Arbeitsgedächtnis oder der flexible Wechsel und die Koordination von Aufmerksamkeit in einem gemeinsamen Kontext der Kontrolle und Steuerung von Handlungen zusammenkommen? Gibt es dazu eine innere Logik, die die Funktionen des lPFC betrifft?

15.2.1 Funktion und Inhalt bei der exekutiver Kontrolle – adaptive Aufgabenrepräsentationen

Zum Verständnis der Rolle des lPFC muss einerseits die spezielle Funktionsfähigkeit des neuronalen Substrates im PFC betrachtet werden; andererseits müssen aber die spezifischen Wissensinhalte berücksichtigt werden, die von den Neuronen im lPFC im Arbeitsgedächtnis aufrechterhalten werden.

Nach Miller und Cohen (2001; Miller 2000) wird von den Neuronen im präfrontalen Arbeitsgedächtnis eine Repräsentation der Aufgaben und der Kontextinformationen für die Aufgabenerfüllung online, d.h. im aktuellen Zustand, aufrechterhalten, und diese Repräsentation steuert dann in einem *Top-down*-Prozess (Biassignale) die Hirnprozesse in anderen Arealen des Gehirns während des Ablaufs einer Handlung (◘ Abb. 15.7). Als unterstützende Evidenz für diese Annahme ziehen die Autoren unter anderem Befunde aus Studien mit Einzelzellableitungen beim Affen heran, die gezeigt haben, dass die Neuronen im lPFC sensitiv für die Kodierung abstrakter, übergeordneter Verhaltensregeln sind (Wallis et al. 2001). Die Regelneuronen kodieren dabei, welche Art von Verhalten auf welche sensorischen Inputinformationen ausgeführt werden soll. Die Aktivität der Regelneurone wird dabei wiederum durch die Anwesenheit von kontextuellen Hinweisreizen moduliert, die bestimmen, ob eine gelernte Verhaltensregel in der jeweiligen Kontextsituation angewendet werden soll (siehe ► Textbox Existenz regelsensitiver Neurone im lPFC). Repräsentationen im lPFC stellen somit übergeordnete Wissensrepräsentationen dar, die die aktuelle Verhaltensaufgabe der Person reflektieren, z.B. Zubereitung eines Essens, Verfassen eines Textes, Lösen einer Denkaufgabe, Lösen einer Stroop-Aufgabe etc.; durch neuronale Verbindungen in andere Areale sendet der lPFC dann Signale aus, die die Informationsverarbeitung in diesen Arealen jeweils beeinflussen und somit eine Aufgabenbearbeitung entsprechend der Aufgabenrepräsentation ermöglichen. Das ist der Top-down-Anteil (von oben nach unten führend; s. ► Kap. 1) der exekutiven Kontrolle durch den lPFC, der auch mit den Kenntnissen über die Neuroanatomie und Funktionsfähigkeit des lPFC übereinstimmt (Goldman-Rakic 1987; Petrides 1995).

Gleichzeitig erhält der PFC auch Signale von anderen neuronalen Strukturen, die mit der Verarbeitung der Information in der jeweiligen Situation verbunden sind. Das können Signale über den Zustand der motorischen Areale, die das konkrete motorische Verhalten steuern, Signale aus sensorischen Arealen über die Stimuli in der Umwelt etc. sein. Diese Areale wirken somit im Sinne eines Bottom-up-Mechanismus (von unten nach oben führend; s. ► Kap. 1) auf den Zustand der Informationsverarbeitung im lPFC zurück (siehe ◘ Abb. 15.7).

Persistenz versus Flexibilität des Verhaltens – ein Kontrolldilemma

Es ist gut nachzuvollziehen, dass Repräsentationen, die im präfrontalen Arbeitsgedächtnis aktiviert sind, im Wechselspiel von Top-down- und Bottom-up-Prozessen handlungsleitend für aktuelle Aufgabenerfüllungen sein können. Miller und Cohen (2001) gehen dabei davon aus, dass Eigenschaften wie die *Persistenz* (Festigkeit) dieser Repräsentation im lPFC darüber entscheiden, ob Personen durch zusätzliche oder neue Stimuli ablenkbar sind oder nicht; z.B. durch den ablenkenden Gedanken an ein spannendes Computerspiel beim Lernen des Prüfungsstoffes. Patienten mit Läsionen im Frontalhirn, die z.B. besonders beim Aufrechterhalten von Informationen im Arbeitsgedächtnis gestört sind, oder auch Patienten mit einem Aufmerksamkeitsdefizitsyndrom leiden nach dieser Vorstellung deshalb an erhöhter Ablenkbarkeit durch neue plötzliche Reize, weil sie die aktuelle Aufgabenrepräsentation nicht genügend vor

Existenz regelsensitiver Neurone im lPFC

Miller konnte mit seinen Kollegen (Wallis et al. 2001) die Existenz von Neuronen im lPFC nachweisen, die abstrakte Aufgabenregeln im Arbeitsgedächtnis aufrecht erhalten und deren Aktivität durch Kontextcues gesteuert wird. Im Experiment wurden den Affen zwei visuelle Stimuli in einem zeitlichen Abstand von 1500 Sekunden dargeboten; der Affe musste zwei Aufgaben mit unterschiedlichen Regeln mit diesen Stimuli ausführen, die zufällig über die Durchgänge vermischt waren: Regel A: Reaktion wenn beide Stimuli gleich waren; Regel B: Reaktion wenn beide Stimuli verschieden waren. Welche Regel der Affe jeweils auszuführen hatte, wurde durch die Darbietung eines sogenannten Regelcues (Hinweisreizes) angezeigt, der für kurze Zeit zu Beginn des ers-

ten Stimulus dargeboten war; ein Schluck Saft oder ein tiefer Ton zeigte Regel A an und kein Schluck Saft oder ein hoher Ton Regel B. Von 492 untersuchten Neuronen erwiesen sich 41 % als sensitiv für die Kodierung der Regeln, d. h. sie zeigten differentielle Reaktionen von dem dargebotenen Hinweisreiz, der die jeweilige Regel kodierte, und diese Reaktionen waren unabhängig von der geforderten motorischen Reaktion und des dargebotenen visuellen Stimulus. Diese Befunde weisen nach Miller auch eine wesentliche Voraussetzung für die Theorie adaptiver Aufgabenrepräsentationen im lPFC hin – Neuronen, die Informationen darüber kodieren, welche Handlungen in Abhängigkeit von welcher sensorischer Eingangsinformation ausgeführt werden sollen, sind im lPFC lokalisiert. Neben

dieser Voraussetzung zählt Miller noch andere notwendige Voraussetzungen für die Plausibilität seiner Theorie adaptiver Aufgabenrepräsentationen auf: danach müssen die handlungsleitenden Repräsentationen im lPFC kontextabhängig modulierbar sein, d. h. verstärkbar oder aktualisierbar, und der lPFC muss entsprechende Verbindungen zu posterioren Arealen aufweisen, die ein aufgabenabhängiges Biasing von Verarbeitungspfaden in posteriore Hirnareale ermöglichen. Die Befunde von Wallis et al. (2001), dass Informationen über Verhaltensregeln von den Neuronen des lPFC kodiert werden, wurden mittlerweile auch für den Menschen mit Hilfe von bildgebenden Verfahren bestätigt (Bunge et al. 2003).

Interferenz beim Auftreten eines Ablenkreizes schützen können. Die Repräsentation der aktuellen Aufgabe wird durch den neuen Reiz gestört, sodass keine adäquate handlungsleitende Repräsentation gegeben ist und es zu erhöhten Kosten in Situationen mit widersprüchlichen Informationen oder Verhaltenstendenzen kommen kann.

Zusätzlich (und nicht weniger wichtig als die Persistenz der Repräsentation) muss die neuronale Repräsentation im präfrontalen Arbeitsgedächtnis auch ausreichend *flexibel* und *aktualisierbar* sein, damit Personen adäquat auf Änderungen in der Umgebung eingehen können. Dazu ist es notwendig, dass andere Hirnareale durch Modulationen den Inhalt und den Zustand der präfrontalen Arbeitsgedächtnisinhalte beeinflussen können, sodass Verhalten adäquat an sich ändernde Umweltbedingungen angepasst wird.

Exekutive Kontrolle bei der Handlungssteuerung steht somit in einem engen Zusammenhang mit der flexiblen Modulation der aktuellen Repräsentationen im lPFC, wobei es auf ein der jeweiligen Situation angemessenes Verhältnis von Persistenz und Flexibilität der Repräsentation ankommt. Ist die aktuelle Repräsentation nicht ausreichend fest, kann es zu einer erhöhten Distraktibilität der Person kommen; ist die Repräsentation im Gegensatz dazu zu wenig flexibel, kann es zur Perseveration im Verhalten kommen. Dieses Wechselverhältnis beschreibt das Persistenz-Flexibilitätsproblem (Cohen et al. 2007). Autoren wie Goschke (2002) sprechen in diesem Zusammenhang sogar von einem Kontrolldilemma, da hier vermeintlich „inkommensurable" Anforderungen an die handlungsleitenden Repräsentationen im Arbeitsgedächtnis gestellt werden: dieselbe Repräsentation muss situationsabhängig im Arbeitsgedächtnis einerseits ausreichend verstärkt werden können (*shielding*; d. h. Schutz vor Interferenz) und andererseits flexibel verändert oder sogar ersetzt werden können (*shifting*; Ersetzen durch andere Repräsentationen).

15.2.2 Modulation von Aufgabenrepräsentationen im präfrontalen Arbeitsgedächtnis

Wie kommt es nun aber dazu, dass die Aufgabenrepräsentationen im lPFC moduliert werden, wenn es die Situation erfordert, und sich damit das Verhalten optimal an sich verändernde Bedingungen anpassen kann? Dazu muss zunächst irgendwie signalisiert werden, dass eine Modulation überhaupt erforderlich ist, wobei die Gründe unterschiedlich sein können; zum Beispiel in Situationen, in denen durch das Auftreten konkurrierender Handlungsalternativen die Zielerreichung schwierig sein kann oder in denen ein aufgetretener Konflikt anzeigt, dass das aktuelle Verhalten nicht mehr adäquat ist. Solch eine Situation entsteht bei der Wisconsin-Kartensortieraufgabe dann, wenn der Versuchsleiter durch seine Rückmeldung anzeigt, dass die vorgenommene Zuordnung einer Karte zu einer Kategorie falsch ist. Man kann eine derartige Information als Information interpretieren, deren Auftreten dem lPFC signalisieren kann, dass entsprechende Änderungen an der aktuellen Aufgabenrepräsentation vorgenommen werden müssen.

Dopamin und die Modulation von lPFC Repräsentationen

Verschiedene Autoren gehen davon aus, dass eine Modulation der neuronalen Repräsentationen im lPFC durch Einflüsse von Neurotransmittern erfolgt. Eine wichtige Rolle soll dabei der Neurotransmitter Dopamin spielen. Dopamin wird vor allem von Neuronen im ventro-tegmentalen Areal produziert. Über Nervenverbindungen in die kortikalen Areale entweder über direkte Bahnen oder über die Substantia Nigra (über die Basalganglien) kann es zu Beeinflussungen kortikaler Neurone durch Dopamin kommen. Dabei spielen die Dopaminrezeptoren D1–D5 eine wichtige Rolle, die jeweils unterschiedliche Wirkungen auf das postsynaptische Neuron haben und die aber in unterschiedlichem Ausmaß in verschiedenen Regionen des Gehirns verteilt sind. Obwohl das Verständnis der genauen Wirkung von Dopamin nicht klar ist, gehen viele Autoren davon aus, dass es durch Dopaminausschüttungen dazu kommt, dass das Signal-Rausch Verhältnis derjenigen Neuronen moduliert wird, in deren synaptischen Spalt eine Ausschüttung von Dopamin erfolgt. Generell ist bekannt, dass Dopamin auf die Darbietung von Stimuli ausgeschüttet wird, die eine Belohnung versprechen (Schultz et al. 1997). Dadurch kommt es zur verstärkten Dopaminausschüttung, die auch die Aktivität der Neuronen im lPFC beeinflusst. Wenn jedoch eine erwartete Belohnung ausbleibt, dann kommt es zur Verringerung der Aktivität der Dopaminneuronen und somit zu einer verringerten Dopaminkonzentration. Schultz et al. (1997) konnte zeigen, dass es dabei sogar zu einer kurzzeitigen Suppression der neuronalen Aktivität der Dopaminneuronen kommt.

Um den möglichen Bezug zu Repräsentation im lPFC deutlich zu machen, konnten Williams und Goldman-Rakic (1995) in Untersuchungen mit Affen zeigen, dass Dopamin zu einer Verstärkung der Aktivität von Gedächtniszellen im lPFC führen kann. Dadurch kommt es zur Verstärkung der aktuell im Arbeitsgedächtnis aufrecht erhaltenen Information und zu einer besseren Gedächtnisleistung des Affen in „delayed-response"-Aufgaben (siehe ▶ Textbox Modalitätsspezifische und Prozessspezifische Modelle des lPFC). Als (zugegebermaßen) sehr einfache Ableitung könnte man sich in Verbindung mit den vorhergegangenen Ausführungen zur Repräsentation von handlungsleitenden Aufgabenrepräsentationen im lPFC nun vorstellen, dass es bei der Wisconsin-Kartensortieraufgabe in positiv bekräftigten (durch positive Rückmeldung) Durchgängen dazu kommt, dass die jeweilige Handlungsrepräsentation im Arbeitsgedächtnis durch Dopaminausschüttung jeweils bekräftigt wird. Wenn der Versuchsleiter jedoch das Schema ändert und eine negative Rückmeldung gibt, dann bleibt die Dopaminantwort aus und die aktuelle Handlungsrepräsentation wird nicht mehr ausreichend durch eine entsprechende Dopaminantwort unterstützt und kann dann durch eine alternative Repräsentation ersetzt werden.

Wenngleich diese Vorstellung sehr vereinfacht erscheint und noch mit vielen Unklarheiten verbunden ist, werden unterschiedliche Modellvorstellungen diskutiert, die an dieser generellen Idee orientiert sind. In ihren Modellvorstellungen zu adaptiven Aufgaben- und Kontextrepräsentation im lPFC nehmen Kollegen um Miller und Cohen an, dass Dopamin eine entscheidende Rolle sowohl bei der anforderungsabhängigen Verstärkung von Repräsentation im lPFC als auch bei der Aktualisierung von Arbeitsgedächtnisrepräsentationen zukommt. Dazu schlagen sie unterschiedliche Mechanismen vor, die dann in verschiedenen (computationalen) Modellen spezifiziert werden, und die Gegenstand intensiver Überprüfungen durch geeignete empirische Untersuchungen sind. Entsprechend einer Annahme von Braver et al. (1999) wurde z. B. angenommen, dass eine Verstärkung der lPFC Repräsentation durch die *tonische* (d. h. zeitlich überdauernde) Aktivität der Dopaminneuronen zustande kommt, während kurzzeitige *phasische* Reaktionen der Dopaminneuronen zu einer flexiblen Aktualisierung der lPFC Repräsentationen führen können. Durch die Darbietung von Stimuli, die signalisieren, dass eine mögliche Verhaltensantwort inadäquat ist, soll die Aktivität der Dopaminneuronen kurzzeitig moduliert werden, was als *phasische Reaktion* bezeichnet wird, und durch das dadurch veränderte Signal-Rauschen-Verhältnis wird eine Änderung der aktuellen neuronalen Repräsentation möglich.

Eine weitere Möglichkeit kann darin bestehen, dass die Modulation der lPFC Repräsentation durch die Aktivation unterschiedlicher Arten von Dopaminrezeptoren erfolgt. Dabei soll die Modulation durch D1-Rezeptoren dazu führen, dass es zu einer Verstärkung der aktuellen Repräsentation kommt, während der D2-Einfluss den flexiblen Wechsel auf andere Inhalte ermöglichen soll (Cohen et al. 2002). Problematisch an dieser Annahme ist jedoch, dass die Verteilung der D1- und D2-Rezeptoren im lPFC sehr unterschiedlich ist. D2-Rezeptoren, die für die Flexibilität der Aufgabenrepräsentationen im präfrontalen Arbeitsgedächtnis verantwortlich sein sollen, kommen dabei nur in sehr geringem Ausmaß im lPFC vor und sind vor allem im Striatum der Basalganglien zu finden. Darüber hinaus ist anzunehmen, dass die Mechanismen der Modulation der lPFC Repräsentation durch das Verhältnis verschiedener Neurotransmitter wie Dopamin, Noradrenalin und Serotonin und einer Vielzahl von gleichzeitigen kortikalen und subkortikalen Einflüssen beeinflusst wird (Cohen et al. 2007).

Wenngleich die spezifischen Mechanismen noch bei weitem nicht klar sind, scheint die Annahme, dass die Kontrolle der Handlungen durch Aufgabenrepräsentationen im präfrontalen Arbeitsgedächtnis erfolgt, und dass diese durch zusätzliche Mechanismen situationsabhängig moduliert werden, eine für die Forschung derzeitig fruchtbare Rahmenidee darzustellen.

15.3 Anteriorer cingulärer Kortex und exekutive Kontrolle

Eine neuronale Struktur, die mit Mechanismen der Konflikterkennung und dem Überwachen von Situationen bezüglich potentiell auftretender Konflikte im Verhalten oder falschen Verhaltens (Fehler) in Verbindung gebracht wird, ist der anteriore cinguläre Kortex (ACC). Wie weiter unten ausgeführt wird, kommt dem ACC in verschiedenen Modellen der exekutiven Kontrolle eine zentrale Rolle bei der Modulation von handlungsleitenden Repräsentationen im lPFC zu.

Abb. 15.7 Funktionen
verschiedener Gehirnregionen
bei der adaptiven Kontrolle
von Handlungen und Kogni-
tionen; nach Gazzaniga et al.
(2002)

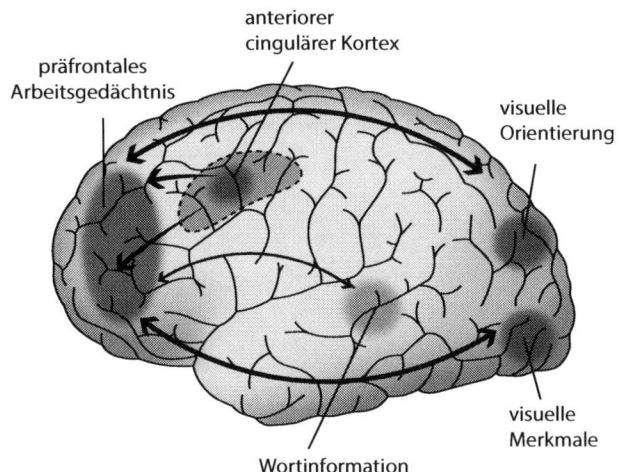

präfrontales
Arbeitsgedächtnis

anteriorer
cingulärer Kortex

visuelle
Orientierung

visuelle
Merkmale

Wortinformation

Verschiedene Autoren haben die Rolle des ACC in der Vergangenheit unterschiedlich aufgefasst. So wurde seine Funktion ursprünglich in Bezug auf die Fehlerdetektion bei Reakti-
onszeitaufgaben gesehen (Gehring et al. 1990; Falkenstein et al. 1995). Ein Hinweis darauf ist
unter anderem, dass in Aufgaben, in denen Probanden versuchen, so schnell wie mögliche eine
Fingerreaktion auf einen dargebotenen Stimulus auszuführen, eine Reaktion im EEG schon
nach ca. 100 ms festzustellen ist, wenn der Proband einen Fehler gemacht hat. Mit mathematischen Algorithmen hatte man die Region um den ACC als die Region identifiziert, die für das
Entstehen dieser Fehlerdetektionsreaktion verantwortlich ist.

Mit dem Aufkommen von bildgebenden Verfahren und den erweiterten Möglichkeiten der
Analyse des neuronalen Substrates wurde die Funktion des ACC jedoch allgemeiner beschrieben. Aufgrund der Arbeiten um Cohen und Botvinick nehmen viele Forscher heute an, dass der
ACC im Rahmen von exekutiver Aufmerksamkeit generell in die Bewertung und Überwachung
von Handlungskonflikten involviert ist und entscheidenden Einfluss auf die Modulation der
Verarbeitung im lPFC hat. Dabei wird das Entstehen eines Fehlers im aktuellen Verhalten auch
unter dem Begriff Konflikt subsumiert, da die Konsequenzen für das Verhalten nach Fehlern
oder Konflikten häufig ähnlich sind (Botvinick et al. 2001).

Ein wichtiger Hinweis, dass nicht nur die alleinige Fehlerdetektion, sondern die generelle
Funktion der *Konfliktüberwachung und -detektion* mit dem ACC verbunden ist, stammt aus
bildgebenden Studien mit der Stroop-Aufgabe (Kerns et al. 2004), für deren Verarbeitungsprozesse Cohen und Kollegen das schon zitierte Netzwerkmodell formulierten. Kerns et al.
konnten zeigten, dass es eine erhöhte neuronale Aktivation im ACC gibt, wenn die Probanden
einen inkongruenten Durchgang bearbeiten; d. h., wenn das Wort „ROT" in grüner Farbe geschrieben ist und die Farbe (grün) mit dem Farbwort („grün") gesprochen werden muss. Der
Befund, dass die ACC-Aktivierung auch in richtig beantworteten, inkongruenten Durchgängen
zu finden ist, weist darauf hin, dass die Aktivation nicht nur mit der Fehlerdetektion, sondern
mit dem Auftreten des Konfliktes zwischen den Antworttendenzen rot und grün verbunden
sein muss (■ Abb. 15.8, oben).

Weitere Befunde der Untersuchung weisen dann auf das dargestellte Wechselspiel von
ACC und lPFC bei der exekutiven Kontrolle hin. Kerns et al. konnten nämlich zeigen, dass
die Aktivation im ACC in einem inkongruenten Durchgang geringer ist, wenn im Durchgang
zuvor auch ein inkongruenter Durchgang dargeboten wurde. Dieser Effekt ist konsistent mit

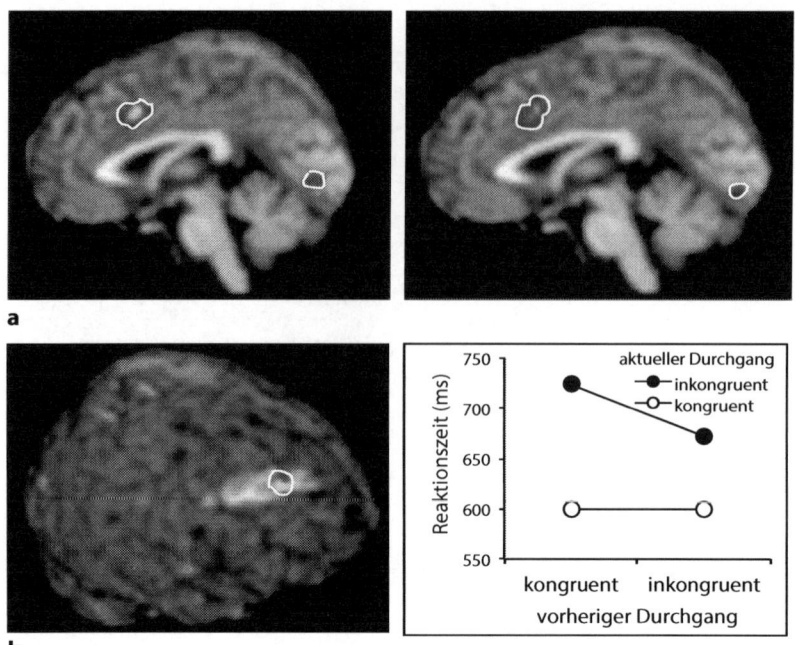

◪ Abb. 15.8 Gehirnaktivität beim Lösen einer Stroop-Aufgabe **a** links: In inkongruenten Durchgängen (Wort „Rot" in grüner Farbe und Aufgabe Benennung der Farbe) ist die Aktivation im Bereich des anterioren cingulären Kortex (ACC) erhöht gegenüber kongruenten Durchgängen (Wort „Grün" in grüner Farbe) → Konfliktüberwachung im ACC, **a** rechts: Bei Fehlern ist die Aktivation im ACC ebenfalls erhöht, **b** links: Region im lateralen präfrontalen Kortex deren Aktivation sehr eng mit der Höhe der Aktivation im ACC korreliert, wenn im vorigen Durchgang ein Konflikt verarbeitet wurde (inkongruenter Durchgang), **b** rechts: Als Resultat der Wechselwirkung von ACC und PFK ist der Stroop-Effekt (Reaktionszeit inkongruent minus kongruent) in aktuellen Durchgängen kleiner, wenn vorher ein inkongruenter Durchgang verarbeitet wurde. (Adaptiert nach Kerns et al. 2004; mit freundlicher Genehmigung der © American Association for the Advancement of Science 2014. All Rights Reserved)

den schon diskutierten Befunden zur sequentiellen Modulation von Kongruenzeffekten bei der Stroop-Aufgabe (siehe ▶ Abschn. 14.2.2, „Unterdrückung aufgabenirrelevanter Informationen und Reaktionen"). Nach der Theorie von Cohen und Botvinick ist das darauf zurückzuführen, dass der ACC den Konflikt im vorhergehenden Durchgang erkannt hat und daraufhin signalisiert hat, dass Änderungen bei der Ausrichtung der Aufmerksamkeitsressourcen bei der aktuellen Aufgabenbearbeitung vorgenommen werden müssen. Im Modell von Cohen und Botvinick werden diese Signale an den PFC ausgesendet, der die Aufgabenstellung repräsentiert. Als Konsequenz der folgenden Modulation wird die Aufgabenrepräsentation (Kontextknoten) dahingehend geändert, dass der Einfluss der anforderungsirrelevanten Dimension (Farbwort) auf die Leistung in einem inkongruenten Durchgang zurückgedrängt wird und der Einfluss der relevanten Dimension Benennung der Farbe des Reizes verstärkt wird. Dadurch verringert sich dann das Ausmaß der Stroop-Interferenz im folgenden Durchgang (Botvinick et al. 2001).

Dass eine derartige Interaktion tatsächlich wahrscheinlich ist, zeigt ein weiterer Befund aus der Studie von Kerns et al. (2004); die Autoren konnten zeigen, dass bei aktuellen inkongruenten Durchgängen die Höhe des fMRT-Signals im lPFC sehr eng mit der Höhe der Aktivation im ACC im vorigen Durchgang zusammenhängt. Je höher die ACC-Aktivation im vorigen Durchgang (weil ein Konflikt in einem inkongruenten Durchgang detektiert wurde), desto höher war die fMRT-Aktivation im lPFC, und damit stand dann das Ausmaß der Stroop-Interferenz in direktem Zusammenhang; je höher die Aktivation im lPFC, desto geringer war das Ausmaß der Stroop-Interferenz.

Die Bedeutung des ACC für die Handlungssteuerung ist nicht auf die Überwachung und Detektion von Konflikten beschränkt. Der ACC wird in der Literatur auch mit einer Reihe anderer Prozesse wie der Selektion von Handlungen, Verstärkungslernen und motivationalen Prozessen in Verbindung gebracht (Ridderinkhof et al. 2004). Ein Ansatz, der diese unterschiedlichen Funktionen des ACC in einem einheitlichen theoretischen Rahmen zu vereinen versucht, ist das Modell von Holroyd und Yeung (2012). Nach diesem Modell ist der ACC an der Implementierung von *Optionen* beteiligt. Unter „Optionen" werden im Rahmen des Modells zielgerichtete, strukturierte Handlungssequenzen verstanden. Der ACC erhält Input aus dopaminergen Strukturen des Gehirns, die es ihm ermöglichen, Optionen mit dem entsprechenden Belohnungswert der Handlungen zu verknüpfen. Zudem besitzt der ACC exzitatorische Verbindungen mit dem lPFC, welcher für die Implementierung der einzelnen Handlungsschritte einer gewählten Option zuständig ist. Nach dem aktuellen Forschungsstand bietet dieses Modell damit einen eleganten einheitlichen Rahmen für die unterschiedlichen Befunde zum ACC und unterstreicht seine Schlüsselrolle bei der Steuerung komplexen Verhaltens.

Auch wenn die genauen Funktionsspezifika des ACC noch nicht geklärt sind, bleibt das Gesamtbild der Befunde konsistent mit den Annahmen von Cohen und Botvinick, dass neuronale Aktivation im ACC mit der Erkennung von Konflikten im aktuellen Verhalten verbunden ist, und dass dadurch Optimierungen in den Repräsentationen der Aufgaben vorgenommen werden, die zu einer besseren Abschirmung des Verhaltens vor störender Information führen. Wenngleich diese Aussagen anhand des Verhaltens und der neuronalen Mechanismen in sehr einfachen und wenig komplexen Situationen gewonnen wurden und empirisch weiter unterlegt werden müssen, zeigen sie jedoch paradigmatisch einen Weg, wie die kognitiven Mechanismen bei der Aufmerksamkeitskontrolle in Situationen mit Störinformation funktionieren können. Dabei wird deutlich, dass nur aus dem Zusammenspiel von Methoden, die verschiedene Aspekte des Verhaltens (psychologische, neuronale Aspekte und ihre Simulation) reflektieren, ein zusammenhängendes Verständnis der beteiligten kognitiven Funktionen gewonnen werden können.

■ **Anwendung**
Patienten mit Läsionen im Bereich des lateralen frontalen (vor allem präfrontalen) Kortex weisen häufig charakteristische Störungen bei der exekutiven Kontrolle von Handlungen auf. Die Patienten leiden unter Störungen bei der Planung, Organisation und Realisierung zielgerichteter Handlungen. Auf der *Makroebene des Verhaltens* kann man diese Schwierigkeit als Unfähigkeit bezeichnen, sinnvolle Verhaltenssequenzen zu erzeugen, zu planen und zu überwachen, die zur Erreichung von adäquaten Handlungszielen in Nichtroutinesituationen im alltäglichen Leben, im beruflichen Leben (z. B. Abarbeitung eines komplexen Arbeitsauftrages) oder in anderen Bereichen des Lebens notwendig sind. Auf der *Mikroebene* werden dann zahlreiche Symptome beschrieben, die man weitgehend mit der Unfähigkeit, sich auf eine Aufgabe zu konzentrieren, wenn gleichzeitig störende Stimuli dargeboten werden (erhöhte Distraktibilität), und als Unfähigkeit zur flexiblen Verhaltensänderung, wenn gezeigtes Verhalten nicht mehr adäquat ist (Perseveration), umschreiben kann.

■ **Speed Read**
▬ Exekutive Funktionen werden vor allem mit Strukturen und Mechanismen des Frontalhirns in Verbindung gebracht, wobei klar ist, dass Strukturen im Frontalhirn (FH) exekutive Kontrolle in Verbindung mit Hirnbereichen außerhalb des FH ausüben.

- Konvergierende Evidenz aus Studien mit Patienten mit neurologischen Störungen des FH, Studien mit bildgebenden Verfahren, Studien am Tiermodell und mathematische Simulationsmodelle spricht für die Assoziationen von exekutiven Funktionen mit Strukturen des FH und hier insbesondere des lateralen präfrontalen Kortex.

- Unterschiedliche exekutive Teilfunktionen werden mit dem lateralen präfrontalen Kortex verbunden: flexibler Wechsel zwischen Handlungsalternativen, Unterdrückung nicht adäquater Reaktionen, Planung und Antizipation von Verhalten, Koordination von multiplen Handlungen und Handlungszielen, Aufrechterhaltung und Auffrischen (*updating*) von Information im Arbeitsgedächtnis.

- Neuronale Strukturen, die in die exekutive Kontrolle von Handlungen involviert sind, müssen die Balance zwischen Stabilität und Flexibilität von aktuellen Aufgabenrepräsentationen bei der Handlungssteuerung zielgerichtet regulieren. Diese Regulation dient dem Schutz des Verhaltens vor unangemessener Distraktion vom aktuell selektierten Handlungsziel und der angemessenen schnellen Anpassung der Handlungen an neue Handlungsziele und Situationen.

- Neuronale Strukturen wie der laterale präfrontale Kortex und mediale Strukturen im Frontalhirn sind in die Regulation der Balance von Stabilität und Flexibilität des Verhaltens involviert.

15

Serviceteil

H. J. Müller, J. Krummenacher, T. Schubert, *Aufmerksamkeit und Handlungssteuerung*,
DOI 10.1007/978-3-642-41825-9, © Springer-Verlag Berlin Heidelberg 2015

Literaturverzeichnis

Allport, D. A. (1971). Parallel encoding within and between elementary stimulus dimensions. *Perception and Psychophysics, 10,* 104–108.

Allport, D. A. (1987). Selection for action: Some behavioural and neurophysiological considerations of attention and action. In H. Heuer, & A. F. Sanders (Hrsg.), *Perspectives on perception and action* (S. 395–419). Hillsdale, NJ: Lawrence Erlbaum Associates.

Allport, D. A. (1989). Visual attention. In M. A. Posner (Hrsg.), *Foundations of cognitive science* (S. 631–682). Cambridge, MA: MIT Press.

Allport, D. A., & Styles, E. A. (1990). *Multiple executive functions, multiple resources? Experiments in shifting attentional control of tasks.* Unpublished manuscript, Oxford University.

Allport, D. A., Styles, E. A., & Hsieh, S. (1994). Shifting intentional set: Exploring the dynamic control of tasks. In C. Umiltà, & M. Moscovitch (Hrsg.), *Attention and Performance XV: Conscious and no conscious information processing* (S. 421–452). Cambridge, MA: MIT Press.

Anderson, J. R. (1980). *Cognitive Psychology and its Implications.* San Francisco: Freeman.

Anton-Erxleben, K., & Carrasco, M. (2013). Attentional enhancement of spatial resolution: Linking behavioral and neurophysiological evidence. *Nature Reviews Neuroscience,14,* 188–200.

Aron, A. R., Fletcher, P. C., Bullmore, E. D., Sahakian, B. J., & Robbins, T. W. (2003). Stop-signal inhibition disrupted by damage to right inferior frontal gyrus in humans. *Nature Neuroscience, 6,* 115–118.

Aron, A. R., Robbins, T. W., & Poldrack, R. A. (2004). Inhibition and the right inferior frontal cortex. *Trends in Cognitive Sciences, 8*(4), 170–177.

Bacon, W. F., & Egeth, H. E. (1994). Overriding stimulus-driven attentional capture. *Perception and Psychophysics, 55*(485), 496.

Baddeley, A. D. (1986). *Working Memory.* Oxford, UK: Oxford University Press.

Baldassi, S., & Verghese, P. (2005). Attention to locations and features: Different top-down modulation of detector weights. *Journal of Vision, 5*(6), 7.

Baldauf, D., & Deubel, H. (2008). Properties of attentional selection during the preparation of sequential saccades. *Experimental Brain Research, 184,* 411–425.

Baldauf, D., & Deubel, H. (2009). Attentional selection of multiple goal positions before rapid hand movement sequences: an ERP study. *Journal of Cognitive Neuroscience, 21,* 18–29.

Baldauf, D., Wolf, M., & Deubel, H (2006). Deployment of visual attention before sequences of goal-directed hand movements. *Vision Research, 46,* 4355–4374.

Baylis, G. C., & Driver, J. (1993). Visual attention and objects: Evidence for hierarchical coding of location. *Journal of Experimental Psychology: Human Perception and Performance, 19,* 451–470.

Beauchamp, M. S., Petit, L., Ellmore, T. M., Ingcholm, J., & Haxby, J. V. (2001). A parametric fMRI study of overt and covert shifts of visuospatial attention. *Neuroimage, 14,* 310–321.

Behrmann, M., & Tipper, S. P. (1999). Attention accesses multiple reference frames: Evidence from visual neglect. *Journal of Experimental Psychology: Human Perception and Performance, 25,* 83–101.

Bertelson, P. (1999). Ventriloquism: A case of crossmodal perceptual grouping. In G. Aschersleben, T. Bachmann, & J. Müsseler (Hrsg.), *Cognitive contributions to the perception of spatial and temporal events* (S. 347–363). Amsterdam: Elsevier.

Bertelson, P., Vroomen, J., De Gelder, B., & Driver, J. (2000). The ventriloquist effect does not depend on the direction of visual attention. *Perception and Psychophysics, 62,* 321–332.

Bisley, J. W., & Goldberg, M. E. (2003). Neuronal activity in the lateral intraparietal area and spatial attention. *Science, 299,* 81–86.

Botvinick, M. M., Braver, T. S., Barch, D. M., Carter, C. S., & Cohen, J. D. (2001). Conflict monitoring and cognitive control. *Psychological Review, 108,* 624–652.

Brass, M., & von Cramon, D. Y. (2002). The role of the frontal cortex in task preparation. *Cerebral Cortex, 12*(9), 908–914.

Brass, M., & von Cramon, D. Y. (2004). Decomposing components of task preparation with functional magnetic resonance imaging. *Journal of Cognitive Neuroscience, 16*(4), 609–620.

Braver, T. S., & Cohen, J. D. (1998). On the control of control: The role of dopamine in regulating prefrontal function and working memory. In S. Monsell, & J. Driver (Hrsg.), *Control of cognitive processes: Attention and performance XVIII* 713–737. Hillsdale, NJ: Erlbaum.

Braver, T. S., Barch, D. M., & Cohen, J. D. (1999). Cognition and control in schizophrenia. A computational model of dopamine and prefrontal function. *Biological Psychiatry, 46,* 312–328.

Braver, T. S., Cohen, J. D., Nystrom, L. E., Jonides, J., Smith, E. E., & Noll, D. C. (1997). A parametric study of prefrontal cortex of prefrontal cortex involvement in human working memory. *Neuroimage, 5,* 49–62.

Braver, T. S., Gray, J. R., & Burgess, G. C. (2007). Explaining the many varieties of working memory varation: Dual mechanisms of cognitive control. In A. Conway, C. Jarrold, M. Kane, A. Miyake, & J. Towse (Hrsg.), *Variation in Working Memory* 76–106. Oxford: Oxford University Press.

Brighina, F., Bisiach, E., Oliveri, M., Piazza, A., La Bua, V., Daniele, O., & Fierro B. (2003). 1 Hz repetitive transcranial magnetic stimulation of the unaffected hemisphere ameliorates contralesional visuospatial neglect in humans. *Neuroscience Letters, 336,* 131–133.

Broadbent, D. (1954). The role of auditory localization in attention and memory span. *Journal of Experimental Psychology, 47,* 191–196.

Broadbent, D. E. (1958). *Perception and Communication*. London: Pergamon Press.

Broadbent, D. E. (1971). *Decision and Stress*. London: Academic Press.

Brodmann, K. (1909). *Vergleichende Lokalisationslehre der Großhirnrinde in ihren Prinzipien dargestellt auf Grund des Zellenbaues*. Leipzig: Barth.

Bruce, C. J., & Goldberg, M. E. (1985). Primate frontal eye fields. I. Single neurons discharging before saccades. *Journal of Neurophysiology, 53*, 603–635.

Bruce, C. J., Goldberg, M. E., Bushnell, M. C., & Stanton, G. B. (1985). Primate frontal eye fields. II. Physiological and anatomical correlates of electrically evoked eye movements. *Journal of Neurophysiology, 54*, 714–734.

Buchsbaum, M. S., Buchsbaum, B. R., Chokron, S., Tang, C., Wei, T. C., & Byne, W. (2006). Thalamocortical circuits: fMRI assessment of the pulvinar and medial dorsal nucleus in normal volunteers. *Neuroscience Letters, 404*, 282–287.

Bundesen, C. (1990). A theory of visual attention. *Psychological Review, 97*, 523–547.

Bundesen, C. (1998). Visual selective attention: Outlines of a choice model, a race model, and a computational theory. *Visual Cognition, 5*, 287–309.

Bundesen, C., Habekost, T., & Kyllingsbask, S. (2005). A neural theory of visual attention: Bridging cognition and neurophysiology. *Psychological Review, 112*, 291–328.

Bunge, S. A., Kahn, I., Wallis, J. D., Miller, E. K., & Wagner, A. D. (2003). Neural circuits subserving the retrieval and maintenance of abstract rules. *Journal of Neurophysiology, 90*, 3419–3428.

Burgess, P. W. (2000). Strategy application disorder: The role of the frontal lobes in human multitasking. *Psychological Research, 63*, 279–288.

Carrasco, M. (2011). Visual attention: The past 25 years. *Vision Research, 51*, 1484–1525.

Cavanaugh, J., & Wurtz, R. H. (2004). Subcortical modulation of attention counters change blindness. *Journal of Neuroscience, 24*, 11236–11243.

Cave, K. R., & Wolfe, J. M. (1990). Modeling the role of parallel processing in visual search. *Cognitive Psychology, 22*, 225–271.

Cheal, M., Lyon, D. R., & Gottlob, L. R. (1994). A framework for understanding the allocation of attention in location-precued discrimination. *The Quarterly Journal of Experimental Psychology, 47*, 699–739.

Cheina, J. M., & Schneider, W. (2005). Neuroimaging studies of practice-related change: fMRI and meta-analytic evidence of a domain-general control network for learning. *Cognitive Brain Research, 25*, 607–623.

Chelazzi, L., Duncan, J., Miller, E., & Desimone, R. (1993). A neural basis for visual search in inferior temporal Cortex. *Nature, 363*, 345–347.

Cheng, P. W. (1985). Restructuring versus automaticity: Alternative accounts of skill acquisition. *Psychological Review, 92*, 414–423.

Cherry, E. C. (1953). Some experiments on the recognition of speech with one and two ears. *Journal of the Acoustical Society of America, 25*, 975–979.

Chun, M. M., & Potter, M. C. (1995). A two-stage model for multiple target detection in rapid serial visual presentation. *Journal of Experimental Psychology, 21*, 109–127.

Clark, V. P., & Hillyard, S. A. (1996). Spatial selective attention affects early extrastriate but not striate components of the visual evoked potential. *Journal of Cognitive Neuroscience, 8*, 387–402.

Cohen J. D., Braver, T. S., & Brown J. W. (2002). Computational perspectives on dopamine function in prefrontal cortex. *Current Opinion in Neurobiology, 12*, 223–229.

Cohen, J. D., Dunbar, K., & McClelland, J. L. (1990). On the control of automatic processes: A parallel distributed processing account of the stroop effect. *Psychological Review, 97*, 332–361.

Cohen, J. D., Dunbar, K. O., Barch, D. M., & Braver, T. S. (1997). Issues concerning relative speed of processing hypotheses, schizophrenic performance deficits, and prefrontal function: Comment on Schooler et al. (1997). *Journal of Experimental Psychology: General, 126*, 37–41.

Cohen, J. D., McClure, A. M., & You, A. J. (2007). Should I stay or should I go? How the human brain manages the trade-off between exploitation and exploration. *Philosophical Transactions of the Royal Society B Biological Sciences, 362*, 933–941.

Colby, C. L., & Goldberg, M. E. (1999). Space and attention in parietal cortex. *Annual Review of Neuroscience, 22*, 319–349.

Connor, C. E., Preddie, D. C., Gallant, J. L., & Van Essen, D. C. (1997). Spatial attention effects in macaque area V4. *Journal of Neuroscience, 17*, 3201–3214.

Corbetta, M., & Shulman, G. L. (2002). Control of goal-directed and stimulus-driven attention in the brain. *Nature Reviews Neuroscience, 3*, 201–215.

Corbetta, M., Akbudak, E., Conturo, T. E., Snyder, A. Z., Ollinger, J. M., Drury, H. A., Linenweber, M. R., Petersen, S. E., Raichle, M. E., Van Essen, D. C., & Shulman, G. L. (1998). A common network of functional areas for attention and eye movements. *Neuron, 21*, 761–773.

Corbetta, M., Kincade, J. M., Ollinger, J. M., McAvoy, M. P., & Shulman, G. L. (2000). Voluntary orienting is dissociated from target detection in human posterior parietal cortex. *Nature Neuroscience, 3*, 292–297.

Corbetta, M., Kincade, M. J., Lewis, C., Snyder, A. Z., & Sapir, A. (2005). Neural basis of recovery and spatial attention deficits in spatial neglect. *Nature Neuroscience, 11*, 1603–1610.

Corbetta, M., Miezin, F. M., Dobmeyer, G., Shulman, G. L., & Petersen, S. E. (1991). Selective and divided attention during visual discrimination of shape, color and speed: Functional anatomy of positron emission tomography. *Journal of Neuroscience, 11*, 2383–2402.

Corbetta, M., Miezin, F. M., Shulman, G. L., & Petersen, S. E. (1993). A PET study of visuospatial attention. *Journal of Neuroscience, 13*, 1202–1226.

Corbetta, M., Patel, G., & Shulman, G. L. (2008). The reorienting system of the human brain: from environment to theory of mind. *Neuron, 58*, 306–324.

Coren, S., Ward, L. M., & Enns, J. T. (2004). *Sensation and Perception* (6. Aufl.). Hoboken, New York: John Wiley and Sons.

Crick, F. (1984). Function of the thalamic reticular complex: The search light hypothesis. *Proceedings of the National Academy of Sciences, 81*, 4586–4590.

D'Esposito, M., Detre, J. A., Alsop, D. C., Shin, R. K., Atlas, S., & Grossmann, M. (1995). The neural basis of the central execute system of working memory. *Nature, 378*, 279–281.

Danziger, S., Snyder, J., & Kingstone, A. (1998). Inhibition of return to successively stimulated locations in a sequential visual search paradigm. *Journal of Experimental Psychology; Human Perception and Performance, 24*, 1–10.

David, S. V., Hayden, B. Y., Mazer, J. A., & Gallant, J. L. (2008). Attention to stimulus features shifts spectral tuning of V4 neurons during natural vision. *Neuron, 59*, 509–521.

De Jong, R. (1995). The role of preparation in overlapping-task performance. *Quarterly Journal of Experimental Psychology: Human Experimental Psychology, 48 A*, 2–25.

Derrfuss, J., Brass, M., Neumann, J., & von Cramon, D. Y. (2005). Involvement of the inferior frontal junction in cognitive control: meta-analyses of switching and Stroop studies. *Human Brain Mapping, 25*(1), 22–34.

Desimone, R., & Duncan, J. (1995). Neural mechanisms of selective visual attention. *Annual Review of Neuroscience, 18*, 193–222.

Deubel, H., & Schneider, W. X. (1996). Saccade target selection and object recognition: Evidence for a common attentional mechanism. *Vision Research, 36*, 1827–1837.

Deubel, H., & Schneider, W. X. (2004). Attentional selection in sequential manual movements, movements around an obstacle and in grasping. In G. W. Humphreys, & M. J. Riddoch (Hrsg.), *Attention in Action* 69–91. Hove, UK: Psychology Press.

Deutsch, J. A., & Deutsch, D. (1963). Attention: Some theoretical considerations. *Psychological Review, 70*, 80–90.

Deutsch, J. A., & Deutsch, D. (1967). Comments on „Selective attention: perception or response?". *Quarterly Journal of Experimental Psychology, 19*, 362–363.

Di Lollo, V., Enns, J. T., & Rensink, R. A. (2000). Competition for consciousness among visual events: the psychophysics of reentrant visual processes. *Journal of Experimental Psychology: General, 129*, 481–507.

Donders, F. C. (1969). On the speed of mental processes. *Acta Psychologica, 30*, 412–431.

Dorris, M. C., Klein, R. M., Everling, S., & Munoz, D. P. (2002). Contribution of the primate superior colliculus to inhibition of return. *Journal of Cognitive Neuroscience, 14*, 1256–1263.

Dove, A., Pollmann, S., Schubert, T., Wiggins, C. J., & von Cramon, D. Y. (2000). Prefrontal cortex activation in task switching: an event-related fMRI study. *Cognitive Brain Research, 9*, 103–109.

Downing, C. J. (1988). Expectancy and visual-spatial attention: Effects on perceptual quality. *Journal of Experimental Psychology: Human Perception and Performance, 14*, 188–202.

Downing, P. E., Dodds, C. M., & Bray, D. (2004). Why does the gaze of others direct attention. *Visual Cognition, 11*, 71–79.

Driver, J. (1996). Enhancement of selective listening by illusory mislocation of speech sounds due to lip-reading. *Nature, 381*, 66–68.

Driver, J. (1999). Egocentric and object-based visual neglect. In N. Burgess, K. J. Jeffery, & J. O. O'Keefe (Hrsg.), *The hippocampal and parietal foundations of spatial cognition* (S. 67–89). Oxford, UK: Oxford University Press.

Driver, J., & Mattingley, J. B. (1998). Parietal neglect and visual awareness. *Nature Neuroscience, 1*, 17–22.

Duncan, J. (1984). Selective attention and the organization of visual information. *Journal of Experimental Psychology: General, 114*, 501–517.

Duncan, J. (1985). Visual search and visual attention. In M. I. Posner, & O. S. M. Marin (Hrsg.), *Attention and Performance XI* 85–106. Hillsdale, NJ: Lawrence Erlbaum Associates.

Duncan, J. (1996). Cooperating brain systems in selective perception and action. In T. Inui, & J. L. McClelland (Hrsg.), *Attention and Performance XVI Information integration in perception and communication* 549–578. Cambridge, MA: MIT Press.

Duncan, J., & Humphreys, G. W. (1989). Visual search and stimulus similarity. *Psychological Review, 96*, 433–458.

Duncan, J., & Humphreys, G. W. (1992). Beyond the search surface: Visual search and attentional engagement. *Journal of Experimental Psychology: Human Perception and Performance, 18*, 578–588.

Duncan, J., Bundesen, C., Olson, A., Humphreys, G., Chavda, S., & Shibuya, H. (1999). Systematic analysis of deficits in visual attention. *Journal of Experimental Psychology: General, 128*, 450–478.

Eglin, M., Robertson, L. C., & Knight, R. T. (1989). Visual search performance in neglect syndrome. *Journal of Cognitive Neuroscience, 1*, 372–385.

Eimer, M. (1997). Uninformative symbolic cues may bias visual-spatial attention: Behavioral and electrophysiological evidence. *Biological Psychology, 46*, 67–71.

Eimer, M. (1999). Can attention be directed to opposite locations in different modalities? An ERP study. *Clinical Neurophysiology, 110*, 1252–1259.

Eimer, M., & Schröger, E. (1998). ERP effects of intermodal attention and cross-modal links in spatial attention. *Psychophysiology, 35*, 313–327.

Enns, J. T., & Di Lollo, V. (1997). Object substitution: a new form of masking in unattended visual locations. *Psychological Science, 8*, 135–139.

Eriksen, B. A., & Eriksen, C. W. (1974). Effects of noise letters upon the identification of a target in a nonsearch task. *Perception and Psychophysics, 16*, 143–149.

Eriksen, C. W., & St James, J. D. (1986). Visual attention within and around the field of focal attention: A zoom lens model. *Perception and Psychophysics, 40*, 225–240.

Eriksen, C. W., & Yeh, Y.-Y. (1985). Allocation of attention in the visual field. *Journal of Experimental Psychology: Human Perception and Performance, 11*, 583–587.

Falkenstein, M., Hohnsbein, J., & Hoormann, J. (1995). Analysis of mental workload with ERP indicators of processing stages. *Electroencephalography and Clinical Neurophysiology, 44*(Supplement), 280–286.

Fecteau, J. H., & Munoz, D. P. (2006). Salience, relevance, and firing: A priority map for target selection. *Trends in Cognitive Sciences, 10*, 382–390.

Felleman, D., & Van Essen, D. (1991). Distributed hierarchical processing in the primate cerebral cortex. *Cerebral Cortex*, *1*, 1–47.

Fischer, B. (1998). Attention in saccades. In R. D. Wright (Hrsg.), *Visual attention* (S. 289–305). Oxford: Oxford University Press.

Fischer, B., & Breitmeyer, B. (1987). Mechanisms of visual attention revealed by saccadic eye movements. *Neuropsychologia*, *25*, 73–83.

Fischer, B., & Ramsperger, E. (1984). Human express saccades: extremely short reaction times of goal directed eye movements. *Experimental Brain Research*, *57*, 191–195.

Fischer, B., & Ramsperger, E. (1986). Human express saccades: effects of randomization and daily practice. *Experimental Brain Research*, *64*, 569–578.

Fischer, B., & Weber, H. (1993). Express saccades and visual attention. *Behavioral & Brain Sciences*, *16*, 553–567.

Fodor, J. A. (1983). *The modularity of mind*. Cambridge, MA: MIT Press.

Folk, C. L., Remington, R. W., & Johnston, J. C. (1992). Involuntary covert orienting is dependent on attentional control settings. *Journal of Experimental Psychology: Human Perception and Performance*, *18*, 1030–1044.

Found, A. (1998). Parallel coding of conjunctions in visual search. *Perception and Psychophysics*, *60*, 117–127.

Found, A., & Müller, H. J. (1996). Searching for features across dimensions: Evidence for a dimensional weighting account. *Perception and Psychophysics*, *58*, 88–101.

Friedrich, F. J., Egly, R., Rafal, R. D., & Beck, D. (1998). Spatial attention deficits in humans: A comparison of superior parietal and temporal-parietal junction lesions. *Neuropsychology*, *12*, 193–207.

Friesen, C. K., & Kingstone, A. (1998). He eyes have it! Reflexive orienting is triggered by nonpredictive gaze. *Psychonomic Bulletin & Review*, *5*, 490–495.

Friesen, C. K., & Kingstone, A. (2003). Abrupt onsets and gaze direction cues trigger independent reflexive attention effects. *Cognition*, *87*, B1–B10.

Frischen, A., Bayliss, A. P., & Tipper, S. P. (2007). Gaze cueing of attention: visual attention, social cognition, and individual differences. *Psychological Bulletin*, *133*, 694–724.

Funahashi, S., Bruce, C. J., & Goldman-Rakic, P. S. (1989). Mnemonic coding of visual space in the monkey's dorsolateral prefrontal cortex. *Journal of Neurophysiology*, *61*, 331–349.

Funes, M. F., Lupiáñez, J., & Humphreys, G. (2010). Sustained vs. transient control: evidence of a behavioral dissociation. *Cognition*, *114*, 338–347.

Fuster, J. M. (1997). *The prefrontal cortex: anatomy, physiology, and neuropsychology of the frontal lobe. (third edition.)* Philadelphia, New York: Lippincott Raven.

Garg, A., Schwartz, D., & Stevens, A. A. (2007). Orienting auditory spatial attention engages frontal eye fields and medial occipital cortex in congenitally blind humans. *Neuropsychologia*, *45*, 2307–2321.

Gehring, W. J., Coles, M. G. H., Meyer, D. E., & Donchin, E. (1990). The error-related negativity: An event-related brain potential accompanying errors. *Psychophysiology*, *27*, 34.

Gitelman, D. R., Nobre, A. C., Parrish, T. B., LaBar, K. S., Kim, Y.-H., Meyer, J. R., & Mesulam, M.-M. (1999). A large-scale distributed network for covert spatial attention. *Brain*, *122*, 1093–1106.

Goldberg, M. E., & Wurtz, R. H. (1972). Activity of superior colliculus cells in behaving monkey. I. Visual receptive fields of single neurons. *Journal of Neurophysiology*, *35*, 542–559.

Goldman-Rakic, P. S. (1987). Circuitry of primate prefrontal cortex and regulation of behavior by representational memory. In *Handbook of Physiology The Nervous System* 373–417. Bethesda, MD: American Physiological Society.

Gonzales, M. V., & Mark, G. (2004). „Constant, constant, multitasking craziness": managing multiple working spheres. *Proceedings of the SIGCHI Conference on Human Factors in Computing Systems*, 113–120.

Goschke, T. (2002). Volition und kognitive Kontrolle. In J. Müsseler, & W. Prinz (Hrsg.), *Allgemeine Psychologie*. Heidelberg, Berlin: Spektrum Akademischer Verlag.

Gottlieb, J. (2007). From thought to action: the parietal cortex as a bridge between perception, action, and cognition. *Neuron*, *53*, 9–16.

Gottlieb, J., Kusunoki, M., & Goldberg, M. E. (2005). Simultaneous representation of saccade targets and visual onsets in monkey lateral intraparietal area. *Cerebral Cortex*, *15*, 1198–1206.

Grafman, J. (1994). Neuropsychology of the prefrontal cortex. In D. W. Zaidel (Hrsg.), *Neuropsychology* (S. 159–181). San Diego: Academic Press.

Green, D. M., & Swets, J. A. (1966). *Signal detection theory and psychophysics*. New York: Wiley.

Hamed, B. S., Duhamel, J. R., Bremmer, F., & Graf, W. (2002). Visual receptive field modulation in the lateral intraparietal area during attentive fixation and free gaze. *Cerebral Cortex*, *12*, 234–245.

Harter, M. R., & Previc, F. H. (1978). Size-specific information channels and selective attention: Visual evoked potential and behavioral measures. *Electroencephalography and Clinical Neurophysiology*, *45*, 628–640.

Hawkins, H. L., Shafto, M. G., & Richardson, K. (1988). Effects of target luminance and cue-validity on the latency of visual detection. *Perception and Psychophysics*, *44*, 484–492.

He, B. J., Snyder, A. Z., Vincent, J. L., Epstein, A., Shulman, G. L., & Corbetta, M. (2007). Breakdown of functional connectivity in frontoparietal networks underlies behavioral deficits in spatial neglect. *Neuron*, *53*, 905–918.

Heinze, H. J., Luck, S. J., Mangun, G. R., & Hillyard, S. A. (1990). Visual event-related potentials index focused attention within bilateral stimulus arrays: I Evidence for early selection. *Electroencephalography and Clinical Neurophysiology*, *75*, 511–527.

Heinze, H. J., Mangun, G. R., Burchert, W., Hinrichs, H., Scholz, M., Muente, T. F., Goes, A., Scherg, M., Johannes, S., Hundeshagen, H., Gazzaniga, M. S., & Hillyard, S. A. (1994). Combined spatial and temporal imaging of brain activity during visual selective attention in humans. *Nature*, *372*, 543–546.

Helmholtz, H. (1850). *Mittheilung für die physikalische Gesellschaft in Berlin betreffend Versuche über die Fortpflanzungs-*

geschwindigkeit der Reizung in den sensiblen Nerven des Menschen. Archiv der Berlin-Brandenburgischen Akademie der Wissenschaften, 540, 1–4.

Henik, A., Rafal, R., & Rhodes, D. (1994). Endogenously generated and visually guided saccades after lesions of the human frontal eye fields. Journal of Cognitive Neuroscience, 6, 400–411.

Hietanen, J. K., Nummenmaa, L., Nyman, M. J., Parkkola, R., & Hämäläinnen, H. (2006). Automatic attention orienting by social and symbolic cues activates different brain networks. NeuroImage, 33, 406–413.

Hillyard, S. A., & Anllo-Vento, L. (1998). Event-related brain potentials in the study of visual selective attention. Proceedings of the National Academy of Sciences, 95, 781–787.

Hillyard, S. A., Anllo-Vento, L., Clark, V. P., Heinze, H. J., Luck, S. J., & Mangun, G. R. (1996). Neuroimaging approaches to the study of visual attention: A tutorial. In A. F. Kramer, M. G. H. Coles, & G. D. Logan (Hrsg.), Converging operations in the study of visual selective attention 107–138. Washington, DC: American Psychological Association.

Hillyard, S. A., Luck, S. J., & Mangun, G. R. (1994). The cueing of attention to visual field locations: Analysis with ERP recordings. In H. J. Heinze, T. F. Münte, & G. R. Mangun (Hrsg.), Cognitive electrophysiology: Event-related brain potentials in basic and clinical research 1–25. Boston: Birkhausen.

Hochstein, S., & Ahissar, M. (2002). View from the top: hierarchies and reverse hierarchies in the visual system. Neuron, 36, 791–804.

Hoffman, J. E., & Subramaniam, B. (1995). Saccadic eye movements and visual selective attention. Perception and Psychophysics, 57, 787–795.

Holroyd, C. B., & Yeung, N. (2012). Motivation of extended behaviors by anterior cingulate cortex. Trends in Cognitive Sciences, 16(2), 122–128.

Hopfinger, J. B., & Mangun, G. R. (1998). Reflexive attention modulates processing of visual stimuli in human extrastriate visual cortex. Psychological Science, 9, 441–447.

Hopfinger, J. B., Buonocore, M. H., & Mangun, G. R. (2000). The neual mechanisms of top-down attentional control. Nature Neuroscience, 3, 284–291.

Humphreys, G. W., & Müller, H. J. (1993). SEarch via Recursive Rejection (SERR): A connectionist model of visual search. Cognitive Psychology, 25, 43–110.

Humphreys, G. W., Watson, D. G., & Jolicoeur, P. (2002). Fractionating the preview benefit in search: Dual-task decomposition of visual marking by timing and modality. Journal of Experimental Psychology: Human Perception and Performance, 28, 640–660.

Ignashchenkova, A., Dicke, P. W., Haarmeier, T., & Thier, P. (2004). Neuron-specific contribution of the superior colliculus to overt and covert shifts of attention. Nature Neuroscience, 7, 56–64.

Itti, L., & Koch, C. (2000). A saliency-based search mechanism for overt and covert shifts of visual attention. Vision Research, 40, 1489–1506.

James, W. (1890). The Principles of Psychology. New York: Holt.

Jefferies, L. N., Wright, R. D., & Di Lollo, V. (2005). Inhibition of return to an occluded object depends on expectation. Journal of Experimental Psychology: Human Perception and Performance, 31, 1224–1233.

Johnston, W. A., & Heinz, S. P. (1978). Flexibility and capacity demands of attention. Journal of Experimental Psychology: General, 107, 420–435.

Johnston, W. A., & Wilson, J. (1980). Perceptual processing of non-targets in an attention task. Memory and Cognition, 8, 372–377.

Jonides, J. (1980). Voluntary versus automatic control over the mind's eye's movement. In J. B. Long, & A. D. Baddeley (Hrsg.), Attention and Performance IX 187–203. Hillsdale, NJ: Lawrence Erlbaum Associates.

Jonides, J., & Yantis, S. (1988). Uniqueness of abrupt visual onset in capturing attention. Perception and Psychophysics, 43, 346–54.

Kahneman, D. (1973). Attention and effort. Englewood Cliffs, NJ: Prentice-Hall.

Kahneman, D., & Henik, A. (1981). Perceptual organization and attention. In M. Kubovy, & J. R. Pomerantz (Hrsg.), Perceptual organization 181–211. Hillsdale, NJ: Lawrence Erlbaum Associates.

Karnath, H.-O. (1988). Deficits of attention in acute and recovered visual hemi-neglect. Neuropsychologia, 26, 27–43.

Karnath, H.-O., & Niemeier, M. (2002). Task-dependent differences in the exploratory behaviour of patients with spatial neglect. Neuropsychologia, 40, 1577–1585.

Karnath, H.-O., Ferber, S., & Himmelbach, M. (2001). Spatial awareness is a function of the temporal not the posterior parietal lobe. Nature, 411, 950–953.

Kerns, J. G., Cohen, J. D., MacDonald, A. W., Cho, R. Y., Stenger, V. A., & Carter, C. S. (2004). Anterior Cingulate conflict monitoring and adjustments in control. Science, 303, 1023–1026.

Klauß, K. (1994). Die erste Mitteilung von H Helmholtz an die Physikalische Gesellschaft über die Fortpflanzungsgeschwindigkeit der Reizung in den sensiblen Nerven des Menschen. NTM International Journal of History and Ethics of Natural Sciences, Technology and Medicine, 2, 89–96.

Klix, F. (1971). Information und Verhalten. Bern: Huber.

Koch, G., Oliveri, M., Torriero, S., & Caltagirone, C. (2005). Modulation of excitatory and inhibitory circuits for visual awareness in the human right parietal cortex. Experimental Brain Research, 160, 510–516.

Koch, I. (2008). Mechanismen der Interferenz in Doppelaufgaben. Psychologische Rundschau, 59, 24–32.

Konishi, S., Nakajima, K., Uchida, I., Kikyo, H., Kameyama, M. & Miyashita, Y. (1999). Common Inhibitory mechanism in human inferior prefrontal cortex revealed by event-related functional MRI. Brain, 122, 981–991.

Koski, L. M., Paus, T., & Petrides, M. (1998). Directed attention after unilateral frontal excisions in humans. Neuropsychologia, 36, 1363–1371.

Kowler, E., Anderson, E., Dosher, B., & Blaser, E. (1995). The role of attention in the programming of saccades. Vision Research, 35, 1897–1916.

Kramer, A. F., Weber, T. A., & Watson, S. E. (1997). Object-based attentional selection – Grouped arrays or spatially invariant representations?: Comment on Vecera and Farah (1994). *Journal of Experimental Psychology: General, 50,* 267–284.

Krummenacher, J., & Müller, H. J. (2012). Dynamic weighting of feature dimensions in visual search: behavioral and psychophysiological evidence. *Frontiers in Psychology, 3*(221), 1–12.

Kuhn, G., & Kingstone, A. (2009). Look away! Eyes and arrows engage oculomotor responses automatically. *Perception and Psychophysics, 71,* 314–327.

Kustov, A., & Robinson, D. L. (1996). Shared neural control of attentional shifts and eye movements. *Nature, 384,* 74–77.

LaBerge, D. (1990). Thalamic and cortical mechanisms of attention suggested by recent positron emission tomographic experiments. *Journal of Cognitive Neuroscience, 2,* 358–372.

LaBerge, D. (1995). *Attentional Processing: The Brain's Art of Mindfulness.* Cambridge, MA: Harvard University Press.

LaBerge, D., & Brown, V. (1989). Theory of attentional operations in shape identification. *Psychological Review, 96,* 101–124.

LaBerge, D., & Buchsbaum, M. S. (1990). Positron emission tomographic measurements of pulvinar activity during an attention task. *Journal of Neuroscience, 10,* 613–619.

Lamme, V. (2000). Neural mechanisms of visual awareness: a linking proposition. *Brain and Mind, 1,* 385–406.

Lamme, V. A. F., & Roelfsema, P. R. (2000). The distinct modes of vision offered by feedforward and recurrent processing. *Trends in Neurosciences, 23,* 571–579.

Lansman, M., & Hunt, E. (1982). Individual differences in secondary task performance. *Memory and Cognition, 10,* 10–24.

Lavie, N. (1995). Perceptual load as a necessary condition for selective attention. *Journal of Experimental Psychology: Human Perception and Performance, 21,* 451–468.

Leibovitch, F. S., Black, S. E., Caldwell, C. B., Ebert, P. L., Ehrlich, L. E., & Szalai, J. P. (1998). Brain-behavior correlations in hemispatial neglect using CT and SPECT: the Sunnybrook stroke study. *Neurology, 50,* 901–908.

Lepsien, J., & Pollmann, S. (2002). Covert reorient-ing and inhibition of return: An event-related fMRI study. *Journal of Cognitive Neuroscience, 14,* 127–144.

Lhermitte, F. (1983). ‚Utilization behavior' and its relation to lesions of the frontal lobes. *Brain, 106,* 237–255.

Ling, S., Liu, T., & Carrasco, M. (2009). How spatial and feature-based attention affect the gain and tuning of population responses. *Vision Research, 49*(10), 1194–1204.

Liu, T., Slotnick, S. D., Serences, J. T., & Yantis, S. (2003). Cortical mechanisms of feature-based attentional control. *Cerebral Cortex, 13,* 1334–1343.

Livingstone, M., & Hubel, D. (1987). Psychophysical evidence for separate channels for the perception of form, color, movement, and depth. *Journal of Neuroscience, 7,* 3416–3468.

Livingstone, M., & Hubel, D. (1988). Segregation of form, color, movement, and depth: Anatomy, physiology, and perception. *Science, 240,* 740–749.

Logan, G. D. (1988). Towards an instance theory of automatization. *Psychological Review, 95,* 492–527.

Logan, G. D. (1996). The CODE theory of visual attention: An integration of space-based and object-based attention. *Psychological Review, 103,* 603–649.

Logan, G. D., & Gordon, R. D. (2001). Executive control of visual attention in dual-task situations. *Psychological Review, 108,* 393–434.

Logie, R. H., Zucco, G. M., & Baddeley, A. D. (1990). Interference with visual short-term memory. *Acta Psychologica, 75,* 55–74.

Luck, S. J. (1998). Sources of dual-task interference: evidence from human ectrophysiology. *Psychological Science, 9,* 223–227.

Luck, S. J., Chelazzi, L., Hillyard, S. A., & Desimone, R. (1997). Neural mechanisms of spatial selective attention in areas V1, V2, and V4 of macaque visual cortex. *Journal of Neurophysiology, 77,* 24–42.

Macaluso, E., Frith, C. D., & Driver, J. (2002). Supramodal effects of covert spatial orienting triggered by visual or tactile events. *Journal of Cognitive Neuroscience, 14,* 389–401.

Mack, A., & Rock, I. (1998). *Inattentional Blindness.* Cambridge, MA: MIT Press.

Maljkovic, V., & Nakayama, K. (1994). Priming of pop-out I: Role of features. *Memory and Cognition, 22,* 657–672.

Mangun, G. R., Hillyard, S. A., & Luck, S. J. (1993). Electrocortical substrates of visual selective attention. In D. Meyer, & S. Kornblum (Hrsg.), *Attention and Performance XIV* 219–243. Cambridge (MA): MIT Press.

Mangun, G. R., Hopfinger, J. B., Kussmaul, C. L., Fletcher, E. M., & Heinze, H. J. (1997). Covariations in ERP and PET measures of spatial selective attention in human extrastriate visual cortex. *Human Brain Mapping, 5,* 273–279.

Marr, D. (1982). *Vision.* San Francisco, CA: Freeman.

Martinez-Trujillo, J. C., & Treue, S. (2004). Feature-based attention increases the selectivity of population responses in primate visual cortex. *Current Biology, 14,* 744–751.

Martinez, A., Anllo-Vento, L., Sereno, M. I., Frank, L. R., Buxton, R. B., Dubowitz, D. J., Wong, E. C., Hinrichs, H., Heinze, H. J., & Hillyard, S. A. (1999). Involvement of striate and extrastriate visual cortical areas in spatial attention. *Nature Neuroscience, 4,* 364–369.

Maylor, E. A., & Hockey, R. (1985). Inhibitory component of externally controlled covert orienting in visual space. *Journal of Experimental Psychology: Human Perception and Performance, 11,* 777–787.

Mayr, U., & Keele, S. (2000). Changing internal constraints on action: The role of backward inhibition. *Journal of Experimental Psychology: General, 129,* 4–26.

McAdams, C. J., & Maunsell, J. H. (1999). Effects of attention on orientation-tuning functions of single neurons in macaque cortical area V4. *Journal of Neuroscience, 19,* 431–441.

McAlonan, K., Cavanaugh, J., & Wurtz, R. H. (2008). Guarding the gateway to cortex with attention in visual thalamus. *Nature, 456,* 391–394.

McCann, R. S., & Johnston, J. C. (1992). Locus of the single-channel bottleneck in dual-task interference. *Journal of Experimental Psychology: Human Perception and Performance, 18,* 471–484.

McDonald, J. J., & Ward, L. M. (2000). Involuntary listening aids seeing: Evidence from human electrophysiology. *Psychological Science, 11*, 167–171.

McDonald, J. J., & Ward, L. M. (2005). *Crossmodal attention modulates detection and discrimination.* Unpublished manuscript, University of British Columbia.

McDonald, J. J., Teder-Sälejärvi, W. A., Heraldez, D., & Hillyard, S. A. (2001). Electrophysiological evidence for the „missing link" in crossmodal attention. *Canadian Journal of Experimental Psychology, 55*, 141–149.

McGlinchey-Berroth, R., Milberg, W. P., Verfaellie, M., Alexander, M., & Kilduff, P. T. (1993). Semantic processing in the neglected visual field: Evidence from a lexical decision task. *Cognitive Neuropsychology, 10*, 79–108.

McGurk, H., & MacDonald, J. (1976). Hearing lips and seeing voices. *Nature, 264*, 746–748.

McLeod, P. D. (1977). A dual task response modality effect: Support for multiprocessor models of attention. *Quarterly Journal of Experimental Psychology, 29*, 651–667.

Meiran, N. (1996). Reconfiguration of processing mode prior to task performance. *Journal of Experimental Psychology: Learning, Memory and Cognition, 22*, 1423–1442.

Meyer, D. E., & Kieras, D. E. (1997). A computational theory of executive cognitive processes and Multiple-task performance: Part 1. Basic mechanisms. *Psychological Review, 104*, 3–65.

Miller, E. K. (2000). The prefrontal cortex and cognitive control. *Nature Reviews Neuroscience, 1*, 59–65.

Miller, E. K., & Cohen, J. D. (2001). An integrative theory of prefrontal cortex function. *Annual Review of Neuroscience, 24*, 167–202.

Miller, E. K., Erickson, C. A., & Desimone, R. (1996). Neural mechanisms of visual working memory in prefrontal cortex of the macaque. *Journal of Neuroscience, 16*, 5154–5167.

Milner, A. D., & Goodale, M. A. (1995). *The visual brain in action.* New York: Oxford University Press.

Milner, B. (1963). Effects of different brain lesions on card-sorting. *Archives of Neurology, 9*, 90–100.

Mishkin, M., Ungerleider, L. G., & Macko, K. A. (1983). Object vision and spatial vision: two cortical pathways. *Trends in Neurosciences, 6*, 414–417.

Miyake, A., Friedman, N. P., Emerson, M. J., Witzki, A. H., Howerter, A., & Wager, T. (2000). The unity and diversity of executive functions and their contributions to complex „frontal lobe" tasks: a latent variable analysis. *Cognitive Psychology, 41*, 49–100.

Moran, J., & Desimone, R. (1985). Selective attention gates visual processing in the extrastriate cortex. *Science, 229*, 782–784.

Moran, R., Zehetleitner, M., Müller, H. J., & Usher, M. (2013). Competitive guided search: Meeting the challenge of benchmark RT distributions. *Journal of Vision, 13*(8), 1–31.

Moray, N. (1959). Attention in dichotic listening: Affective cues and the influence of instructions. *Quarterly Journal of Experimental Psychology, 11*, 56–60.

Mort, D. J., Perry, R. J., Mannan, S. K., Hodgson, T. L., Anderson, E., Quest, R., McRobbie, D., McBride, A., Husain, M., & Kennard, C. (2003). Differential cortical activation during voluntary and reflexive saccades in man. *Neuroimage, 18*, 231–246.

Most, S. B., Simons, D. J., Scholl, B. J., Jimenez, R., Clifford, E., & Chabris, C. F. (2001). How not to be seen: the contribution of similarity and selective ignoring to sustained inattentional blindness. *Psychological Science, 12*, 9–17.

Motter, B. C. (1994a). Neural correlates of attentive selection for color or luminance in extrastriate area V4. *Journal of Neuroscience, 14*, 2178–2189.

Motter, B. C. (1994b). Neural correlates of feature selective memory and pop-out in extrastriate area V4. *Journal of Neuroscience, 14*, 2190–2199.

Müller, H. J., & Humphreys, G. W. (1991). Luminance increment detection: Capacity-limited or not? *Journal of Experimental Psychology: Human Perception and Performance, 17*, 107–124.

Müller, H. J., & O'Grady, R. (2000). Dimension–based visual attention modulates dual–judgment accuracy in Duncan's (1984) one–versus two–object judgment paradigm. *Journal of Experimental Psychology: Human Perception and Performance, 26*, 1332–1351.

Müller, H. J., & Rabbitt, P. M. A. (1989). Reflexive and voluntary orienting of visual attention: Time course of activation and resistance to interruption. *Journal of Experimental Psychology: Human Perception and Performance, 15*, 315–330.

Müller, H. J., & von Mühlenen, A. (2000). Probing distractor inhibition in visual search: Inhibition of return (IOR). *Journal of Experimental Psychology: Human Perception and Performance, 26*, 1591–1605.

Müller, H. J., Geyer, T., Zehetleitner, M., & Krummenacher, J. (2009). Attentional capture by salient color singleton distractors is modulated by top-down dimensional set. *Journal of Experimental Psychology: Human Perception and Performance, 35*, 1–16.

Müller, H. J., Heller, D., & Ziegler, J. (1995). Visual search for singleton feature targets within and across feature dimensions. *Perception and Psychophysics, 57*, 1–17.

Müller, H. J., Reimann, B., & Krummenacher, J. (2003). Visual search for singleton feature targets across dimensions: Stimulus– and expectancy–driven effects in dimensional weighting. *Journal of Experimental Psychology: Human Perception and Performance, 29*, 1021–1035.

Müller, J. R., Philiastides, M. G., & Newsome, W. T. (2005). Microstimulation of the superior culliculus focuses attention without moving the eyes. *Proceedings of the National Academy of Sciences, 102*, 524–529.

Näätänen, R. (1992). *Attention and brain function.* Hillsdale, NJ: Erlbaum.

Nakayama, K., & Mackeben, M. (1989). Sustained and transient components of focal visual attention. *Vision Research, 29*, 1631–1647.

Navon, D., & Gopher, D. (1979). On the economy of the human processing system. *Psychological Review, 86*, 214–255.

Neisser, U. (1967). *Cognitive psychology.* New York: Appleton-Century-Crofts.

Neumann, O. (1984). Automatic processing: a review of recent findings and a plea for an old theory. In W. Prinz, & A. F. Sanders (Hrsg.), *Cognition and motor processes* 255–293. Berlin: Springer.

Neumann, O. (1987). Beyond capacity: a functional view of attention. In H. Heuer, & A. Sanders (Hrsg.), *Perspectives on perception and action* (S. 361–394). Hillsdale, NJ: Lawrence Erlbaum Associates.

Neumann, O., & Klotz, W. (1994). Motor responses to nonreportable, masked stimuli: Where is the limit of direct parameter specification?. In C. Umiltà, & M. Moscovitch (Hrsg.), *Attention and Performance XV: Conscious and nonconscious information processing* (S. 123–150). Cambridge, MA: MIT Press.

Newell, A., & Simon, H. A. (1972). *Human Problem Solving*. Englewood Cliffs, NJ: Prentice-Hall.

Nobre, A. C., Coul, J. T., Frith, C. D., & Mesulam, M. M. (1999). Orbitofrontal cortex is activated during breaches of expectation in tasks of visual attention. *Nature Neuroscience, 2*, 11–12.

Nobre, A. C., Sebestyen, G. N., Gitelman, D. R., Mesulam, M. M., Frackowiak, R. S., & Frith, C. D. (1997). Functional localization of the system for visuo-spatial attention using positron emission tomography. *Brain, 120,* 515–533.

Norman, D. A., & Bobrow, D. G. (1975). On data-limited and resource-limited processing. *Cognitive Psychology, 7*, 44–64.

Norman, D. A., & Shallice, T. (1986). Attention to action: willed and automatic control of behaviour. In R. J. Davidson, G. E. Schwartz, & D. Shapiro (Hrsg.), *Consciousness and self-regulation: Advances in research* (Bd. 4, S. 1–18). New York: Plenum Press.

O'Regan, J. K. (1992). Solving the „real" mysteries of visual perception: the world as an outside memory. *Canadian Journal of Psychology, 46*, 461–488.

O'Regan, J. K., Deubel, H., Clark, J. J., & Rensink, R. A. (2000). Picture changes during blinks: Looking without seeing and seeing without looking. *Visual Cognition, 7*, 191–212.

O'Craven, K. M., Downing, P. E., & Kanwisher, N. (1999). fMRI evidence for objects as the units of attentional selection. *Nature, 401*, 584–587.

O'Grady, R., & Müller, H. J. (2000). Object-based selection operates on a grouped array of locations. *Perception and Psychophysics, 62*, 1655–1667.

O'Reilly, R. C., & Munakata, Y. (2000). *Computational explorations in cognitive neuroscience*. Cambridge, MA: MIT Press.

Olivers, C. N. L., & Meeter, M. (2008). A boost and bounce theory of temporal attention. *Psychological Review, 115*, 836–863.

Oram, M. W., & Perrett, D. I. (1994). Modeling visual recognition from neurobiological constraints. *Neural Networks, 7*, 945–972.

Owen, A. M., Downes, J. J., Sahakian, B. J., Polkey, C. E., & Robbins, T. W. (1990). Planning and spatial memory following frontal lobe lesions in man. *Neuropsychologia, 28*(10), 1021–1034.

Owen, A. M., Evans, A. C., & Petrides, M. (1996). Evidence for a two-stage model of spatial working memory processing within the lateral frontal cortex: a positron emission tomography study. *Cerebral Cortex, 6*(1), 31–38.

Pashler, H. (1990). Do response modality effects support multiprocessor models of divided attention? *Journal of Experimental Psychology: Human Perception and Performance, 16*, 826–842.

Pashler, H. (1994). Dual-task interference in simple tasks: Data and theory. *Psychological Bulletin, 116*, 220–244.

Pashler, H., & Johnston, J. C. (1989). Chronometric evidence for central postponement in temporally overlapping tasks. *Quarterly Journal of Experimental Psychology, 41A*, 19–45.

Paus, T. (1996). Location and function of the human frontal eye field: A selective review. *Neuropsychologia, 34,* 475–483.

Paus, T., Kalina, M., Patockova, L., Angerova, Y., Cerny, R., Mecir, P., Bauer, J., & Krabec, P. (1991). Medial versus lateral frontal lobe lesions and differential impairment of central-gaze fixation in man. *Brain, 114*, 2051–2067.

Pelli, D. G. (2008). Crowding: a cortical constraint on object recognition. *Current Opinion in Neurobiology, 18*, 445–451.

Petersen, S. E., Robinson, D. L., & Keys, W. (1985). Pulvinar nuclei of the behaving rhesus monkey: Visual responses and their modulation. *Journal of Neurophysiology, 54,* 867–886.

Petrides, M. (1995). Impairments on nonspatial self–ordered and externally ordered working memory tasks after lesions of the mid-dorsal part of the lateral frontal cortex in the monkey. *Journal of Neuroscience, 15*, 359–375, 1995.

Petrides, M. (1996). Specialized systems for the processing of mnemonic information within the primate frontal cortex. *Philosophical Transactions of the Royal Society of London. Series B, Biological Sciences, 351*, 1455–1462.

Petrides, M., & Milner, B. (1982). Deficits on subject-ordered tasks after frontal- and temporal-lobe lesions in man. *Neuropsychologia, 20*, 249–262.

Pollmann, S., Weidner, R., Müller, H. J., & von Cramon, D. Y. (2006). Neural correlates of visual dimension weighting. *Visual Cognition, 14*, 877–897.

Pollmann, S., Weidner, R., Müller, H. J., & von Cramon, D. Y. (2000). A fronto-posterior network involved in visual dimension changes. *Journal of Cognitive Neuroscience, 12*, 480–494.

Ponsford, J. L., & Kinsella, G. (1992). Attentional deficits following closed head injury. *Journal of Experimental and Clinical Neuropsychology, 14*, 822–838.

Posner, M. I. (1978). *Chronometric Explorations of Mind*. Hillsdale, NJ: Lawrence Erlbaum Associates.

Posner, M. I. (1980). Orienting of Attention. *Quarterly Journal of Experimental Psychology, 32*, 3–25.

Posner, M. I. (1988). Structures and functions of selective attention. In T. Boll, & B. Bryant (Hrsg.), *Master lectures in clinical neuropsychology and brain function: research, measurement, and practice* (S. 171–202). Washington, DC: American Psychological Association.

Posner, M. I., & Boies, S. J. (1971). Components of attention. *Psychological Review, 78*, 391–408.

Posner, M. I., & Cohen, Y. (1984). Components of visual orienting. In H. Bouma, & D. G. Bouwhuis (Hrsg.), *Attention and Performance X* (S. 531–556). Hillsdale, NJ: Lawrence Erlbaum Associates.

Posner, M. I., & Rafal, R. D. (1987). Cognitive theories of attention and the rehabilitation of attentional deficits. In M. Meier, A. Benton, & L. Diller (Hrsg.), *Neuropsychological Rehabilitation* (S. 182–201). Edinburgh (UK): Churchill Livingstone.

Posner, M. I., & Snyder, C. R. R. (1975). Attention and cognitive control. In R. L. Solso (Hrsg.), *Information processing and* cognition. *The Loyola Symposium* (S. 55–85). Hillsdale, NJ: Lawrenc Erlbaum Associates.

Posner, M. I., Petersen, S. E., Fox, P. T., & Raichle, M. E. (1988). Localization of cognitive functions in the human brain. *Science, 240*, 1627–1631.

Posner, M. I., Rafal, R. D., Choate, L., & Vaughan, J. (1985). Inhibition of return: Neural basis and function. *Cognitive Neuropsychology, 2*, 211–218.

Posner, M. I., Snyder, C. R. R., & Davidson, B. J. (1980). Attention and the detection of signals. *Journal of Experimental Psychology: General, 109*, 160–174.

Posner, M. I., Walker, J. A., Friedrich, F. J., & Rafal, R. D. (1984). Effects of parietal injury on covert orienting of attention. *Journal of Neuroscience, 4*, 1863–1874.

Previc, F. H., & Harter, M. R. (1982). Electrophysiological and behavioral indicants of selective attention to multifeature gratings. *Perception and Psychophysics, 32*, 465–472.

Prime, D. J., McDonald, J. J., Green, J., & Ward, L. M. (2008). When cross-modal spatial attention fails. *Canadian Journal of Experimental Psychology, 62*, 192–197.

Rafal, R. D. (1997). Balint syndrome. In T. E. Feinberg, & M. J. Farah (Hrsg.), *Behavioral neurology and neuropsychology* (S. 337–356). Berkshire: McGraw-Hill.

Rafal, R. D., Calabresi, P. A., Brennan, C. W., & Sciolto, T. K. (1989). Saccade preparation inhibits reorienting to recently attended locations. *Journal of Experimental Psychology: Human Perception and Performance, 15*, 673–685.

Rafal, R., Posner, M. I., Friedman, J. H., Inhoff, A. W., & Bernstein, E. (1988). Orienting of visual attention in progressive supranuclear palsy. *Brain, 111*, 267–280.

Raymond, J. E., Shapiro, K. L., & Arnell, K. M. (1995). Similarity determines the attentional blink. *Journal of Experimental Psychology: Human Perception and Performance, 21*, 653–662.

Raymond, J., Shapiro, K., & Arnell, K. (1992). Temporary suppression of visual processing in an RSVP task: An attentional blink? *Journal of Experimental Psychology: Human Perception and Performance, 18*, 849–860.

Rayner, K. (1978). Eye movements in reading and information processing. *Psychological Bulletin, 85*, 618–660.

Rayner, K. (1998). Eye movements in reading and information processing: 20 years of research. *Psychological Bulletin, 124*, 372–422.

Rensink, R. A., O'Regan, J. K., & Clark, J. J. (1997). To see or not to see: The need for attention to perceive changes in scenes. *Psychological Science, 8*, 368–373.

Ridderinkhof, K. R., Ullsperger, M., Crone, E. A., & Niewenhuis, S. (2004). The role of medial frontal cortex in cognitive control. *Science, 306*, 443–447.

Ristic, J., & Kingstone, A. (2005). Taking control of reflexive social attention. *Cognition, 94*, B55–B65.

Rizzolatti, G., Riggio, L., Dascola, L., & Umilta, C. (1987). Reorienting attention across the horizontal and vertical meridians: Evidence in favor of a premotor theory of attention. *Neuropsychologia, 25*, 31–40.

Ro, T., Fame, A., & Chang, E. (2003). Inhibition of return and the human frontal eye fields. *Experimental Brain Research, 150*, 290–296.

Robertson, L. C., & Rafal, R. (2000). Disorders of visual attention. In M. S. Gazzaniga (Hrsg.), *The new cognitive neurosciences* (S. 633–649). Bradford: Cambridge (MA).

Robinson, D. A. (1972). Eye movements evoked by collicular stimulation in the alert monkey. *Vision Research, 12*, 1795–1808.

Robinson, D. L., & Kertzman, C. (1995). Covert orienting of attention in macaques. III. Contributions of the superior colliculus. *Journal of Neurophysiology, 74*, 713–721.

Roelfsema, P. R., Lamme, V. A. F., & Spekreijse, H. (1998). Object-based attention in the primary visual cortex of the macaque monkey. *Nature, 395*, 376–381.

Rogers, R. D., & Monsell, S. (1995). Costs of a predictable switch between simple cognitive tasks. *Journal of Experimental Psychology: General, 124*, 207–231.

Roggeveen, A. B., Prime, D. J., & Ward, L. M. (2005). Inhibition of return and response repetition within and between modalities. *Experimental Brain Research, 167*, 86–94.

Rumelhart, D. E., McClelland, J. L., & PDP the Research Group (1986). *Parallel Distributed Processing: Explorations in the Microstructure of Cognition*. Foundations, Bd. 1. Cambridge, MA: MIT Press.

Ruthruff, E., Johnston, J. C., & van Selst, M. (2001). Why practice reduces dual-task interference. *Journal of Experimental Psychology: Human perception and performance, 27*, 3–21.

Sapir, A., Rafal, R., & Henik, A. (2002). Attending to the thalamus: Inhibition of return and nasal-temporal asymmetry in the pulvinar. *NeuroReport, 13*, 693–697.

Scaife, M., & Bruner, J. S. (1975). The capacity for joint visual attention in the infant. *Nature, 253*, 265–266.

Schiegg, A., Deubel, H., & Schneider, W. X. (2003). Attentional selection during preparation of prehension movements. *Visual Cognition, 10*, 409–431.

Schiller, P. H., True, S. D., & Conway, J. L. (1980). Deficits in eye movements following frontal eye field and superior colliculus ablations. *Journal of Neurophysiology, 44*, 1175–1189.

Schlag-Rey, M., Schlag, J., & Dassonville, P. (1992). How the frontal eye field can impose a saccade goal on superior colliculus neurons. *Journal of Neurophysiology, 67*, 1003–1005.

Schneider, W., & Shiffrin, R. M. (1977). Controlled and automatic information processing: I Detection, search, and attention. *Psychological Review, 84*, 1–66.

Schneider, W., & Shiffrin, R. M. (1985). Categorization (restructuring) and automatization: Two separable processes. *Psychological Review, 92*, 424–428.

Schroeder, C. E., & Foxe, J. J. (2005). Multisensory contributions to low-level, „unisensory" processing. *Current Opinion in Biology, 15*, 454–458.

Schubert, T. (1999). Processing differences between simple and choice reactions affect bottleneck localization in overlapping tasks. *Journal of Experimental Psychology: Human Perception and Performance, 25*, 408–425.

Schubert, T., & Szameitat, A. J. (2003). Functional neuroanatomy of interference in overlapping dual tasks: an fMRI study. *Cognitive Brain Research, 17*, 733–746.

Schultz, W., Dayan, P., & Montague, P. R. (1997). A neural substrate of prediction and reward. *Science, 275*, 1593–1599.

Schumacher, E. H., Seymour, T. L., Glass, J. M., Lauber, E. J., Kieras, D. E., & Meyer, D. E. (2001). Virtually perfect time sharing in dual-task performance: Uncorking the central cognitive bottleneck. *Psychological Science, 12*, 101–108.

Serences, J. T., & Yantis, S. (2006). Selective visual attention and perceptual coherence. *Trends in Cognitive Sciences, 10*, 38–45.

Shallice, T., & Burgess, P. (1991a). Deficits in strategy application following frontal lobe damage in man. *Brain, 114*, 727–741.

Shallice, T., & Burgess, P. W. (1991b). Higher-order cognitive impairments and frontal lobe lesions in man. In H. S. Levin, H. M. Eisenberg, & A. L. Benton (Hrsg.), *Frontal Lobe Function and Dysfunction* (S. 125–138). New York: Oxford University Press.

Shallice, T., Burgess, P., Baxter, D. M., & Schon, F. (1989). The origins of utilisation behaviour. *Brain, 112*, 1587–1598.

Shapiro, K. L., & Raymond, J. E. (1994). Temporal allocation of visual attention. Inhibition or interference?. In D. Dagenbach, & T. H. Carr (Hrsg.), *Inhibitory processes in attention, memory, and language* (S. 151–188). San Diego, CA: Academic Press.

Shapiro, K. L., Arnell, K. M., & Raymond, J. E. (1997). The attentional blink. *Trends in Cognitive Sciences, 1*, 291–296.

Shapiro, K. L., Raymond, J. E., & Arnell, K. M. (1994). Attention to visual pattern information produces the attentional blink in RSVP. *Journal of Experimental Psychology: Human Perception and Performance, 20*, 357–371.

Shepherd, M., Findlay, J. M., & Hockey, R. J. (1986). The relationship between eye movements and spatial attention. *Quarterly Journal of Experimental Psychology, 38*, 475–491.

Shiffrin, R. M., & Schneider, W. (1977). Controlled and automatic information processing: II Perceptual learning, automatic attending, and a general theory. *Psychological Review, 84*, 127–190.

Shipp, S. (2004). The brain circuitry of attention. *Trends in Cognitive Sciences, 8*, 223–230.

Shomstein, S., & Yantis, S. (2004). Control of attention shifts between vision and audition in human cortex. *Journal of Neuroscience, 24*, 10702–10706.

Shulman, G. L., Ollinger, J. M., Linenweber, M., Petersen, S. E., & Corbetta, M. (2001). Multiple neural correlates of detection in the human brain. *Proceedings of the National Academy of Sciences USA, 98*, 313–318.

Silver, M. A., Ress, D., & Heeger, D. J. (2005). Topographic maps of visual spatial attention in human parietal cortex. *Journal of Neurophysiology, 94*, 1358–1371.

Simons, D. J., & Chabris, C. F. (1999). Gorillas in our midst: sustained inattentional blindness for dynamic events. *Perception, 28*, 1059–1074.

Smith, E. E., & Jonides, J. (1999). Storage and executive processes in the frontal lobes. *Science, 283*, 1657–1661.

Smith, E. E., & Jonides, J. (2000). The cognitive neuroscience of categorization. In M. Gazzaniga (Hrsg.), *The new cognitive neurosciences* (2. Aufl.), Cambridge, MA: MIT Press.

Sommer, W., Leuthold, H., & Schubert, T. (2001). Multiple bottlenecks in information processing? An electrophysiological examination. *Psychonomic Bulletin & Review, 8*, 81–88.

Sparks, D. L., & Mays, L. E. (1990). Signal transformations required for the generation of saccadic eye movements. *Annual Review of Neuroscience, 13*, 309–336.

Spence, C., & Driver, J. (1994). Covert spatial orienting in audition: Exogenous and endogenous mechanisms facilitate sound localization. *Journal of Experimental Psychology: Human Perception and Performance, 20*, 555–574.

Spence, C., & Driver, J. (1996). Audiovisual links in endogenous covert spatial attention. *Journal of Experimental Psychology: Human Perception and Performance, 22*, 1005–1030.

Spence, C., & Driver, J. (1997). Audiovisual links in exogenous covert spatial orienting. *Perception and Psychophysics, 59*, 1–22.

Spence, C., & Driver, J. (1998). Inhibition of return following an auditory cue: The role of central reorienting events. *Experimental Brain Research, 118*, 352–360.

Spence, C., Pavani, R., & Driver, J. (2000). Crossmodal links between vision and touch in covert endogenous spatial attention. *Journal of Experimental Psychology: Human Perception and Performance, 26*, 1298–1319.

Sperling, G. (1960). The information available in brief visual presentations. *Psychology Monographs, 74*, 498.

Stein, B. E., & Meredith, M. A. (1993). *The merging of the senses.* Cambridge, MA: MIT Press.

Stelzel, C., Brandt, S., & Schubert, T. (2009). Neural mechanisms of attentional task setting in dual tasks. *NeuroImage, 48*, 237–248.

Stelzel, C., Kraft, A., Brand, S., & Schubert, T. (2008). Dissociable effects of task-order control and working memory load in the lateral prefrontal cortex during dual-task processing: a study with fMRI. *Journal of Cognitive Neuroscience, 20*, 613–628.

Sternberg, R. (2008). *Cognitive Psychology.* Wadsworth: International Edition, Cengage Learning Service.

Sternberg, S. (1966). High speed scanning in human memory. *Science, 153*, 652–654.

Sternberg, S. (1969a). Memory scanning: mental processes revealed by reaction-time experiments. *American Scientist, 57*, 421–457.

Sternberg, S. (1969b). The discovery of processing stages: extensions of Donders's method. *Acta Psychologica, 30*, 276–316.

Strayer, D. L., & Johnston, W. A. (2001). Driven to distraction: dual-task studies of simulated driving and conversing on a cellular telephone. *Psychological Science, 12*, 462–466.

Stroop, J. R. (1935). Studies of interference in serial verbal reaction. *Journal of Experimental Psychology, 18*, 643–662.

Stuss, D. T., & Benson, D. F. (1986). *The frontal lobes.* New York: Raven Press.

Styles, E. A. (1997). *The Psychology of Attention.* Hove, UK: Psychology Press.

Szameitat, A. J., Schubert, T., Müller, K., & von Cramon, D. Y. (2002). Localization of executive functions in dual-task performance with fMRI. *Journal of Cognitive Neuroscience, 14*, 1184–1199.

Theeuwes, J. (1991). Cross-dimensional perceptual selectivity. *Perception and Psychophysics, 50*, 184–193.

Theeuwes, J. (1992). Perceptual selectivity for color and form. *Perception and Psychophysics, 51*, 599–606.

Theeuwes, J. (1996). Perceptual selectivity for color and form: On the nature of the interference effect. In A. F. Kramer, G. D. Logan, & M. G. H. Coles (Hrsg.), *Converging operations in the study of visual selective attention* (S. 297–314). Washington, DC: American Psychological Association.

Theeuwes, J. (2004). Top-down search strategies cannot override attentional capture. *Psychonomic Bulletin and Review, 11*(65), 70.

Thompson, K. G., Bichot, N. P., & Schall, J. D. (1997). Dissociation of visual discrimination from saccade programming in macaque frontal eye field. *Journal of Neurophysiology, 77*, 1046–1050.

Tipper, S. P., Driver, J., & Weaver, B. (1991). Object-centred inhibition of return of visual attention. *Quarterly Journal of Experiment Psychology, 43A*, 289–298.

Tipper, S. P., Weaver, B., Jerreat, L. M., & Burak, A. L. (1994). Object-based and environment-based inhibition of return of visual attention. *Journal of Experimental Psychology: Human Perception and Performance, 20*, 478–499.

Tombu, M. N., Asplund, C. L., Dux, P. L., Godwin, D., Martin, J. W., & Marois, M. (2011). A unified attentional bottleneck in human brain. *Proceedings of the National Academy of Sciences, 108*(33), 13426–13431.

Treisman, A. (1969). Strategies and models of selective attention. *Psychological Review, 76*, 282–299.

Treisman, A., & Geffen, G. (1967). Selective attention: Perception or response? *Quarterly Journal of Experimental Psychology, 19*, 1–18.

Treisman, A., & Riley, J. (1969). Is selective attention selective perception or selective response? A further test. *Journal of Experimental Psychology, 79*, 27–34.

Treisman, A., & Sato, S. (1990). Conjunction search revisited. *Journal of Experimental Psychology: Human Perception and Performance, 16*, 459–478.

Treisman, A. M. (1960). Contextual cues in selective listening. *Quarterly Journal of Experimental Psychology, 12*, 242–248.

Treisman, A. M. (1964). Selective attention in man. *British Medical Bulletin, 20*, 12–16.

Treisman, A. M. (1988). Features and objects: The fourteenth Bartlett memorial lecture. *Quarterly Journal of Experimental Psychology, 40A*, 201–237.

Treisman, A. M., & Gelade, G. (1980). A feature-integration theory of attention. *Cognitive Psychology, 12*, 97–126.

Treisman, A. M., & Schmidt, H. (1982). Illusory conjunction in the perception of objects. *Cognitive Psychology, 14*, 107–141.

Treue, S. (2003). Climbing the cortical ladder from sensation to perception. *Trends in Cognitive Sciences, 7*, 469–471.

Treue, S., & Martinez-Trujillo, J. C. (1999). Feature-based attention influences motion processing gain in macaque visual cortex. *Nature, 399*, 575–579.

Treue, S., & Maunsell, J. H. (1999). Effects of attention on the processing of motion in macaque middle temporal and medial superior temporal visual cortical areas. *Journal of Neuroscience, 19*, 7591–7602.

Treue, S., & Maunsell, J. H. R. (1996). Attentional modulation of visual motion processing in cortical areas MT und MST. *Nature, 382*, 539–541.

Underwood, G. (1974). Moray vs. the rest: The effects of extended shadowing practice. *Quarterly Journal of Experimental Psychology, 26*, 368–372.

Vallar, C., & Perani, D. (1987). The anatomy of spatial neglect in humans. In M. Jeannerod (Hrsg.), *Neurophysiological and neuropsychological aspects of spatial neglect* (S. 235–258). New York: Elsevier.

Vallar, G. (1998). Spatial hemineglect in humans. *Trends in Cognitive Sciences, 2*, 87–97.

Van der Heijden, A. H. C. (1992). *Selective Attention in Vision*. London: Routledge.

van Oeffelen, M. P., & Vos, P. G. (1983). An algorithm for pattern description on the level of relative proximity. *Pattern Recognition, 16*, 341–348.

Van Selst, M., Ruthruff, E., & Johnston, J. C. (1999). Can practice eliminate the psychological refractory period? *Journal of Experimental Psychology: Human Perception and Performance, 25*, 1268–1283.

Vandenberghe, R., Dupont, P., De Bruyn, B., Bormans, G., Michiels, J., Mortelmans, L., & Orban, G. A. (1996). The influence of stimulus location on the brain activation pattern in detection and orientation discrimination. A PET study of visual attention. *Brain, 119*, 1263–1276.

Vecera, S. P., & Rizzo, M. (2004). What are you looking at? Impaired ,social attention' following frontal-lobe damage. *Neuropsychologia, 42*, 1657–1665.

Vecera, S. P., & Rizzo, M. (2006). Eye gaze does not produce reflexive shifts of attention: Evidence from frontal-lobe damage. *Neuropsychologia, 44*, 150–159.

Vogel, E. K., & Luck, S. J. (2000). The visual N1 component as an index of a discrimination process. *Psychophysiology, 37*, 190–203.

Von Wright, J. M., Anderson, K., & Stenman, U. (1975). Generalisation of conditioned GSR's in dichotic listening. In P. M. A. Rabbitt, & S. Dornic (Hrsg.), *Attention and Performance V* (S. 194–204). London: Academic Press.

Wallis, J. D., Anderson, K. C., & Miller, E. K. (2001). Single neurons in prefrontal cortex encode abstract rules. *Nature, 411*, 953–956.

Ward, L. M. (1994). Supramodal and modality-specific mechanisms for stimulus-driven shifts of auditory and visual attention. *Canadian Journal of Experimental Psychology, 48*, 242–259.

Watson, D. G., & Humphreys, G. W. (1997). Visual marking: Prioritizing selection for new objects by top-down attentional inhibition of old objects. *Psychological Review, 104*, 90–122.

Watson, D. G., & Humphreys, G. W. (2000). Visual marking: Evidence for inhibition using a probe-dot paradigm. *Perception and Psychophysics, 62*, 471–481.

Weidner, R., Pollmann, S., Müller, H. J., & von Cramon, D. Y. (2002). Top-down controlled visual dimension weighting: An event-related fMRI study. *Cerebral Cortex, 12*, 318–328.

Welford, A. T. (1952). The „psychological refractory period" and the timing of high speed performance – A review and a theory. *British Journal of Psychology, 43,* 2–19.

Wickens, C. D. (1980). The structure of attentional resources. In R. S. Nickerson (Hrsg.), *Attention and Performance VIII* (S. 239–257). Hillsdale, NJ: Erlbaum.

Wickens, C. D. (1984). Processing resources in attention, dual task performance, and work load assessment. In R. Parasuraman, & D. R. Davies (Hrsg.), *Varieties of Attention* (S. 63–102). New York: Academic Press.

Wickens, C. D. (2008). Multiple resources and mental workload. *Human Factors, 50,* 449–455.

Wiese, E., Zwickel, J., & Müller, H. J. (2013). The importance of context information for the spatial specificity of gaze cueing. *Attention, Perception and Psychophysics, 75,* 967–982.

Wijers, A. A., Lamain, W., Slopsema, J. S., & Mulder, G. (1989). An electrophysiological investigation of the spatial distribution of attention to colored stimuli in focused and divided attention conditions. *Biological Psychology, 29,* 213–245.

Williams, G. V., & Goldman–Rakic, P. (1995). Modulation of memory fields by dopamine D1 receptors in prefrontal cortex. *Nature, 376,* 572–575.

Wolfe, J. (1999). Inattentional amnesia. In V. Coltheart (Hrsg.), *Fleeting memories* (S. 71–94). Cambridge, MA: MIT Press.

Wolfe, J. M. (1994). Guided search 2.0: A revised model of visual search. *Psychonomic Bulletin and Review, 1,* 202–238.

Wolfe, J. M. (2007). Guided Search 4.0: Current progress with a model of visual search. In W. Gray (Hrsg.), *Integrated models of cognitive systems* (S. 99–119). New York: Oxford University Press.

Wolfe, J. M., & Horowitz, T. S. (2004). What attributes guide the deployment of visual attention and how do they do it? *Nature Reviews Neuroscience, 5,* 1–7.

Wolfe, J. M., Cave, K. R., & Franzel, S. L. (1989). Guided search: An alternative to the feature integration model for visual search. *Journal of Experimental Psychology: Human Perception and Performance, 15,* 419–433.

Womelsdorf, T., Anton-Erxleben, K., Pieper, F., & Treue, S. (2006). Dynamic shifts of visual receptive fields in cortical area MT by spatial attention. *Nature Neuroscience, 9,* 1156–1160.

Wright, R. D., & Ward, L. M. (2008). *Orienting of Attention.* New York: Oxford University Press.

Yantis, S., & Jonides, J. (1990). Abrupt visual onsets and selective attention: Voluntary versus automatic allocation. *Journal of Experimental Psychology: Human Perception and Performance, 16,* 121–134.

Yantis, S., & Johnson, D. N. (1990). Mechanisms of attentional priority. *Journal of Experimental Psychology: Human Perception and Performance, 16,* 812–825.

Yantis, S., Schwarzbach, J., Serences, J. T., Carlson, R. L., Steinmetz, M. A., Pekar, J. J., & Courtney, S. M. (2002). Transient neural activity in human parietal cortex during spatial attention shifts. *Nature Neuroscience, 5,* 995–1002.

Yerkes, R. M., & Dodson, J. D. (1908). The relation of strength of stimulus to rapidity of habit-formation. *Journal of Comparative and Neurological Psychology, 18,* 459–482.

Yeshurun, Y., & Rashal, E. (2010). Precueing attention to the target location diminishes crowding and reduces the critical distance. *Journal of Vision, 10*(10):16, 1–12.

Yeung, N., Nystrom, L. A., Aronson, L. J., & Cohen, J. D. (2006). Between-task competition and cognitive control in task switching. *Journal of Neuroscience, 26,* 1429–1438.

Zeki, S. M. (1993). *A Vision of the Brain.* Oxford: Blackwell Scientific Publications.

Stichwortverzeichnis

17368610R00128

Printed in Poland
by Amazon Fulfillment
Poland Sp. z o.o., Wrocław